図解 大日本帝國陸軍

文／堀場亙

目次

軍人勅諭

一、軍人は忠節を尽すを本分とすべし
一、軍人は礼儀を正《ただし》くすべし
一、軍人は武勇を尚《たっと》ぶべし
一、軍人は信義を重んずべし
一、軍人は質素を旨とすべし

本文：堀場 亙　図版/写真説明：編集部　表紙イラスト：吉川和篤《かずのり》
本文イラスト：峠タカノリ、熊谷杯人《くまがいはいと》　図版：田村紀雄、おぐし篤

※本書の第一章、第二章、第三章、第四章、戦術入門の本文は平成19年(2007年)に刊行された「ドキッ 乙女だらけの帝國陸軍入門」に加筆・修正を加えたものです。第三章のイラスト、第五章と第六章の本文は書き下ろしです。

第一章 — 組織と編制

帝國陸軍の変遷

◆官軍から国軍へ

近代日本において、「国軍」と呼べるものが成立したのは明治維新後の1871年、薩摩、長州、土佐各藩からの藩兵の拠出によって御親兵《ごしんぺい》が組織されたことに始まる。御親兵は翌年には近衛兵《このえへい》と改称されるが、ようするに皇居守護を任務とした部隊である。

この御親兵の兵力を背景に明治政府は廃藩置県を断行、さらに徴兵令を布告して全国的な常備軍成立へと進んでいった。そしてそのために全国4ヵ所（東京、大阪、鎮西、東北）に鎮台を設置した。この鎮台はさらに1873年には6ヵ所に増加され、第一～第六鎮台となった。これにより日本政府はほぼ全国的に兵力を展開したことになる。ちなみにこの当時の国軍は鎮台の名が示すとおり「国内鎮圧部隊」、つまり内乱・反乱に備えた部隊であった。

というのも、士農工商の身分制度が撤廃され、それまでの支配階級であった武士（士族）たちの特権が次々とはく奪されていき、国内に不満が渦巻いていたからである。そしてそれは徴兵制が施行されると一気に爆発した。

そもそも徴兵制とは国民皆兵のシステムであり、武人たることをその自己存在価値として自負していた士族階級と相容れるはずがなかった。このため、日本陸軍の祖といわれる大村益次郎《ますじろう》は徴兵制施行を前にして不満分子に襲われ、それがもとで命を落としている。

やがて政府内における征韓論の決裂を機に、全国各地で士族の反乱が勃発する（佐賀の乱や神風連の乱など）。そしてその中で最大最後となったのが西南の役であった。結果的には政府軍が国内兵力を総動員して鎮圧し、これを最後に国内反乱は絶えたのである。

◆日清・日露戦争を経て

この後、政府内では征韓論の再燃とあわせ、国軍のありようについての議論が深まっていく。すなわち、あくまで国土防衛を主任務とした軍隊なのか、それとも場合によっては国内を飛び出して外国で戦うことも可能な軍隊とするのか。結論から言うと日本政府は後者＝外征軍の道を選択した。

時は帝国主義全盛の時代でもあり、朝鮮半島を日本の利益線であると主張した山縣有朋《やまがたありとも》の意見に代表されるように、日本国がさらに発展するためには外に向かっていかなければならないというのが、政府のみならず国内全般の気運だったといえる。

その結果、日本帝國は日清・日露戦争を経験することになる。初めての対外戦争である日清戦争の結果、日本は朝鮮・遼東半島の権益を手に入れるが、三国干渉のために遼東半島を放棄、これが日露戦争の遠因となる。そして総力戦の萌芽《ほうが》ともいえる日露戦争を経たことで、帝國陸軍のありようも大きく様変わりしていくのである。

明治27年（1894年）に始まった日清戦争で、二十二年式村田連発銃を一斉射撃する日本兵

日清戦争まで7個師団体制であったものが日露戦争までに一気に13個師団となり、さらに日露戦争中から戦後にかけて6個師団が増強されて合計19個師団となった。ところが、陸軍の思惑はさらにその上をいった。さらに6個師団を増強すべし、というのである。

これは日露戦後に作成された「帝國国防方針」および「国防所用兵力」によるもので、仮想敵国ロシアの極東における最大戦力を55～60個師団と見積もったことによる。国内における平時の1個師団は戦時には動員の結果その倍、つまり2個師団として換算することができる。ということは、ロシアに対抗するためには平時で25個師団を保有しておかなければならない、という理屈である。

しかし、当時の日本の国力でこれだけの増勢を認めることは到底不可能であった。結局、目標として掲げつつも支那事変（日中戦争／日華事変）勃発までは概ね日露戦争後の戦力を維持していくことになったのである。

帝國陸軍の組織

◆陸軍省

帝國陸軍の組織は、大きく三つに分けることができる。すなわち、陸軍省、参謀本部、教育総監部で、それぞれのトップを称して陸軍三長官と呼び、立場的には同位であった。

その陸軍省であるが、最高責任者は陸軍大臣であり、主な仕事は軍政（陸軍行政）、兵站、（陸軍の）予算編成、人事などであった。また、国防方針を立案し、そのための軍備を整えるのも省の重要な役割であった。ちなみに陸軍省と参謀本部を併せて「省部」という。

この陸軍省の中でもっとも重きを置かれた部署が軍務局であり、さらにその下の軍事課と軍務課がその中心であった。先に挙げた陸軍省の仕事のほとんどはこの軍務局の取り扱う事項である。軍隊とは言うまでもなく戦争を行なう組織であるが、いざ戦争というときにいきなり全力を出すには事前の準備がどれだけできているかが重要になる。言ってみれば陸軍省、そして軍務局の役割とはそれを行なうことにあった。

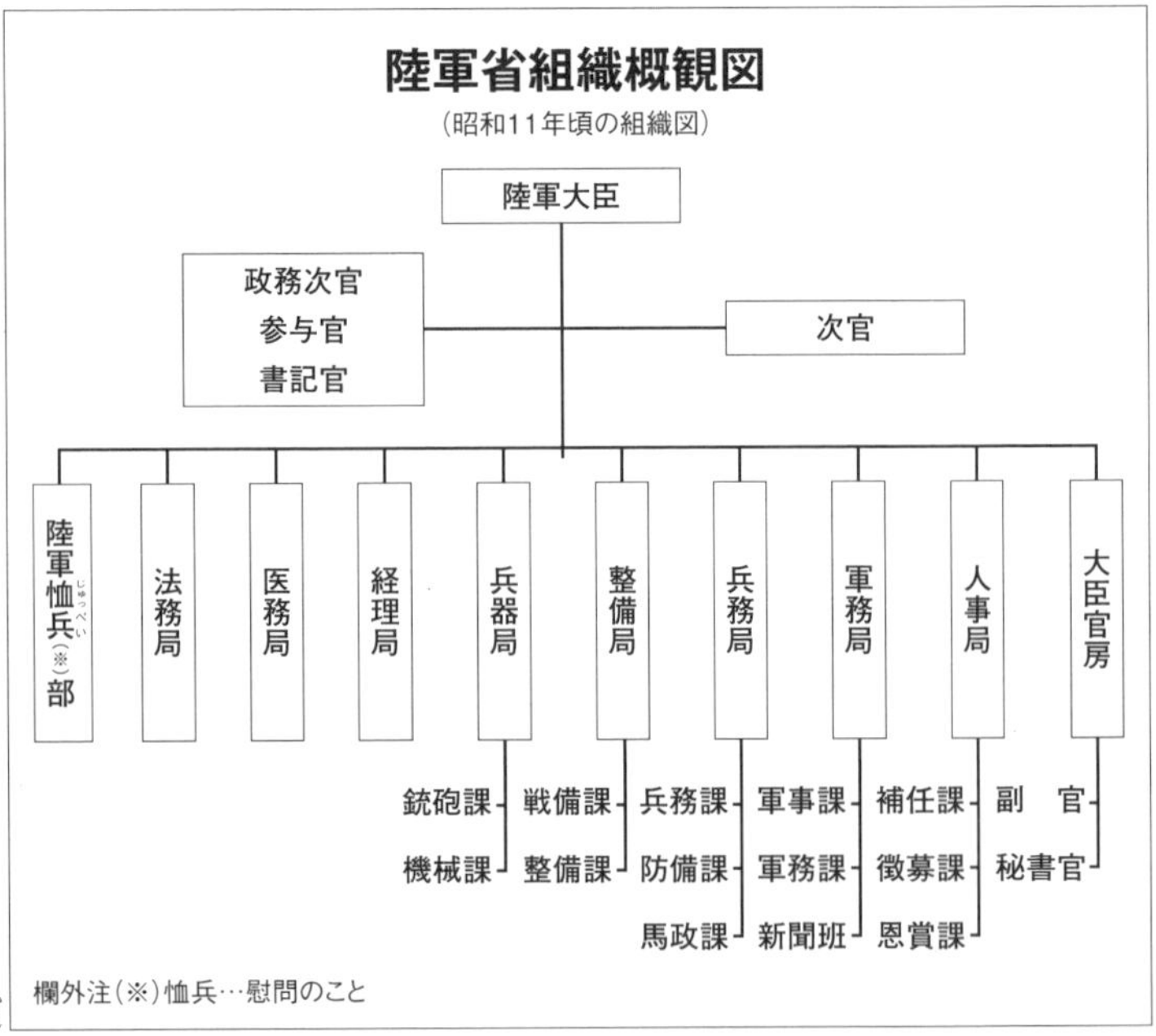

ちなみに軍の警察にあたる憲兵部隊は陸軍大臣が直接管《かん》掌《しょう》する組織であった。このため、昭和初期に軍国化が一気に進んだ時代などは、軍務局の考えに背く意見を言ったりすると、新聞記者は言うに及ばず、政治家のもとにも即座

に憲兵の手が伸びたという話である。

◆参謀本部

陸軍省と双璧をなす組織が参謀本部である。もともとは陸軍省内部に設けられた組織であったが、ほどなく参謀局として独立した。以後、終戦まで組織改革は幾度となく行われるが、最後まで独立した組織として存続した。

参謀本部の主な役割は、一言で言うなら「軍の最高責任者である天皇陛下の軍事上の輔弼《ほひつ》（補佐）をする機関」ということになる。したがって、陸軍大臣が形の上で内閣の一員であったのに対して参謀本部は天皇の隷下にあり、形式上は直接参謀本部総長に命令を与えることになっていた。また、参謀本部総長は軍事に関することは内閣を通さず直接天皇に意見具申を行なうことが可能であった（これを帷幄上奏《いあくじょうそう》（権）という）。

つまり、議会制民主主義でありながら国家の主権は天皇にあり、なおかつその天皇から直接命令が下るということは、軍事全般に対して議会および政府は不関与ということになる。のちにこのことが問題となり、統帥権干犯問題として度々揉める原因となった。

参謀本部の最高責任者は参謀本部総長であり、参謀本部の最大の役割は戦時における戦争指導ということになる。具体的には作戦立案や動員計画、編成などである。軍政を司るのが陸軍省なら、参謀本部は「軍令」を担当する組織であった。

参謀本部組織概観図

（昭和5年頃の組織図。この後、大幅な改正があり、最後の改正は昭和18年10月に行なわれた）

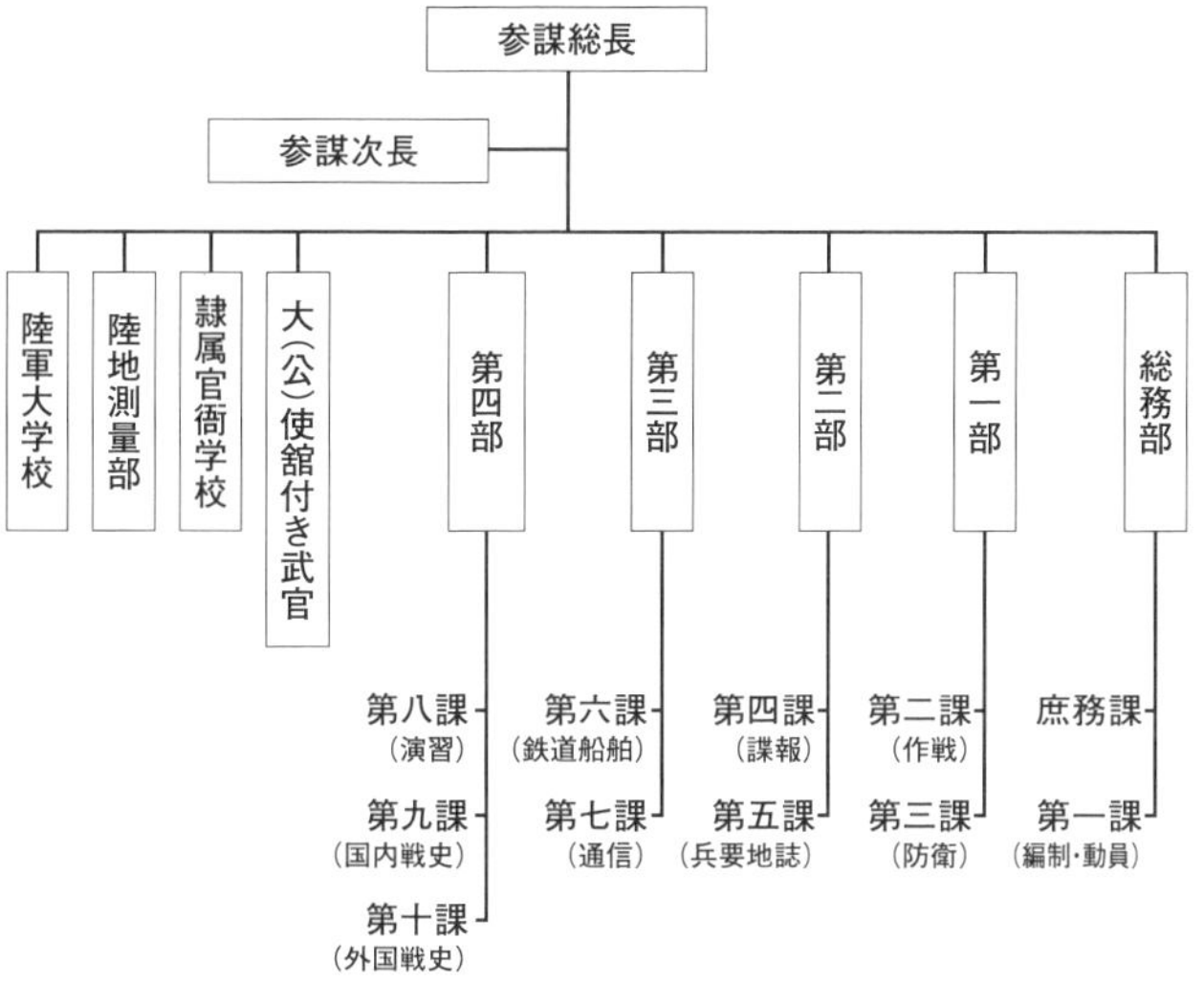

帝國陸軍の組織単位

◆戦略単位・師団

帝國陸軍における基本的な戦略単位は「師団」である。戦略単位とはその組織単体で完結して、戦闘のみならず後方支援まで行える組織単位をいう。戦時になるとより大きな組織である「軍」「方面軍」「派遣軍」などが編成され、その中に複数師団が編入されたが、平時における最大の組織は師団であった（ただし平時においても朝鮮軍と関東軍は常設）。

その師団には甲・乙・丙の三種類があり、甲師団はいわゆる常設師団を指した。乙師団（特設師団）は甲師団と組になるような師団で、いざ戦争となった場合に各甲師団はもう一つ師団を編成できるように平時より動員準備をしていて、師団名も第一師団に対応する乙師団は第百一師団、第二師団の乙師団は第十三師団というように決まっていた。

なお、乙師団の師団番号は基本的には甲師団の師団

3単位師団の編制例

- 師団（14,072名）
- 師団司令部（90名）
  - 歩兵団（9,448名）
    - 歩兵団司令部（7名）
    - 歩兵聯隊（各3,147名）
    - 歩兵聯隊（同上）
    - 歩兵聯隊（同上）
  - 師団捜索隊（304名）
  - 野砲兵聯隊（1,745名）
  - 工兵聯隊（401名）
  - 輜重兵聯隊（507名）
  - 師団通信隊（178名）
  - 師団衛生隊（1101名）
  - 師団野戦病院（236名）×2
  - 師団病馬廠（47名）
  - 師団兵器勤務隊（121名）

4単位師団の編制例

- 師団（25,179名）
- 師団司令部（330名）
  - 歩兵旅団（各7,569名）
    - 旅団司令部（75名）
    - 歩兵聯隊（3,747名）
    - 歩兵聯隊（同上）
  - 歩兵旅団（編制は同上）
  - 騎兵聯隊（452名）
  - 野砲兵聯隊（2,894名）
  - 工兵聯隊（672名）
  - 輜重兵聯隊（3,461名）
  - 師団通信隊（255名）
  - 師団衛生隊（1,101名）
  - 師団野戦病院（236名）×3
  - 師団兵器勤務隊（121名）

※上記は昭和期における師団編制の代表的な例。人員数は目安であり、師団によって異なる。

番号に百を足したものであるが、第二、第三、第十、第十二師団の乙師団は、大正時代の軍縮で一旦廃止された第十三、第十五、第十七、第十八師団がそれぞれ割り振られている。

丙師団とは砲兵部隊などの各種支援部隊を少なくした軽師団のことで、主に外地における警備などを担当した。なお、各師団の戦力（火力）比は、甲師団100に対して、乙師団62、丙師団44を目安としていた。ちなみに、これに対して中国軍の師団戦力は16とみなされていた。

日露戦争以来、支那事変勃発まで日本には17個の常設師団があった。常設師団は2個旅団からなり、各旅団には2個歩兵聯隊（連隊）が配属される。しかし、後になると旅団を廃して3個聯隊となった。ちなみに4個聯隊編制の師団を4単位師団と呼び、3個聯隊編制の師団を3単位師団と呼ぶ。師団はこの歩兵聯隊を中核戦力とし、それ以外に各種支援部隊などが配属される。

この支援部隊は師団ごとに異なっているが、主なところでは各種砲兵部隊、騎兵聯隊（捜索聯隊）、工兵

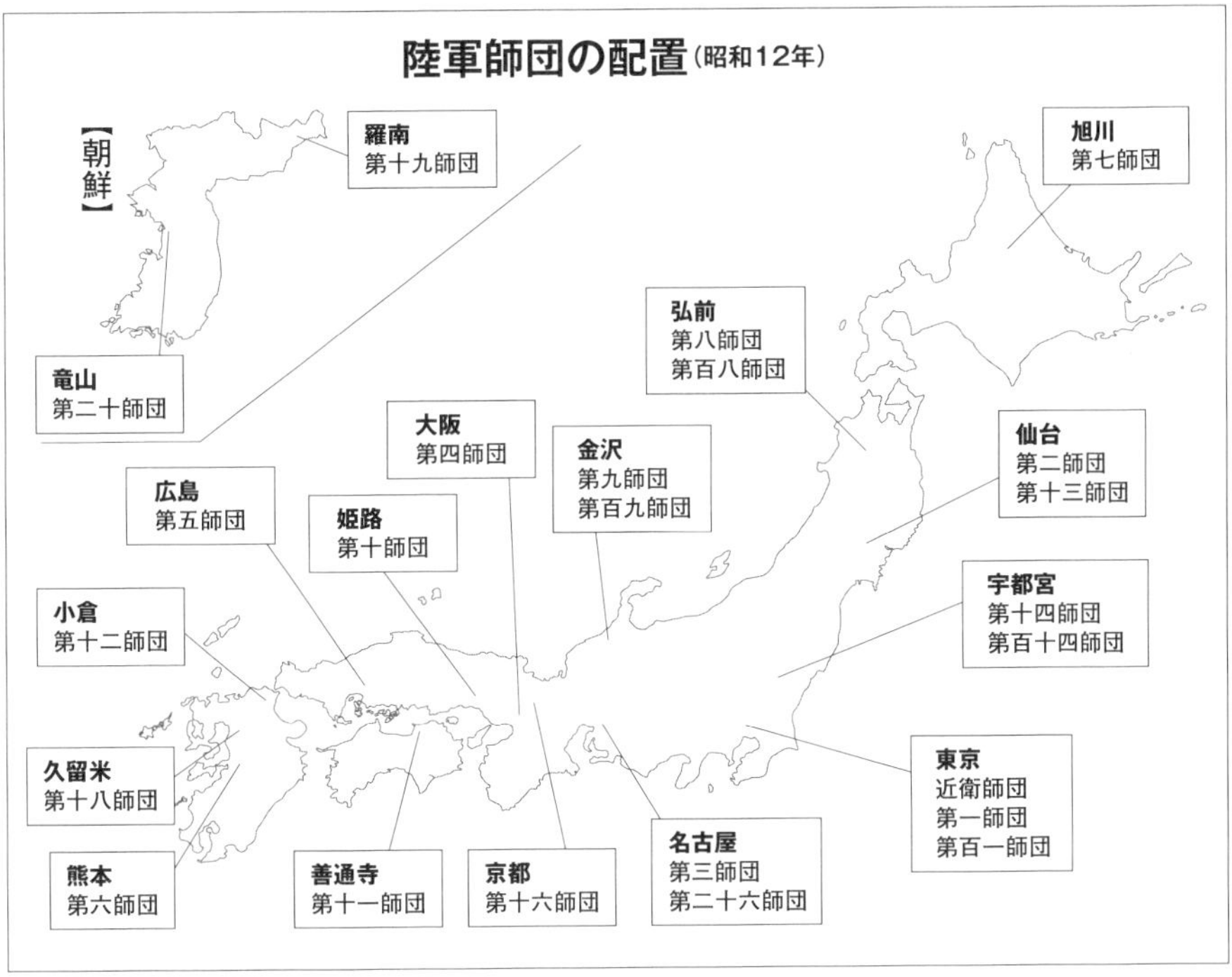

聯隊、輜重《しちょう》兵聯隊などで、これ以外に通信、衛生、野戦病院、防疫給水などの各種後方部隊が配された。また、中には戦車部隊を配属された師団もある。

師団番号一覧

1〜20	常設師団（ただし13、15、17、18師団は宇垣軍縮で廃止、のち復活）
20番台	四単位→三単位に移行する際の余剰連隊により増設された師団（ただし21、22は新設、26は独混十一を、27は支那駐屯兵団より改編）。
30番台	中国大陸における治安師団
40番台	動員目的の常設師団（ただし40、41は治安師団）
50番台	満州の永久駐箚師団として編制
60番台	中国大陸における治安師団
70〜90番台	内地兵備強化用の師団
100番台	在フィリピンの独混を昇格
110番台	昭和19年編成の戦時急造師団（110、116は除く）
120番台	関東軍の現地編成師団
130番台	関東軍の根こそぎ動員師団
140〜160番台	本土における沿岸張付け師団
200〜210番台	本土決戦用の機動師団
220〜230番台	本土決戦用の根こそぎ動員師団
300番台	沿岸配備師団

※独混…独立混成旅団　※162〜200は欠番　※201以降は欠番多数

◆師団の中核・聯隊

歩兵師団の中核を担うのは当然歩兵聯隊である。日本の歩兵聯隊は郷土密着を基本としており、常設師団に配される聯隊はすべて郷土部隊といってよかった。たとえば、第一師団は東京を本拠地とした部隊であるが、その隷下の第一、第三聯隊は東京、第四十九聯隊は甲府、第五十七聯隊は佐倉が衛戍《えいじゅ》地であった。そして各聯隊が外地へ派遣されると同じ場所に留守聯隊が設けられ、人員の補充などの任務を担当した。したがって、聯隊長および幹部将校を除き、聯隊の下士官兵はほとんど同じ地域出身者であった。

歩兵聯隊は通常、3個歩兵大隊および支援部隊からなり、各大隊は本部および4個（のちに3個）中隊と支援部隊よりなる。平時においてはこの中隊が基本単位となり、複数の内務班を形成し、寝食を共にしたのである。戦時においてはこの内務班をもとに小隊が編成される。なお、4個分隊で1個小隊、3個小隊で1個中隊を形成した。

ただし、以上はあくまで基本であり、実際には時期、あるいは師団ごとに細かく編制内容が異なっている。また、戦時には一部部隊を他の部隊に編合する場合も多かった。

各科の解説

◆歩兵

歩兵とは小銃や機関銃、軽砲などを装備し、あらゆる戦場において射撃戦および白兵戦をもって敵を打倒する存在であり、言うまでもなく陸軍における中心的な兵種である。

歩兵の主な任務は敵地の奪取および占領であり、帝國陸軍では戦闘の最終局面は歩兵による吶喊《とっかん》（突撃）を重視していた。このため、平時における教練では射撃訓練はもちろん、銃剣術などの白兵戦技も重要視されていた。

また、帝國陸軍にあっては徒歩行軍が基本であり、広大な中国大陸も熱帯のジャングルも、みずからの足で行軍し続けた。のちには機械化された部隊もあるが、基本はあくまで徒歩であった。

太平洋戦争時の陸軍歩兵聯隊の編制と機関銃・砲の配備例

- 歩兵聯隊
- 本部
  - 第一大隊
    - 第一中隊
      - 小隊
        - 分隊（軽機関銃1）
        - 分隊（軽機関銃1）
        - 分隊（軽機関銃1）
        - 分隊（擲弾筒3）
      - 小隊
      - 小隊
    - 第二中隊（編制は第一中隊と同）
    - 第三中隊（編制は第一中隊と同）
    - 機関銃中隊
      - 小隊
        - 戦銃分隊（重機関銃1）
        - 戦銃分隊（重機関銃1）
        - 戦銃分隊（重機関銃1）
        - 戦銃分隊（重機関銃1）
        - 弾薬分隊
      - 小隊
      - 小隊
      - 弾薬小隊
    - 歩兵砲小隊
      - 分隊（砲1門）
      - 分隊（砲1門）
      - 弾薬分隊
  - 第二大隊（第五～第七中隊／編制は第一大隊と同）
  - 第三大隊（第九～第十一中隊／編制は第一大隊と同）
  - 歩兵砲中隊
    - 小隊（砲2門）
    - 小隊（砲2門）
  - 速射砲中隊
    - 小隊（砲2門）
    - 小隊（砲2門）
  - 通信中隊

※以上は標準的な編制であって異なる編制の連隊も多数ある。また第四、第八、第十二中隊は欠番。

◆砲兵

砲兵は明治以来、歩兵と並んでもっとも重要な兵種の一つである。砲兵には主に山砲兵聯隊、野砲兵聯隊、重砲兵聯隊、野戦重砲兵聯隊などがある。それぞれ装備している大砲が異なり、山砲兵聯隊や野砲兵聯隊は師団隷下の歩兵部隊と緊密な連絡を取りつつ、敵拠点の制圧や近接支援砲撃に任じた。

一方、重砲兵聯隊や野戦重砲兵聯隊は大口径の重砲を装備し、野砲や山砲の火力だけでは対処できないような目標（たとえば要塞など）に対して使用され、軍直属となることもあった。

歩兵聯隊に配備された砲は分解して臂力搬《りょりょく》送することも可能になっていたが、野砲や重砲は大きく重かったため、馬匹、または自動車などで牽引することが基本であった。しかし、末期のビルマ戦などでは砲を牽引する自動車もなく、悪路を延々と人力で牽引した例などもあり、砲兵科の苦労は並み大抵のものではなかった。

◆工兵

工兵の仕事は一言でいうなら「破壊と建設」である。敵防御拠点の爆破・破壊や、敵に利用される恐れのある施設を破壊する一方で、前戦において敵に落とされた橋を架橋したり、ジャングルを切り開いて道路を造ったり、陣地を構築するのが主な任務であった。

基本的には各師団ごとに1個工兵聯隊が配属されるが、後には工兵聯隊の存在しない師団も編成され、逆に独立工兵聯隊も編成された。

工兵は基本的に技術者集団ではあるが、非戦闘員というわけではない。このため、工兵として必要な技術を習得する一方で、戦闘訓練も当然行われた。また、最前線で危険な作業に従事することも多く、重要な兵種の一つだった。

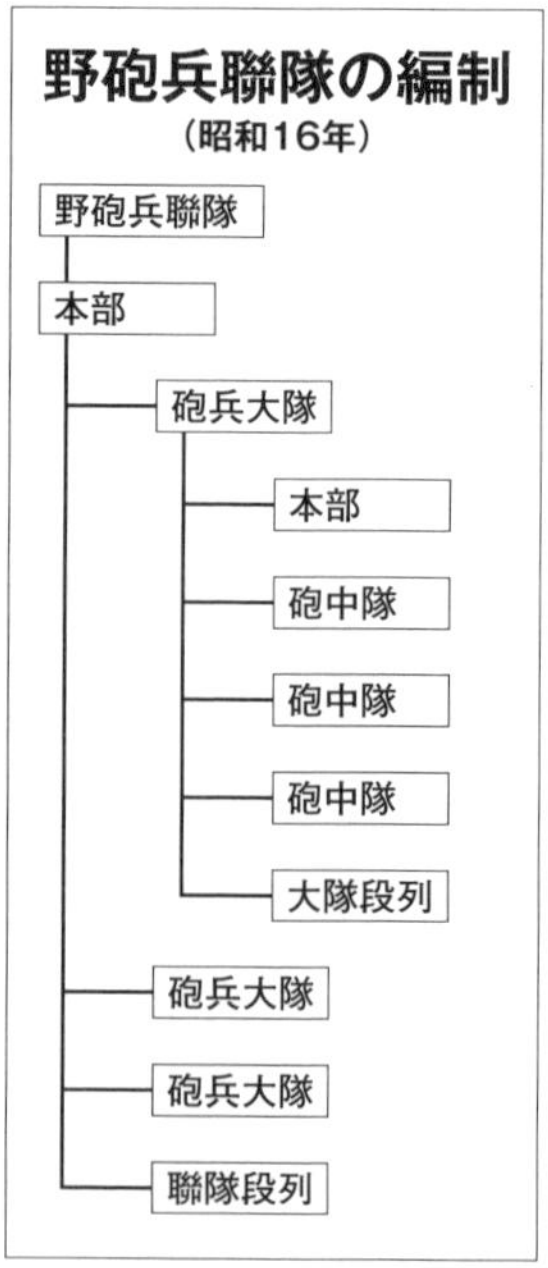

◆騎兵

中世においては花形だった騎兵も、小銃や機関銃が発達した近代では活躍の場はほとんどなくなっていた。このため、乗馬部隊としての騎兵科は徐々に改編され、機甲部隊（戦車団）もしくは捜索聯隊などに変化していった（終戦時にはわずかに第四騎兵旅団1個のみ存在した）。

捜索聯隊とはいわば偵察部隊であり、敵の存在が疑われる地点に対する威力偵察などを任務としていた。そのため、装甲車や軽戦車などを保有し、足の早さを活かして敵陣深くまで突破することもあった。

◆機甲

前4つの兵種に比べると機甲科は比較的新しい兵種で、戦車などを装備し、その火力と速力で前線を突破、敵戦線を崩壊させる原動力となることを期待された。

ただし、ノモンハン事変において対戦車戦闘で手痛い損害を被るまで、帝國陸軍では戦車戦力はあくまで歩兵支

ノモンハン事件においての八九式中戦車と戦車兵たち。八九式中戦車は日本初の国産量産戦車として少なくない活躍を見せた。奥には九七式中戦車も見える

戦車師団の編制（昭和17年）

- 師団司令部
  - 戦車旅団
    - 司令部
    - 戦車聯隊
    - 戦車聯隊
  - 戦車旅団
    - 司令部
    - 戦車聯隊
    - 戦車聯隊
  - 機動歩兵聯隊
  - 捜索隊
  - 機動砲兵聯隊
  - 速射砲隊
  - 工兵隊
  - 防空隊
  - 整備隊
  - 輜重隊

戦車聯隊の編制（昭和18年）

- 戦車聯隊
  - 本部（九七式改または一式中戦車×2、九五式軽戦車×1）
  - 第1中隊（九五式軽戦車×13）
  - 第2中隊（九七式改または一式中戦車×10）
  - 第3中隊（九七式改または一式中戦車×10）
  - 第4中隊（九七式改または一式中戦車×10）
  - 第5中隊（二式砲戦車×10）
  - 整備中隊

※理論上の編制。実際には車輌が定数に満たない戦車聯隊がほとんどであった。

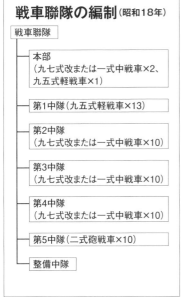

援のためのものという考えが主流であった。

その後、徐々に運用思想そのものは変化していったが、肝心の戦車が敵主力戦車に対抗できるだけのものを作れず、最後まで決定的な戦力足り得なかったのは残念なことであった。ただし、戦車搭乗員の技量だけは世界有数であったと言われている。

◆航空

航空も機甲同様、新しい兵種であるが、近代戦になくてはならない存在であった。帝國陸軍では昭和13年に空地分離を行い、航空機と空中勤務者からなる飛行戦隊と、地上勤務の飛行場大隊に二分した。これにより、飛行戦隊は必要に応じて各地を転戦することが可能になったのである。

航空部隊の最少単位は飛行中隊で、これは概ね9～12機程度で構成されていた。そして3個飛行中隊で1個飛行戦隊となり、飛行戦隊が2個以上で飛行団となった。

また、複数の飛行場大隊を統括する上級司令部として航空地区司令部があり、この航空地区司令部と2個以上の飛行団を合わせて飛行集団（のち、飛行師団と改称）が編成

飛行戦隊の編制例（戦闘機戦隊の場合）

- 戦隊本部小隊（戦闘機×1、輸送機×1、連絡機×1）
  - 第1中隊
    - 第1小隊（戦闘機×3）
    - 第2小隊（戦闘機×3）
    - 第3小隊（戦闘機×3）
    - 第4小隊（戦闘機×3）
    - 整備班
  - 第2中隊（第1中隊に同じ）
  - 第3中隊（第1中隊に同じ）

（他に予備機として戦闘機×8）

※昭和19年春以降は、中隊が「飛行隊」となり、1個小隊4機の3個小隊編制になる。整備班は整備隊として独立。

飛行集団の編制（昭和13年）

- 飛行集団
  - 司令部
  - 飛行団 ×2～4
    - 司令部
    - 飛行戦隊 ×2～4
    - 航空地区
      - 司令部
      - 飛行場大隊
    - 航空教育隊
  - 飛行通信聯隊
  - 飛行情報隊

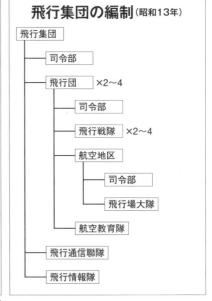

された。さらに飛行師団が2個以上で航空軍が編成され、終戦時には6個航空軍を数えた。

◆兵科・兵種の違いと各部

以上、主要な兵科・兵種について解説したが、帝国陸軍にはこれ以外にも数多くの兵種および各部が存在した。ところで兵科・兵種の違いと各部についても少し解説しておきたい。

兵科とは戦闘部隊における特定の専門職域を指すものだ（下図参照）。ところが時代とともに装備が多岐にわたり、また兵科内の兵種も細分化したことから昭和15年に兵科区分は廃止された。これに伴い、階級呼称も兵科＋階級だったものを、兵種に関係なく階級のみの呼称となった（ただし憲兵のみは階級の前に憲兵を付す）。

これに対して兵種とは、もともと兵科内の職域区分を指した。そして兵科が廃止されると、兵種が事実上の職域区分となった。また、新兵器の登場や戦術の変化により、兵種は必要に応じて増加した。

兵種には歩兵、騎兵、戦車兵、野砲兵、山砲兵、騎砲兵、野戦重砲兵、重砲兵、情報兵、気球兵、高射兵、機動砲兵、船舶砲兵、迫撃兵、工兵、鉄道兵、船舶兵、通信兵、飛行兵、兵技兵、航技兵、輜重兵、自動車兵、衛生兵があった。

一方各部とは戦闘部隊以外の職域を指し、陸軍軍人が勤務する組織である。各部には技術部、経理部、衛生部、獣医部、軍楽部、法務部があった。

また、各部将校は昭和12年以前は「相当官」と呼ばれ、階級呼称も異なった（大中小は一等、二等、三等に該当。佐官は正、少将は監、中将は総監。たとえば経理部の中佐相当官なら二等主計正となる）。

ただし昭和12年以降は改められ、兵科将校と同様、職域と階級で呼ばれることになった（陸軍主計中佐など）。

各兵科の識別色（胸章色）

区分	兵種	色	備考
兵科	憲兵	黒	兵科色は昭和15年で廃止
	歩兵	緋（ひ）	
	騎兵	萌黄（もえぎ）	
	砲兵	黄	
	工兵	鳶（とび）	
	航空兵	淡紺青	
	輜重兵	藍	
各部	経理部	銀茶	
	衛生部	深緑	
	獣医部	紫	
	法務部	白	昭和16年制定
	技術部	黄	昭和15年制定
	軍楽部	紺青	

階級・進級・停年

◆階級制度

　軍隊とは、ある意味で非常な暴力集団である。時には部下に対して死ぬことと同義の命令を与えなければならないこともある。そしてそれを強制するだけの裏づけがなければ、命令を与えることも、命令に従うことも出来ない。そのためのシステムが階級制度である。

　帝國陸軍では二等兵から大将までの階級があり、少尉以上の階級は将校（士官）と呼ばれた。将校とは軍隊における指揮官であり、下士官兵とは厳密に区別された（ただし軍隊指揮権を有するのは兵科将校のみである）。また軍隊においては階級が上位の者の言うことは絶対であり、これは平時・戦時を問わず徹底された。もし命令に背いた場合にはその内容や程度により軍法に照らして厳しく罰せられ、もっとも重罪とみなされた場合には死刑となった。

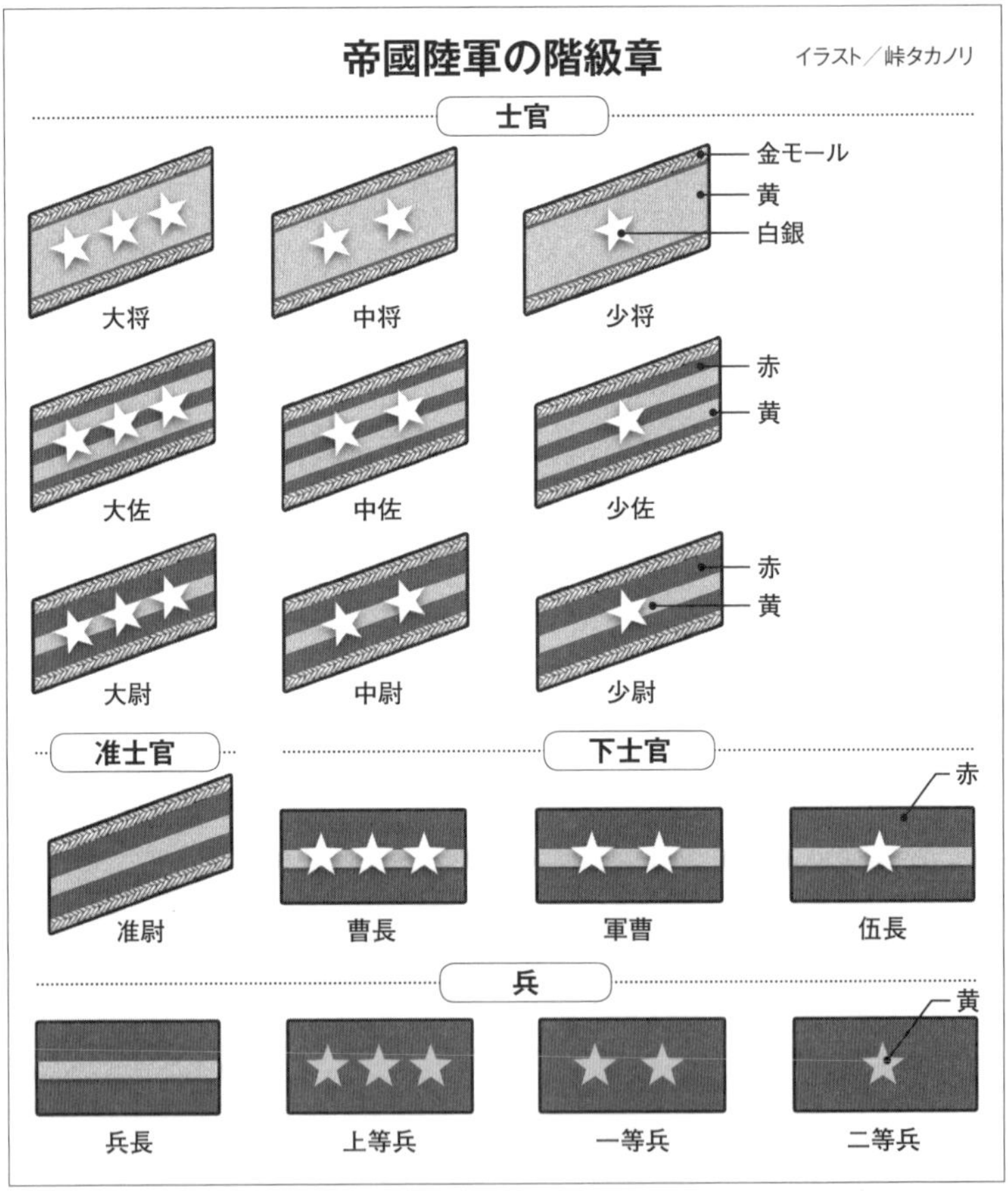

帝國陸軍の階級章　イラスト／峠タカノリ

　また、原則として上位者が下位者に対して命令を与えられるのは直接の部下に対してだけであった。したがって、聯隊長がいきなり小隊長や分隊長に命令を与えるというようなことはなく、戦闘序列にしたがって聯隊長は大隊長に、大隊長は中隊長に……という流れで命令が下達されたのである。

つまり階級制度とは命令を強制するシステムであり、軍法という軍隊独自の法律によって支えられていたのである。

◆進級と停年

兵長、上等兵、一等兵、二等兵（一等兵および二等兵は昭和6年まで一等卒、二等卒と呼称）を「兵」と呼び、曹長、軍曹、伍長は下士官、准尉を准士官と呼んだ。これらを合せて一般に「下士官兵」という呼び方をする。下士官兵の進級については次項で述べるので、ここでは将校の進級について説明しよう。

帝國陸軍における将校は志願制で、陸軍士官学校などを卒業したあと少尉として任官することで将校となった（25ページの図参照）。

帝國陸軍では軍人が勤務した年数のことを「停年」と呼び（定年退職の定年とは異なる）、すべての階級には進級に必要な停年数が定められていた。つまり、上の階級に進級するためには定められた勤務期間を経なければならなかった。ただ、この規定期間を経過したら必ず進級するわけではなく、実際には規定期間以上の年数を必要とした（ちなみに少尉から中尉に進級するには1年の実役停年が必要である）。

また、佐官以上の進級は実役停年だけではなく、上位者からの抜擢も必要であった。したがって陸士卒であっても

階級とポスト一覧

大将	陸軍大臣、方面軍司令官、参謀総長
中将	軍司令官、参謀総長、参謀次長、師団長、各種学校長、教育総監、教育総監（各）兵監
少将	旅団長、歩兵団長、陸軍省（各）局長
大佐	歩兵聯隊長、省部の各課長
中佐	聯隊長（騎兵、戦車、工兵、輜重兵など）、飛行戦隊長、省部の各班長
少佐	大隊長、飛行戦隊長
大尉	中隊長
中尉	小隊長
少尉	小隊長、聯隊旗手
准尉（特務曹長）	中隊本部付
曹長	先任下士官
軍曹	分隊長
伍長	分隊長
兵長	
上等兵	
一等兵	
二等兵	

全員が一律に進級するわけではなく、特に陸大出身者とそれ以外の者との進級速度は明らかに異なっていた。また、陸士卒の現役将校の約3割が中佐までの進級であった。

陸軍の兵役制度

◆徴兵

帝國陸軍の兵は、基本的に徴兵であり、ごく一部を除いて成人男子は兵役に服することになっていた。これを定めた法が徴兵令であり、昭和2年に兵役法へと全面的に改正された。紙幅の都合もあるのでここでは兵役法を中心に解説していきたい。

まず、兵役法では兵役を4つの区分に分けた。常備兵役、後備兵役、補充兵役、国民兵役である。このうち、常備兵役は現役と予備兵役に分かれる。

成人男子は満20歳（昭和19年度からは19歳）になると徴兵検査を受け、その結果によってどの兵役に服するかが決まる。徴兵検査の結果は甲乙丙丁戊と五段階あり以下のよ

column

階級小話

●その壱

兵長という階級は以前は「伍長勤務上等兵」という呼称であったが、支那事変勃発に伴って兵役年限が伸び、古参兵の増加に伴って新設された。

●その弐

平時においては中隊が基本の組織単位で、家庭になぞらえて「中隊長はお父さん、内務班長はお母さん、古参兵はお兄さん」などと言われたが、実際には制裁やいじめなどが後を絶たなかった。

●その参

下士官兵の世界は将校の世界とは隔絶している。そして下士官兵の世界では階級よりも「年数」がものを言うことがあった。つまり、入隊から何年経ているか（○年兵）で立場が大きく変わった。俗に「星の数より飯の数」とはこれを言い、星（階級章の星章）の数が多い新参の下士官よりも、長い間兵隊をやっている古参兵が威張っているというケースは屡々見かける光景であった。

●その四

元帥とは称号であって階級ではない。階級としてはあくまで大将であり、天皇の軍事顧問であった。また、終身現役という点が通常の大将とは異なる（大将にも当然現役定限年齢があり、65歳である）。

現役かそうでないかの差は非常に大きく、たとえ大将であっても予備役になると意見を言ったり機密情報を聞き出すことなどは出来なかった。

うな区分になっていた。
〈甲種〉身体の特に頑強なもの
〈乙種〉甲種ほどではないが、健康なもの
〈丙種〉体力・健康に劣るもの
〈丁種〉身体障害者など
〈戊種〉犯罪の容疑者など、徴兵に適するかどうか不明確なもの

このうち、甲種合格者はそのまま現役兵として入営させられた。ただし甲種合格者の人数が定員より多い場合には抽選により選抜される。したがって、甲種合格＝常備兵役と考えてよい。

乙種合格者は第一または第二補充兵役に割り振られる。そして甲種合格者が少ない、もしくは足りない場合の補充要員で、第一補充兵役から順に現役に編入された。この場合は志願もしくは抽選である。したがって、よほどのことがない限りは甲種及び乙種で兵員は賄われることになっていた。

丙種合格者は国民兵役に編入され、丁種は兵役免除、戊種は徴集を延期された。

常備兵役のうち、現役は二等兵として直ちに入営を命じられる。徴兵期間は2年間であったが、実質的には1年半の入営で、残りの半年は帰休として家に帰された。ただし、支那事変が勃発すると大量に兵員が必要になってきたため、昭和13年に法律が改正されて半年の帰休は廃止された。そしてさらに戦局が逼迫してくると兵役年限自体が事実上延長され、三年兵や四年兵が続出することとなった。

一方、予備兵役とは現役を終えた者が服する兵役で、5年4ヵ月の期間があった。都合合わせて7年4ヵ月で常備兵役を終えるが、そうするとさらに10年間、後備兵役が待っていた。ただし、後備兵役は昭和16年には廃止され、予備兵役が15年4ヵ月となった。もともと予備兵役と後備兵役の違いは召集の際に予備兵役が優先的に召集されるというものだったので、後備兵役を廃止したことで22歳から37歳までの現役経験者を軒並み召集できることになったのである。

補充兵役はスポーツでいうところのレギュラー選手に対する補欠選手のようなもので、服務期間は12年4ヵ月（昭和18年に17年4ヵ月に変更）であった。そのうち第一補充兵役はその期間内に120日以内の教育召集に応じる義務があった。先述したように現役の欠員補充は第一補

充兵役から行われるため、最低限の訓練が必要だったのである。

国民兵役は第一および第二に分かれ、第一国民兵役は後備役および軍隊教育を受けた補充兵役（基本的には第一補充兵役）が任期を満了した後に編入された兵役で、40歳（昭和18年に45歳に延長）まで服することになっていた。また、第二国民兵役はまったく軍隊教育を受けたことのない者が該当する。

なお、現役兵以外の兵役服務者を軍務につかせるためには召集が必要であった。召集には幾つか種類があるが、もっとも基本となるのが充員召集で、これは言わば戦争準備といってもよく、動員令が必要であった。動員令には天皇の勅命が必要である。したがってよほどのことがない限り充員召集が発せられることはなかった。

しかし、軍はさまざまな理由で兵員を必要とする。そのため、臨時召集を行うことが出来た。これは臨時動員令に基づくもので勅命は必要なく、陸軍大臣または師団長の命令によって行なうことが可能であった。このため、実際には臨時召集は支那事変以降に乱発されることになる。ちなみに「赤紙」とはこの充員召集および臨時召集の際の召集令状のことを指す。

召集にはこれ以外に演習召集や教育召集、帰休兵召集などが必要に応じて発せられた。

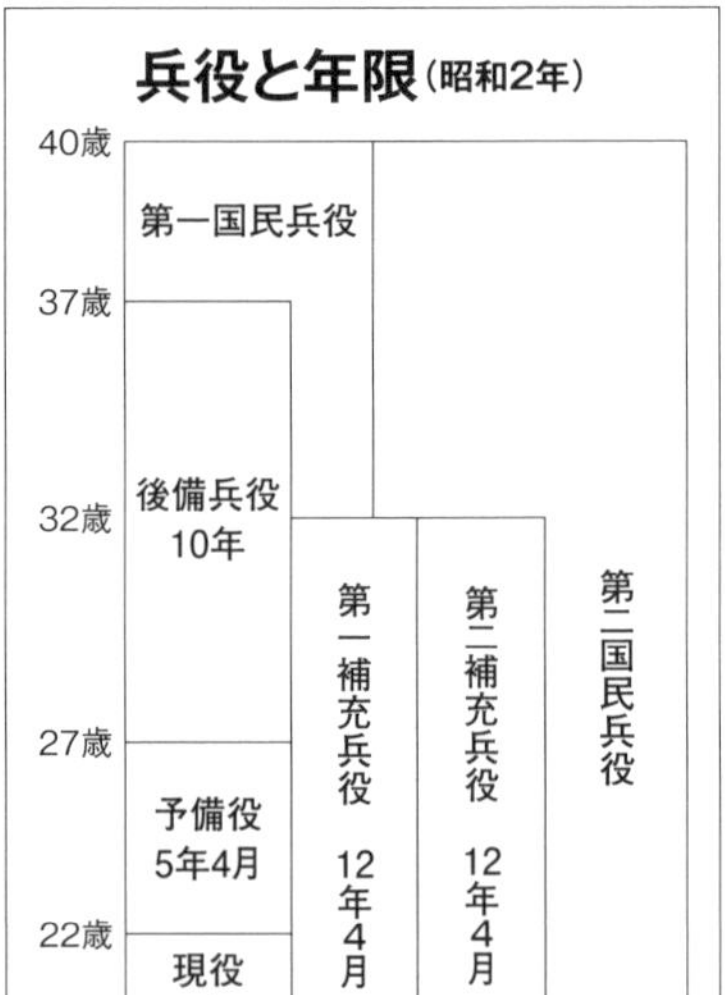

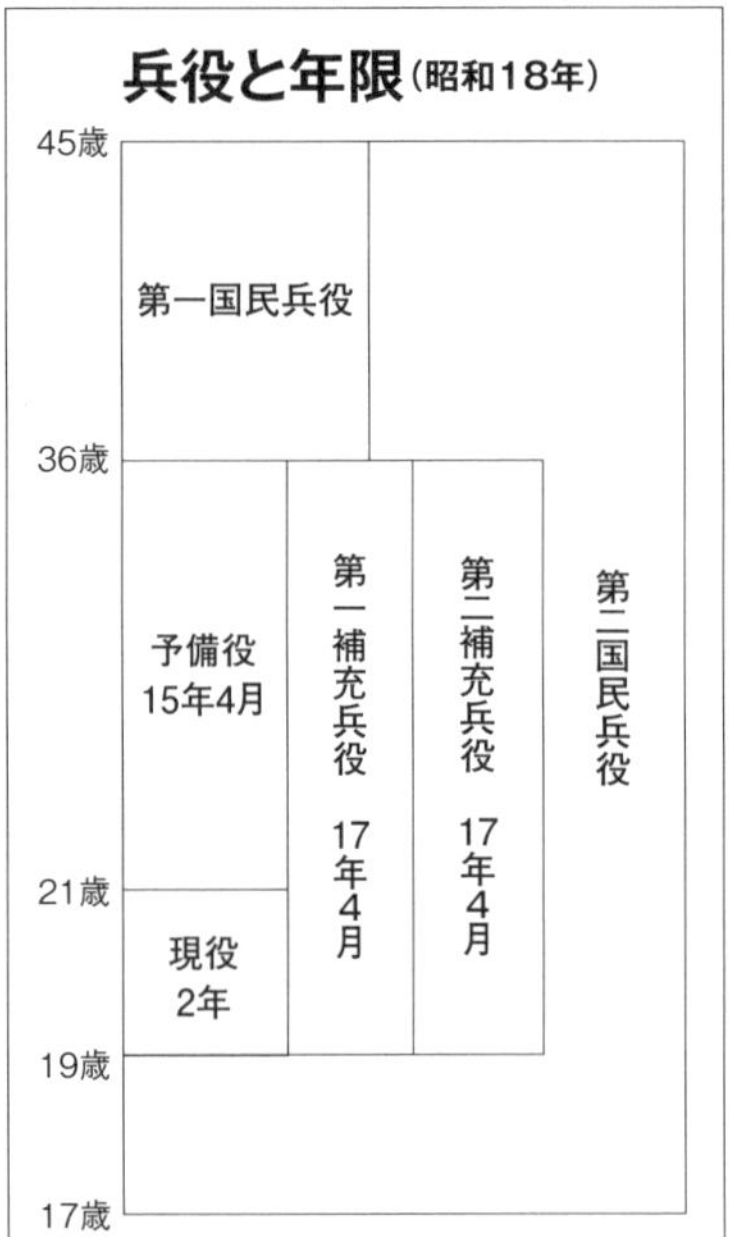

◆下士官になるには……

徴兵検査に合格すると二等兵として入営する。そして基本的な訓練を受け、半年後に第一期検閲を受けて一等兵に進級する。ほとんどの兵はこの一等兵で除隊した。一等兵の上は上等兵であるが、これは内務班長（下士官）などの推薦を受けて中隊長が指名し、特別教育を受けて合格した者のみが進級できた。したがって、平時において上等兵は兵の中では一目置かれる存在であった。

先に触れたように、帝國陸軍ではほぼ全ての青年男子がなんらかの兵役に服し、現役を2年務めると除隊する。これは国民としての義務であり、強制であった。

しかし、下士官となると話は別である。下士官は上等兵（兵長）のうち志願した者から選抜し、教育を施し、任官させたのである。そして、兵と異なり下士官は「武官」であり、官吏であった。今でいうところの国家公務員である。

下士官になるための教育制度も度々変更されているが、昭和期には選抜された志願者が隊内で1年間の教育を施された後に陸軍教導学校に入校、さらに1年間の過程を終了すると原隊に復帰して伍長に任官した。伍長任官後、4年

陸軍準士官・下士官兵の階級（終戦時）

	準士官	下士官			兵			
兵科	准尉 憲兵准尉	曹長 憲兵曹長	軍曹 憲兵軍曹	伍長 憲兵伍長	兵長 憲兵兵長	上等兵 憲兵上等兵	一等兵	二等兵
技術部	技術准尉 建技准尉	技術曹長 建技曹長	技術軍曹 建技軍曹	技術伍長 建技伍長	技術兵長	技術上等兵	技術一等兵	技術二等兵
経理部	主計准尉 縫工准尉 装工准尉	主計曹長 縫工曹長 装工曹長	主計軍曹 縫工軍曹 装工軍曹	主計伍長 縫工伍長 装工伍長				
衛生部	衛生准尉 療工准尉	衛生曹長 療工曹長	衛生軍曹 療工軍曹	衛生伍長 療工伍長	衛生兵長	衛生上等兵	衛生一等兵	衛生二等兵
獣医部	獣医務准尉	獣医務曹長	獣医務軍曹	獣医務伍長				
軍楽部	軍楽准尉	軍楽曹長	軍楽軍曹	軍楽伍長	軍楽兵長	軍楽上等兵		
法務部	法務准尉	法務曹長	法務軍曹	法務伍長	法務兵長	法務上等兵		

（「陸軍准尉」のように、すべて上に「陸軍」の語を冠する）

間は軍務に服する義務があり、それを過ぎると軍曹、曹長へと進級した。下士官はいわば職業軍人であり、分隊および小隊の中心となるべき人材であった。また、兵隊からのたたき上げが原則だったので、兵からの信望も厚かった。

その一方で、高学歴者を将校や下士官にするための制度もあった。中学卒業以上の者が対象で2年間の現役を務めた後に試験を受けて合格した者を幹部候補生と呼び、甲幹（将校要員）と乙幹（下士官要員）があった。どちらも即席の教育を経た後にそれぞれ将校及び下士官に任官する。さらに、戦争末期には特別幹部候補生（特幹）という制度まで作られ、中学卒業後、2年間の教育の後に准尉に任官するという速成教育であった（ただし卒業前に終戦となった）。

◆将校になるには……

陸軍将校になるためには幾つかの方法がある。そのもっとも代表的な手段が陸軍士官学校（陸士）に入校することであった。実際にはさらにその下に陸軍幼年学校というものがあり、主に軍人の子弟が入校した。幼年学校は地方と中央からなり、地方幼年学校で3年を終えた後、中央幼年学校で1年8ヵ月（当初は2年）を経て卒業、その後に士官候補生として半年の隊付勤務を経て士官学校に入校した。

しかし幼年学校卒業者はエリート意識が強く、実際、太平洋戦争（大東亜戦争）における主要ポストは幼年学校出身者が独占した。陸大卒業者と並んで弊害の一つになっていたとも言われる。

そんなこともあって、大正9年には中央幼年学校を廃止し、陸軍予科士官学校とした。このため、幼年学校出身者も中学出身者も同時に予科士官学校へ入校することになったのである。

予科士官学校では兵科の区別はなく、全員共通の基礎教育を受けた。終業期間は2年である。卒業前に各自兵科が決定し、隊付勤務となる。この時に配属される隊が原隊となり、本科卒業後に再び戻ることになる。

隊付勤務は半年で、それを終えると軍曹に進級して本科に入校する。本科の終業期間は1年10ヵ月であるが、兵科によってはさらに長い場合もあった。本科では兵科が決まっていることもあって専門的な教育となり、軍事学中心となる。なかでも帝國陸軍では戦術や戦史の授業に重きが置かれていた。最後に卒業を前にして天覧演習（天皇臨席の演習）が大々的に実施され、それを終えると卒業し、見習い士官（准尉）として原隊に復帰した。そしてさらに3ヵ月を経て、ようやく少尉に任官となったのである。

少尉任官後1年で、全員一律に中尉へ進級する。しかし横並びはここまでで、ここから先は成績などによって進級の度合に差がついた。中でも将官になるためにはほとんど例外なく陸軍大学校（陸大）に入校しなければならなかった。陸大に入学できるのは陸士卒業生のおよそ1割程度であり、かなりの狭き門であった。陸大卒業者には徽章（136ページ参照）が与えられ、これが江戸期の天保銭に形が似ていたことから俗に「天保銭」や「天保組」などと呼ばれたが、部内での軋轢もあって昭和11年にこの徽章は廃止された。

陸大では主として、より高等な戦略戦術や戦争指導、参謀要務などが教育され、将来の将官養成が目的の学校であった。そのため卒業者は参謀本部や陸軍省などに配属されるケースが多く、まさにエリート中のエリートであった。

ただし、陸大は戦略戦術を重視し、国家経済や国際外交など総力戦に必要な知識を学ぶ場ではなかった。そのため、軍人が軍人に徹している限りはよかったが、昭和期のように政治に介入するようになると弊害も現われるようになったのである。

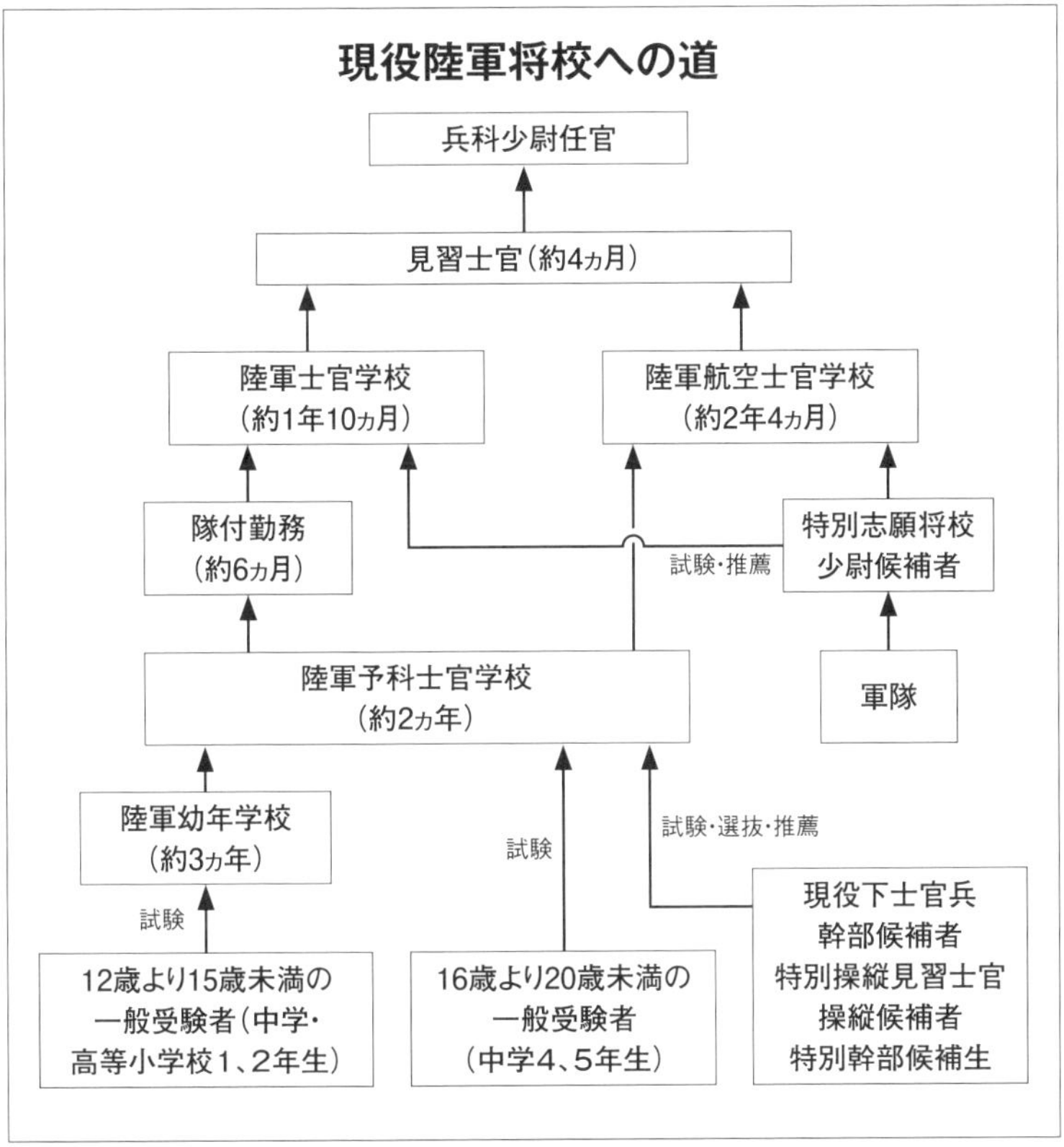

諸学校一覧(昭和12~13年)

補充学校(将校下士官の養成に当たるもの)	管轄
陸軍大学校	参謀総長
陸軍幼年学校(所在地:東京、仙台、名古屋、大阪、広島、熊本)	教育総監
陸軍士官学校	教育総監
陸軍予科士官学校 ┐	教育総監
陸軍士官学校 　　├ 分立	教育総監
陸軍航空士官学校 ┘	航空総監
陸軍砲工学校(陸軍科学学校と改称)	教育総監
陸軍教導学校(所在地:仙台、豊橋、熊本)	教育総監
陸軍憲兵学校(もと憲兵訓練所)	陸軍大臣
陸軍工科学校(のち陸軍兵器学校)	陸軍大臣
陸軍予備士官学校(所在地:仙台、盛岡、前橋、豊橋、久留米、熊本)	教育総監

実施学校(将校下士官の学識技能の向上に当たるもの)	管轄
陸軍歩兵学校	教育総監
陸軍騎兵学校	教育総監
陸軍戦車学校(のちに千葉陸軍戦車学校と改称)	教育総監
陸軍野戦砲学校	教育総監
陸軍重砲兵学校	教育総監
陸軍防空学校(のちに千葉陸軍高射学校と改称)	教育総監
陸軍工兵学校	教育総監
陸軍通信学校	教育総監
陸軍自動車学校(のちに陸軍輜重兵学校が分立)	教育総監
陸軍戸山学校	教育総監
陸軍習志野学校	教育総監
陸軍航空技術学校	陸軍大臣(※)
所沢陸軍飛行学校	陸軍大臣(※)
下志津陸軍飛行学校	陸軍大臣(※)
明野陸軍飛行学校	陸軍大臣(※)
熊谷陸軍飛行学校	陸軍大臣(※)
浜松陸軍飛行学校	陸軍大臣(※)

各部の学校	管轄
陸軍経理学校	陸軍大臣
陸軍軍医学校	陸軍大臣
陸軍獣医学校	陸軍大臣

(※)…昭和13年12月、陸軍航空総監部設立後、航空総監の管轄

陸軍には実施学校と補充学校という大きく分けて二種類の学校があった。実施学校とはすでに任官している下士官、将校が技能などを学ぶための学校で、戦車学校や飛行学校などがこれに該当する。補充学校とは下士官や将校を養成するための学校で、士官学校や陸軍大学がこれに該当する。

column

軍と方面軍

帝國陸軍には「軍団」という中間結節がない。

戦略単位である師団複数個を擁する組織が「軍」、さらにその上級組織が「方面軍」である。

欧州方面の軍隊組織では2個ないし3個師団で軍団、数個軍団で軍、さらに数個軍を束ねるのが軍集団や方面軍と記述されることが多い。

ただ、これらはあくまで日本語に翻訳した際に便宜上そのように呼称するようになったものであって、帝國陸軍に軍団が存在しないことは大きな問題ではない。

帝國陸軍にあって「軍」という呼称が使用されるようになったのは日清戦争の頃からである。ただし「軍」というのは一部を除き、建制上の組織ではない。あくまで戦時において必要に応じて編成されるものである。言い換えるなら、戦争を遂行するにあたって複数師団を指揮・運用する必要上から、それらを束ねる司令部が設置され、合わせて軍直属の部隊(たとえば重砲兵や戦車など)が配属されるわけである。

前記の「一部を除き」というのは、外地、すなわち台湾、朝鮮、中国などに駐箚《ちゅうさつ》する部隊にその地名を冠した軍を置いたためだ。朝鮮軍、関東軍などはこれにあたる。

したがって、支那事変から太平洋戦争の時期であれば、数字を振られた「軍」は基本的に一定の地域を担当する下級軍、「方面軍」は複数の下級軍を隷下に持つ中級軍、さらにそれを統括する「総軍」は上級軍ということになる。

ただし総軍という呼称は戦争末期に使用され始めたもので、太平洋戦争では中国戦線以外を担当する組織として南方軍が置かれた(総軍と同格)。

昭和19年ごろの例を挙げると、南方軍の下に緬甸《ビルマ》方面軍や第十四方面軍などがあった。緬甸方面軍はビルマ全域の、第十四方面軍はフィリピン全域の作戦および防衛を担当する。

そして緬甸方面軍の隷下には第十五軍、第二十八軍、第三十三軍のほか、多数の直轄部隊があった。

ただし太平洋戦争の緒戦においてビルマ攻略を担当したのは第十五軍で、その時期には緬甸方面軍は存在していない(緬甸方面軍の創設は昭和18年3月)。

このように、時期や作戦の必要性によってその地域の師団数が増減し、それに応じて軍以上の組織も編成、解体されるわけである。

なお、「支隊」と「部隊」についても簡単に触れておきたい。

これら2つの呼称に明確な命名定義は存在しないが、「支隊」とは概ね聯隊〜旅団規模の隊を基幹とし、「部隊」はそれより小規模で聯隊〜大隊規模で構成される。

いずれの場合も、作戦遂行にあたって部隊を分派する必要から組織される。歩兵部隊を基幹として必要に応じて砲兵や工兵、戦車などを増配した諸兵科連合部隊となることが多い。欧米の軍隊では「戦闘団」とも呼ばれる。

なお、支隊名称は一般的には支隊長の名が付けられることが多いが、作戦地域名や、部隊の出身地にちなんだ名称が付けられることもあった。

独立混成旅団

　本文中において師団、旅団、聯隊について解説したが、もう一つ、帝國陸軍には独立混成旅団という単位があった。独立混成旅団の「混成」とは通常の歩兵旅団とは異なり、歩兵のほかに各種部隊（砲兵、工兵、通信など）を編合した「諸兵種連合部隊」であることを示している。また、「独立」とは戦略単位である師団には属さずに単独で行動できる部隊であることを示している。したがって、独立混成旅団とは「独立して単独行動できる諸兵種編合の旅団」ということになる。

　独立混成旅団が最初に編成されたのは昭和9年、満州においてであった。この時には第一および第十一混成旅団が編成されている。ただし、この時の混成旅団は後に乱造される混成旅団とは性格が異なっている。すなわち、第一混成旅団は帝國陸軍初の「機械化部隊」であり、独立歩兵第一聯隊を中核として、第三および第四戦車大隊、独立野砲兵第一大隊、独立工兵第一中隊からなり、各部隊はすべて自動車化されていたのである。他方、第十一独立混成旅団は砲兵火力を重視した部隊であり、また単なる治安維持に止まらない大きな権限が旅団長には与えられていた。

　だが、これら2個旅団は惜しくも後に解体され、独立混成第一旅団はのちに第一戦車団の、第十一旅団は第二十六師団の基幹部隊として編合された。

　その後、支那事変が勃発してそれまでの部隊では到底足りなくなってくると、占領地の治安維持を目的とした独立混成旅団が次々と編成されていった。常設師団はいわば「戦闘を行うための組織」であり、その師団に後方警戒任務を行わせたのでは無駄である。また、後方警戒、治安維持目的であれば配属する砲兵部隊は最小限でよく、またその他の支援部隊についても同様であった。

　このため、独立混成旅団は独立歩兵大隊5個を中核として、山砲2個中隊、野砲1個中隊、工兵中隊、通信中隊などをもって編成された（ただし、時期により編成内容は異なる）。そして、その独立歩兵大隊は広い中国大陸で分散配置され、さらに大隊を構成する中隊、小隊も各地に点在して配置されたのである（これを高度分散配置と呼んだ）。

　また、独立混成旅団は太平洋戦争が勃発すると各地の守備兵力としても配置され、装備貧弱だったこともあって数多くの部隊が苦戦を強いられたのであった。

独立混成旅団の編制例

独立混成第一旅団（昭和20年8月）
- 独立歩兵第七十二大隊
- 独立歩兵第七十三大隊
- 独立歩兵第七十四大隊
- 独立歩兵第七十五大隊
- 独立歩兵第七十六大隊
- 旅団砲兵隊
- 旅団工兵隊
- 旅団通信隊

帝國陸軍用語解説

【組織・制度】

◆衛戍地（えいじゅち）

特定の陸軍部隊の拠点たるべき場所を指す。もともと日本の軍隊は国土防衛のために建軍された組織であり、「衛」も「戍」も共に「守る」という意味がある。陸軍の部隊は出動したり外征したりとあちこちに移動するが、必ずここに帰還するという意味では海軍における「母港」と少しニュアンスが近いといえる。また、部隊が海外などに派遣されて駐留する場所は「駐屯地」と呼ばれ、衛戍地とは区別される。

◆軍令（ぐんれい）

軍隊を律するための法令の一種であり、旧軍にあっては（形式上）天皇が制定するものであった。

◆皇軍（こうぐん）

日本陸海軍は天皇を最高司令官に戴く組織であり、それゆえにこの呼称がしばしば使用された。

◆建制（けんせい）

軍隊建設に際して定められた根本的な制度を指す。また、編制上の規定に基づく部隊間の従属関係などを指す場合にも用いられる。したがって「建制部隊」という場合には、作戦上の臨時的な配属部隊ではなく、あくまで編制上の部隊を指す。

◆行李（こうり）

歩兵部隊直属の補給部隊を指す。大行李は食料や衣服など、小行李は弾薬の運搬を行う。もっと大規模な補給部隊は輜重部隊と呼ばれる。また、砲兵部隊や戦車部隊は行李ではなく「段列」と呼ばれた。

◆参謀（さんぼう）

指揮官を補佐して作戦計画などを作成する将校を指す。帝國陸軍の場合は原則として陸軍大学出身者がこの職についた。ただし、陸大そのものが将来の上級幹部養成校のような趣きがあったから、必然的に参謀もまた将来の上級幹部要員とみなされた。

◆戦闘序列（せんとうじょれつ）

戦時または事変において天皇が令する、部隊の所属と上下関係を定めたもの。これによって各軍司令部や師団などの統率系統を明示し、作戦参加全部隊が律された。

◆大本営（だいほんえい）

戦争や事変に際して設置される天皇を中心とした軍事統合本部を指す。陸海軍の幕僚組織（参謀本部、軍令部）はともに組み入れられ、天皇の統帥を補佐して各種計画を策定する。しかし、実質的には大本営の意向イコール決定事項であった。

◆統帥権（とうすいけん）

日本陸海軍は天皇直率が建前であり、天皇自らが軍隊を統帥する。したがって政府すらこれに介入する権限はない。天皇が軍隊を統帥する権限を統帥権という。

◆内務班（ないむはん）

衛戍地は基本的に師団および聯隊ごとに定められ（師団管区・聯隊区）、聯隊が基本の単位となる。平時にはこの聯隊の下に中隊があり、さらにその下に班が組織されている。そして、平時、あるいは戦時にあっても内地においては、兵営内における兵の暮しを「内務」と呼んだ。したがって、内務班とは平時における最少の組織単位であり、兵営内ですべての行動を共にする共同体を指す。出征する場合にはこの内務班をいったん解体し、分隊、小隊が再構成されることになる。

◆編制（へんせい）

勅命によって定められた、永続性のある軍事組織の規定。平時における規定を「平時編制」、戦時における規定を「戦時編制」と言う。編成との混同を避けるために「へんだて」と呼称する場合もある。

◆**編成（へんせい）**

目的にあわせ、複数の部隊を組織することを指す。編制との混同を避けるために「へんなり」と呼称する場合もある。また、とくに作戦上の目的に応じて編制あるいは編成部隊をもって部隊を組織することを「編組」と言う。

◆**兵科（へいか）**

軍隊における職能別の区分をいう。歩兵、騎兵、砲兵など直接戦闘に携わるものを「兵科」と称し、経理、衛生、軍楽など直接戦闘に携わらないものを「部」と称して区別した。しかし、軍事技術や兵器のの発達に伴って数度にわたりその区分は改正され、昭和15年には憲兵科を除いて兵科は廃止された。

◆**兵種（へいしゅ）**

兵科は廃止されたものの、人材の適所への配属および教育のため、徴兵令によって規定された兵の種類をいう。歩兵、戦車兵などのほか、鉄道兵や衛生兵、船舶兵などさまざまな種類があった。

【作戦・戦術】

◆**運動（うんどう）**

軍事用語でいうところの「運動」とは、部隊が作戦・戦術のために動くことをいい、したがって運動戦とは遭遇戦や追撃戦闘を指し、陣地戦と対極にある戦闘である。一般的には「機動」「移動」と言ったほうが通りがよい。

◆**階行社（かいこうしゃ）**

陸軍将校のためのいわゆる将校倶楽部である。海軍の同様の団体は水交社。敗戦とともに姿を消したが、現在は両団体とも再建、存続している。

◆**開進（かいしん）**

行軍のための縦隊から、戦闘のための横隊などに展開することを指す。

◆**擱座（かくざ）**

戦車や装甲車輌などが攻撃により撃破され、動けなくなること。

◆**火戦（かせん）**

火器による射撃戦を指す言葉で、白兵戦と対になっている。帝國陸軍では火戦によって敵を制圧し、白兵戦によって目的を達成するものとされた。

◆**決心（けっしん）**

軍事用語としての「決心」は、部隊運用などに際して指揮官が下す意思決定のことを言い、「中隊長の決心を伝える」などと使われる。

◆**橋頭堡（きょうとうほ）**

河川の渡河点や上陸海岸など、先遣隊によって確保された陣地などを指す。渡河および渡海攻撃は通常戦闘よりも困難なため、この橋頭堡を足がかりにして戦果を拡大するのが軍事上のセオリーである。

◆**支とう点（しとうてん）**

攻撃や反撃に際し、その足がかりとなる作戦上の重要地点や陣地のこと。一般的に、攻撃に際しては「拠点」といい、防御時には「支とう点」と呼ばれる。

◆**十字砲火（じゅうじほうか）**

前後左右から銃砲弾を浴びせ（られ）ること。よく考えられた陣地は敵をこのような場所に誘い込み、殲滅する。

◆**信地旋回（しんちせんかい）**

戦車などの装軌車両が方向転換をする際、片側だけ駆動させて反対側を停止することにより、停止した側を中心軸として回転する機動を信地旋回という。また、左右それぞれを逆方向に駆動することによって現在地のまま方向転換を行うことができる（車輌もある）。これを超信地旋回という。

◆**水際撃滅（すいさい（※）げきめつ）**

敵上陸部隊に対して上陸をさせない、ある

（※）…「みずぎわ」と読む場合もある。

いは上陸させても最小限にとどめ、内陸部へ侵攻させないうちに水際において攻撃、殲滅する防御思想。

◆戦場掃除（せんじょうそうじ）

戦闘終了後、戦場における戦死傷者の手当や収容を行なうこと。また、兵器・装備類の回収も併せて行なった。場合によっては一時的に敵側と休戦し、双方が戦場掃除を行うこともあった。

◆捜索（そうさく）

敵の所在や状況などが不明の場合に行われる敵前情報収集行動のこと。これに対して、敵の存在などがある程度確認できている状況下で行われる情報収集は「偵察」と呼ばれる。また、敵情を知るための行動を「捜索」、地形を明らかにする行動を「偵察」と呼ぶ場合もある。

◆挺進（ていしん）

敵陣深くに潜入し、敵情収集や破壊活動などを行なうこと。また、この部隊を「挺進隊」と呼び、部隊の中から人員を選抜して小グループを編成、行動にあたらせた。なお、帝國陸軍では空挺部隊を大規模な挺進隊と考え、「挺進聯隊」「挺進団」と呼称した。

◆吶喊（とっかん）

白兵突撃開始のための号令。指揮官によるこの号令と共に喊声を上げ、敵陣に向かって突撃を開始する。昭和陸軍ではこの他に「突っ込め！」という場合もあった。

◆白兵戦（はくへいせん）

火戦に対する言葉で、突撃によって敵陣に侵入し、近接戦闘によって決着をつけることをいう。当然のことながら損害は増大するが、火戦によって敵が降伏もしくは退却しない限り、最終的には白兵戦によって敵拠点を制圧しなければならない。

◆偏差射撃（へんさしゃげき）

移動目標に対して射撃を行う際、射撃による時差を考慮して目標の未来予測地点に向けて射撃をすること。

◆分進合撃（ぶんしんごうげき）

目標地点に対して、複数部隊が別々のルートを用いて進撃し、目標地において合流すること。

◆躍進射（やくしんしゃ）

戦車が主砲で射撃を行う際の射撃方法の一種。移動中に一時停止、その瞬間に発砲、さらに移動を続行という射撃方法。帝國陸軍では移動しながら発砲することを「行進射」、停止して発砲することを「停止射」と呼んだ。

【兵器・装備】

◆円匙（えんぴ）

いわゆるスコップやシャベルのこと。大小あり、大円匙は工兵用の大型のもので、土木工事などに使用される。小円匙は歩兵の携帯用装備で、掩体（タコツボ）を掘るためなどに使用する。通常は分解して背のうに付けて持ち運んだ。

◆外套（がいとう）

オーバーコートのこと。

◆外被（がいひ）

レインコートのこと。

◆巻脚絆（まききゃはん）

脛に巻く細長い布帯のことで、端にある紐を膝下で結んで装着する。下士官や将校は長靴や革脚絆を使用することもあったが、兵は例外なく巻脚絆を使用した。ゲートル（フランス語）とも言う。

◆牛蒡剣（ごぼうけん）

小銃の先端に装着する三〇年式銃剣の俗称。片刃の直刀で刀身は40㎝ほどある。まっすぐな直刀のために、見ためから「ごぼう剣」と呼ばれるようになった。白兵戦時の銃剣として使用するのはもちろん、地雷探索や穴掘り、缶切りとしてなど様々な用途に使われた。基本形状は同じだが、ツバや鞘の形状など、バリエーションが幾つもある。

◆雑嚢（ざつのう）

肩掛けの布製のカバン。小銃の手入れ道具や下着類などの身の回り品のほか、戦地では手榴弾も入れていた。余談ながら、帝國陸軍で使用していた軍足（靴下）にはかかとが無く、これに米などを入れて雑嚢に収納した。

◆初速（しょそく）

銃砲弾を発射した際、銃（砲）口から出た時点での銃砲弾の速度。銃砲弾の威力は初速の大きさに比例するため、初速が大きいほど威力は増すことになる。

◆装軌車（そうきしゃ）

覆帯を装備した車輌の総称。戦車をはじめ砲戦車やトラクターなども装軌車と呼ばれる。ただし、前輪がタイヤで後ろが装軌式になっている車輌は「半装軌車（英語ではハーフトラック）」と呼ばれる。

◆装輪（そうりん）

装軌式車輌に対して、車輪（タイヤ）形式の車輌を装輪車輌と呼ぶ。ちなみに、帝國陸軍ではトラックのことを「自動貨車」、オートバイを「自動二輪車」、サイドカーを「側車付自動三輪車」と呼んだ。

◆操向転把（そうこうてんぱ）

いわゆるハンドルのこと。ちなみに電気始動釦《ボタン》はスターター、瓦《が》斯《ス》践板《せんばん》はアクセル・ペダル、制動槓桿《こうかん》はサイドブレーキ、制動践板はブレーキ・ペダルとなる。

◆擲弾（てきだん）

小型の爆弾という意味では手榴弾と似ているが、手榴弾が手で投げることを前提としているのに対して、擲弾は専用の発射器を用いて射出する点が異なる。擲弾発射器は専用の擲弾筒の他、小銃の先端に取りつける「小銃擲弾器」もあった。

◆徹甲弾（てっこうだん）

装甲やコンクリートなどを貫通・破壊を目的とする砲弾。このため、弾体部分は鋼鉄製となっている。英語での略称はＡＰ（Armor Piercing）。

◆天幕（てんまく）

いわゆるテントのこと。

◆被甲（ひこう）

いわゆるガスマスクのこと。正式には「被服甲」といい、軍馬用は「被乙」、軍用犬用は「被丙」という。ただし、後には「防毒面」と呼称されるようになった。

◆防盾（ぼうじゅん）

野砲や対戦車砲の前面に取りつけられた装甲板のこと。ただし、防護効果はさして高くなく、せいぜい小銃弾を防げる程度のものである。また、戦車の砲塔前面（砲身基部）にも防盾が取りつけられるが、こちらは敵戦車の攻撃を完全に防ぐ目的のため、その戦車の装甲の中でももっとも厚くなっているケースがほとんどである。

◆帽垂れ（ぼうだれ）

布製の戦闘帽の後ろに縫い付けられた3〜4枚の四角い布のこと。垂布ともいう。首筋の日焼け防止のほか、緊急時には切りとって止血などにも使用された。

◆榴弾（りゅうだん）

人員や障害物などの殺傷や破壊を目的とする砲弾。信管の種類にもよるが、着弾と同時に炸薬が爆発し、鉄片などを周囲にまき散らして被害を与える。英語での略称はＨＥ（High Explosive）。

◆履帯（りたい）

いわゆる「キャタピラ」のこと。厳密には、英語では「トラック」という。戦車などの装軌式車輌に用いられる。無限軌道とも。

第二章 — 兵器

イラスト／峠タカノリ
図版／田村紀雄

第一節

歩兵科の兵器

小銃

三八式歩兵銃《さんぱちしき》

三八式歩兵銃は明治38年（1905年）に制式採用され、以後太平洋戦争終結まで使用され続けた、名実ともに帝國陸軍を象徴する兵器といえる。命中精度と射程距離に関してはまずまず文句のない名銃であったが、唯一の弱点はその口径にあった。6・5㎜という小口径ゆえに反動も少なく、そのために命中精度もよかったのであるが、如何せん威力不足の感は否めなかった。

しかし、この威力不足という面は悪影響ばかりではなく、こと対英米戦においては却ってこの小威力が効を奏したとも言われている。というのも、威力不足ゆえに即死に至るケースが少なく、人命重視の英米軍は負傷者の後送のために前線の人員を割かなければならなかったからである。

戦死であれば1名分の戦力減少で済むが、負傷の場合には負傷者に加えて1～2名の兵士を割かなければならない。英米軍の場合はそのような一時的な戦力減少が発生しても火力でその不足分を十分以上にカバーすることはできたであろうが、前線における戦意や士気はそれだけでカバーしきれるものでもなかった。それゆえ、実際の小銃威力以上に三八式歩兵銃は英米軍からは恐れられたという話である。

とはいえ、太平洋戦争に突入する以前に、中国大陸における戦闘やノモンハン事件などを経て三八式歩兵銃の威力不足は軍としても認識しており、これらの戦訓を取り入れて九九式小銃が開発されることになった。また、三八式歩兵銃に若干の改修を加えた九七式狙

三八式歩兵銃

日本陸軍の歩兵は三八式歩兵銃が主装備だったため、しばしば「明治採用の古い小銃を使っていた」と批判されることがあるが、M1ガーランド半自動小銃を使用していたアメリカ以外の主要国の主力小銃は、三八式と同じく自動連射できないボルトアクションライフルだった

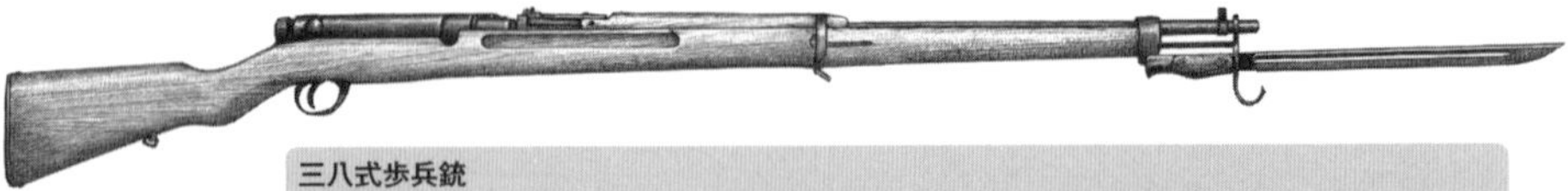

三八式歩兵銃
口径:6.5mm／銃全長:127.6cm／銃重量:3,950g／初速:762m/秒／最大射程:2,400m／装弾数:5発

昭和12年（1937年）頃、大陸の戦線でトロッコに乗り着剣した三八式歩兵銃を持つ日本兵たち。着剣時は166.3cmにもなり、槍にも例えられたその長大さが分かる。三八式歩兵銃は、有坂成章中将が設計した三十年式歩兵銃を改良した銃であるため、外国では「アリサカ・ライフル」と呼ばれることも多い

撃銃や三八式騎銃などのバリエーションも存在している。

九《きゅう》九《きゅう》式《しき》小銃

三八式小銃の後継として開発された九九式小銃であるが、当初は口径を7・7㎜に変更したほかは寸法や重量などはほとんど変わらないものであった。しかし、当時は世界的な趨勢として小銃のサイズ、特に銃身に関しては短くする傾向にあり、後に銃身を約10㎝ほど短くしたタイプに変更された。

このため、前者を「九九式長小銃」、後者を「九九式短小銃」と呼んで区別するが、生産数は圧倒的に短小銃のほうが多かった。このため、一般的には九九式小銃という場合には「九九式短小銃」を指すことが多い。

九九式短小銃

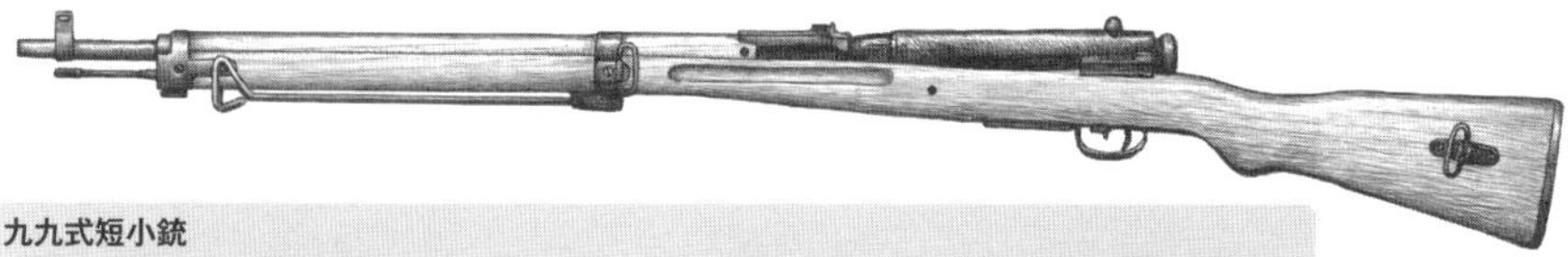

九九式短小銃
口径:7.7mm／銃全長:111.8cm／銃重量:3,800g／初速:730m/秒／最大射程:3,400m／装弾数:5発

九九式小銃は前述のように口径が増大したおかげで射程が伸び、威力も増大したのであるが、その一方で開発年度が昭和14年ということもあって戦争遂行中の日本では三八式小銃を完全に更新するには到らなかった。それゆえ、結果的に前線では二種類の小銃弾を補給しなければならず、もともと兵站《へいたん》を軽視しがちであった帝國陸軍にあっては混乱に拍車をかけた側面が否めない。さらに、大戦末期ともなると九九式小銃は粗製濫造され、照門や着剣装置の省略に止まらず、最終的には「単発式」のタイプまで製造される始末であった。

それでも、本来の九九式小銃は当時のボルトアクション・ライフルとしてはなかなかの高性能であり、戦後になってから再評価されている。

なお、九九式長小銃のうち、性能の良いものは九九式狙撃銃として小改良を加えられて使用されている。

テラ銃

このほか、帝國陸軍では挺進落下傘部隊専用の小銃として、数タイプの小銃を開発している。これらを総称して「テラ銃（テラは挺進落下傘の意）」と呼称する。降下時に邪魔にならないように分解して携行でき、降下後は素早く組立てて使用できるという画期的なものであった。それ以前は、小銃や機関銃などは兵器箱に入れて別に降下させていたため、降下直後の兵士は丸腰に近かったのである。試製一〇〇式小銃、試製一式小銃を経て、最終的に二式小銃として制式採用され、開戦初頭のパレンバン降下作戦などで使用された。なお、い

分解した状態の二式小銃

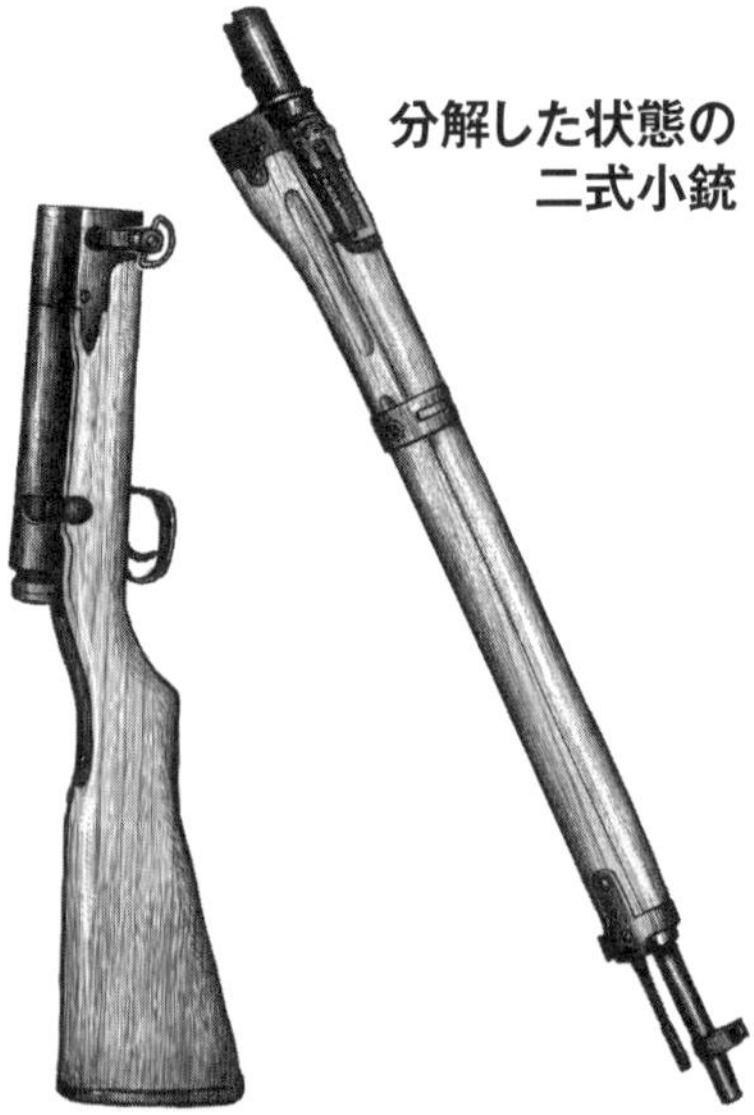

二式小銃
口径:7.7mm／銃全長:111.8cm／銃重量:4,035g／初速:720m/秒／装弾数:5発

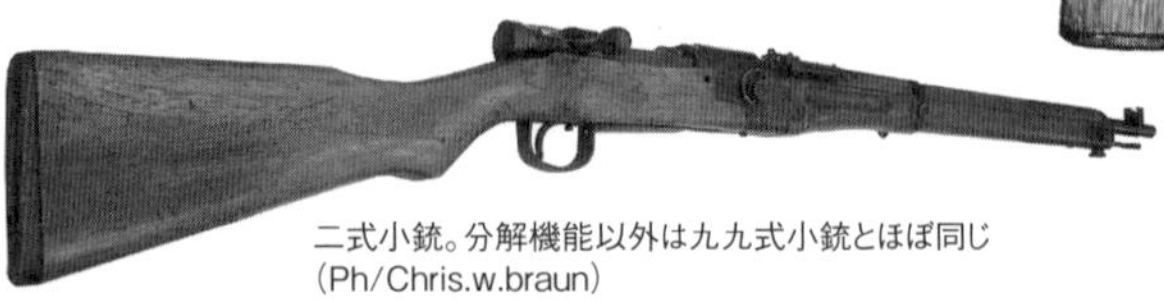

二式小銃。分解機能以外は九九式小銃とほぼ同じ（Ph/Chris.w.braun）

ずれの銃も開発の母体は九九式小銃であった。

機関短銃／自動小銃

一〇〇式機関短銃

挺進落下傘部隊に配備された個人火器としては、テラ銃のほかに一〇〇式機関短銃が存在する。もともと短機関銃とは第一次大戦末期に開発・投入された兵器で、弾薬に拳銃弾を使用するものだ。このため発射機構自体は比較的簡易であり、銃身も短く取り回しも容易である。また、発射速度が速く、瞬時に大量の弾をバラ撒けることから、近距離戦闘においては絶大な威力を発揮する。

帝國陸軍においても各国の短機関銃を輸入・研究を続け、紆余曲折の末に昭和15年に一〇〇式機関短銃として制式採用された。開発の母体となったのはドイツ製のベルグマン短機関銃で、このため一〇〇式機関短銃はその概観が比較的似ている（弾倉を横から挿入する機構も同じである）。なお、このベルグマン短機関銃は海軍陸戦隊でも使用されているが、海軍では機関短銃のことを「短機関銃」と呼称する。

また、挺進落下傘部隊に配備された一〇〇式機関短銃は折り畳み式になっているが、これ以外にも大戦後期には製造工程を簡略化し、着剣装置などを省略したタイプも存在する。

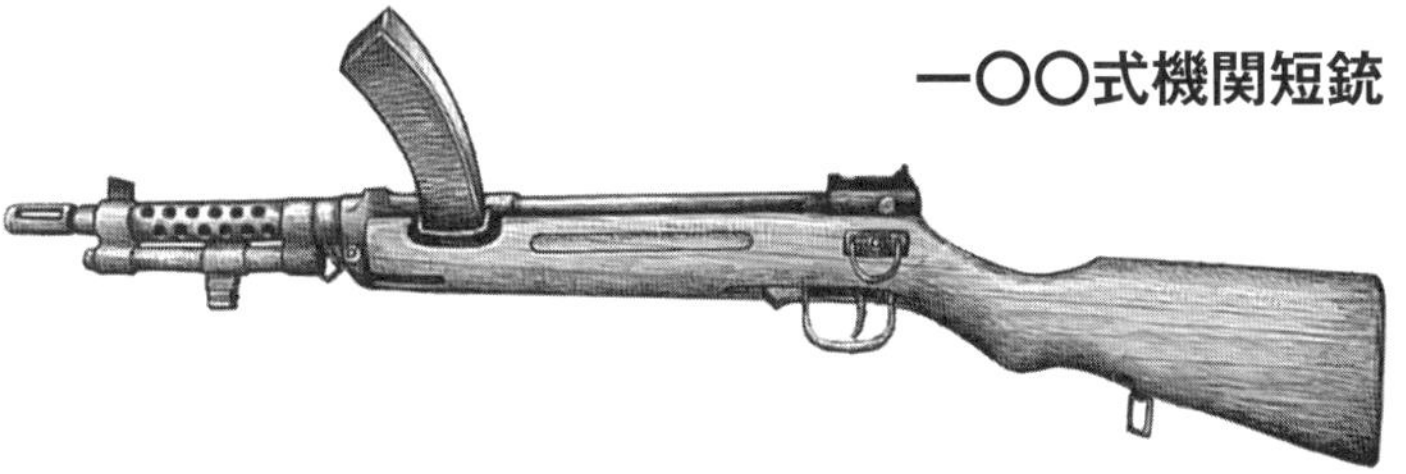

一〇〇式機関短銃

一〇〇式機関短銃
口径:8mm／銃全長:87.2cm／銃重量:4,270g（弾倉装填＋着剣状態）／初速:334m/秒／最大射程:600m／装弾数:30発

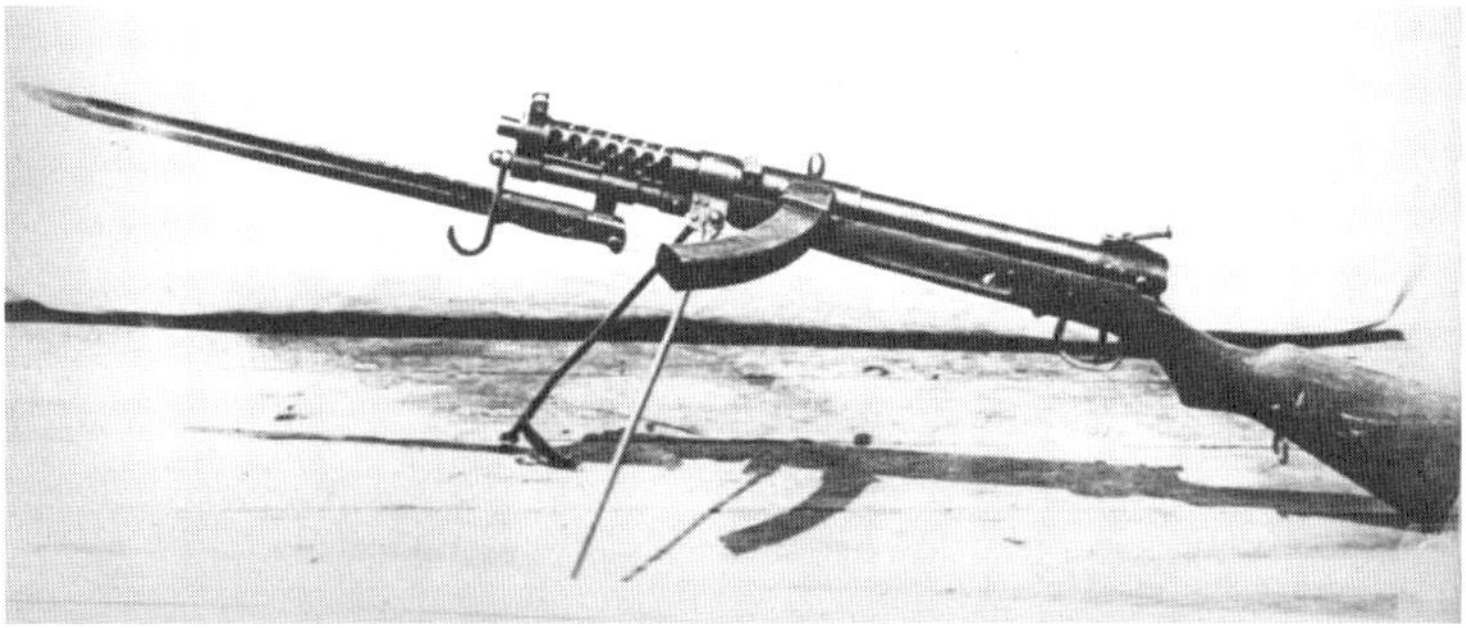

着剣し、二脚を展開した状態の一〇〇式機関短銃

試製自動小銃

帝國陸軍でも大戦前および大戦中に自動小銃の開発は行われていた。ここでいう自動小銃とは、引き金を引くと一発ずつ発射できる半自動小銃（セミ・オート）のことで、引き金を引いている間、連発できるフル・オートの自動小銃のことではない。米軍では、昭和17年後半のガダルカナル戦の頃にはすでにM1ガーランドを導入しており、それに刺激を受けた陸軍および海軍でも実用化に向けてさらに開発に力を入れることになる。とくに海軍の場合は陸戦隊からの要求などもあり、陸軍よりも熱心であった。

陸軍では造兵廠や民間の銃器制作会社数社に対して発注を行い、数タイプの試作銃が制作された。試作にあたっての条件としては九九式実包（7・7㎜実包）の使用を前提とし、銃床などの形状も九九式小銃と似ているものが多かった。また、機構的には鹵獲《ろかく》されたM1ガーランドを参考にしたものが多い。

しかし、結局終戦にいたるまで帝國陸軍が自動小銃を採用することはなかった。その理由は九九式小銃の製作に比べて約三倍の製造費が必要であり、大戦末期においては一挺の自動小銃より三挺の小銃を作ることのほうが重要だったからである（実際、小銃ですら必要量を満たしていなかった）。またボルトアクションの小銃に比べるとどうしても弾薬の消費量が多くなることからも、ただでさえ資材難に苦しむ軍としては採用に踏み切るわけにはいかないというのが現実であった。

試製自動小銃

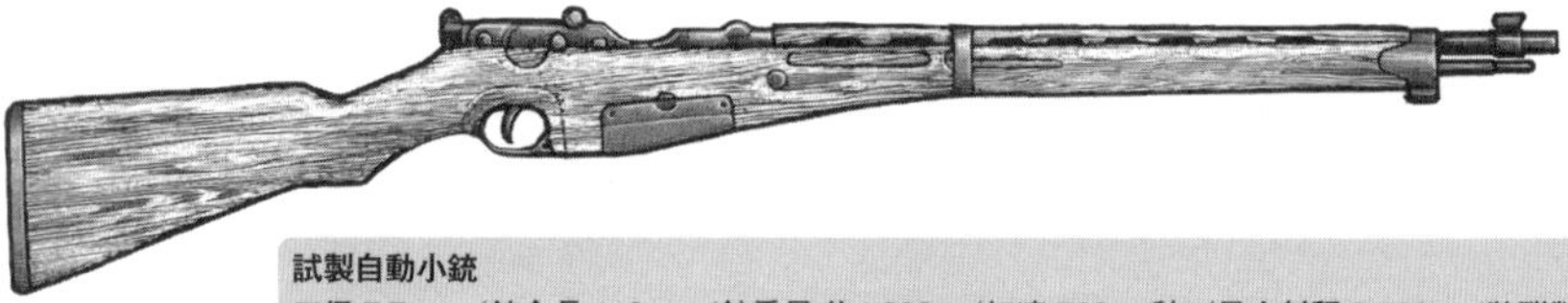

試製自動小銃
口径:7.7mm／銃全長:113cm／銃重量:約4,000g／初速:780m/秒／最大射程:3,500m／装弾数:5発

軽機関銃

十一年式軽機関銃

各分隊に一挺の割合で配備され、分隊の支援火器として

大正13年（1924年）の演習時に、十一年式軽機関銃を構える機関銃班。機関銃右側には空薬莢を改修する網が備えられている。奥には三八式歩兵銃を持った兵が見える

重宝されたのが軽機関銃である。十一年式軽機関銃は大正11年に採用されたもので、弾薬が三八式歩兵銃と共用できるのが特徴である。三八式歩兵銃は5発分の弾を装弾子（クリップ）で一まとめにして装填するが、十一年式はこの装弾子をそのまま使用できるという点が他に類を見ない機構となっている。このため、前線においては弾薬の共有が完全になされるはずであった……のだが、惜しくもこの機構のために却って作動不良を起すことが多く、兵士の間では不評であった（弾倉の機構上、砂塵などに弱く、過酷な戦場には不向きであった）。

十一年式軽機関銃
口径:6.5mm／銃全長:110cm／銃重量:10,300g／発射速度:500発/分／装弾数:30発

九六式《きゅうろくしき》軽機関銃

十一年式軽機関銃は兵站・運用思想の面から評価できる兵器であったが、如何せん故障が多かった。それを改良したのが九六式軽機関銃である。チェコ製のＺＢ26やＺＢ30などを参考に、日本独自の改良を加えたもので、口径は十一年式軽機と同様６・５㎜である。不評だった十一年式軽

機の弾倉を固定式に改め、上部から差し込む形式となった。これにより、砂塵やゴミなどが入りこむ可能性が格段に減少し、性能自体も安定することになった。

九六式軽機の外観上の特徴としては、銃口下に取りつけられる銃剣である。これはよく、軽機関銃でも白兵戦を行なったと言われるが、実際には発射時の反動を抑えるための「錘《おもり》」として使用されたものである。

九六式軽機は支那事変に投入以来、太平洋戦争終結まで最前線における支援火器として活躍し続けた。

九六式軽機関銃

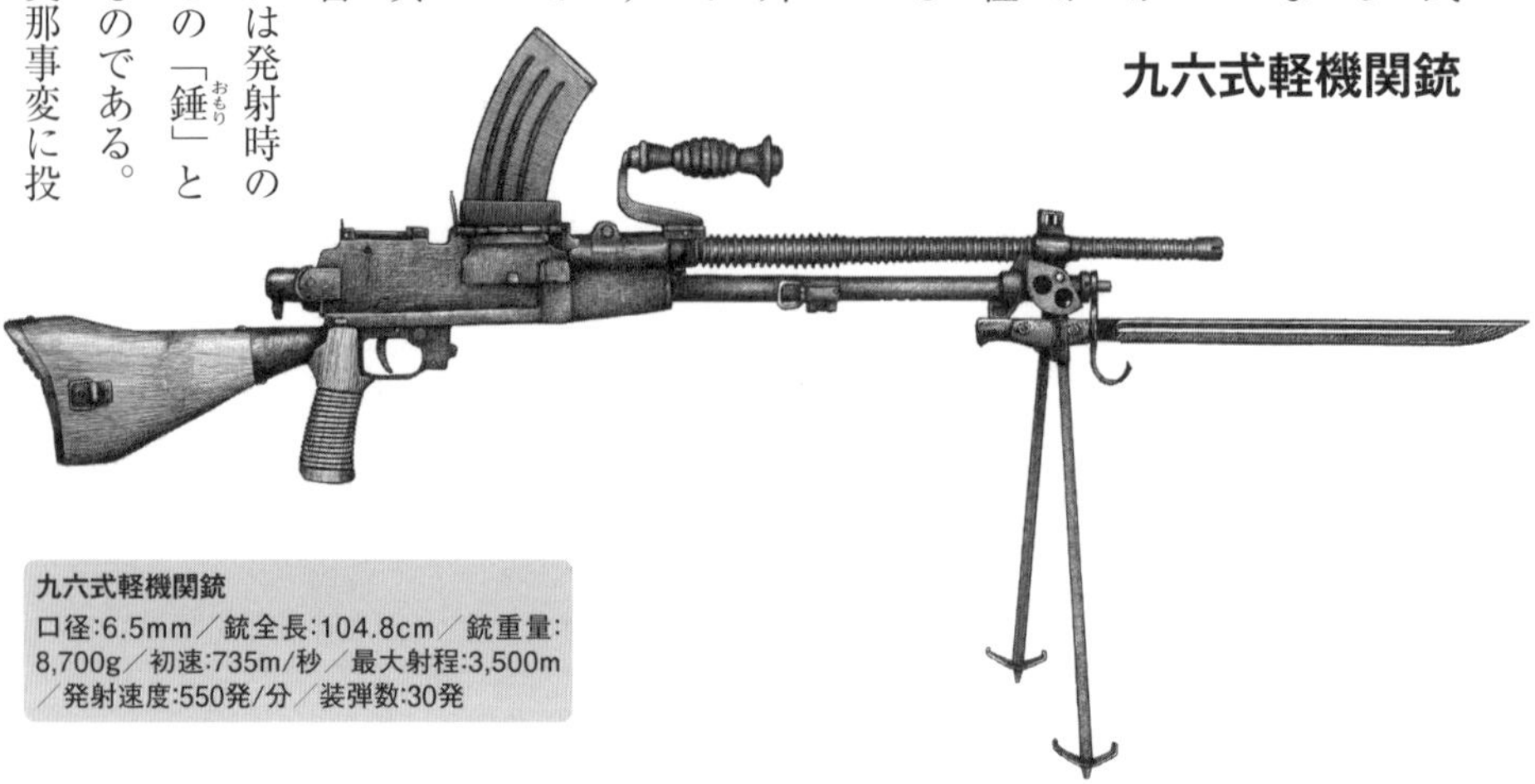

九六式軽機関銃
口径:6.5mm／銃全長:104.8cm／銃重量:8,700g／初速:735m/秒／最大射程:3,500m／発射速度:550発/分／装弾数:30発

九九式《きゅうきゅうしき》軽機関銃

三八式歩兵銃から九九式小銃に口径をスケールアップさせたのと同様、九六式軽機の口径を7・7㎜に変更し、小改良を加えたものが九九式軽機関銃である。評判のよかった九六式軽機

九九式軽機関銃

九九式軽機関銃
口径:7.7mm／銃全長:118.5cm／銃重量:9,900g／初速:715m/秒／最大射程:3,500m／発射速度:800発/分／装弾数:30発

と同様、九九式軽機も前線での評判はよく、最後まで歩兵に自動小銃が行き渡らなかった帝國陸軍にあっては、火力不足を補う貴重な兵器であった。

　しかし、ただでさえ資源不足に苦しみ、兵站に不安を抱える日本が最後まで小火器の口径を統一できなかったことは、前線における補給面に負担を強いることになったのも事実である。当初は中国大陸と太平洋方面で使い分ける考えもあったようだが、戦況の逼迫《ひっぱく》はそれを許さず、大陸に配備された部隊の抽出によって結果的に補給の混乱を招いたのは残念なことであった。

重機関銃

三年式機関銃

　それまで使用していた国産の三八式機関銃の旧式化により、これを更新すべく開発されたのが空冷式の三年式重機関銃である。機関部周りを改良したことにより性能が安定し、故障も少なくなったことから兵士からの評判もよかった。口径は6・5㎜で、当時使用していた歩兵銃や軽機と同一であった。

　シベリア出兵で初めて用いられ、以後支那事変前半までは主力として活躍した。また、生産自体は昭和8年に終了しているものの、太平洋戦争末期のサイパン戦でも使用されていることから、戦争終結まで各地に配備されていたものと思われる。

　三年式重機はその口径からもわかるとおり威力的にはやや力不足のところがあり、開発当時はともかく近代戦になって飛行機や装甲車が登場すると、対人戦以外には効果の薄い兵器となってしまった。

三年式機関銃
口径:6.5mm／銃全長:120.4cm／銃重量:54.1kg(三脚含む)／初速:755m/秒／最大射程:3,700m／発射速度:450発/分／装弾数:30発

三脚から取り外した状態の三年式機関銃

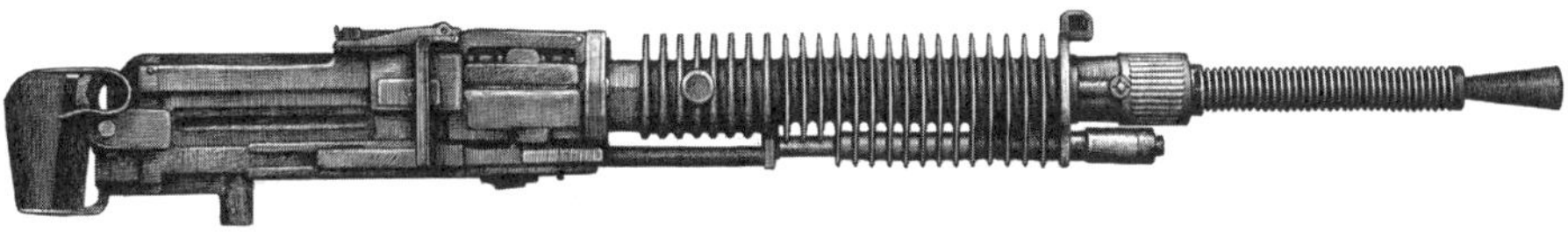

九《きゅう》二《に》式《しき》重機関銃

三年式重機の口径を7・7㎜に変更し、各種改良を加えて昭和7年に制式採用されたのが九二式重機関銃である。給弾方式はベルト式ではなく、30発入りの保弾板式を採用している。このため30発撃ち終えるごとに保弾帯を取り替えるという面倒があった。また、構造上、保弾帯の弾薬減少に伴って発射速度が増し、独特な発射音を発することから「キツツキ」という名で呼ばれていた。

しかしその一方で光学照準機を採用したことで遠距離射撃の命中率が非常に高く、また発射速度が遅いことも却って命中精度の向上に寄与する側面もあった。このため、連合軍兵士からは非常に恐れられたという話が伝わっている。

九二式重機は名実ともに太平洋戦争中における帝國陸軍を代表する重火器であり、

九二式重機関銃

九二式重機関銃
口径:7.7mm／銃全長:115.5cm／重量:55.5kg(三脚含む。銃本体27.6kg)／初速:740m/秒／最大射程:4,300m／発射速度:450発/分／装弾数:30発

三脚架に運搬用の前棍・後棍を装着した状態の九二式重機関銃

前線における兵士たちにとっては非常に頼もしい存在であった。

一式重機関銃

九二式重機は帝國陸軍を代表する重機であったことは間違いないが、重いことが欠点の一つであった。また、弾薬の面でも他の銃との共通性がなく（九九式小銃用の九九式実包を使用することは可能であったが排莢不良が多く、また九二式重機用の九二式実包を九九式小銃で使用することは不可能であった）、補給面における負担増となっていた。

このため、九九式実包だけを使用する重機関銃として開発されたのが一式重機である。しかし生産開始が昭和17年ということもあり、さほど多くない数が前線に送られるにとどまった幻の重機であった。

一式重機関銃
口径:7.7mm／銃全長:107.7cm／重量:31kg（三脚含む。銃本体15kg）／発射速度:550発/分／装弾数:30発

手榴弾／拳銃／地雷

手榴弾《しゅりゅうだん》

前線において、歩兵は常に重機や大砲の支援を受けられるわけではない。むしろ、そうでない場合のほうが多い。にもかかわらず、強力な敵の抵抗に遭遇した場合などは分隊火力（小銃および軽機）だけではどうしても不足してしまう。それを補うのが手榴弾である。

帝國陸軍で使用された手榴弾は各種あるが、主に使用されたものは十年式、九一式、九七式、九九式手榴弾である。いずれも打撃信管によって発火させるタイプで、使用時に

太平洋戦争における帝國陸軍の主力手榴弾だった九七式手榴弾

九七式手榴弾
全長:70mm／直径:50mm／重量:450g／炸薬量:TNT火薬約60g

は安全栓（紐）を抜き、信管部分を鉄兜や石など固いものに叩きつける。これによって遅延信管に着火されるので、タイミングを見て投擲するのである。帝國陸軍の手榴弾が打撃信管を採用していたのは信管への着火を確実なものとするためであったが、その一方でレバー式のように投擲時間を調整することが出来ず、不便な面もあった。

　なお、小銃擲弾器を小銃の銃口部に装着することによって手榴弾を小銃で発射することが可能であった。また、九一式手榴弾は下部に発射筒を装着することによって八九式重擲弾筒で発射することも可能であった。

拳銃

　帝國陸軍で使用された代表的な拳銃は十四年式拳銃と呼ばれる自動拳銃で、主に将校や下士官が使用した。開発者の南部麒次郎の名を取って「南部拳銃」と呼ばれることも多い。外観はドイツ製のルガーP08に似ているが、機構的には異なる面も多いため、コピーというわけではない。装弾数は８＋１発で、弾薬には８㎜弾が使用される。

　この他、同じ南部製の九四式自動拳銃なども将校が使用

十四年式拳銃

十四年式拳銃
口径:8mm／銃全長:229mm／銃重量:800g／初速:340m/秒／最大射程:1,600m／装弾数:8発

している。なお余談ではあるが、帝國陸軍にあっては将校が使用する拳銃は「官給品」ではなく「自前」すなわちそれぞれが自らの費用で調達していたのである。このため、高価な輸入品を購入することが難しい下級将校などにとっては国産の安価な拳銃は貴重であった。

地雷

帝國陸軍でも各種の地雷が使用されたが、なかでも特筆すべきは刺突地雷と破甲爆雷であろうか。どちらも対戦車用の兵器であるが、戦車に対して肉弾攻撃を行なうことを前提としていた陸軍ならではの兵器と言えるだろう。

　刺突地雷は棒の先に漏斗《ろうと》状の装薬部があり、戦車の装甲に押し当てることによって着火、モンロー効果（※）により車内に損害を与えるものであった（成型炸薬弾）。

　破甲爆雷は磁石による吸着地雷で、成形炸薬は使用していない。

三式地雷

三式地雷は連合軍の磁気探知機に対抗するため、陶製の容器となっていた。直径27cm、炸薬量は約3kg。

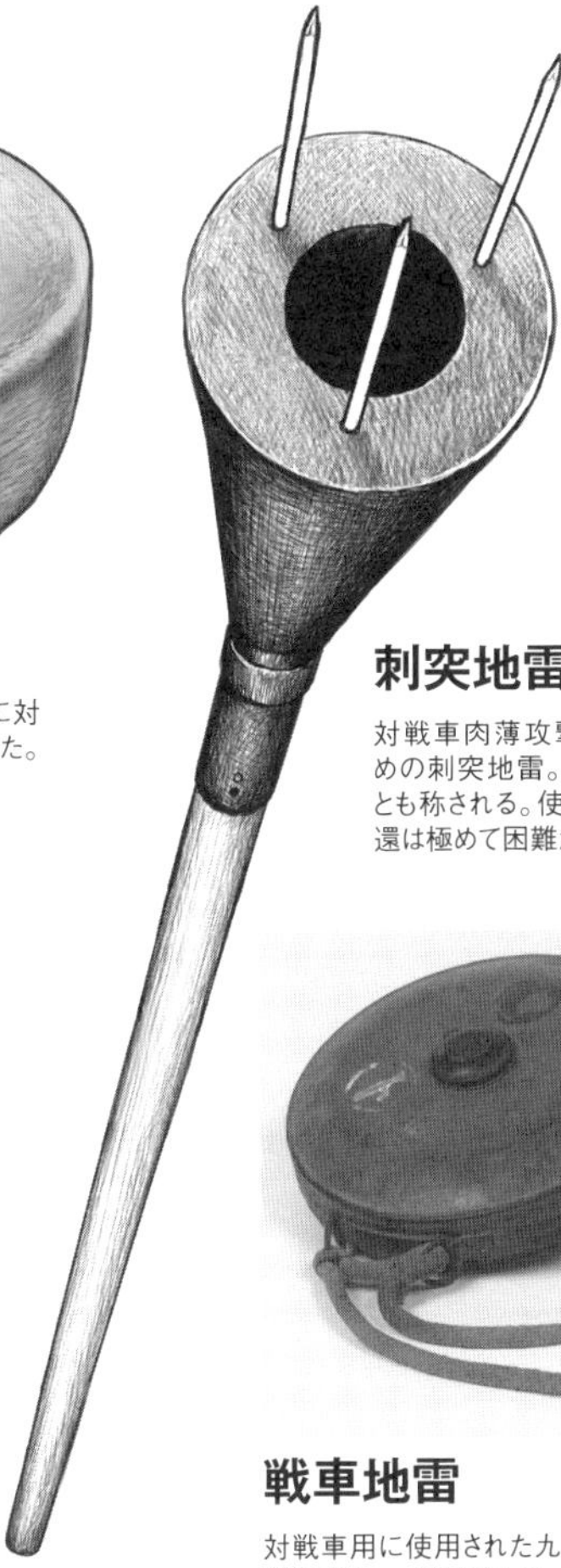

刺突地雷

対戦車肉薄攻撃を行うための刺突地雷。刺突爆雷とも称される。使用者の生還は極めて困難だった

九九式破甲爆雷

形状から「亀の子」や「アンパン」とも呼ばれた九九式破甲爆雷。直径12.8cm、重量13kg、炸薬量は630g

戦車地雷

対戦車用に使用された九三式戦車地雷。直径約17cm、重量約14kg、炸薬量はTNT火薬900g、作動荷重は140kg。戦車の履帯の切断を目的とした（Ph/IWM）

（※）…炸薬の先端部をすり鉢状に窪ませると、爆発の威力が中心部に集中して、前方に強い穿孔力が生じる現象

擲弾筒／歩兵砲

八九式重擲弾筒《はちきゅうしきじゅうてきだんとう》

　擲弾筒とはいわば手榴弾を発射するための兵器で、一種の迫撃砲とも言える。八九式重擲弾筒は十年式擲弾筒の成功を受けて開発されたもので、より威力のある専用榴弾を発射できるようになっている。また、口径はどちらも50㎜のため、八九式重擲弾筒でも発射用の装薬（発射筒）を付けた十年式手榴弾や九一式手榴弾を発射することも可能である。八九式擲弾筒の専用榴弾は八九式榴弾という名称で、重量８００ｇ（うち炸薬量１５０ｇ）で最大射程は約６５０ｍであった。また、手榴弾の場合の最大射程は約２００ｍほどであった。発射時には底板を地面に固定し、目標距離に応じて目盛りを調整、45度の射角で発射する。八九式榴弾の場合、半径約10ｍに効果があったという。

　擲弾筒が迫撃砲と異なる点は、引き金によって発射する点と、迫撃砲よりも携帯に便利な点であろう。このため、各歩兵小隊には1個擲弾分隊が配されており、定数では2～3筒の擲弾筒を装備していた。通常、八九式重擲弾筒は3個に分解して搬送し、発射時は筒手1名、弾薬手2名が1組になって操作した。

　八九式重擲弾筒は歩兵の支援火力として簡便かつ効果的な兵器であり、視界の悪い戦場では特に米軍に恐れられたという。

昭和17年（1942年）5月、大陸の戦場で八九式重擲弾筒を運用する日本兵

八九式重擲弾筒

八九式重擲弾筒は高い曲射弾道を描くため、塹壕や遮蔽物に隠れた敵を攻撃できる。帝國陸軍の小隊には2～3筒の重擲があったのに対し、米海兵隊や米陸軍には同種の兵器がなかった。

八九式重擲弾筒
口径:50mm／全長:60.8cm／重量:4,700g／使用擲弾:八九式榴弾ほか

歩兵砲各種

帝國陸軍においては歩兵大隊および歩兵聯隊がそれぞれ独自に火砲（大砲）を所持・運用していた。これらの火砲を歩兵砲と呼ぶ。歩兵砲には幾つかの種類があり、大隊砲としては九二式歩兵砲や九七式曲射歩兵砲があった。

九二式歩兵砲は口径70㎜で水平射撃および曲射の両方が可能であり、通常は馬によって牽引されるが、分解して臂《りょ》力《りょく》（人力）搬送することも可能であった。通常は大隊の歩兵砲小隊に2門装備された。

一方、九七式曲射歩兵砲とはいわゆる迫撃砲のことで、口径81㎜、最大射程2800mで、3つに分解して臂力搬送することが可能であった。大隊によっては九二式歩兵砲の代わりに2～4門ほど配備されていた。

歩兵聯隊の歩兵砲

実質的には迫撃砲であった九七式曲射歩兵砲。口径81mm、砲身長126.9cm、重量67kg

九二式歩兵砲
口径:7cm／砲身長:0.79m／重量:204kg／初速:197m/秒／最大射程:2,800m

通称「大隊砲」こと九二式歩兵砲。小型軽量で比較的搬送しやすい砲であったが、「おもちゃのような大砲」と揶揄されることもあった

（聯隊砲）は四一式山砲《よんいちしきさんぽう》といい、聯隊直属の歩兵砲中隊に4門が配備されていた。この四一式山砲はもともと山砲兵聯隊で使用されていた火砲であったが、山砲兵聯隊の装備が更新されたために不要となり、歩兵部隊の火力増強のために回されてきたものであった。口径は75㎜で最大射程は6300m、重量が500kg以上あり、通常は馬に駄載するか牽引したが、中国大陸以外の戦場ではこれを分解して臂力搬送することが多かった。終戦まで聯隊の貴重な支援火力として活躍した。

第二節

砲兵科の兵器

山砲《さんぽう》

大砲には幾つかの種類が存在するが、山砲とは野砲よりも小型軽量で、山岳地帯であっても駄載もしくは臂力搬送することが可能な砲を指す。中国戦線のような悪路と山が連なるような戦場や、あるいはニューギニアの山岳地帯で

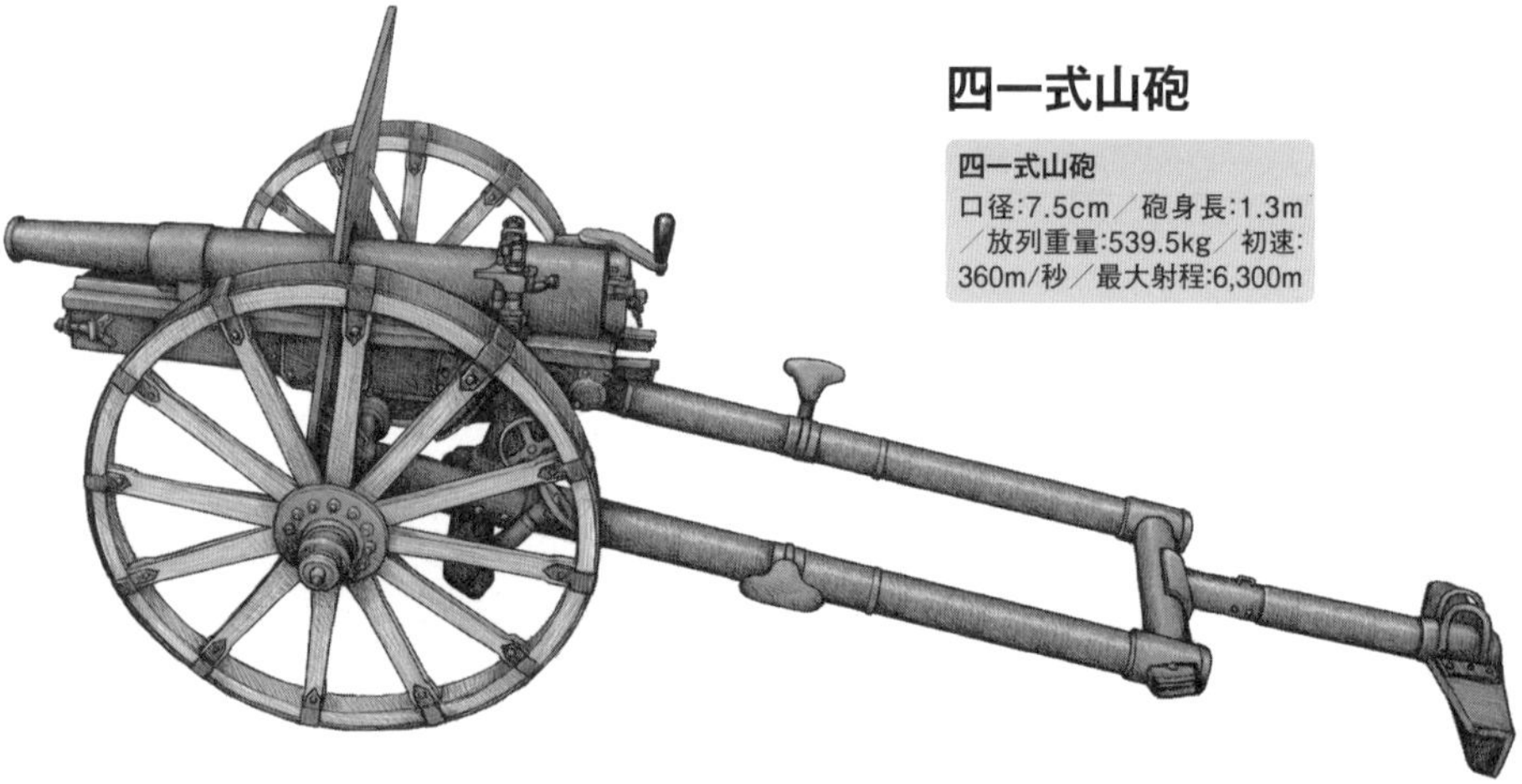

四一式山砲

四一式山砲
口径:7.5cm／砲身長:1.3m／放列重量:539.5kg／初速:360m/秒／最大射程:6,300m

すら帝國陸軍は山砲を運び、使用したのである。また、このような戦場では貴重な支援火力として重宝された。

その一方で機関銃などとは比較にならない重量の砲を、場合によっては人力で運ばねばならないこともあり、山砲兵聯隊の分隊員の苦労は並々ならぬものがあった。ちなみに九四式山砲の砲列重量は536kgあり、これを分解して運んだのである。帝國陸軍の場合は撤退する場合でも兵器を遺棄することが許されなかったため、さらに山砲兵の苦労は増すことになった。

旧式の四一式山砲は歩兵部隊の聯隊砲として譲ったが、代わりに九四式山砲、九九式山砲などが新たに山砲兵聯隊に配属された。九四式の口径は四一式と同じ7・5cmであるが、

モスクワの大祖国戦争博物館に展示されている九四式山砲。口径7.5cm、砲身長1.56m、放列重量536kg、初速:392m/秒、最大射程8,300m（Ph/Mike1979 Russia）

九九式十糎山砲

九九式十糎山砲
口径:10.5cm／砲身長:1.3m／放列重量:800kg／初速:334m/秒／最大射程:7,500m

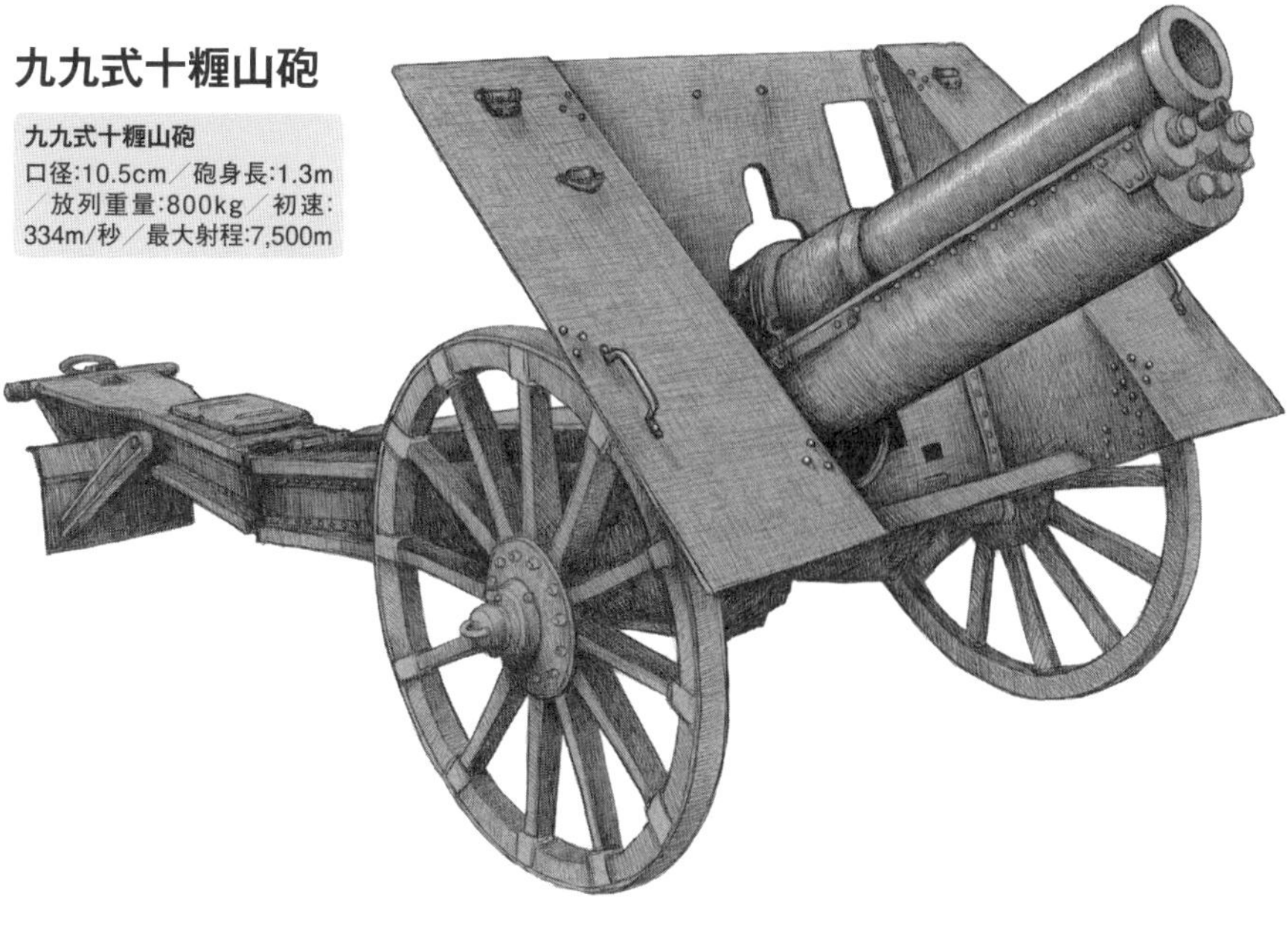

九九式は10・5㎝となり、その分重量も増している。また、四一式、九四式はともに純国産であるが、九九式はフランス・シュナイダー社製の山砲を改良したものである。

一式機動《いちしきどう》四十七粍砲《ミリほう》

速射砲とはいわゆる対戦車砲のことで、帝國陸軍ではこのように呼称した。一式機動砲も速射砲に分類されるが、タイヤがゴム製となり、自動車などで牽引可能となったことで機動砲と呼ばれている（自走砲というわけではない）。

もともと帝國陸軍では37㎜速射砲が配備されていたが威力不足の感は否めず、世界的な戦車の重装甲化に対応するために口径を47㎜とした速射砲の開発が進められた。これが試製九七式速射砲と呼ばれるもので、この砲の閉鎖機などを一部改良し、タイヤをゴム製に変更したものが一式機動砲である。

速射砲の名の通り、目標発見から初弾発射までおよそ1分で行なうことが可能であり、また最大で1分間に20発を連続発射することも可能であった。性能的には距離１５００ｍで45㎜の、５００ｍで65㎜の装甲を撃ち抜くことがで

一式四十七粍機動砲

一式機動四十七粍砲
口径:4.7cm／砲身長:2.5m／放列重量:800kg／初速:830m/秒／最大射程:6,900m

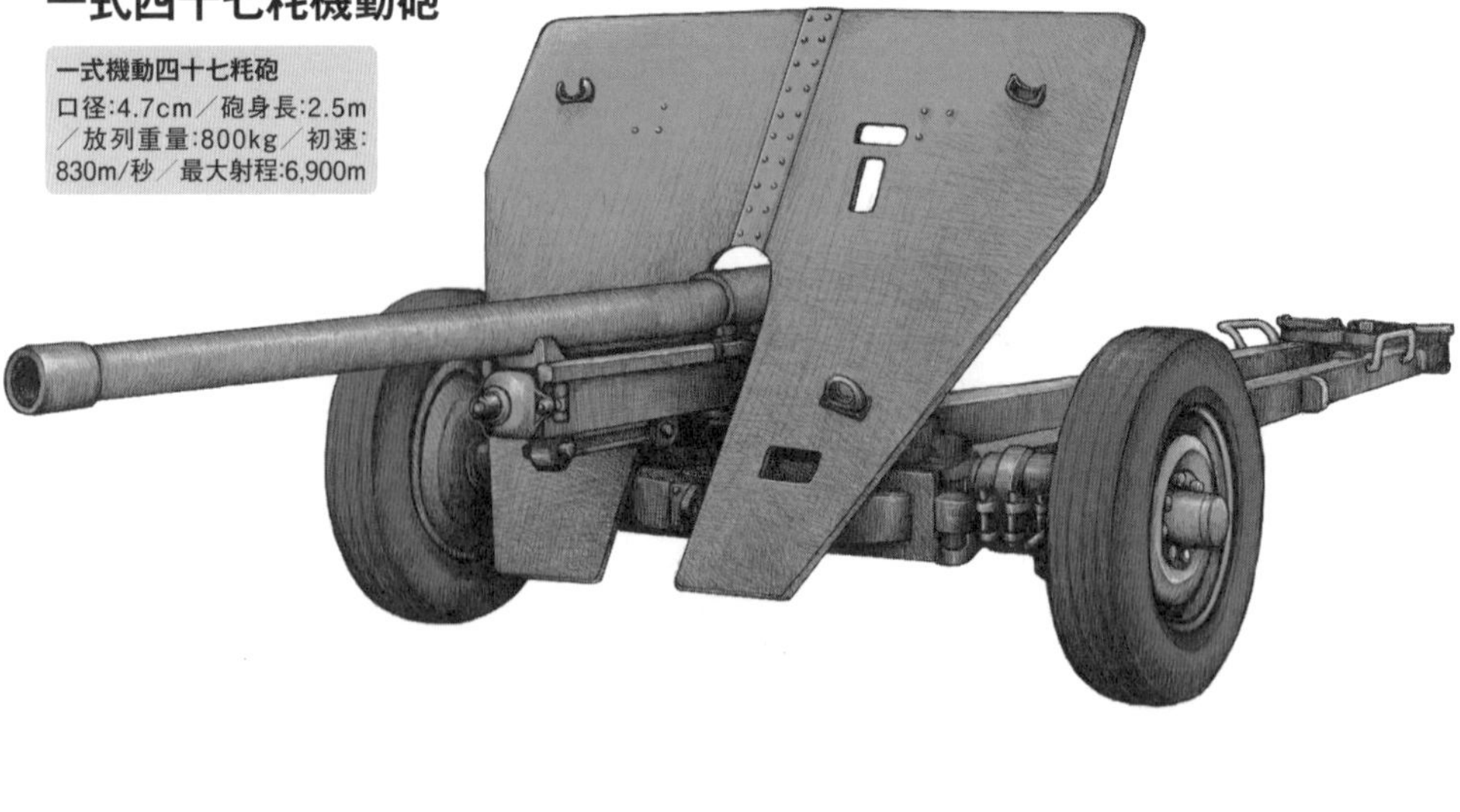

き、大戦初期の軽戦車程度であればなんとか対抗することもできたが、連合軍の中戦車の正面装甲に対しては威力不足だった。

したがって一式機動砲で敵戦車を撃破するためには待ち伏せて近距離射撃をする以外に手段がなかったが、沖縄戦では至近距離からの一斉射でM４シャーマン戦車数輌を擱座させる武勲をあげている。

九《きゅう》八《はち》式《しき》臼《きゅう》砲《ほう》（32cm）

臼砲とは無砲弾とも呼ばれる一風変わった大砲である。地面を掘って設置された木製台座に巨大な砲弾が装填され、単発もしくは電気発火によって一斉射されて敵陣に向かって飛んで行く。実はこの一見砲弾に見える部分こそが本来の「砲身」であり、つまり砲身ごと弾丸を発射するという兵器であった。

もともと臼砲は満ソ国境線沿いに配備され、対ソ戦用の極秘兵器であった。ソ連軍の縦深陣地を突破するためには国境線内側に配置した重砲では射程が足りず、第三線陣地以降を砲撃するためには渡河し、その後に再び砲兵陣地に展開しなければならなかった。だが、それでは歩兵の急速な前進は望むべくもない。そこで、歩兵の進撃とともに素早く前進してその場で組立て、発射できるように考えられたのが臼砲である。このため、九八式

九八式臼砲

九八式臼砲
口径:33cm／砲重量:1,215kg／初速:110m/秒／最大射程:1,200m

臼砲の組立ては約一時間程度で完了し、なおかつ砲弾威力としては30㎝榴弾砲と同程度であった。また、砲身（砲弾）部分および台座をそれぞれ分解して臂力搬送することが可能であった。

九八式臼砲はシンガポール攻略戦やバターン半島で初めて使用され、後には硫黄島や沖縄などで使用されて米軍兵士に恐れられたと言われている。

野砲

帝國陸軍では多種多様な大砲を装備していたが、それらの中でも野砲と呼ばれる種類が砲兵隊の主力であった。野砲とは主に平野部などにおいて低伸弾道で遠くまで砲弾を飛ばす大砲を差し、そのうち主として徹甲弾を用いるものを加農砲、榴弾を発射するものを榴弾砲と言った。

加農砲の弾道はほぼ水平に近く、徹甲弾は敵の要塞などの厚いコンクリートを破砕するのに向いている。一方、榴弾砲は山砲ほどではないが曲射弾道を描き、榴弾は爆発時に多くの鉄片などを撒き散らすことによって人員殺傷に向いている。

帝國陸軍の代表的な野砲の1つが機動九〇式野砲で、これは口径7・5㎝、最大射程は1万4000mあり、中国戦線や太平洋戦争の緒戦で大活躍した。「機動」という名の通り自動車による牽引が可能であり、道路が舗装されていたマレーやフィリピンでは特にその威力を発揮した。ちなみに九〇式野砲はのちに改良されて三式中戦車の主砲として採用されている。

米オクラホマ州フォート・シル駐屯地に展示されている機動九〇式野砲（Ph/Sturmvogel 66）

九《きゅう》二《に》式《しき》十《じゅっ》糎《せんち》加《か》農《のん》

口径10㎝のこの砲は通称「ジッカ（十加）」と呼ばれて、太平洋戦争期における帝國陸軍の主力加農砲であった。最大射程は約1万8000mで、弾頭重量は約16kgもある。

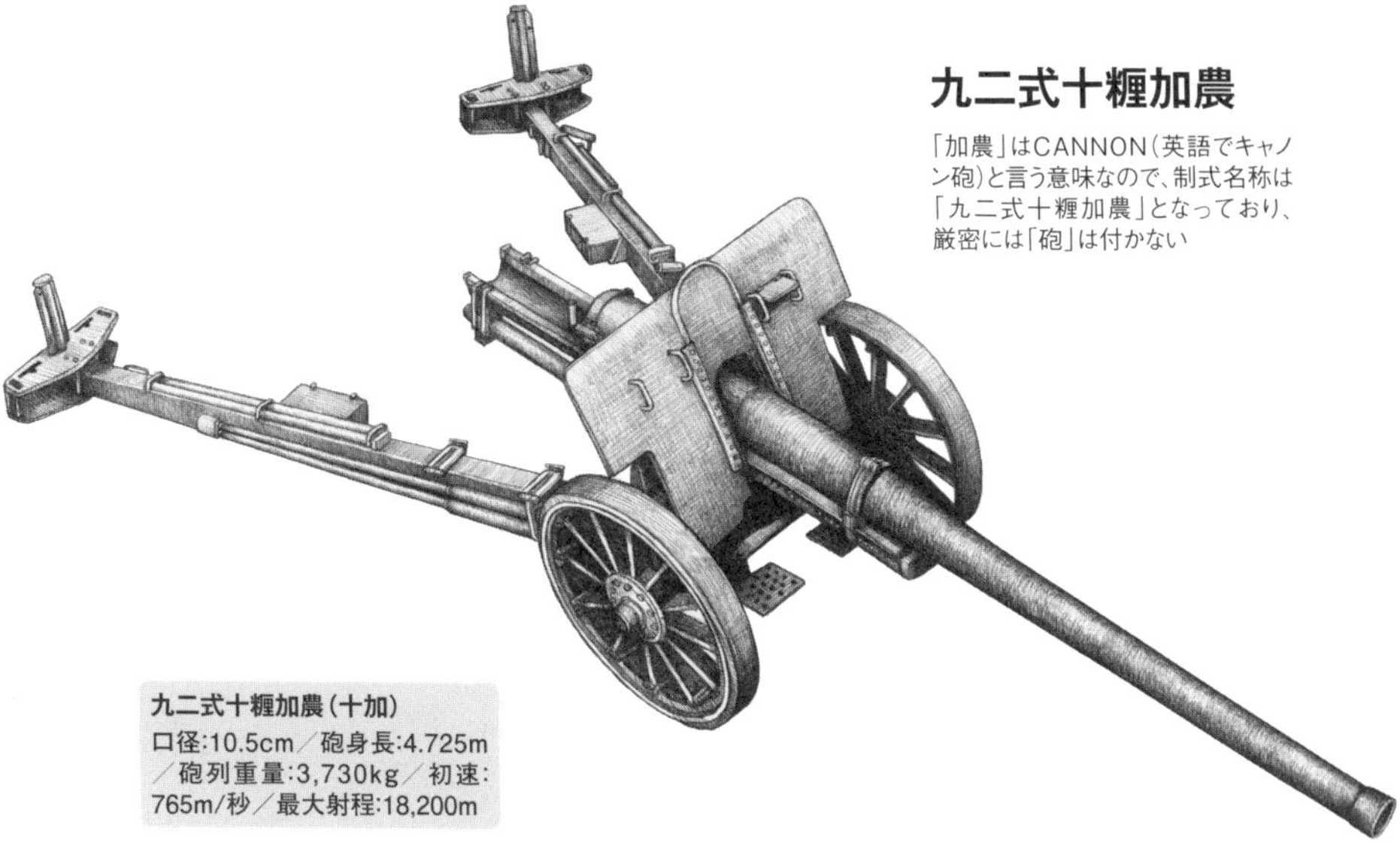

九二式十糎加農

「加農」はCANNON（英語でキャノン砲）と言う意味なので、制式名称は「九二式十糎加農」となっており、厳密には「砲」は付かない

九二式十糎加農（十加）
口径:10.5cm／砲身長:4.725m／砲列重量:3,730kg／初速:765m/秒／最大射程:18,200m

砲列重量は3・7トンあり、通常は5トン牽引車によって牽引され、16km／hで移動することが可能であった。それまでの加農砲に比べて射程距離、威力ともに増し、また遠距離砲撃における命中精度も高かったことから砲兵の評価も高かったが、一方で強度や耐久力に若干の不安もあったと言われている。

1門当りの要員は20名、砲4門で

米ジョージア州ロームの公園に展示されている九二式十糎加農。ガダルカナル戦で米軍を苦しめた「ピストル・ピート」とされている（Ph/JumboCow）

1個中隊を編制する。十加は野戦重砲兵第七、第八聯隊に配備され、ノモンハン事件をはじめ、中国戦線やフィリピン戦、ガダルカナル戦などでも活躍している。

九六式十五糎榴弾砲

昭和期における帝國陸軍の主力榴弾砲がこの九六式であり、口径が15㎝であったことから通称「十五榴」と呼ばれていた。砲列重量は４１４０kg、最大射程は約1万２００0mであった。

九六式榴弾砲は当初、馬匹による牽引も考慮されていたが開発途中より自動車牽引専用に変更され、最終的に４４0門が製造された。九六式榴弾砲は主力砲らしく各激戦地に投入され、ガダルカナル戦においてルンガ（ヘンダーソン）飛行場を砲撃して米兵の心胆を寒からしめ、また沖縄戦においても最後の1門にいたるまで徹底抗戦し、野戦重砲の華として有終の美を飾った。

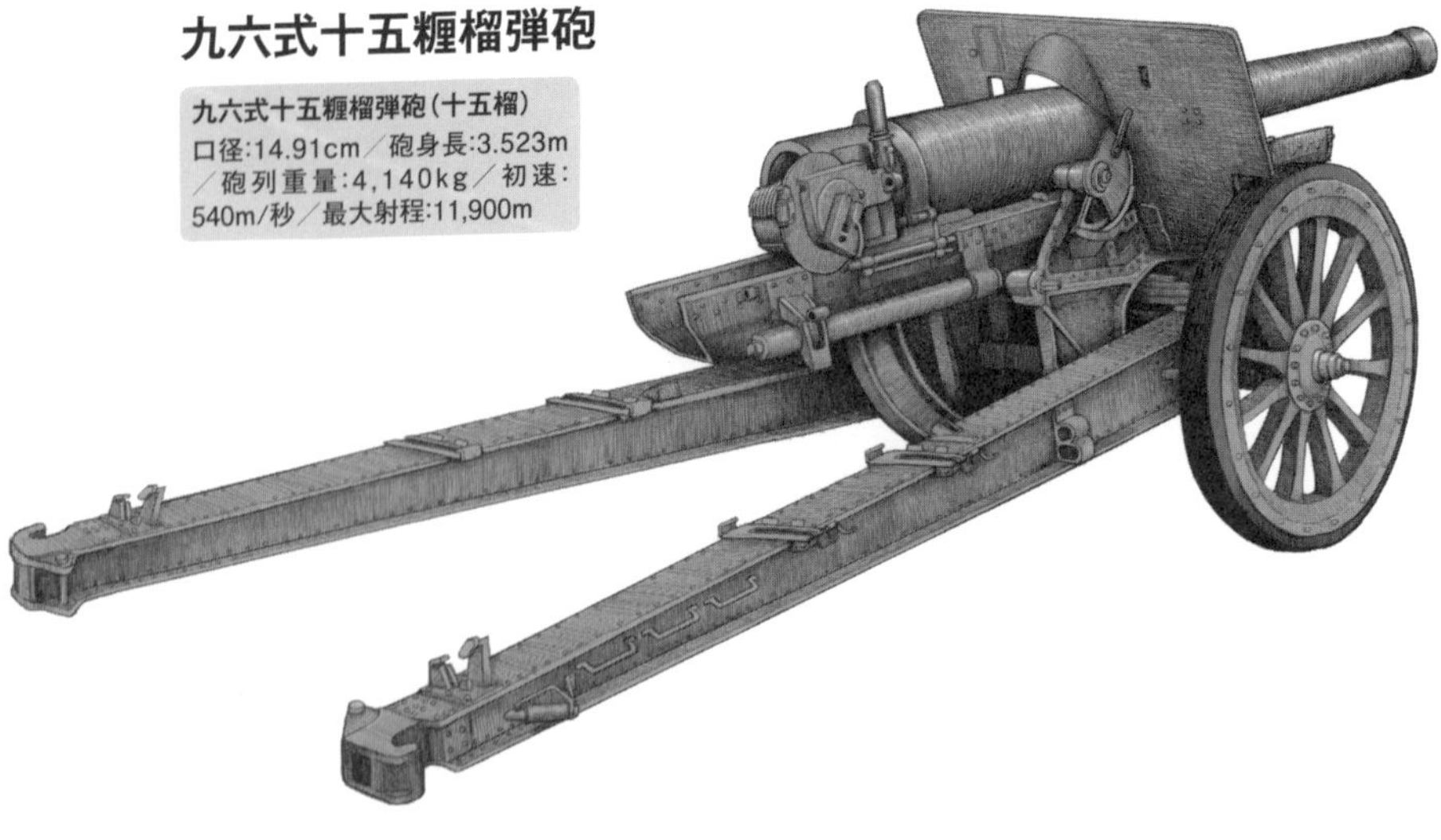

九六式十五糎榴弾砲（十五榴）
口径:14.91cm／砲身長:3.523m／砲列重量:4,140kg／初速:540m/秒／最大射程:11,900m

第三節

装甲戦闘車輌

軽戦車

九五式《きゅうごしき》軽戦車（ハ号）

八九式中戦車の次に開発されたのが九五式軽戦車である。八九式の機動力が低く、他の車輌類と行動を共にするのに不適であったことから、運用側から機動力を重視した戦車開発が望まれた結果生まれたのが本車である。発動機には八九式乙型と同じディーゼル発動機（※）が採用され、重量が軽減された分だけ機動力も増すこととなった。

主砲は九四式37㎜戦車砲で、基本的に対戦車戦闘は考慮されず、対人および重火器類に対する攻撃を主任務とした。ただ、後期型は装甲貫徹力の向上した九八式37㎜戦車砲に換装されている。

エンジンは車体後部右寄りに位置していたため、車体後部の右上面に排気管とマフラー（消音機）、冷却空気取入用ルーバーが備えられていた

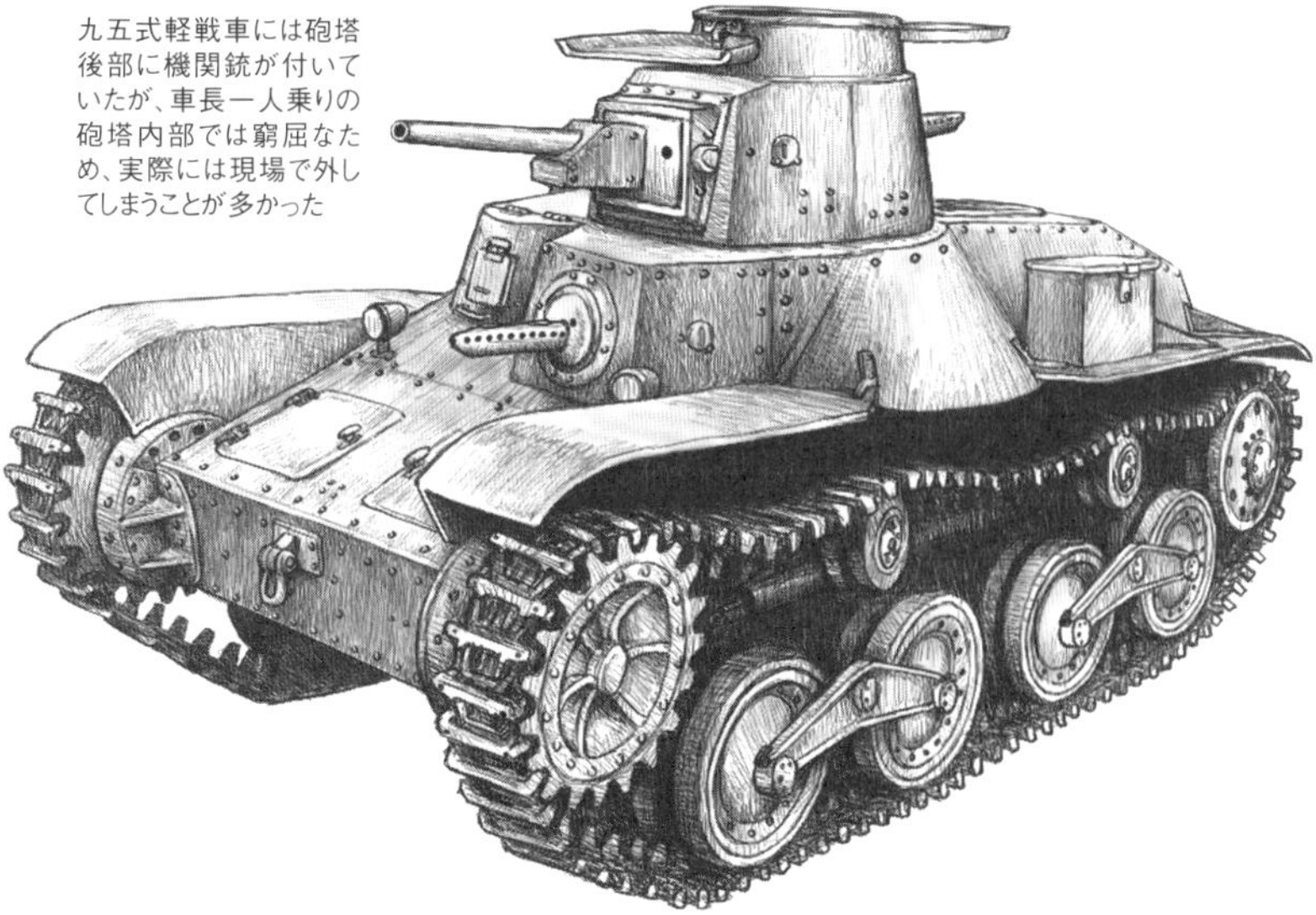

九五式軽戦車には砲塔後部に機関銃が付いていたが、車長一人乗りの砲塔内部では窮屈なため、実際には現場で外してしまうことが多かった

九五式軽戦車は開発当初からその装甲の薄さが指摘され

（※）ディーゼル発動機…熱効率に優れる軽油を燃料とするエンジン。ガソリンエンジンに比べると燃費に優れ、引火しにくいなどの利点があるが、低出力で騒音が大きいなどの欠点もある。

九五式軽戦車

九五式軽戦車（ハ号）（後期型）
全備重量:7.4t／全長:4.3m／全幅:2.07m／全高:2.28m／エンジン:A6120VDe直列6気筒空冷ディーゼル（120hp）／最大装甲厚:12mm／武装:36.7口径37mm戦車砲、7.7mm機関銃×2／最大速度:40km/h／航続距離:250km／乗員:3名

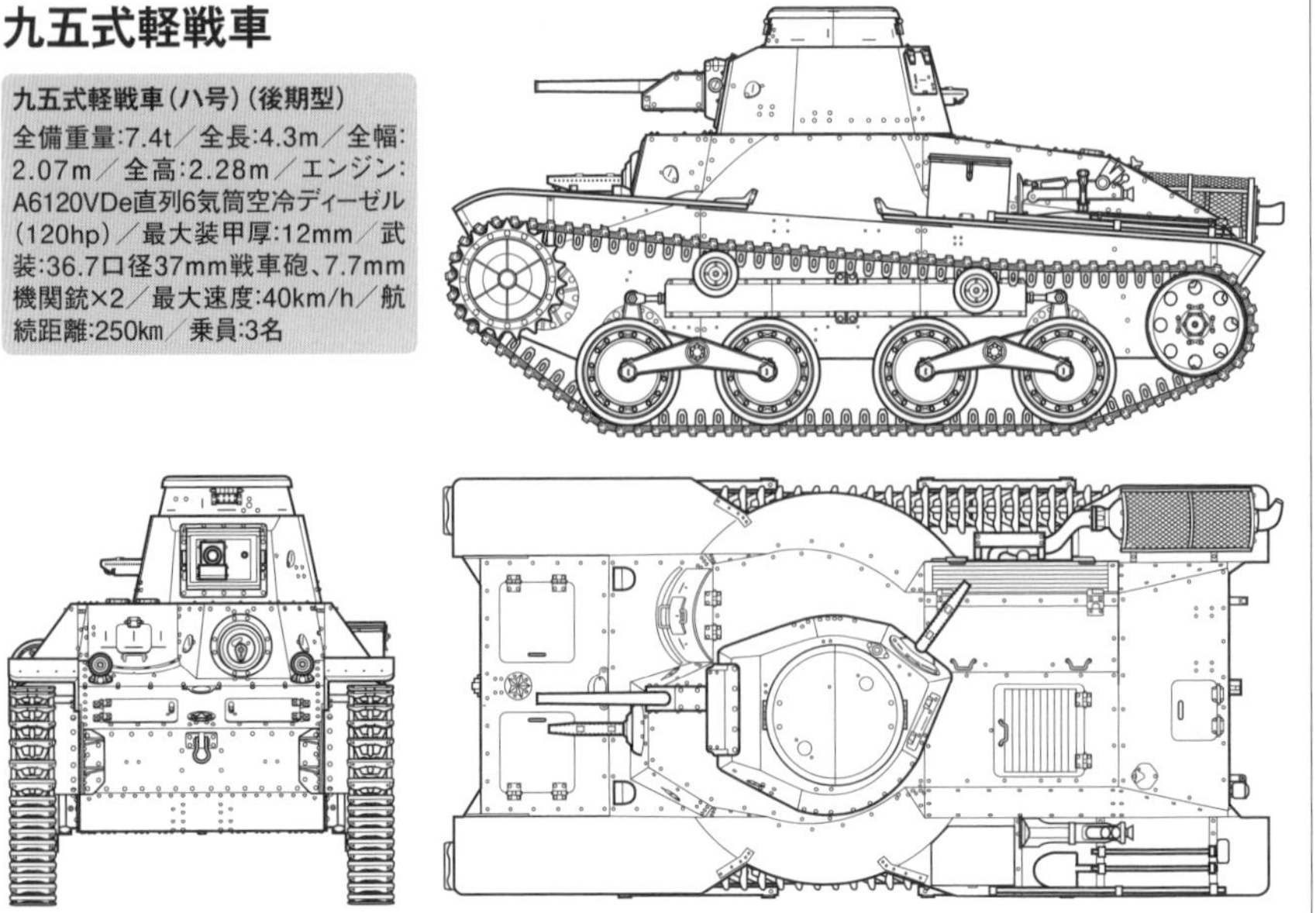

ており、採用された際に実際に運用することになる機甲部隊と騎兵部隊で意見が真っ向から対立した。対戦車戦闘を考慮していた機甲部隊側は30㎜厚に増加するよう意見するが、騎兵側は機動性が損なわれることを嫌って現状の12㎜厚のままを主張、結局、開発当初の目的通り騎兵側の意見が採用されることになった。

しかしその結果、本車の装甲は機関銃にすら撃ち抜かれるものとなり、その防御力の低さは最後まで改善されることはなかった。それでも本車は帝國陸軍の戦車としては最多生産数（２３７５輌）を誇り、終戦まで各地で戦い続けたのである。

二式軽戦車（ケト）

二式軽戦車は九八式軽戦車（ケニ）の改良型であるが、特に空挺部隊（挺進部隊）用として開発された点が奇異である。そもそも空挺部隊はその性質上ほとんど重火器を携行することができず、敵機甲部隊はおろか重防御の拠点制圧にも困難が伴う。そこで空挺部隊の火力不足を補おうという観点から開発が進められ、グライダーに積載して着陸、

ただちに行動に移れることが求められた。

　九八式軽戦車からの主な改修点は砲塔形状が円筒形から円錐形となったこと、主砲を高初速の一式37㎜戦車砲に変更したことなどが挙げられる。

　二式軽戦車はなかなか快速であり、平野部では実に50㎞／hを出すことが可能であった。この機動性は速度が重視される空挺部隊にとっては貴重であり、実戦参加することがあれば大いに活躍したことが想像できる。

　しかし、二式軽戦車が制式採用された頃には戦局は次第に悪化の一途を辿り、グライダーを曳航《えいこう》して挺進攻撃を行えるような状況ではなくなっていた。それでも昭和19年には挺進戦車隊が編成されたが、結局最後まで戦車を搭載すべきグライダーが完成せず、二式軽戦車は挺進戦車隊とともに本土決戦用に温存されて終戦を迎えることとなった。

二式軽戦車の主砲は長砲身の37mm砲となり、装甲貫徹力は九五式よりも上昇した。生産数は29輌にとどまる

二式軽戦車

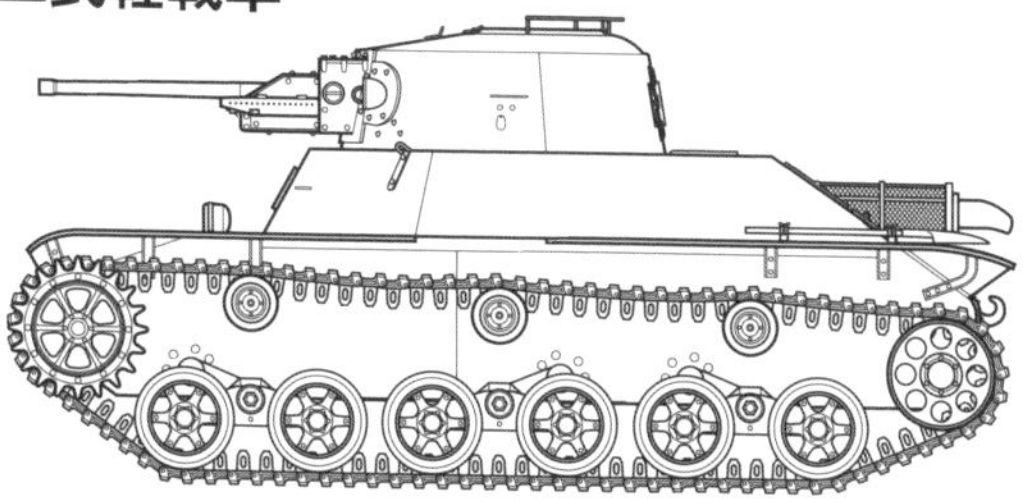

二式軽戦車（ケト）
全備重量:7.2t／全長:4.11m／全幅:2.12m／全高:1.82m／エンジン:統制型一〇〇式 直列6気筒空冷ディーゼル（130hp）／最大装甲厚:16mm／武装:46口径37mm戦車砲、7.7mm機関銃×1／最大速度:50km/h／航続距離:300㎞／乗員:3名

中戦車

八九式中戦車（イ号）

八九式中戦車は国産初の主力戦車で、甲乙の2タイプがあった。甲はガソリン発動機、乙はディーゼル発動機搭載である。当初はガソリン発動機を搭載していたが、ライセンス生産したダイムラー製航空発動機の工作精度が低く、ガスが気化してそれが引火、火災を発生させることが判明したため、後に三菱重工製のディーゼル発動機に換装したものである。当然のことながらこの二者では燃料はもちろん、交換部品も異なるため、甲乙という名称で区別したのである。

また、帝國陸軍の戦車にはカタカナ2文字が秘匿名称として与えられるが、八九式については一番最初の戦車ということで、制式採用された当初はイ号と呼称されていた。その後略符合は「チロ」という名称に改められたが、一般にはそのままイ号戦車として親しまれた。

主砲は57㎜砲を搭載するが基本的に対人用の榴弾砲であり、対戦車戦闘にはまったく向いていない。また最大時速

ルノー甲型（FT）を参考にした橇を尾部に装着していた八九式中戦車乙型。八九式中戦車は約400輌が生産された

八九式中戦車乙型（イ号）
全備重量:13.0t／全長:5.75m／全幅:2.18m／全高:2.56m／エンジン:A6120VD 直列6気筒空冷ディーゼル（120hp）／最大装甲厚:17mm／武装:18.4口径57mm戦車砲、6.5mm機関銃×2／最大速度:25km/h／航続距離:170㎞／乗員:4名

は25km/hであるが、不整地走行になると10km/h以下でしか走行できず、機動戦・追撃戦にも向いていなかった。

このため、基本的には歩兵直協用の戦車（※）であった。また、開発当初は国産初の主力戦車としてますますの性能

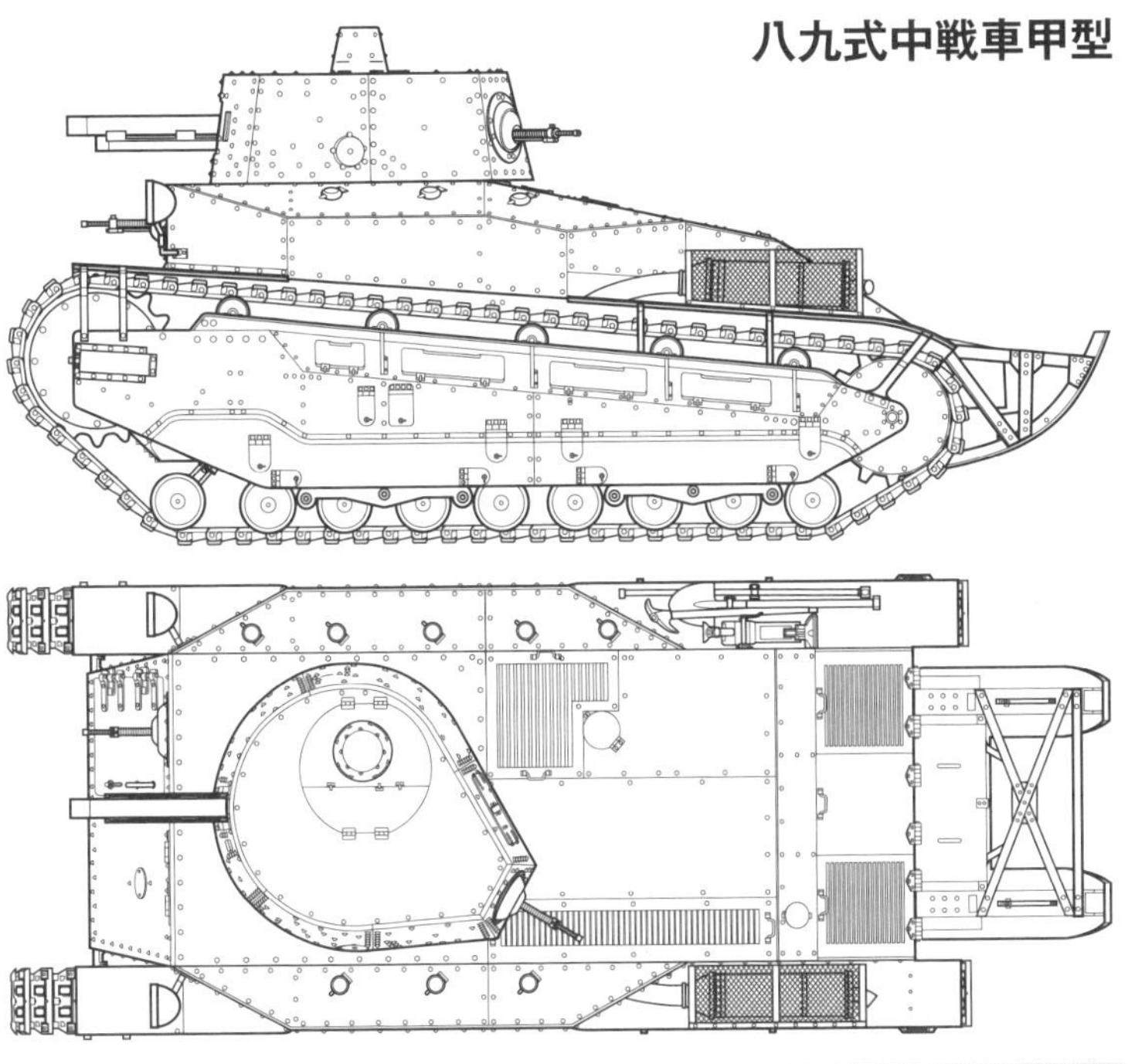

八九式中戦車甲型（イ号）
全備重量:12.7t／全長:5.70m／全幅:2.18m／全高:2.56m／エンジン:水冷6気筒ガソリン(100hp)／最大装甲厚:17mm／武装:18.4口径57mm戦車砲、6.5mm機関銃×2／最大速度:25km/h／航続距離:140㎞／乗員:4名

八九式中戦車は、当初は重量9.8トンの「八九式軽戦車」として開発されたが、度重なる改修で重量が12トン以上に増えたため、昭和10年度から中戦車と分類されるようになった。写真は乙型

（※）歩兵直協用の戦車…味方歩兵とともに行動し、歩兵の進撃の障害となる敵陣地や敵機関銃などを撃破するのを主任務とする戦車。装甲貫徹力に欠けるが人馬への殺傷威力が高い大口径・短砲身の榴弾砲を持つものが多い。

ではあったが、大戦末期にはさすがに戦車として使用することには無理があった（にもかかわらず、フィリピン防衛戦に投入されたという情報もある）。

九七式中戦車（チハ）

帝國陸軍を代表する戦車として、もっとも有名なのがこの九七式中戦車である。

九七式中戦車は、機動力不足などですでに旧式化していた八九式中戦車の後継車輌として開発された。しかし設計段階において、安価で機動力に富む戦車を求める参謀本部と、高価ではあるが性能に秀でた戦車をもとめる技術本部との間で意見の食い違いを見せ、それぞれの案による試作車輌まで作るに到った。結局、最終的には支那事変の勃発に伴い予算的な問題が解消されたために技術本部案が採用となり、チハ車として採用された（ちなみに参謀本部の試作車輌はチニ車である）。

歩兵直協用戦車としてチハ車を見た場合、同時代に開発された他国の戦車と比較しても決して見劣りするものではなかったが、初陣であるノモンハン戦において対戦車能力

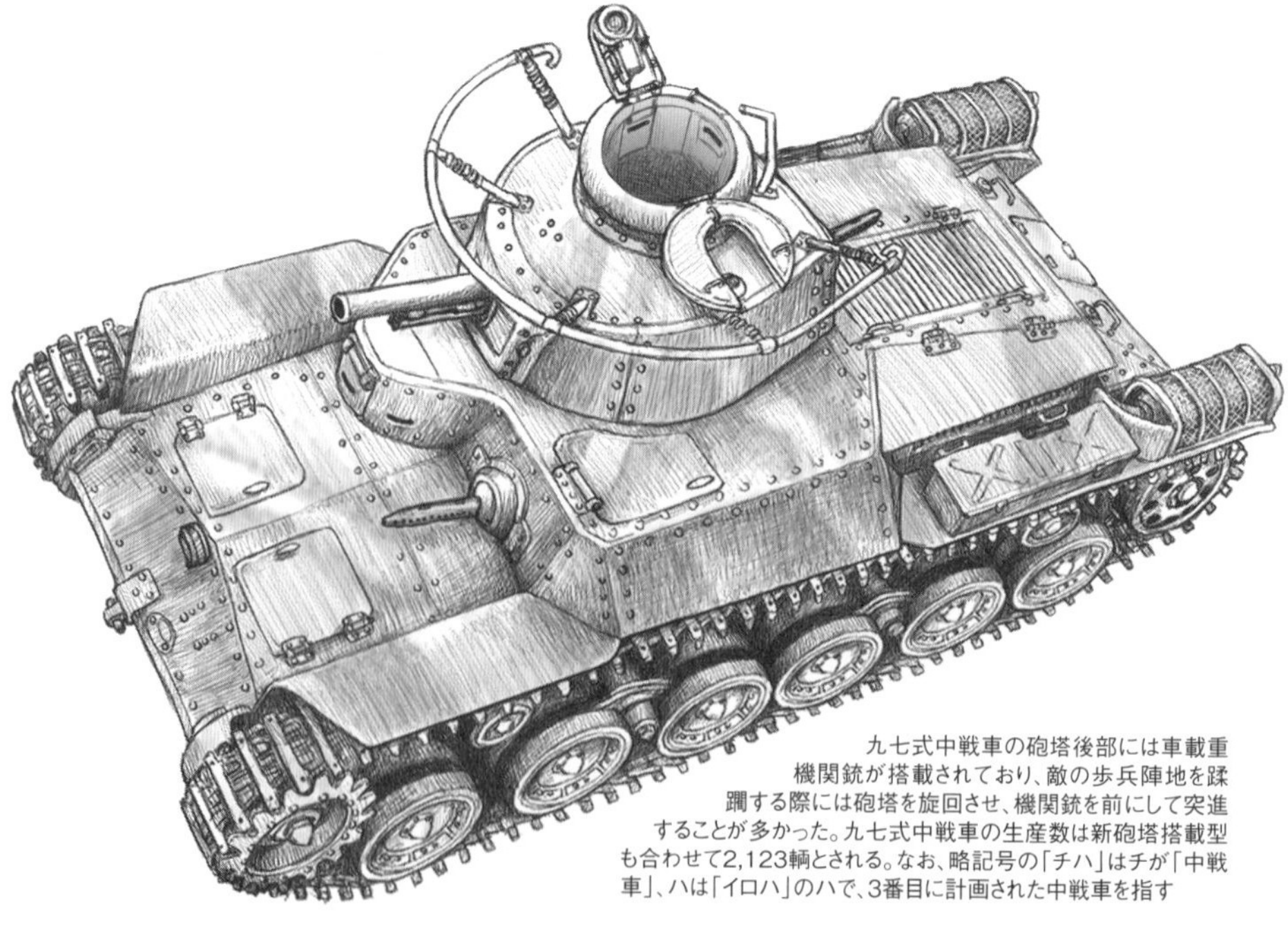

九七式中戦車の砲塔後部には車載重機関銃が搭載されており、敵の歩兵陣地を蹂躙する際には砲塔を旋回させ、機関銃を前にして突進することが多かった。九七式中戦車の生産数は新砲塔搭載型も合わせて2,123輌とされる。なお、略記号の「チハ」はチが「中戦車」、ハは「イロハ」のハで、3番目に計画された中戦車を指す

九七式中戦車（チハ）

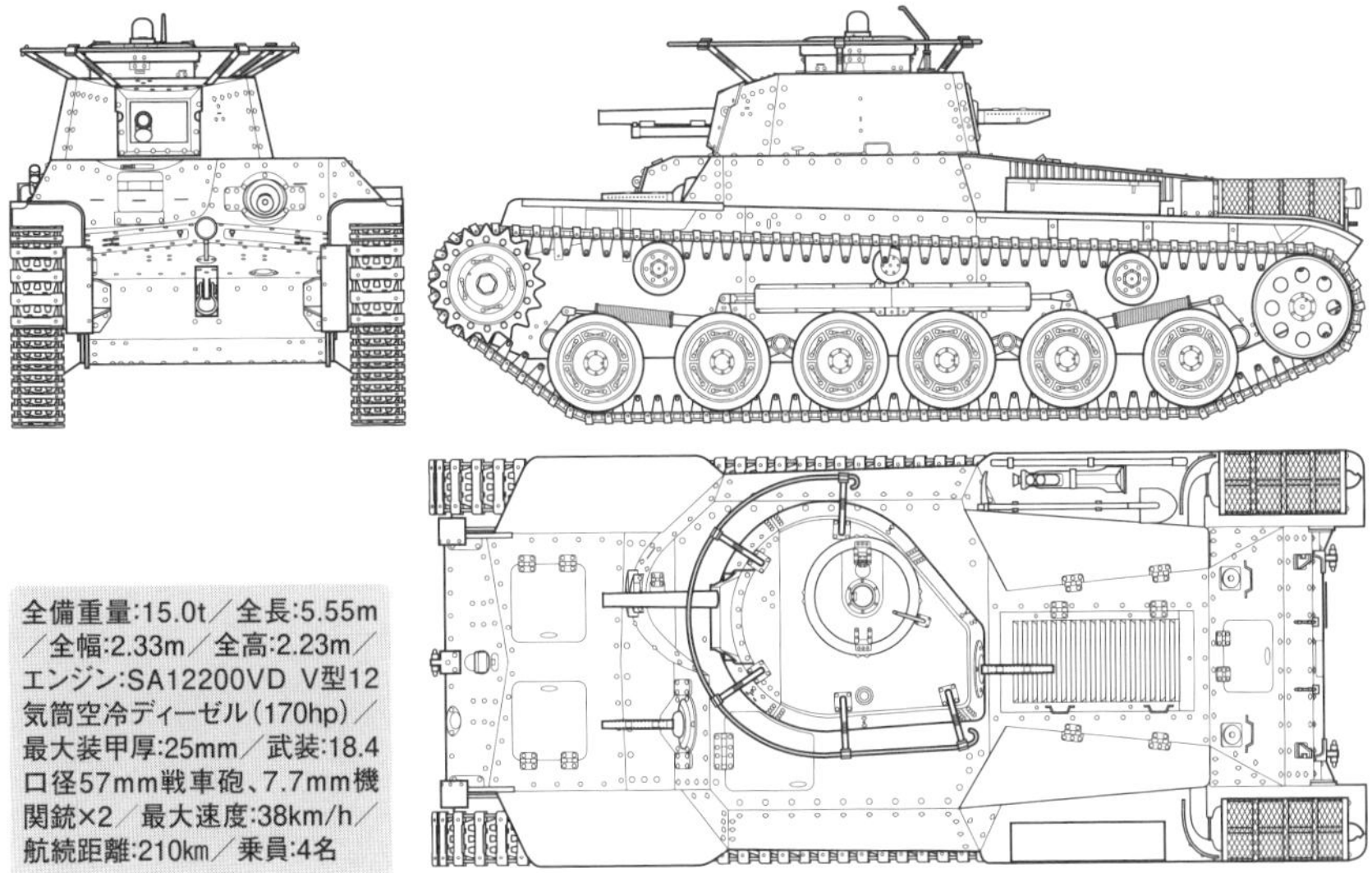

全備重量:15.0t／全長:5.55m／全幅:2.33m／全高:2.23m／エンジン:SA12200VD V型12気筒空冷ディーゼル（170hp）／最大装甲厚:25mm／武装:18.4口径57mm戦車砲、7.7mm機関銃×2／最大速度:38km/h／航続距離:210km／乗員:4名

の欠如が明らかとなり、主砲の換装が計画される。その結果、昭和17年に至って装甲貫徹力に優れる長砲身の一式47㎜戦車砲を搭載した、いわゆる「九七式中戦車改（新砲塔チハ）」が完成し、終戦まで主力戦車として戦い続けたのでる。

九七式中戦車はのちの一式中戦車や三式中戦車の母体となるなど発展性にも優れ、名実ともに日本を代表する戦車であった。だが、諸外国の戦車開発は日本が追いつけないほどの速さで進歩し、

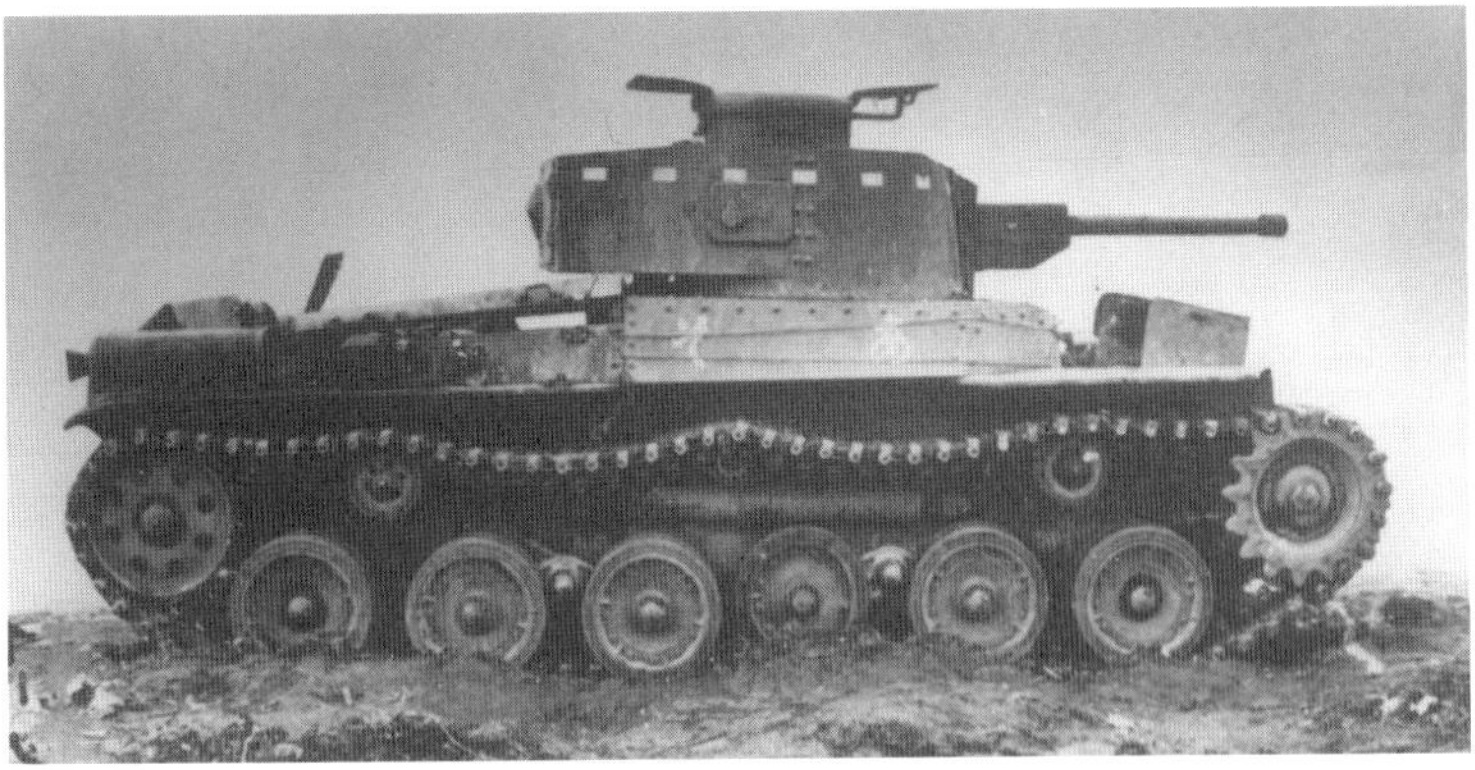

長砲身47mm砲を装備した新砲塔を搭載した九七式中戦車。このタイプは後世では便宜的に「九七式中戦車改」「新砲塔チハ」と呼ばれることが多い。この車輌はサイパン島の戦いで撃破された戦車第九聯隊の五島正聯隊長車

九七式中戦車改（新砲塔チハ）

全備重量:15.8t／全高:2.38m／武装:48口径47mm戦車砲、7.7mm機関銃×2／乗員:4〜5名（他は57mm砲搭載型と同）

米軍の主力戦車であるＭ４シャーマンに正面から対抗することは事実上不可能であった。

一式《いちしき》中戦車（チヘ）

一式中戦車は九七式中戦車の後継車種であり、マイナーチェンジ版と言っていいだろう。主な変更点は車体構造を溶接方式として防御力の向上を図ったこと（装甲自体も厚みを増して強化されている）、発動機をより高出力の統制型一〇〇式空冷ディーゼルに変更したこと、乗員が４名から5名になったこと、そして主砲を一式47㎜戦車砲に変更したことである。

ただし、主砲に関しては九七式改とまったく同じであり、その点だけを見るとわざわざ後継車輌として生産・配備するほどのことはなかったとも言える。事実、一式中戦車の生産数は１７０輌と九七式に比べて著しく少なく、実戦参加した車輌はなかったとされる。

少々酷な言い方をするなら、日本の中戦車は同時代における諸外国の軽戦車なみであったとも言える。一式中戦車の後に開発された三式中戦車にしても、米軍のＭ24チャー

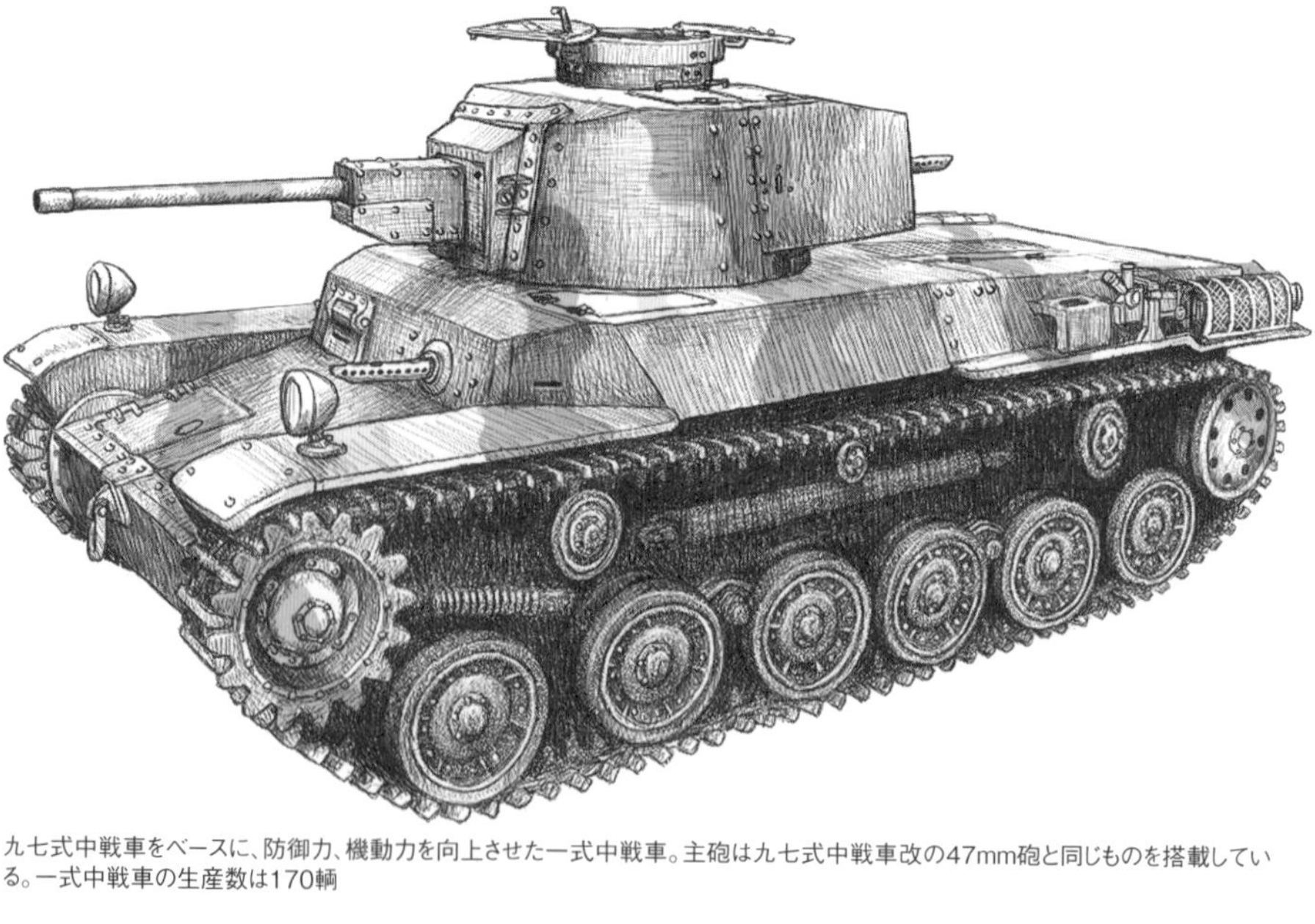

九七式中戦車をベースに、防御力、機動力を向上させた一式中戦車。主砲は九七式中戦車改の47mm砲と同じものを搭載している。一式中戦車の生産数は170輌

一式中戦車（チへ）

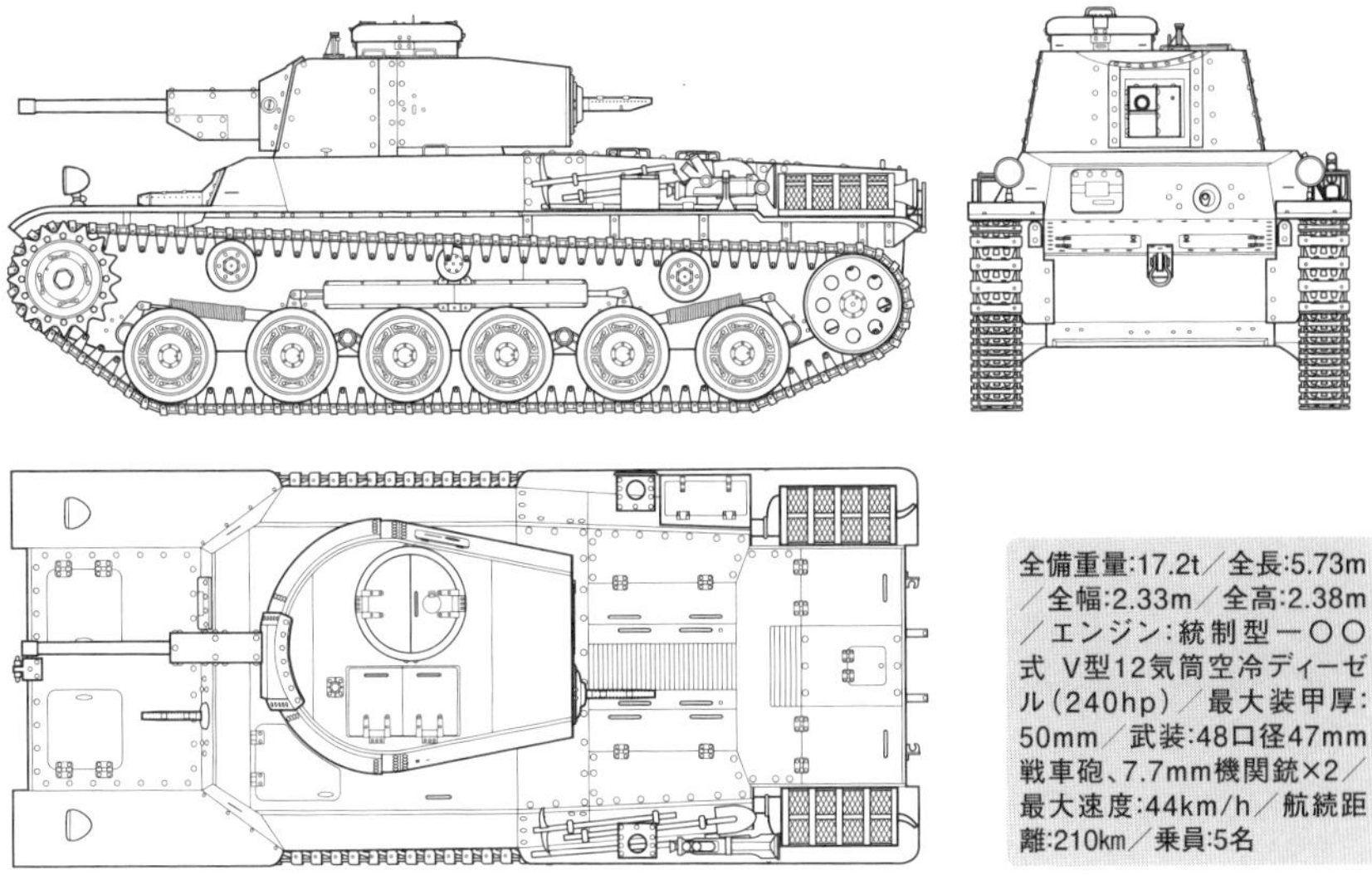

全備重量:17.2t／全長:5.73m／全幅:2.33m／全高:2.38m／エンジン:統制型一〇〇式 V型12気筒空冷ディーゼル（240hp）／最大装甲厚:50mm／武装:48口径47mm戦車砲、7.7mm機関銃×2／最大速度:44km/h／航続距離:210km／乗員:5名

一式中戦車は車体装甲が溶接主体となり、装甲厚も50mmと九七式中戦車より倍増した。しかし本土決戦用に温存され、実戦には参加しなかったとされる。M4シャーマンと戦っても苦戦はまぬがれなかっただろう

フィーと武装・防御力ともに大差ない。結果、日本の戦車の運用は待ち伏せが主流となっていく。

そういう意味では、そもそも主力戦車開発に見切りをつけて駆逐戦車（※）の開発に特化したほうが良かったのかもしれない。

（※）駆逐戦車…敵戦車を駆逐、撃退することを主任務とする戦闘車輌のこと。高い対戦車火力を持つが、旋回砲塔を廃止しているものが多い。

三式中戦車（チヌ）

帝國陸軍が最後に配備した戦車で、生産・配備数は少ないながらもM４シャーマンに対抗できる新型として期待され、本土決戦に備えて温存されていたのがこの三式中戦車である。基本的には一式中戦車の車体を流用して若干の修正を加え、主砲には三式75㎜戦車砲を搭載している。このため、九七式中戦車シリーズの最終形態と考えていいだろう。

ただ、実際の三式中戦車は期待されていたほどの戦果を挙げ得たかどうかは微妙なところだ。先述したように車体は一式中戦車のものを流用したに過ぎず、防御力不足は否めなかった。このため、M４シャーマンと真正面から撃ち合えば力負けすることは明らかであり、やはり戦車掩体壕などを利用しつつ、駆逐戦車的な運用が主体となっただろう。

また、火力面でも75㎜という口径はそれまでから比べるとようやく世界水準に追いついたように見えるが、実際にはフランス製野砲のライセンス生産品である九〇式野砲の改良型に過ぎず、同じ75㎜と言ってもドイツのパンター戦

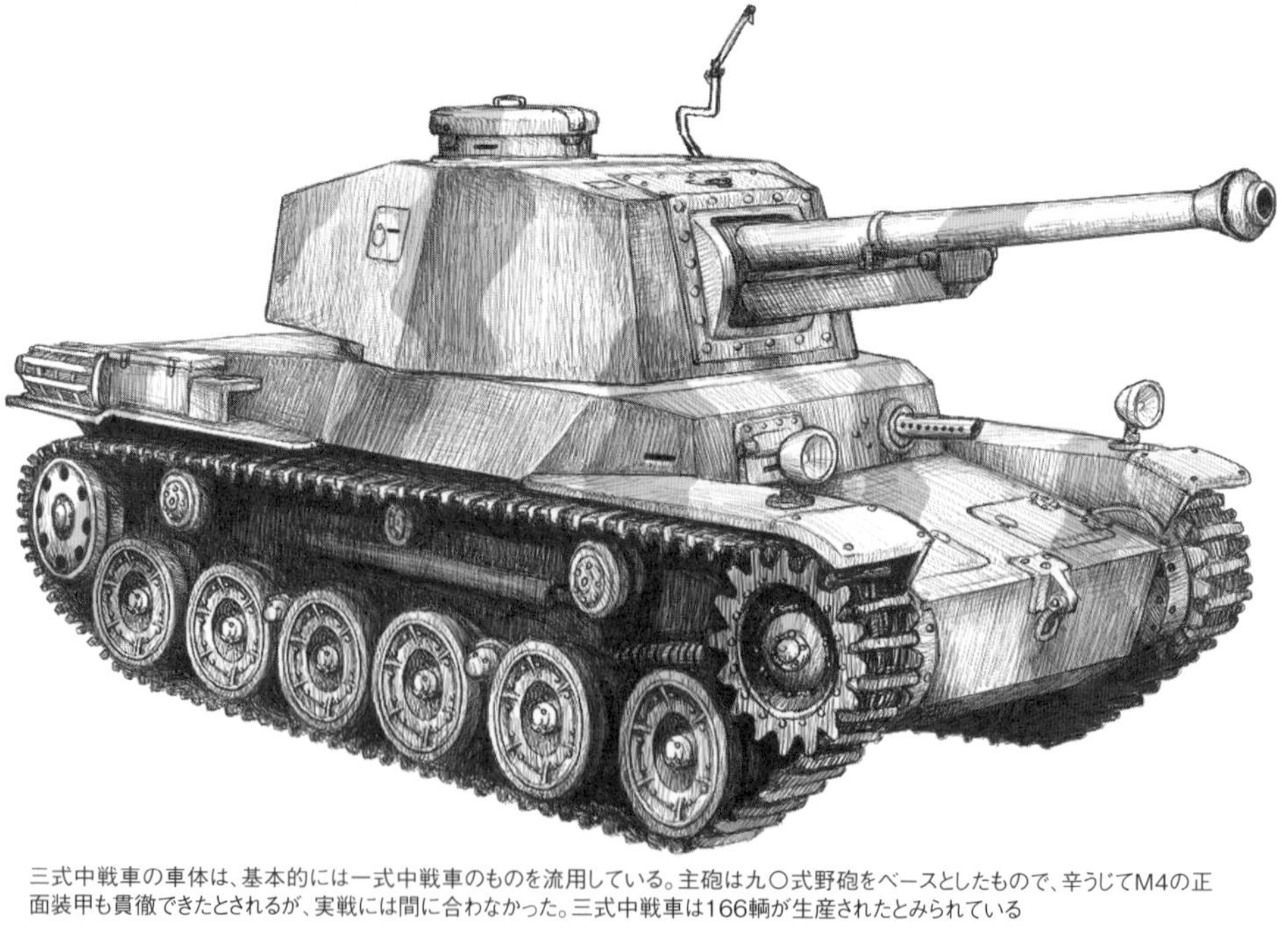

三式中戦車の車体は、基本的には一式中戦車のものを流用している。主砲は九〇式野砲をベースとしたもので、辛うじてM4の正面装甲も貫徹できたとされるが、実戦には間に合わなかった。三式中戦車は166輌が生産されたとみられている

三式中戦車（チヌ）

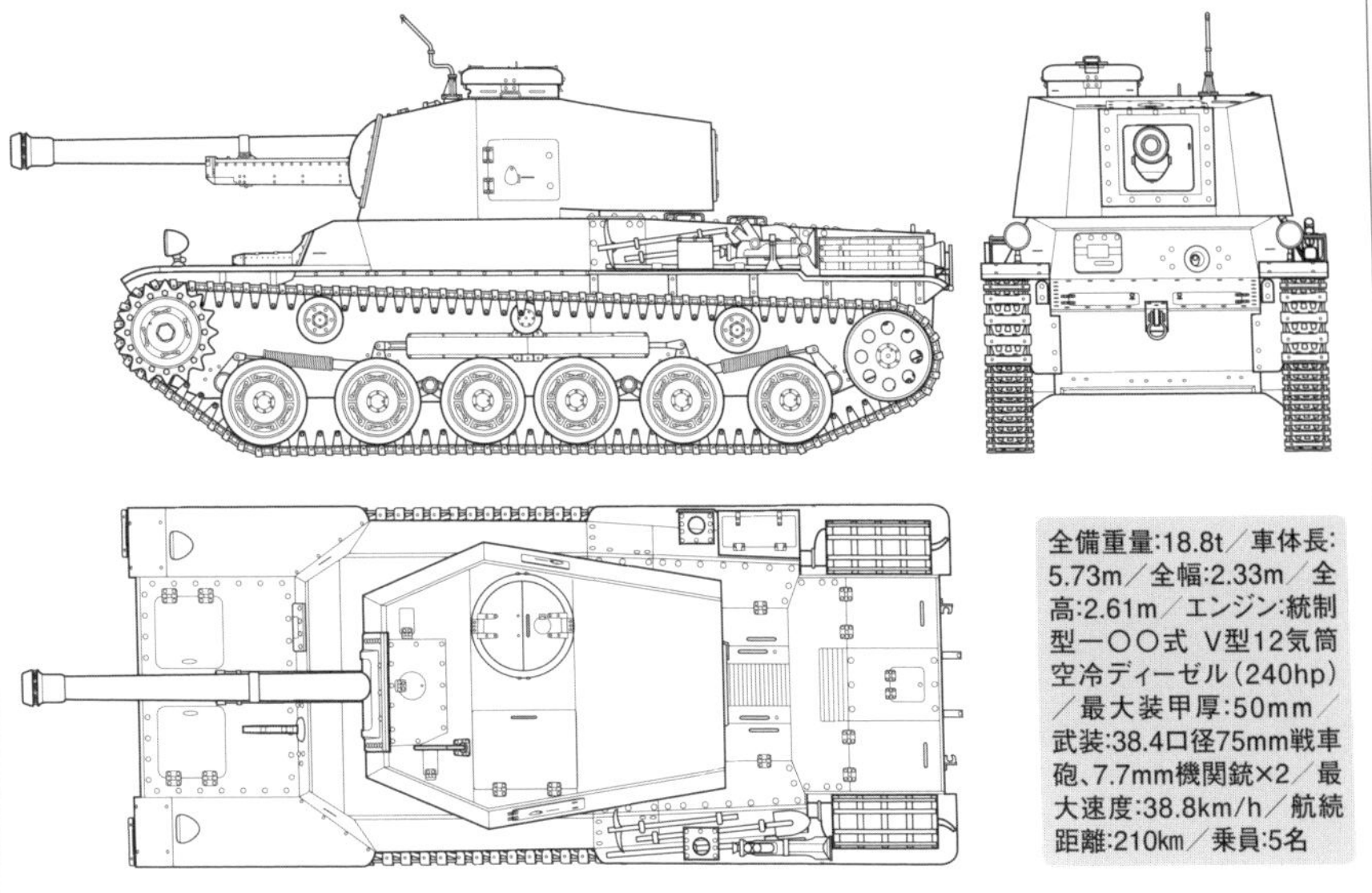

全備重量:18.8t／車体長:5.73m／全幅:2.33m／全高:2.61m／エンジン:統制型一〇〇式 V型12気筒空冷ディーゼル（240hp）／最大装甲厚:50mm／武装:38.4口径75mm戦車砲、7.7mm機関銃×2／最大速度:38.8km/h／航続距離:210km／乗員:5名

車の主砲（※）などとは比べるべくもなかった。

しかし、たとえカタログスペックがそうであったとしても、やはり帝國陸軍最後の主力戦車として、その活躍を夢想してしまうのは筆者一人だけではないだろう。

現在、国内唯一の三式中戦車は自衛隊の土浦兵器学校において展示されている。

九七式中戦車シリーズの最終発展型ともいえる三式中戦車だが、さらに四式中戦車の主砲と同じ長砲身75mm砲に換装する計画もあった

（※）パンターの主砲は70口径長、三式中戦車の主砲は38口径長。口径長とは砲身長が口径の何倍かを表す数値で、口径長が大きい砲のほうが初速が速く、装甲貫徹力に優れる砲弾を撃ちだすことができる。

四式中戦車（チト）

帝國陸軍の戦車は九七式中戦車までは歩兵直協用の兵器としての側面が強かった。その結果、ノモンハン事件においてソ連戦車に多数の戦車を撃破され、対戦車戦闘能力の必要性を痛感することになる。また、太平洋戦争勃発後も米軍の軽戦車にすら事実上対抗できなかったこともあり、はじめて対戦車戦闘を意識して開発されたのがこの四式中戦車である。

このため、車体そのものも新規に開発されたものとなり、外観上は日本戦車の特徴を示しているものの、九七式中戦車の系列とは異なる。

当初、四式中戦車の主砲には長砲身の57㎜砲が考えられていたが、試験の結果威力不足とされ、のちに75㎜高射砲を改良した五式75㎜戦車砲を搭載した。この75㎜砲は距離１０００ｍで75㎜の装甲板を貫通することが可能であり、M4シャーマンに十分対抗できる威力を備えていた。

また、四式中戦車は日本の戦車としてははじめて鋳造砲塔を搭載して防御力の向上を図っているが、量産化にあたってはこれがかえってネックになり、結果的に試作車輌のみで終戦を迎えることになってしまった。

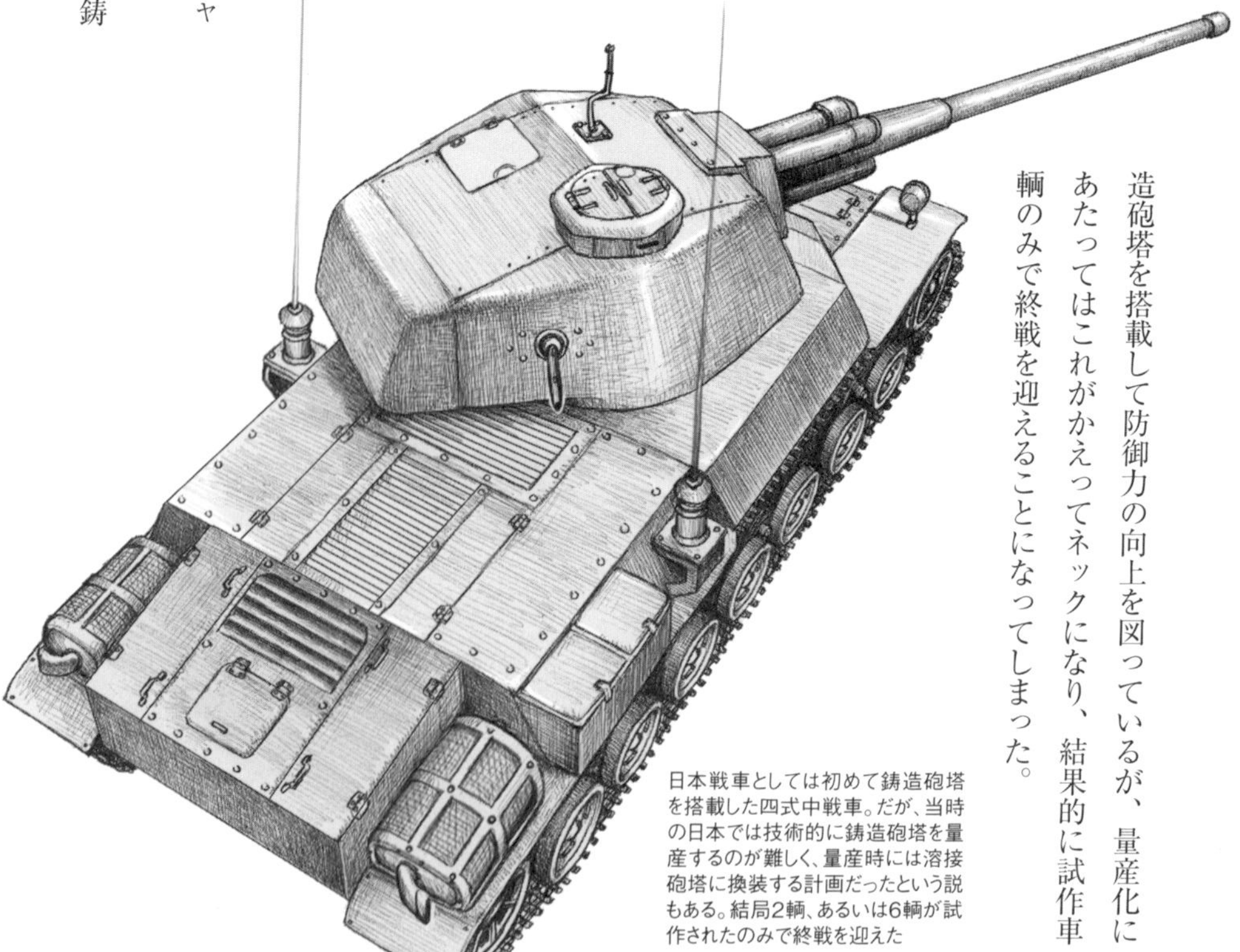

日本戦車としては初めて鋳造砲塔を搭載した四式中戦車。だが、当時の日本では技術的に鋳造砲塔を量産するのが難しく、量産時には溶接砲塔に換装する計画だったという説もある。結局2輌、あるいは6輌が試作されたのみで終戦を迎えた

ある意味で、日本の技術水準の低さや戦車そのものに対する先見の明のなさが表われた、不遇な戦車と言えるかもしれない。

四式中戦車（チト）

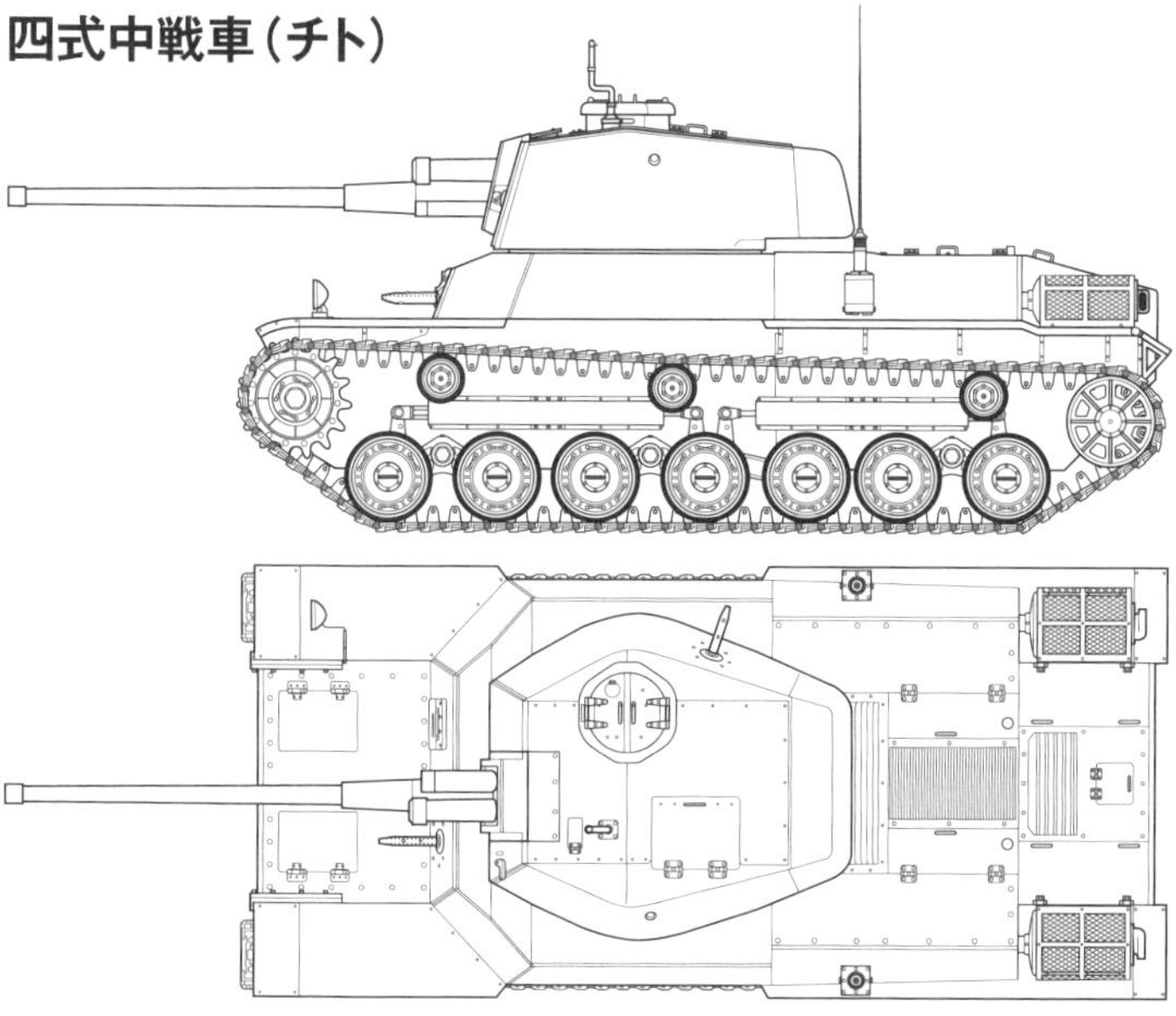

全備重量:30.0t／車体長:6.34m／全幅:2.86m／全高:2.86m／エンジン:四式V型12気筒空冷ディーゼル（400hp）／最大装甲厚:75mm／武装:53口径75mm戦車砲、7.7mm機関銃×2／最大速度:45km/h／航続距離:250km／乗員:5名

戦後、アメリカ兵に五式中戦車と間違えられて「TYPE 5」と書かれてしまった四式中戦車。日本戦車としては高い攻撃・防御・機動力を備えたが、実戦に参加することはなかった。とはいえ、独ソ米では1942～43年に同レベルの戦車を大量産していたのも事実である

五式中戦車(チリ)

帝國陸軍最後の戦車が五式中戦車であり、四式中戦車のスケールアップ版と言えなくもない。主砲は四式中戦車と同じ五式75㎜戦車砲で、各部の装甲厚も大体同じである(ただし五式のほうが側面の装甲は厚い)。

逆に、相違点としては五式中戦車のほうが全長が長く、転輪も1つ多い。また、四式の鋳造砲塔に対して五式中戦車は砲塔・車体とも溶接方式となっている。そして外観上の最大の相異は副武装である37㎜砲の存在であろうか。何故この副砲を前面に装備したかについては諸説あるが、トラックや装甲車、対戦車砲などを目標としたときに、主砲弾を節約するためだったとも言われる。もっともそのために兵站上の負担を増やすのは、当時の国情を考えたら理にかなっていない。

また、砲塔のサイズが四式に比べて大きいが、これは自動装填装置を搭載したことが影響している。発射速度を低下させないために導入を決めたものだが、結果的にこの装填装置の開発の遅れがそのまま五式中戦車の開発の遅れに繋がっている。

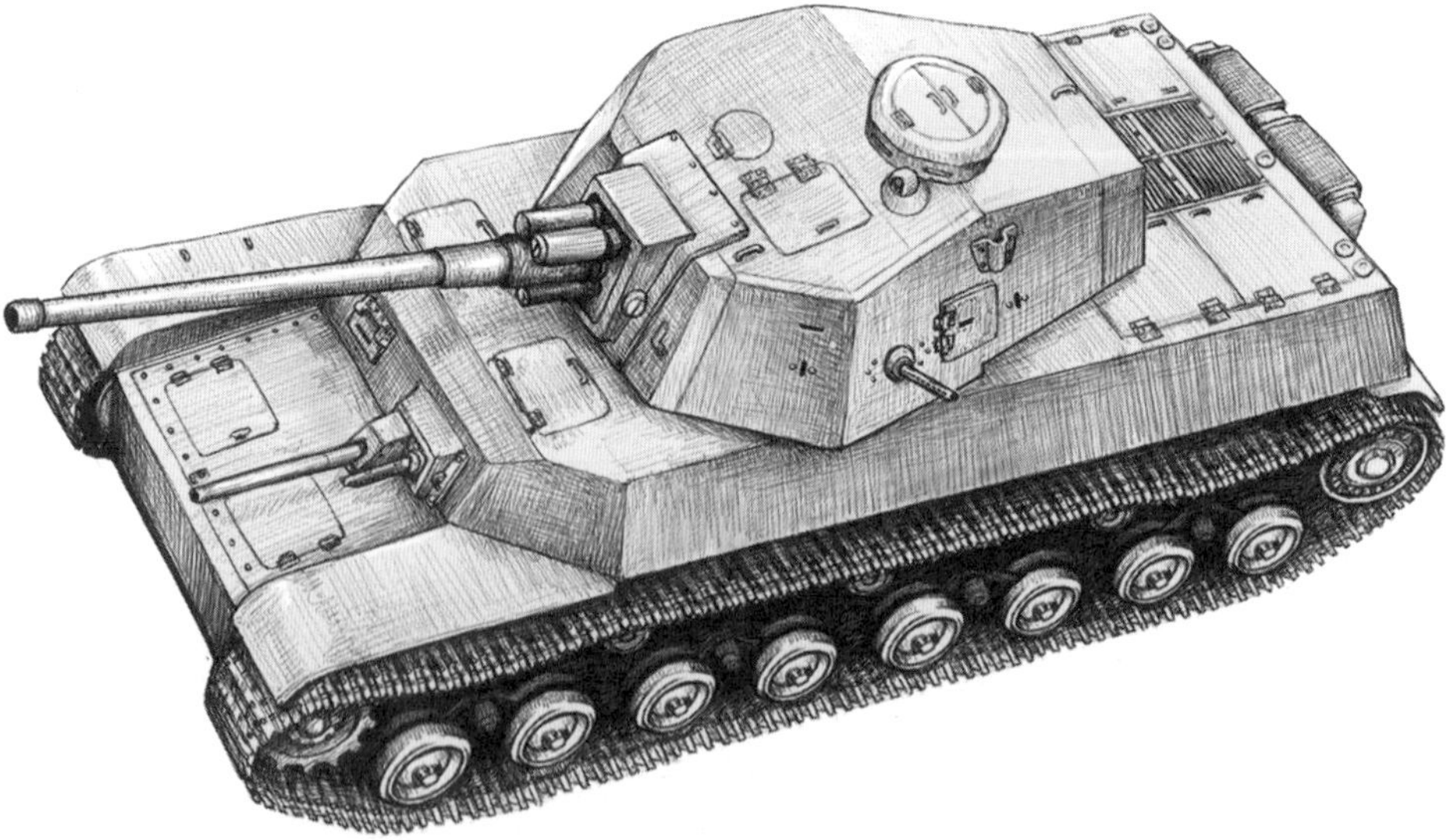

日本戦車としては空前の大型戦車となった五式中戦車(チリ)。大きく改設計したチリIIも設計されていたが、チリIIでは自動装填装置や副砲は撤去し、エンジンは液冷ガソリンから空冷ディーゼルに変更、転輪は7つになり全長は縮小することになっていた

なお、四式・五式の符合（チト、チリ）に対して三式中戦車（チヌ）の符合のほうが順番的には後ろであるが、これは四式および五式中戦車のほうが三式中戦車よりも先に開発に着手したため、逆転現象が発生したものである。

五式中戦車（チリ）

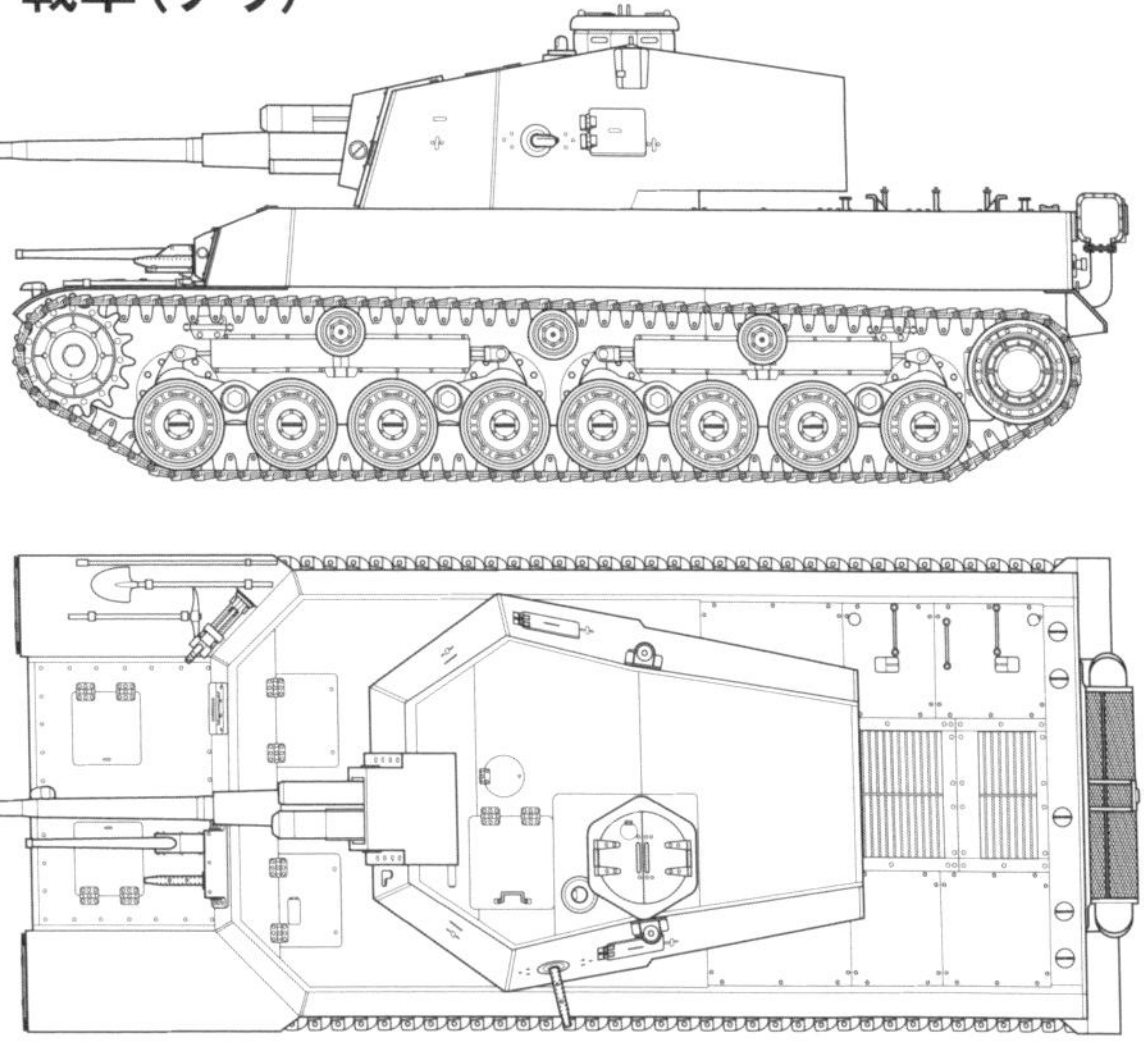

自重:37.0t／車体長:7.3m／全幅:3.05m／全高:3.05m／エンジン:V型12気筒液冷ガソリン（550hp）／最大装甲厚:75mm／武装:53口径75mm戦車砲、37mm戦車砲、7.7mm機関銃×2／最大速度:45km/h／航続距離:200km／乗員:6名

戦後米軍に鹵獲された五式中戦車。主砲は搭載していない。自動装填装置を搭載したため、砲塔が大型化したと見られている。五式中戦車はこの1輌のみが試作された

自走砲／砲戦車

一式七糎《センチ》半自走砲（ホニI）

一式七糎半自走砲は九七式中戦車の車体に九〇式野砲を搭載したもので、「一式砲戦車」とも称される。だがそも

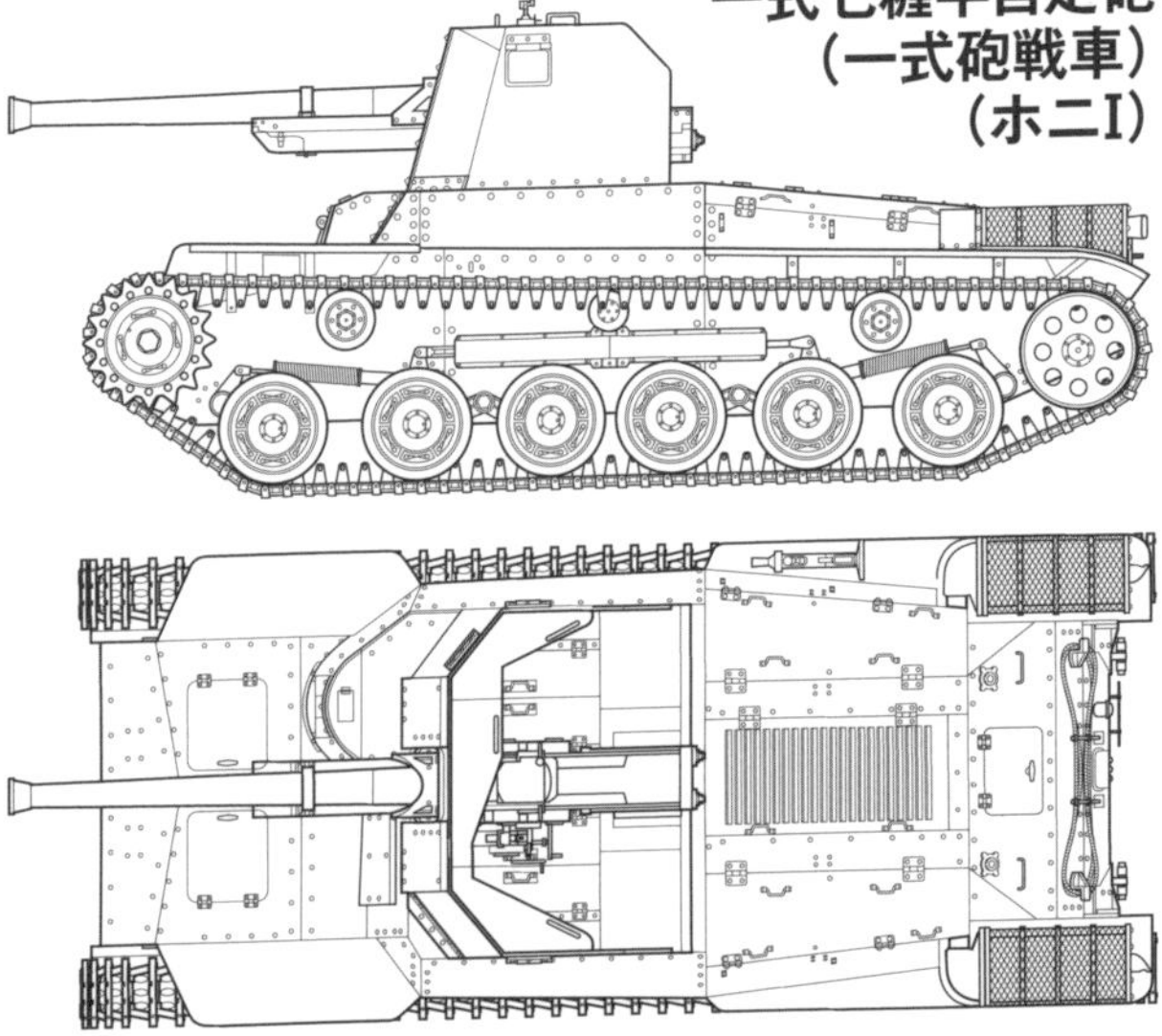

一式七糎半自走砲／一式砲戦車（ホニI）
全備重量:15.9t／全長:5.90m／全幅:2.33m／全高:2.39m／エンジン:SA12200VD V型12気筒空冷ディーゼル（170hp）／最大装甲厚:50mm／武装:38.4口径75mm野砲／最大速度:38km/h／乗員:5名

戦闘室の後方と上方が開放されているオープントップの自走砲であった一式七糎半自走砲。実際には砲兵の兵器であったが、「一式砲戦車」と称されることもある。総生産数は55輌、124輌など諸説ある。ルソン戦に投入された機動砲兵第二聯隊の一式七糎半自走砲は、支援砲撃だけでなく、M4中戦車を直接射撃で撃破するなどの戦果を挙げている

そも一式七糎半自走砲が開発された経緯は、戦車部隊に随伴可能な砲兵用の自走砲としてであり、当初は対戦車戦闘を見込まれていたわけではない。防御力も最低限度のものでしかなく、装甲は防盾前面50㎜、側面12㎜のオープントップ式固定戦闘室であり、戦線後方からの支援射撃を想定していたために対歩兵用の前方機関銃も持たない。

しかし、現実には主力戦車である九七式中戦車が連合軍の強力な戦車に対抗できなかったため、本車は結果的に対戦車戦闘を期待されることとなる。生産台数自体は多くなく、またフィリピンへの輸送途中に海没するなどの不運に見舞われた結果、実戦参加した車輌は限られたが、ルソン戦ではM4シャーマンを撃破した戦果もある。

また、搭載砲を10・5㎝九一式榴弾砲に替えた車輌も開発され、こちらは一式十糎自走砲（ホニⅡ）と呼ばれ、純然たる自走砲であった。

二式砲戦車（ホイ）

二式砲戦車は一式中戦車の車体をベースに、四一式山砲を改造した短砲身の75㎜戦車砲を全周旋回砲塔に搭載した砲戦車。開発時のコンセプトはドイツ軍のⅣ号戦車の短砲身型によく似ており、一式中戦車などの主力戦車を支援して、敵の対戦車砲などを制圧するのが主任務だった。

だが砲戦車にも対戦車戦闘能力が求められた結果、装甲貫徹力に優れた主砲を持つ一式七糎半自走砲（一式砲戦車）の方が高く評価され、二式砲戦車はわずか30輌しか生産されなかった。本車はすべてが本土に温存され、実戦には投入されていない。

二式砲戦車（ホイ）

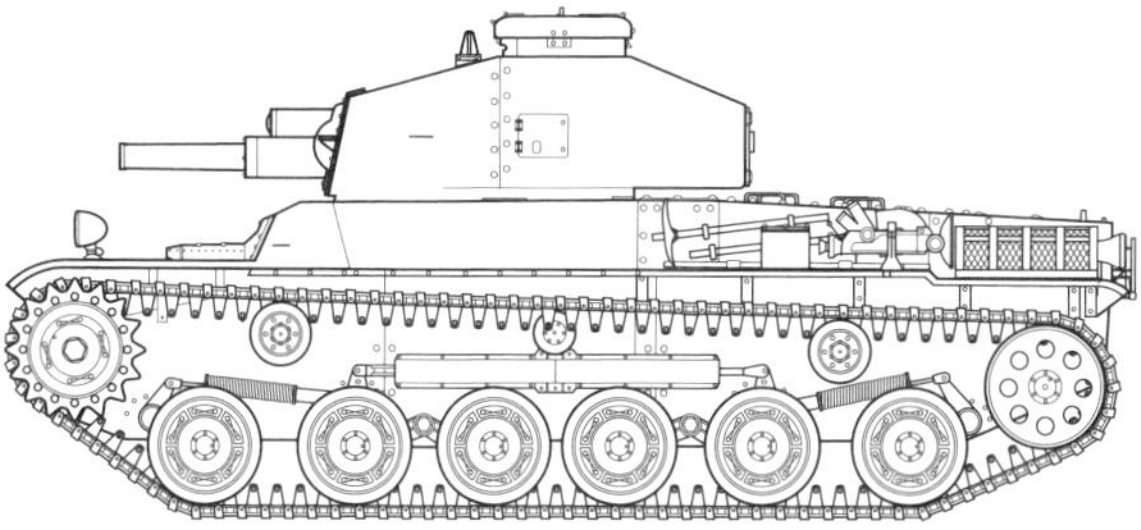

二式砲戦車（ホイ）
全備重量:16.7t／全長:5.73m／全幅:2.33m／全高:2.38m／エンジン:統制型一〇〇式 V型12気筒空冷ディーゼル（240hp）／最大装甲厚:50mm／武装:21口径75mm戦車砲、7.7mm機関銃×1／最大速度:44km/h／航続距離:200km／乗員:5名

三式砲戦車(ホニⅢ)

三式砲戦車は一式七糎半自走砲(一式砲戦車)の発展型で、基本的には防御力の向上を眼目としている。一式七糎半自走砲は前部および側面の一部を装甲で覆ったに過ぎず、砲弾の破片や歩兵からの攻撃に対してすら脆弱であった。この点を改め、全周にわたって砲の周囲を装甲で覆い、固定砲塔化したのである。しかし、当然ながら全周旋回砲塔とは異なるため、左右に対して僅かに動かすことができるだけである。このため、大幅な射線変更は車体そのものを動かす必要があったのは一式七糎半自走砲と同様である。

三式砲戦車の主砲は三式中戦車と同じ三式75㎜戦車砲であり、あくまで九〇式野砲を改修して搭載した一式七糎半自走砲とは異なる。また照準機自体も三式中戦車のものが流用可能であったため、一式七糎半自走砲と異なり直接照準が可能となっている。また、砲口部の砲口制退器(※)も砲塔を全周防御としたことでそのまま残すこととなった(一式七糎半自走砲は砲口制退器を排して砲口環を取付けている)。

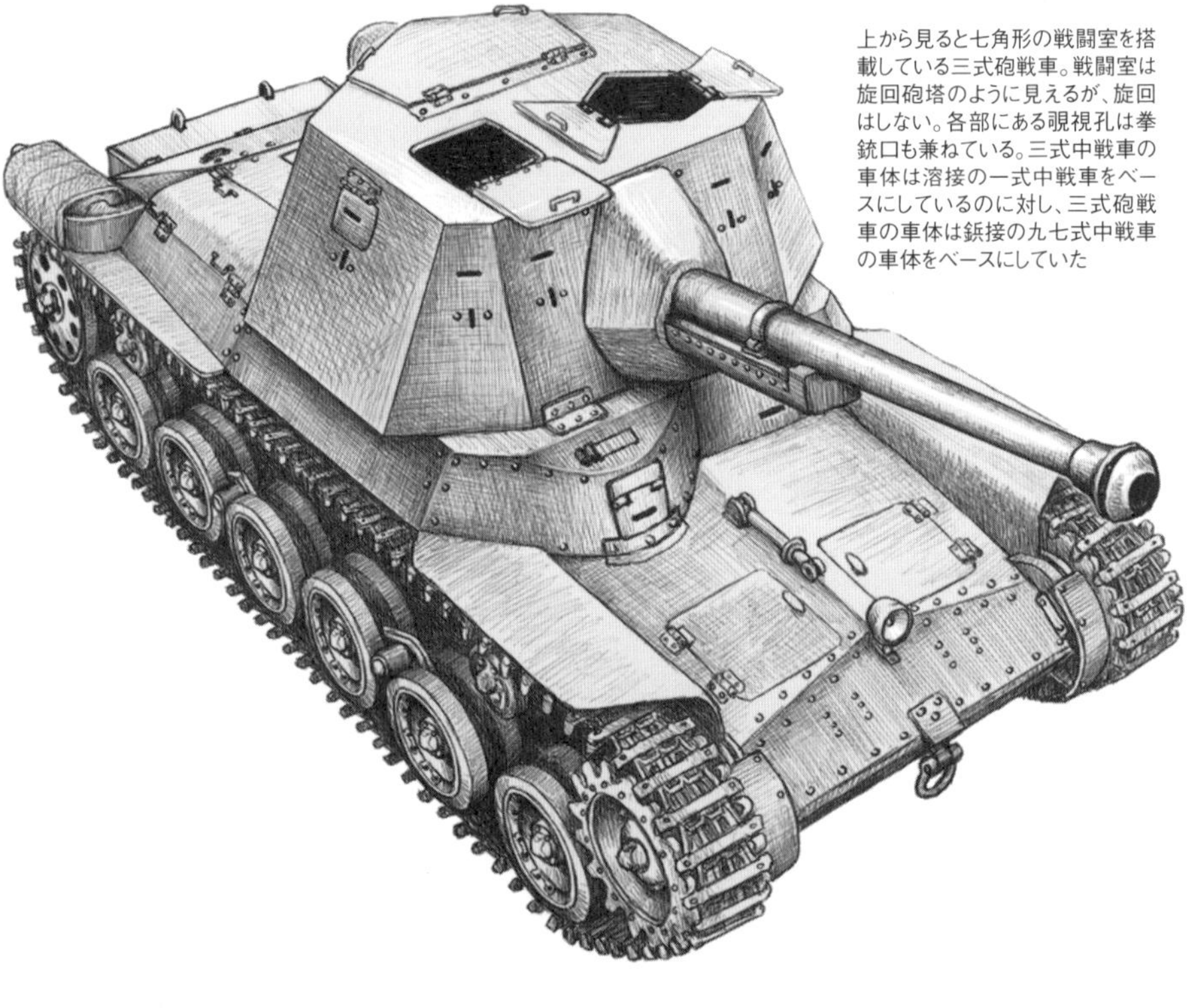

上から見ると七角形の戦闘室を搭載している三式砲戦車。戦闘室は旋回砲塔のように見えるが、旋回はしない。各部にある覘視孔は拳銃口も兼ねている。三式中戦車の車体は溶接の一式中戦車をベースにしているのに対し、三式砲戦車の車体は鋲接の九七式中戦車の車体をベースにしていた

(※)砲口制退器…砲の発射時の反動を和らげるため、砲口に取り付ける装置のこと。マズルブレーキ。

三式砲戦車（ホニⅢ）

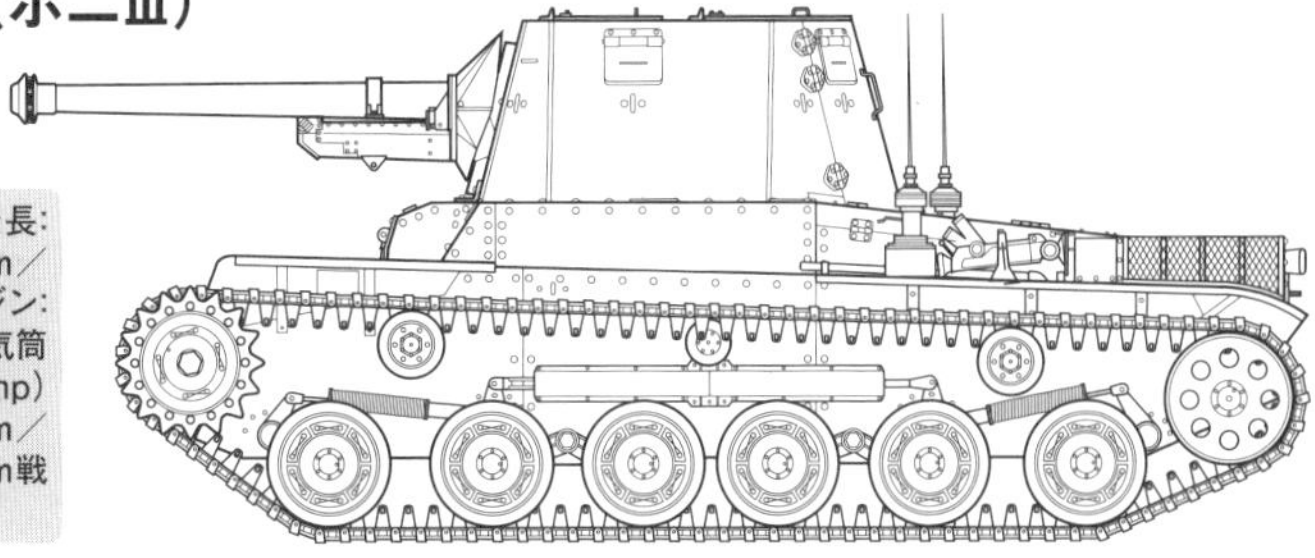

全備重量:17.0t／全長:5.52m／全幅:2.33m／全高:2.37m／エンジン:SA12200VD V型12気筒空冷ディーゼル（170hp）／最大装甲厚:50mm／武装:38.4口径75mm戦車砲／乗員:5名

三式砲戦車のベースとなった車体は九七式中戦車であるが、生産自体は昭和19年に入ってからと言われ、ごく少数の生産数（約30輌）にとどまったと思われる。このため実戦配備されることなく、本土決戦用に温存されて終戦を迎えることとなった。

装甲車

九四式軽装甲車（TK／ホ号）／九七式軽装甲車（テケ）

九四式軽装甲車は履帯を装備し、砲塔があることから一見すると小型戦車のように見える車輌である。しかし、そもそも本車が開発されたのは前線に対する弾薬・糧食の運搬用の装甲車輌としてであり、その意味では英国のブレンガン・キャリアーなどと同じ発想であった。このため、装甲は必要最低限の12㎜（前面）という薄さであり、なんとか小銃弾を凌げる程度のものであった。

九四式軽装甲車TKのTKは「特殊牽引車」の略で、当初は物資の運搬牽引用として開発された。だが旋回銃塔に機関銃1挺を有していたため、中国戦線では実質的な「豆戦車」として運用された。生産数は843輌

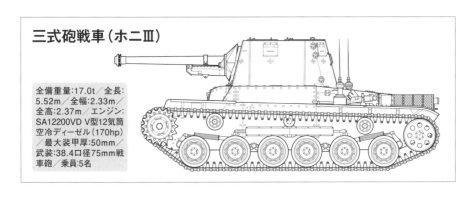

また、武装も機関銃が一挺装備されているに過ぎない（後に37㎜砲を搭載したタイプも試作される）。しかし、その使い勝手の良さから重宝され、中国戦線では補給や牽引のみならず、前線における偵察や掃討作戦にも多用されることとなった。

これを受け、さらに武装と防御力を向上させたのが九七式軽装甲車である。設計そのものは新たに起こされたものであるが、運用思想の上からもファミリーとみなされる。

九四式軽装甲車

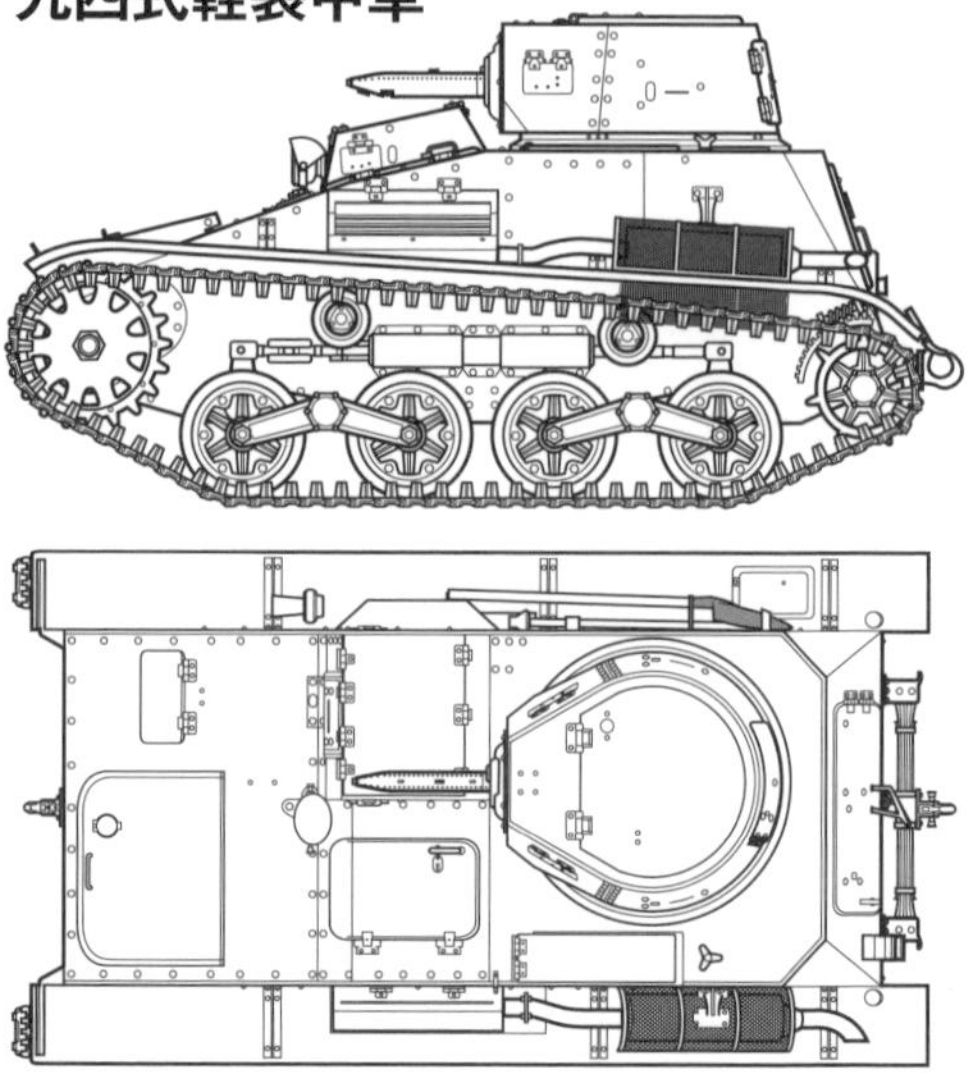

九四式軽装甲車（TK／ホ号）
全備重量:3.45t／全長:3.08m／全幅:1.62m／全高:1.62m／エンジン:直列4気筒空冷ガソリン（35hp）／最大装甲厚:12mm／武装:6.5mm機関銃×1／最大速度:40km/h／航続距離:200km／乗員:2名

九四式の戦訓を踏まえて開発されたより本格的な「豆戦車」が九七式軽装甲車テケで、車体各部に避弾経始を取り入れている。37mm砲装備車と、機関銃装備車のバリエーションがあった。捜索聯隊などに配備され、しばしば「ミニ機甲部隊」の主軸として運用された。生産数は536輌（593輌説もあり）。

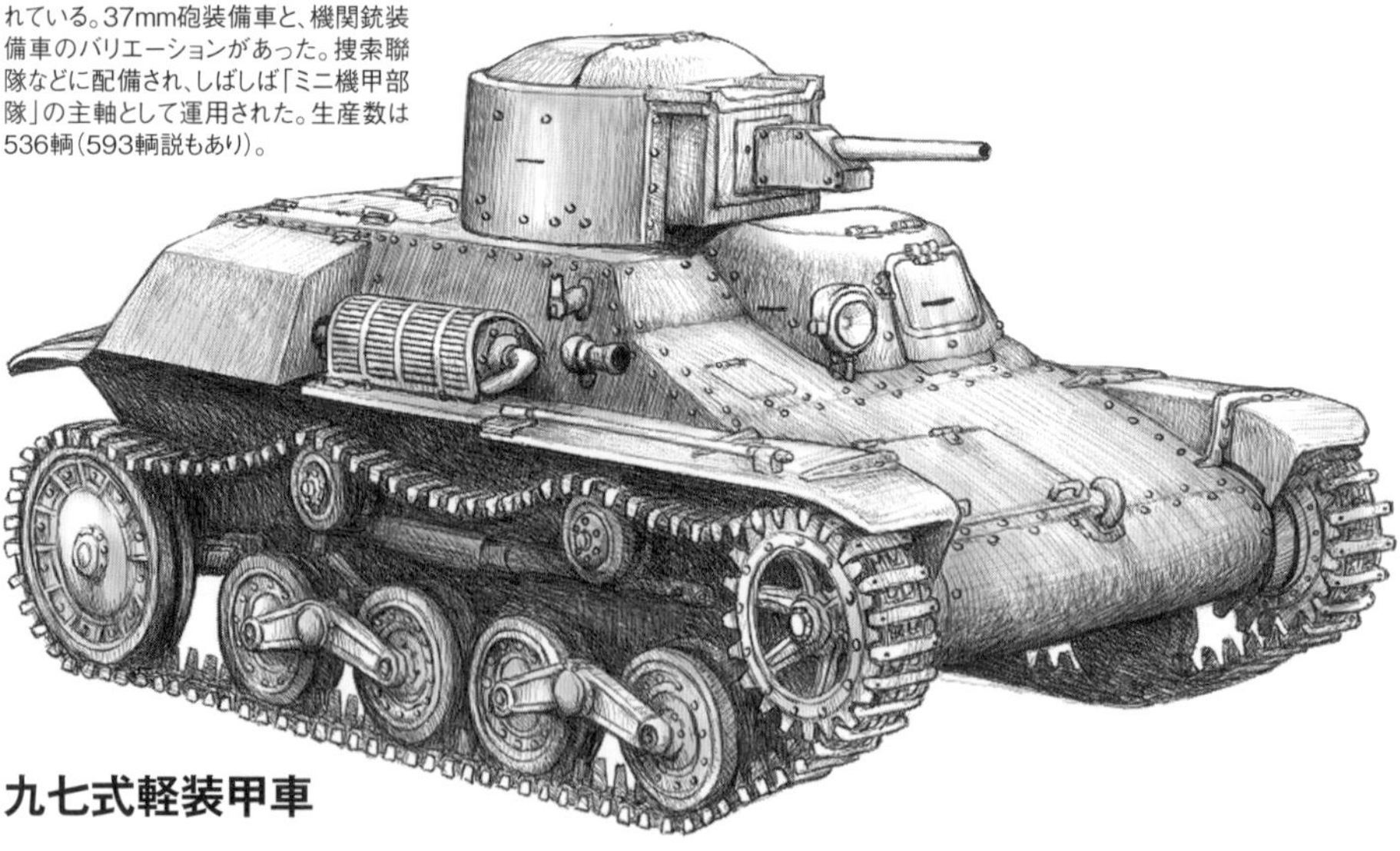

九七式軽装甲車

九七式軽装甲車は主に捜索聯隊に配備され、偵察や追撃にその威力を発揮、マレー戦などで活躍した。

これら軽装甲車はコストパフォーマンスに優れていたために、各種バリエーションが存在し、さまざまな改造車輌の母体としても使用されている。

九七式軽装甲車

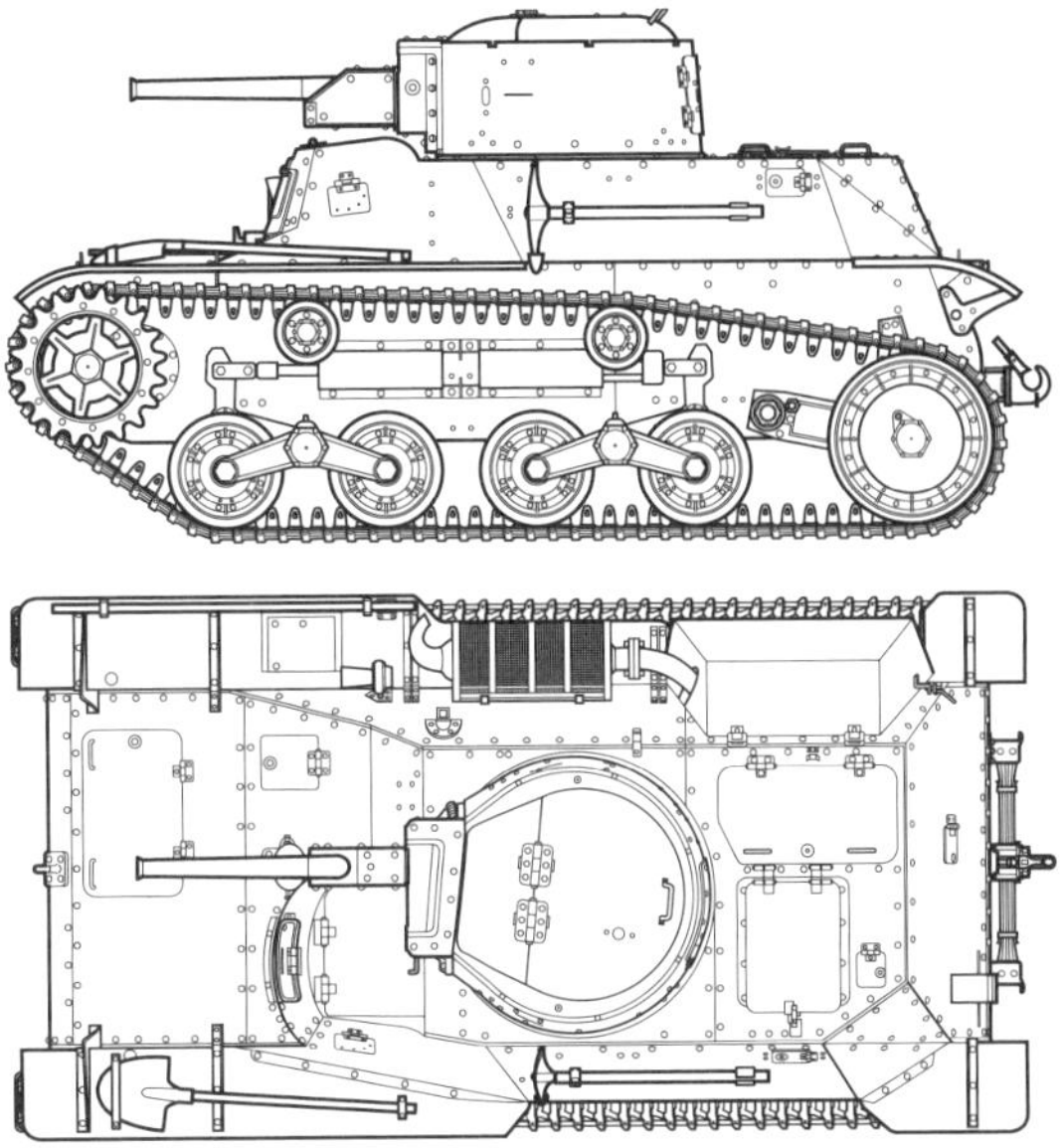

九七式軽装甲車（テケ）
全備重量:4.75t／全長:3.7m／全幅:1.9m／全高:1.79m／エンジン:直列4気筒空冷ディーゼル（65hp）／最大装甲厚:12mm／武装:36.7口径37mm戦車砲または7.7mm機関銃×1／最大速度:40km/h／航続距離:250km／乗員:2名

一式半装軌装甲兵車（ホハ）

半装軌装甲兵車とはいわゆるハーフトラックのことであり、前部に通常のタイヤを装備し、後部を履帯式とした車輌のことである。

帝國陸軍でも戦車部隊に随伴する歩兵の重要性は認識しており、装甲兵車の開発を行なうこととなった。半装軌式の利点は方向転換を前輪で行なうことができる、つまり通常の自動車と同様にハンドルを切るだけでよく、特別に操縦者教育を行う必要がなかった。

一方、完全装軌式の場合は当然のことながら半装軌式に比べて不整地走破性が高く、戦車とともに行動することを考えた場合にはこちらのほうが有利であった。これを反映するように当初は陸軍内部でも半装軌式と装軌式のどちらを採用するかで意見が割れ、結果的に両方の車輌を試作するに到ったのである。

こうして完成したのが一式半装軌装甲兵車であり、昭和16年に制式採用された。外観はドイツのSdkfz.251によく似ており、後部には兵員12名もしくは貨物2トンを積載することが可能であった。ちなみに一式半装軌装甲兵車には前後期型が存在し、前期型は駆動輪が履帯前輪、後期型は後輪となっている。また、車体を木製とした一式半装軌自動貨車も生産されたが、いずれも少数生産に留まっている。

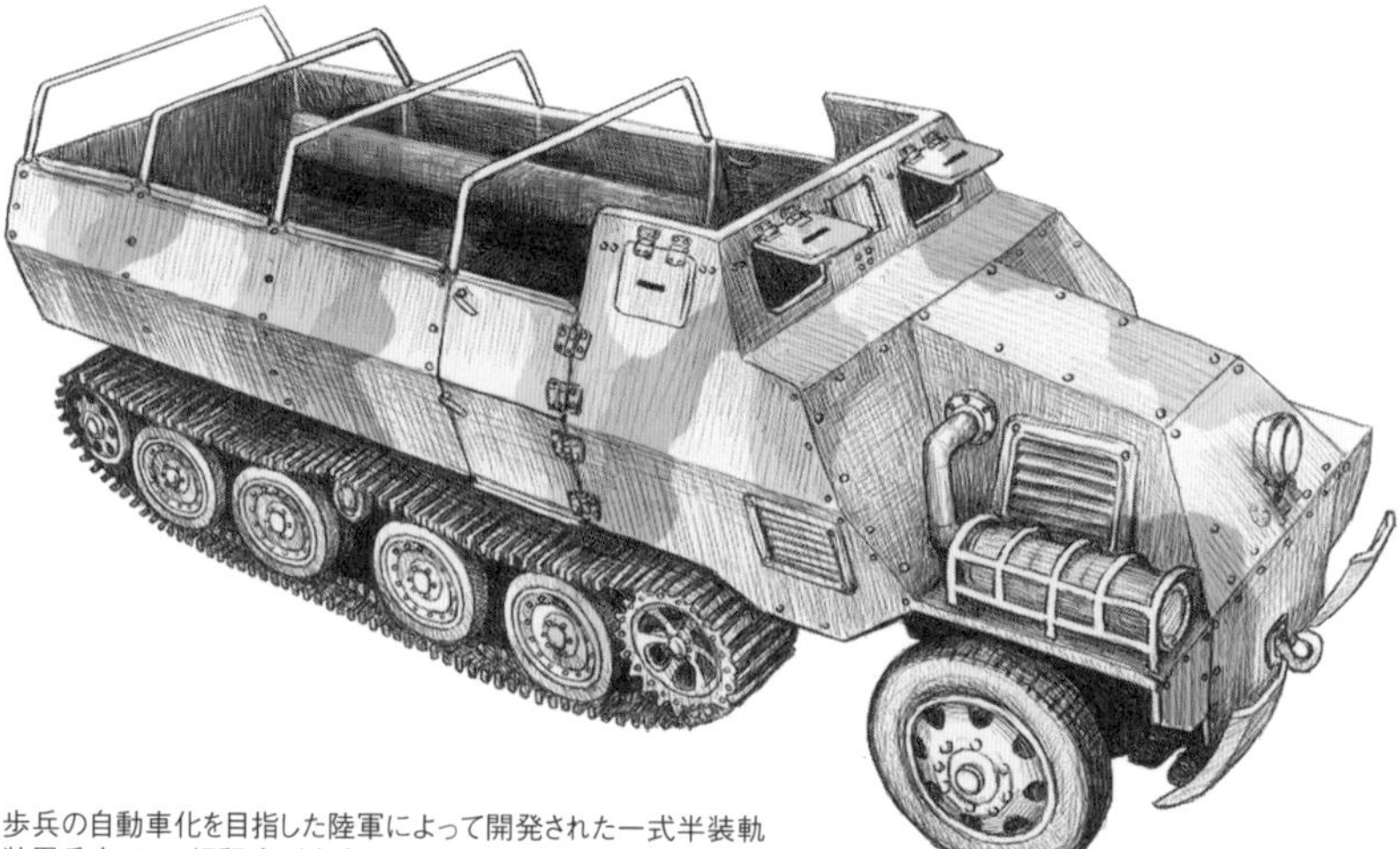

歩兵の自動車化を目指した陸軍によって開発された一式半装軌装甲兵車。800輌程度が生産されたとみられるが、遅きに失し、現実には大きな活躍を見せることことはなかった

一式半装軌装甲兵車（ホハ）
重量:7.0t／全長:6.1m／全幅:2.1m／全高:2.51m／エンジン:統制型一〇〇式発動機DB52 直列6気筒空冷ディーゼル（134hp）／最大装甲厚:6mm／武装:7.7mm機関銃×3／最大速度:50km/h／航続距離:300㎞／乗員:15名

エンジン部分は車体前部に搭載していた一式半装軌装甲兵車（ホハ）。なおホハのホは歩兵、ハは半装軌の意

一式装甲兵車（ホキ）

一式半装軌装甲兵車と同時に試作されたうちの完全装軌式車輌が一式装甲兵車である。発動機は一式半装軌装甲兵車と同じ統制型一〇〇式空冷ディーゼル発動機で前部に配置している。このため、前部右半分が発動機ルームとなり、左半分が操縦席となっている。また、履帯には九五式軽戦車と同じものを使用し、補給や修理の簡便化をはかっている。後部荷台には一四名を収容可能で、乗降は左右および後部の扉から行なう。

昭和16年に制式採用されたが、一式半装軌装甲兵車同様に生産数自体は少数にとどまったようである。ハーフトラック式装甲兵員輸送車の開発・配備の先達であるドイツですら最後まで必要定数を満たすことができなかったことを見ても、当時の日本の国力で完全機械化の機甲部隊を編成することは無謀だったとも言える。その意味ではいずれの装甲兵車も少数生産に終ったのは妥当でもあり、また必然でもあったと言えるだろう。

しかし、その一方でもっと早くから軍の近代化に踏み切っていたらという思いもなくはない。どうしても当時の帝國陸軍は軍隊としての質よりも量（＝兵隊の数）にこだわっていたところがあり、こういう点にも弊害が表われていたといっていいだろう。

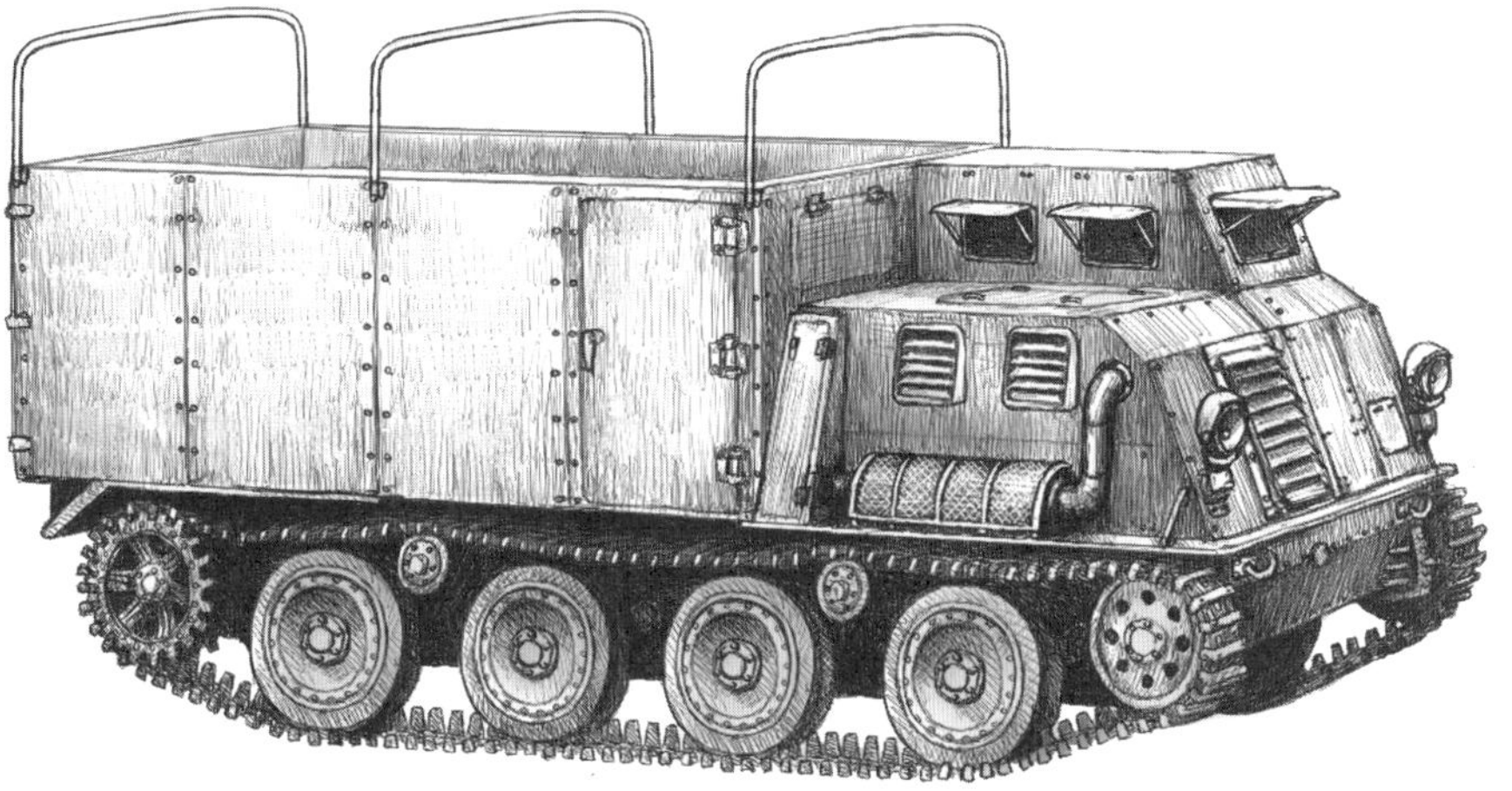

全装軌式の装甲兵員輸送車だった一式装甲兵車（ホキ）。エンジンが車体前部右側、操縦席は左側にある。生産数は200輌程度だったという説があるが、やはり必要数を満たすことはなかった。ホキのホは歩兵、キは装軌の意

一式装甲兵車（ホキ）
重量:6.5t／車体長:4.78m／全幅:2.19m／全高:2.58m／エンジン:統制型一〇〇式発動機DB52 直列6気筒空冷ディーゼル（134hp）／最大装甲厚:6mm／最大速度:42km/h／乗員:15名

第四節

航空機

戦闘機

九七式《きゅうななしき》戦闘機（キ27）

九七式戦闘機は陸軍初の全金属製低翼単葉機として昭和12年に制式採用された。海軍の九六艦戦に遅れること1年であったが、これで陸海ともに全金属製低翼単葉機（※）の時代に突入したのである。ただ、九七式戦闘機の競争開発については結果的に九七式戦闘機が採用になった中島と、九六艦戦を開発した三菱との間に確執が発生し、以後、陸の中島、海の三菱として定着する端緒になったとも言われている。

いずれにせよ、九七式戦闘機は中島飛行機が総力を挙げて開発しただけあってまさに傑作と言ってよい飛行機で、当時の世界各国の戦闘機と比較してもまったく遜色ない出来であった。しかし格闘性能があまりにも優れていたために、陸軍内部で「軽戦絶対主義」とでもいうべき思想が生まれ、それが後の戦闘機開発に少なからぬ影響を及ぼしたことは残念であった。

なお、日本陸軍において「軽戦（軽戦闘機）」とは旋回性能が良く、格闘戦に秀でた戦闘機を指す。ただその代わり重戦に比べれば速度的には今ひとつで、運動性能を重視するがゆえに防御力や武装を犠牲にする傾向にあった。逆に「重戦（重戦闘機）」とは高速・重武装で一撃離脱を得意とする戦闘機で、後の二式戦や四式戦は重戦であった。

速力・運動性・上昇力などで世界の新鋭戦闘機に勝るとも劣らない性能を発揮し、日本の航空技術が世界トップクラスに追いついたことを証明する航空機の1つとなった九七式戦闘機。ただ、引き込み脚は次の一式戦で導入されることになった

（※）全金属製低翼単葉機…機体の大半がジュラルミンなどの軽金属で構成され、左右1枚ずつの主翼が胴体の下に配置されている航空機

陸軍航空機の名称について

例えば一式戦闘機「隼」（キ43）の制式名称は「一式戦闘機」で、「一式」は皇紀2601年度（1941年度:昭和16年度）に制式化されたと言う意味。また「キ43」は試作名称。陸軍機各機には試作名称が与えられていて、機種や製作会社に関係なく、一貫した番号が与えられる。「キ△△」というように呼称されることから、一般に「キ番号」とも呼ばれる。「隼」「鍾馗」「飛燕」などの呼称は制式名称ではないものの、陸軍が国民に対し、より航空機に親しんでもらうために付けた愛称だ。

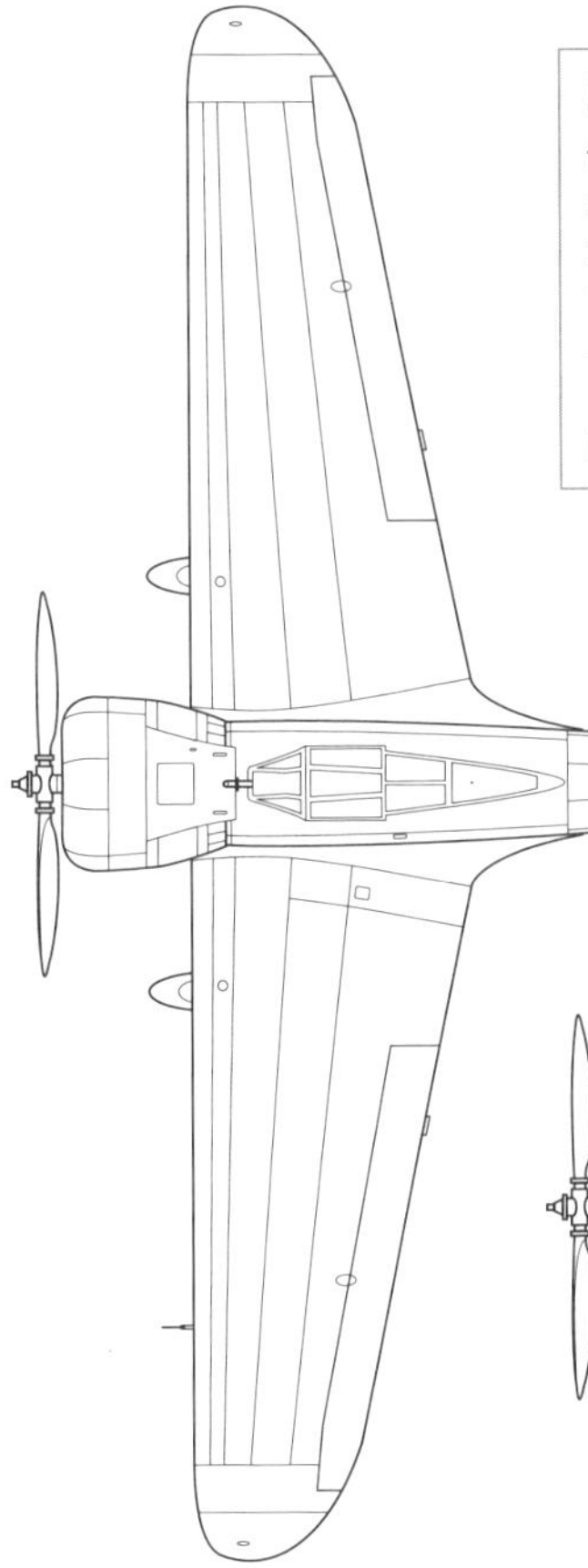

九七戦は昭和13年、支那事変で初陣を飾り、中国軍のソ連製I-15やI-16、イギリス製グラディエーター、フランス製のD.510戦闘機などを圧倒。ノモンハン事件でもソ連のI-16を格闘戦で翻弄したが、敵が一撃離脱戦法に転換すると苦戦するようになった。ノモンハン事件で58機を撃墜した日本陸軍トップエースの篠原弘道准尉は本機を愛機とした

中島キ27 九七式戦闘機

全幅:11.31m／全長:7.53m／全高:3.28m／主翼面積:18.56㎡／自重:1,110kg／全備重量:1,790kg／発動機:ハ1乙（710hp）／最大速度:460km/h／航続距離:627〜960km／武装:7.7mm機関銃×2／乗員:1名

練習機として使用されていた、熊谷飛行学校の九七式戦闘機

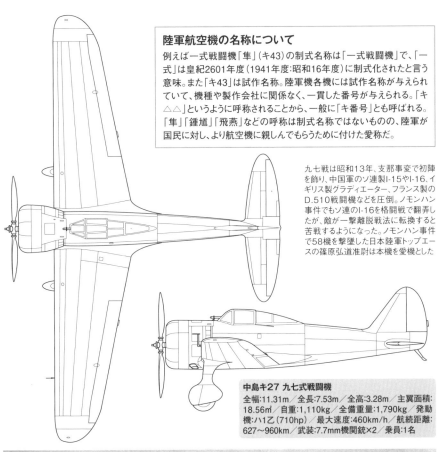

一式戦闘機「隼《はやぶさ》」（キ43）

九七戦が採用された昭和12年、陸軍は九七戦の後継機の開発を中島飛行機に対して指示している。これが後に一式戦闘機となるのであるが、当初試作された機体は平凡な出来で、一旦は不採用の憂き目を見る。

それだけ九七式戦闘機の出来が良かった証左でもあるのだが、一式戦闘機は時局に救われたといっても言い。キ43試作一号機の完成は昭和13年12月であるが、その後の世界情勢の変化によって日本は英米との対立を深め、南方戦域への進出を考慮しなければならなくなってきた。陸続きの中国大陸とは異なり、南方進出のためには航続距離の長い機体が求められる。そこで、一旦は不採用となったキ43が有用と判断され、昭和16年4月に制式採用されることになったのである。

ギリギリで太平洋戦争の開戦に間に合いはしたが、開戦時にはごく僅かしか生産が進んでおらず、2個飛行戦隊にのみ配備されている状態であった。ところがこの2個戦隊（飛行第五十および六十四戦隊）がマレー、ビルマなどで大活躍したことから一式戦闘機は一躍有名となり、また「隼」という愛称がスマートな機体にマッチしていたこともあって、一式戦闘機は陸軍航空隊を代表する戦闘機へと変貌した。特に飛行第六十四戦隊は「加藤隼戦闘隊」と呼ばれ映画にまでなった。

また、陸軍の航空機の中で随一の生産数を誇り、各型合わせて５７００機以上が生産されたのである。

中国大陸に展開した飛行第二十五戦隊の一式戦闘機二型。二型は発動機を一型のハ25からハ115に換装、プロペラを2翅から3翅とし、武装を7.7mm機関銃1挺＋12.7mm機関砲1門から12.7mm機関砲2門に強化し、一式戦の主生産型となった。三型では発動機を水メタノール噴射装置付きのハ115-Ⅱに換装、最大速度は555km/hに向上した。だが主翼に機関銃/砲を内蔵できず最後まで機首武装のみで、特に爆撃機相手では火力不足が目立った

一式戦はマレー、ビルマ、ニューギニア、中国大陸、フィリピン、日本本土と、日本陸軍が進出したあらゆる戦場で活躍、多くの撃墜王を生んだ。著名な隼エースとしては、51機撃墜を記録した黒江保彦少佐（飛行第六十四戦隊）、同じく51機撃墜を記録した穴吹智曹長（飛行第五十戦隊）らがいる。イラストは中期の主力となった一式戦闘機二型

図は一式戦闘機二型。速力は500km/h強に留まった一式戦だったが、軽快な運動性で連合軍戦闘機を翻弄。大戦前半は東南アジア戦線でバッファローやハリケーンを圧倒し、大戦後半になってもP-51やP-47に善戦することもあった。だが速力と武装の不足は深刻であり、昭和18年後半、ニューギニア戦線で戦った第五十九戦隊の南郷茂男大尉は「P-38に散々にやられる。もはや一式戦の時代にあらず」と書き残している

中島キ43-Ⅱ 一式戦闘機二型

全幅:10.84m／全長:8.92m／全高:3.09m／主翼面積:22㎡／自重:1,975kg／全備重量:2,590kg／発動機:ハ115（1,130hp）／最大速度:536km/h／航続距離:3,000km（増槽付き）／武装:12.7mm機関砲×2／爆弾搭載量:250kg×2／乗員:1名

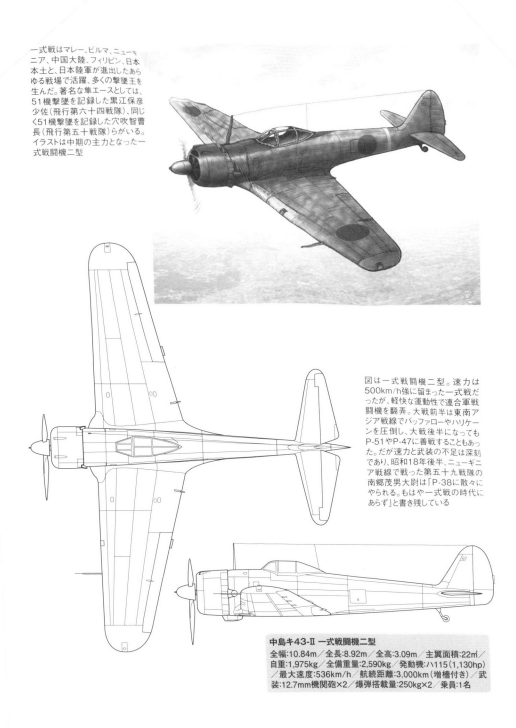

二式戦闘機「鍾馗《しょうき》」（キ44）

キ44（二式戦闘機）は陸軍初の重戦闘機として、キ43（一式戦闘機）とほぼ同時期に中島飛行機に対して開発指示があった。開発にあたって陸軍側から要求された性能は、最高速度600㎞／h以上、上昇力は5000mまで5分以内、武装は7・7㎜機関銃と12・7㎜機関砲を各2挺というものであった。

中島側ではこの要求を満たすために爆撃機用の大型発動機（ハ41／1260馬力）を採用した。このため、二式戦闘機の機首部は異様なほど大きく、後方に行くにしたがって絞られた独特の機影となっている。また、水平尾翼が垂直尾翼よりも前方に配置されており、このために射撃安定性は良好だったと言われている。

性能的に決して悪い機体ではなかったが、当時は軽戦万能を謳う操縦者が多く、なかなか正当な評価が得られなかった。そのために採用は遅れたものの、増加試作機を装備し、開戦後に東南アジアで実戦テストを行った独立飛行第四十七中隊（かわせみ部隊）の活躍もあり、昭和17年になってからようやく制式採用となった。

イラストは主翼に強力な40mm噴進砲（ロケット砲）を装備した二式戦闘機二型乙 特別装備機。二式戦を装備した部隊は、中国大陸で戦った飛行第八十五戦隊や、関東防空に当たった飛行第七十戦隊、パレンバン防空に当たった八十七戦隊などが知られる

その後、二式戦闘機は防空戦闘の要として各地で活躍し、特に本土においてはB-29との死闘がよく知られている。二式戦闘機は昭和19年の生産終了まで1200機あまりが製造されており、ハ41を搭載した一型とハ109に換装し

訓練中の二式戦闘機二型丙。太い胴体と小さな主翼が良く分かるアングル。一式戦に比べると航続距離に劣り、離着陸距離が長かった二式戦闘機の活躍の場は限られ、大きな活躍を見せたのは本土防空戦、大陸戦線、パレンバンの防空などに留まった

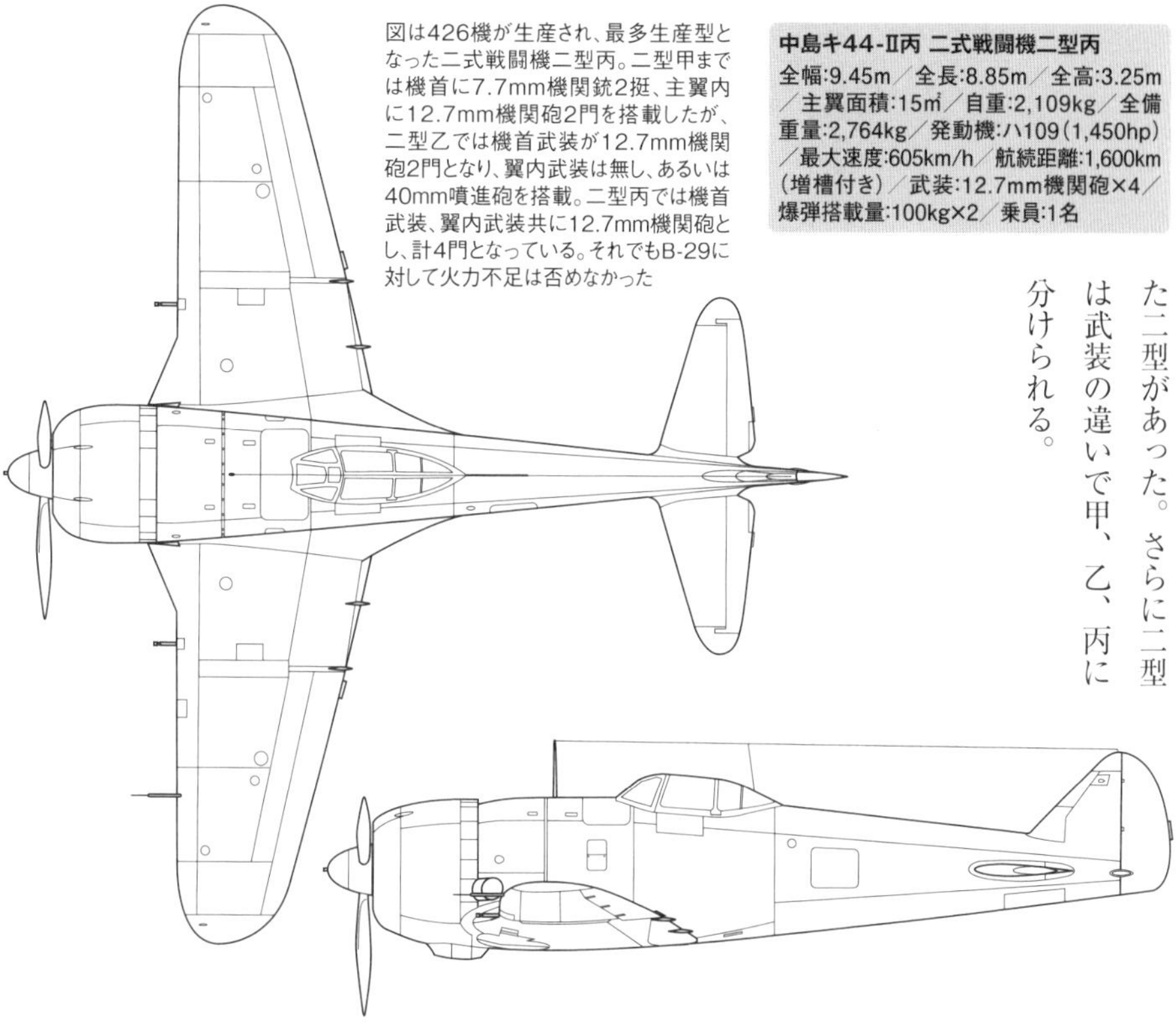

図は426機が生産され、最多生産型となった二式戦闘機二型丙。二型甲までは機首に7.7mm機関銃2挺、主翼内に12.7mm機関砲2門を搭載したが、二型乙では機首武装が12.7mm機関砲2門となり、翼内武装は無し、あるいは40mm噴進砲を搭載。二型丙では機首武装、翼内武装共に12.7mm機関砲とし、計4門となっている。それでもB-29に対して火力不足は否めなかった

中島キ44-Ⅱ丙 二式戦闘機二型丙
全幅:9.45m／全長:8.85m／全高:3.25m／主翼面積:15㎡／自重:2,109kg／全備重量:2,764kg／発動機:ハ109(1,450hp)／最大速度:605km/h／航続距離:1,600km(増槽付き)／武装:12.7mm機関砲×4／爆弾搭載量:100kg×2／乗員:1名

た二型があった。さらに二型は武装の違いで甲、乙、丙に分けられる。

二式複座戦闘機「屠龍《とりゅう》」（キ45改）

陸軍初の実用双発複座戦闘機となったキ45改 二式複座戦闘機は、以前試作された複座双発戦闘機であるキ45を全面改良した機体で、キ45の最終改造型をもとに新たに設計変更を行なった。キ45は主にエンジンの不調や旋回中の異常震動などが原因で開発中止となったものだが、キ45改では土井武夫技師を主務者として昭和16年9月に試作機が完成。単発機のメッサーシュミットBf109と模擬空戦を行い、見事これと互角の戦いを演じた。このこともあって昭和17年2月に制式採用となった。

二式複戦は各型あわせて約1700機が製造され、大きく分けると甲・乙・丙・丁の4タイプがあった。双発機の利点として機首部や胴体下面に大口径砲を搭載することが可能で、12・7㎜機関砲、20㎜機関砲、37㎜砲の3種の機関砲を搭載することができた。

二式複戦はビルマ戦を皮切りに、ソロモン、ニューギニア、フィリピン、沖縄など、多くの戦場にその姿を現わし、防空、対地・対艦攻撃、船団護衛など幅広く活躍。戦争中期～末期にかけて航空戦力の一翼を担った。また本土防空戦でも大火力を活かしてB-29迎撃に活躍した。

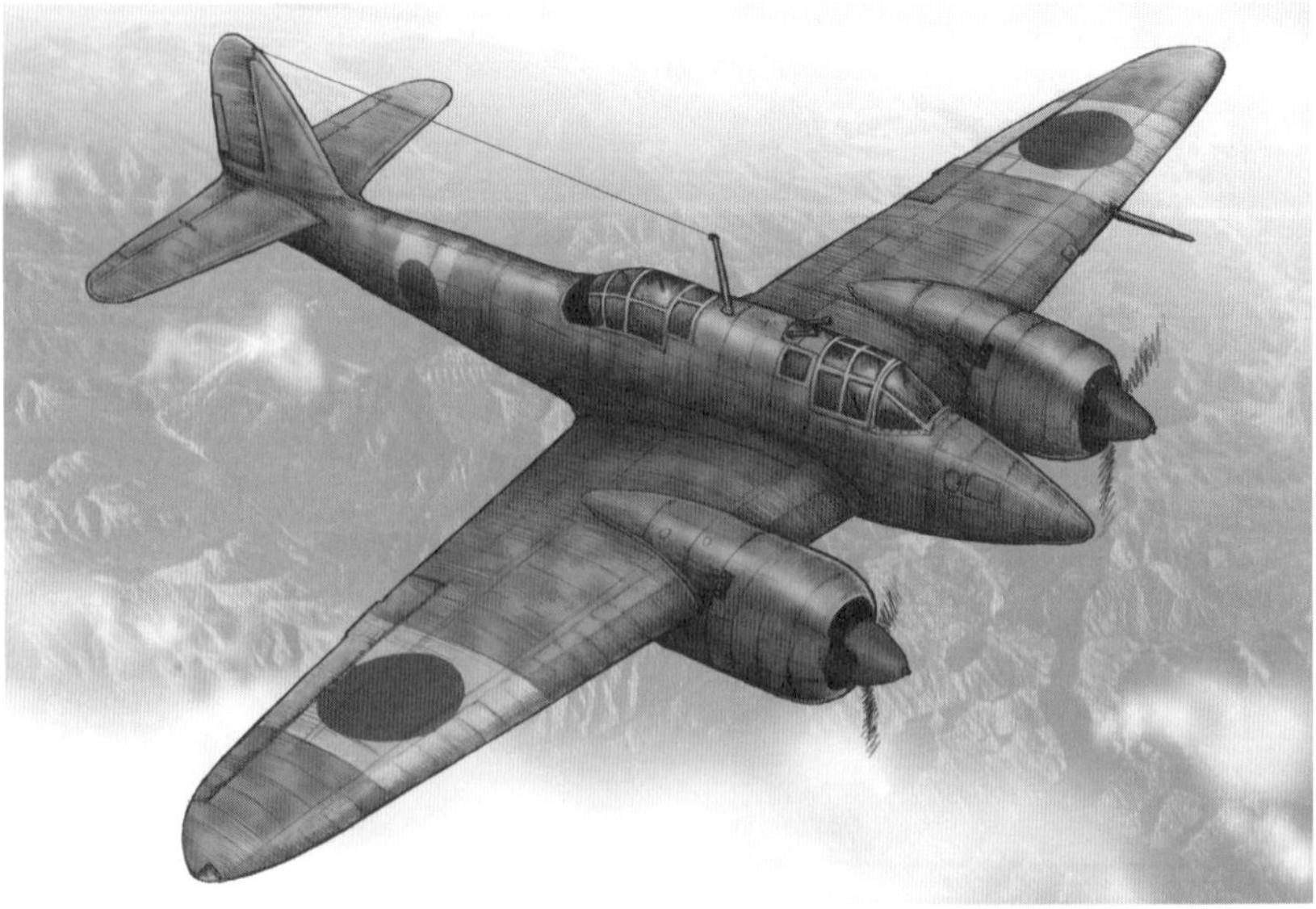

イラストは、操縦席後ろに上向き20mm機関砲2門を、機首に37mm機関砲を搭載し、B-29迎撃に活躍した夜間戦闘機型の二式複座戦闘機丁型。対B-29戦では、北九州の飛行第四戦隊、関東の飛行第五十三戦隊などが大きな戦果を挙げた。特にB-29撃墜王として名を馳せた、飛行第四戦隊の樫出勇大尉や木村定光少尉はよく知られている

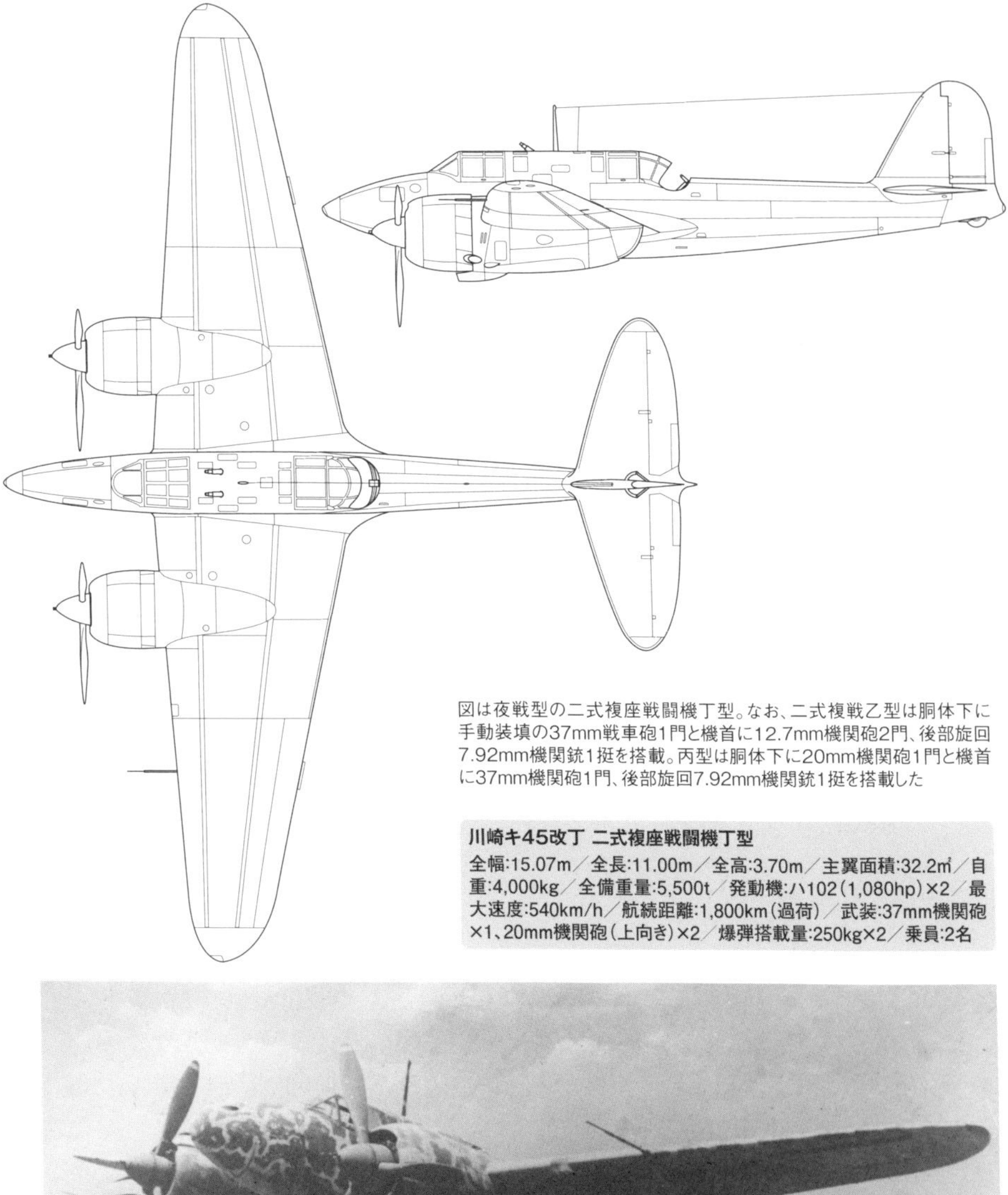

図は夜戦型の二式複座戦闘機丁型。なお、二式複戦乙型は胴体下に手動装填の37mm戦車砲1門と機首に12.7mm機関砲2門、後部旋回7.92mm機関銃1挺を搭載。丙型は胴体下に20mm機関砲1門と機首に37mm機関砲1門、後部旋回7.92mm機関銃1挺を搭載した

川崎キ45改丁 二式複座戦闘機丁型

全幅:15.07m／全長:11.00m／全高:3.70m／主翼面積:32.2㎡／自重:4,000kg／全備重量:5,500t／発動機:ハ102(1,080hp)×2／最大速度:540km/h／航続距離:1,800km(過荷)／武装:37mm機関砲×1、20mm機関砲(上向き)×2／爆弾搭載量:250kg×2／乗員:2名

写真は胴体下に20mm機関砲1門と機首に12.7mm機関砲2門、後部旋回7.92mm機関銃1挺を搭載する、初期生産型の二式複戦甲型。長大な航続力と強力な武装を持つ二式複戦は、当初爆撃機の長距離援護用に開発されたが、実戦では敵単発戦闘機に大苦戦しその任から解かれた。その後、敵重爆の迎撃や地上攻撃などに活路を見い出して活躍している

三式戦闘機「飛燕《ひえん》」（キ61）／五式戦闘機（キ100）

三式戦は太平洋戦争における帝國陸軍唯一の液冷発動機搭載型の戦闘機で、その発動機にはドイツのダイムラー・ベンツ製DB601Aのライセンス製品が使用された。しかし、この発動機そのものがネックとなり、採用当初から稼働率の低さに泣かされ続けた。当時の日本の工作技術では完全なコピー品を製作することができず、また整備も困難であったといわれる。

それでも、三式戦は採用当時としては日本陸軍戦闘機の中で最高速度を誇り、また急降下性能や高高度性能は陸軍戦闘機の中でも抜群であった。

三式戦は発動機の違いで一型と二型が存在し、また一型は主に武装の違いなどで甲・乙・丙・丁の4種類が存在する。二型は発動機を1500馬力のハ140に換装したタイプであるが、この発動機の生産が上手くいかず、戦争末期には機首が存在しない

手前が液冷発動機の三式戦闘機「飛燕」一型、奥が空冷の五式戦闘機一型。三式戦は昭和18年のラバウル・ニューギニア戦でデビューするが、発動機の不調などもあり苦戦した。フィリピン戦でも精彩を欠いたが、本土防空戦では十分な整備が受けられたため、米軍機に対し善戦することができた。三式戦の撃墜王としては、ニューギニア戦線で敢闘した飛行第六十八戦隊の竹内正吾大尉が有名。五式戦は登場が末期だったため、参加したのは本土防空戦のみだった

機体（首無し飛燕）が数百機も工場に並ぶ有り様であった。これを憂慮した軍が、三式戦の胴体に三菱製のハ112-Ⅱ（1500馬力）発動機を搭載したところ、運動性、上昇力、信頼性などが大幅に向上、これを新たに「五式戦闘機」として制式採用したのである。

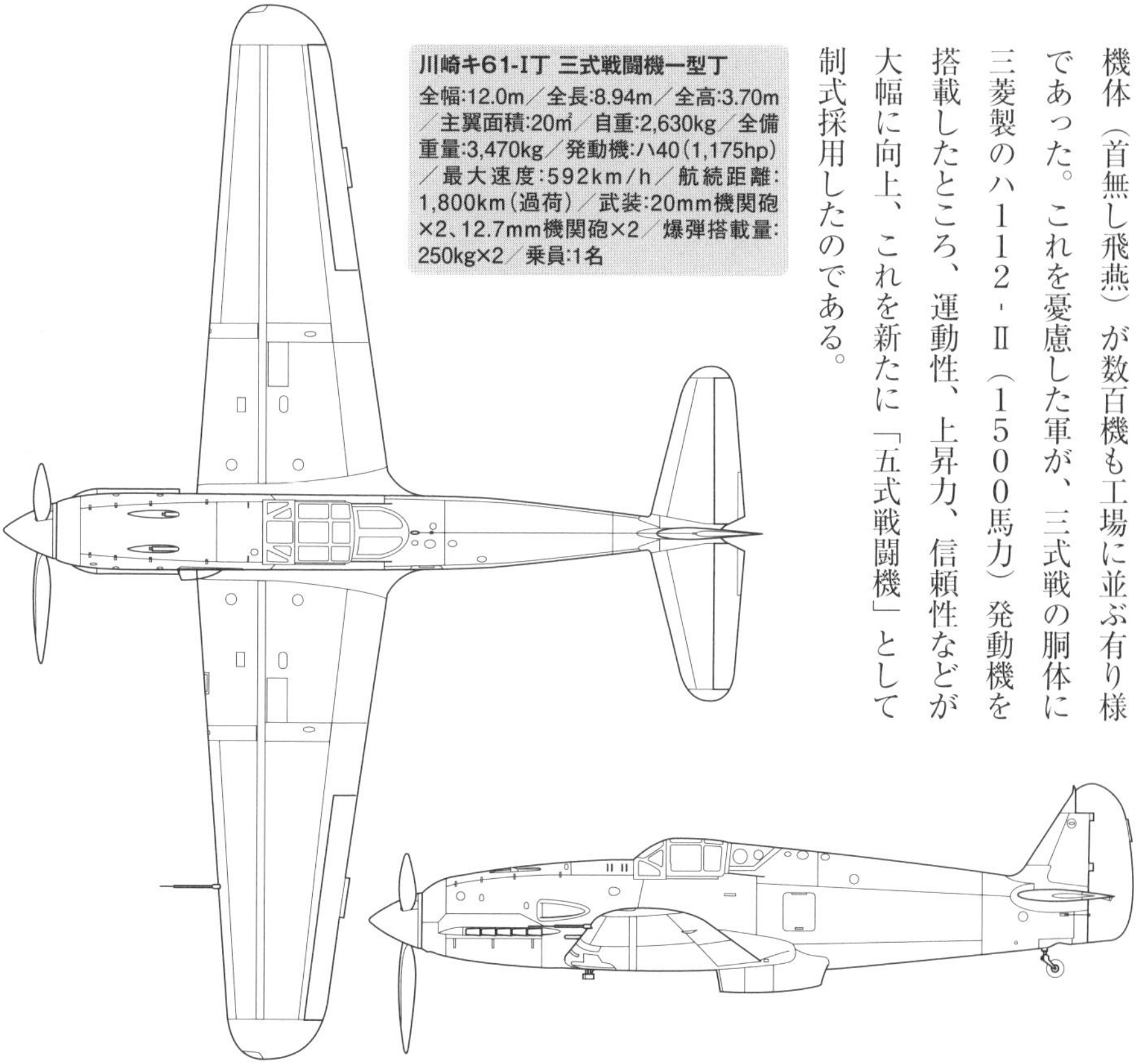

川崎キ61-Ⅰ丁 三式戦闘機一型丁
全幅:12.0m／全長:8.94m／全高:3.70m／主翼面積:20㎡／自重:2,630kg／全備重量:3,470kg／発動機:ハ40(1,175hp)／最大速度:592km/h／航続距離:1,800km(過荷)／武装:20mm機関砲×2、12.7mm機関砲×2／爆弾搭載量:250kg×2／乗員:1名

図は機首に20mm機関砲2門、主翼に12.7mm機関砲2門を搭載した三式戦闘機一型丁。一型丁は1,354機が生産されて最多量産型となった。なお、一型甲は翼内に7.7mm機関銃2挺と機首に12.7mm機関砲2門搭載、一型乙は12.7mm機関砲4門を搭載して防弾鋼鈑を搭載。一型丙は翼内武装をドイツから輸入したMG151/20 20mm機関砲（マウザー砲）とした型である

帝都防衛にあたった飛行第二百四十四戦隊の戦隊長、小林照彦少佐の三式戦一型丁。戦隊の士気を上げるため、胴体横に撃墜マークが多数描き入れられている。なお東京防空の第十飛行師団では、「震天制空隊」と称する、B-29への体当たり攻撃部隊も編成され、三式戦や二式複戦が体当たりを行った

三式戦闘機は昭和17年の量産開始（制式採用は18年）以来、南方各地や本土防空戦で活躍したが、なかでも東京防空を担いB-29を多数撃墜した、飛行第二百四十四戦隊の活躍は有名である。

三式戦は約2880機が、五式戦は390機（三式戦二型改から275機が改造）が生産された。

川崎キ100-I 五式戦闘機一型
全幅:12.0m／全長:8.92m／全高:3.75m／主翼面積:20㎡／自重:2,525kg／全備重量:3,495kg／発動機:ハ112-II（1,500hp）／最大速度:580km/h／航続距離:2,200km（過荷）／武装:20mm機関砲×2、12.7mm機関砲×2／爆弾搭載量:250kg×2／乗員:1名

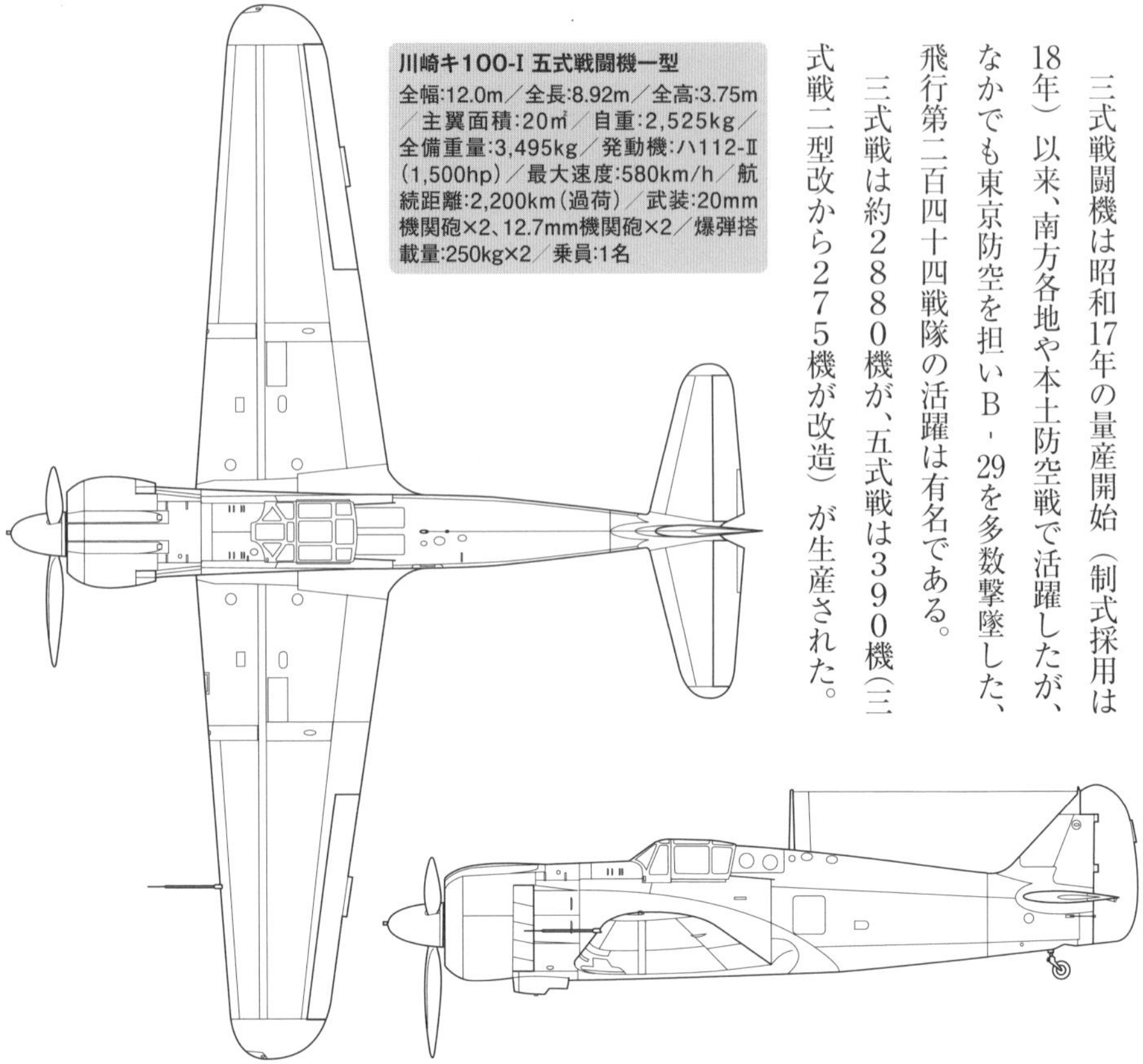

液冷エンジンに合わせた三式戦のスマートな胴体に空冷星型エンジンを積んだため、上面図を見ると頭でっかちなイメージもする五式戦闘機。空気抵抗が増えたためスピードは下がったが、エンジンが軽くなったため上昇力、運動性などが向上した

飛行第五十九戦隊（芦屋）の五式戦闘機。キャノピーがファストバック式になっており、三式戦から改造された機体であることが分かる

四式戦闘機「疾風《はやて》」（キ84）

太平洋戦争開戦直後の昭和16年12月末、陸軍は中島飛行機に対して新たな戦闘機の開発を内示した。軽戦・重戦の枠にとらわれず、制空、護衛、防空、地上襲撃まであらゆる任務をこなすことができる万能戦闘機を陸軍は欲したのである。

この要求を満たすために中島飛行機では2000馬力級の発動機「ハ45（海軍名「誉」）」の搭載を決め、また併せて大量生産を前提とした生産性の向上も考慮に入れた設計となった。設計主務者は九七戦、一式戦を手がけてきた小山悌《やすし》技師で、このため四式戦は中島飛行機における戦闘機開発技術の集大成ともいえる存在となり、昭和19年に制式採用された。

実際、四式戦はきちんとした整備とオクタン価（※）の高い燃料さえ与えられれば驚くほどの高性能を発揮し、戦後接収されて米国でテストが行われた際も、米軍関係者を驚嘆させたほどの傑作機であった。

しかし、戦局の悪化、とりわけ燃料事情の悪化は四式戦の能力を最大限まで引き出すことを難しくした。それでも陸軍の四式戦に賭ける意気込みは並々ならぬものがあり、

飛行第七十三戦隊所属の四式戦戦闘機初期生産機。四式戦は昭和19年夏に大陸で初陣を飾り、航空決戦であった10月のフィリピン戦に「決戦機」として大量に投入。その後ビルマ、沖縄戦、本土防空戦、満州などでも戦い、大戦末期の陸軍主力戦闘機として大きな活躍を見せた。四式戦を駆った撃墜王としては、二十二戦隊の戦隊長岩橋譲三少佐、八十五戦隊のP-51キラー若松幸禧少佐、二百戦隊の吉良勝秋准尉らが挙げられる

（※）オクタン価…ノッキングの少なさ（アンチノック性）を表す数値で、基本的にはオクタン価が高いほうが良質のガソリン。ノッキングとは、エンジンシリンダー内でガソリンが異常燃焼を起こし、振動や衝撃が発生したりエンジン出力が低下したりする現象。

「大東亜決戦機」の名を冠して優先的に生産を行わせた。この結果、四式戦は約1年間で海軍の零戦、陸軍の一式戦に次ぐ3500機あまりが生産されることになったのである。速力、運動性能、火力、防御力、量産性、いずれにも秀でた、まさに陸上戦闘機の最優秀機であった。

バランスの取れた性能を持ち、高速一撃離脱、格闘戦ともに対応することができ、本来の実力を発揮できれば米軍のP-51やP-47、F6FやF4Uとも互角に戦うことができた四式戦闘機「疾風」。多くの戦隊が四式戦を装備したが、中でも中国大陸で善戦した飛行第二十二戦隊や八十五戦隊、ビルマ戦線の五十戦隊、フィリピン戦線の主力となった二百戦隊、関東防空に当たった四十七戦隊が有名

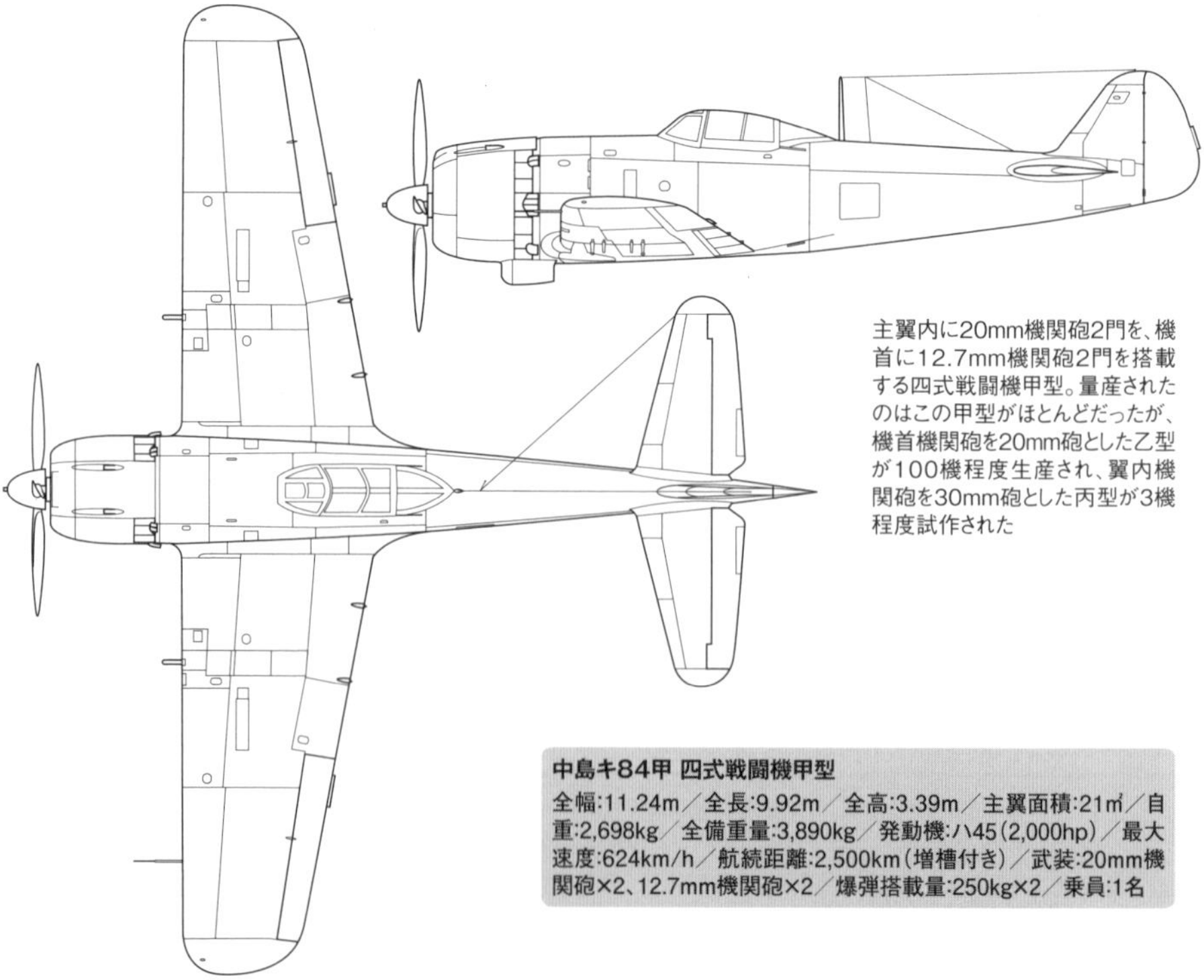

主翼内に20mm機関砲2門を、機首に12.7mm機関砲2門を搭載する四式戦闘機甲型。量産されたのはこの甲型がほとんどだったが、機首機関砲を20mm砲とした乙型が100機程度生産され、翼内機関砲を30mm砲とした丙型が3機程度試作された

中島キ84甲 四式戦闘機甲型

全幅:11.24m／全長:9.92m／全高:3.39m／主翼面積:21㎡／自重:2,698kg／全備重量:3,890kg／発動機:ハ45(2,000hp)／最大速度:624km/h／航続距離:2,500km(増槽付き)／武装:20mm機関砲×2、12.7mm機関砲×2／爆弾搭載量:250kg×2／乗員:1名

キ102襲撃機／戦闘機

昭和17年2月に二式複戦「屠龍」が制式採用されて量産に入ったが、同年八月にはその後継機の開発指示が川崎航空機に対して行われた。

こうして開発がスタートしたのがキ96（当初は仮称キ45改Ⅱ）である。キ96は複座として設計が進められたものの、同年12月に単座へ変更する指示が下る。そしてようやく初飛行にこぎ着けたところで開発中止が命じられ、新たに複座の襲撃機へ再び仕様変更することになった。

戦局が目まぐるしく変化し、さらにB‐29の開発情報が寄せられる中で致し方ない点はあったかもしれないが、いかにも泥縄式な開発だったことは否めない。

ともあれ昭和18年4月にキ102襲撃機への改修が命じられ、さらに同年6月には高高度邀撃機型の開発も命じられた。この高高度邀撃型はキ102甲、襲撃機型はキ102乙と呼称され、乙型の試作1号機は昭和19年1月に完成した。

乙型は機首部に57㎜砲を備え、胴体下部には20㎜機関砲2門を搭載。さらに同乗席用に旋回式の12・7㎜機関砲も搭載した。乙型は制式採用に至らないまま215機が製造され、一部は部隊に配備されて実戦投入されている。また甲型は排気タービンの問題から量産には至らなかった。

なお、夜間戦闘機型の丙型の開発も進められたが未完成に終わっている。

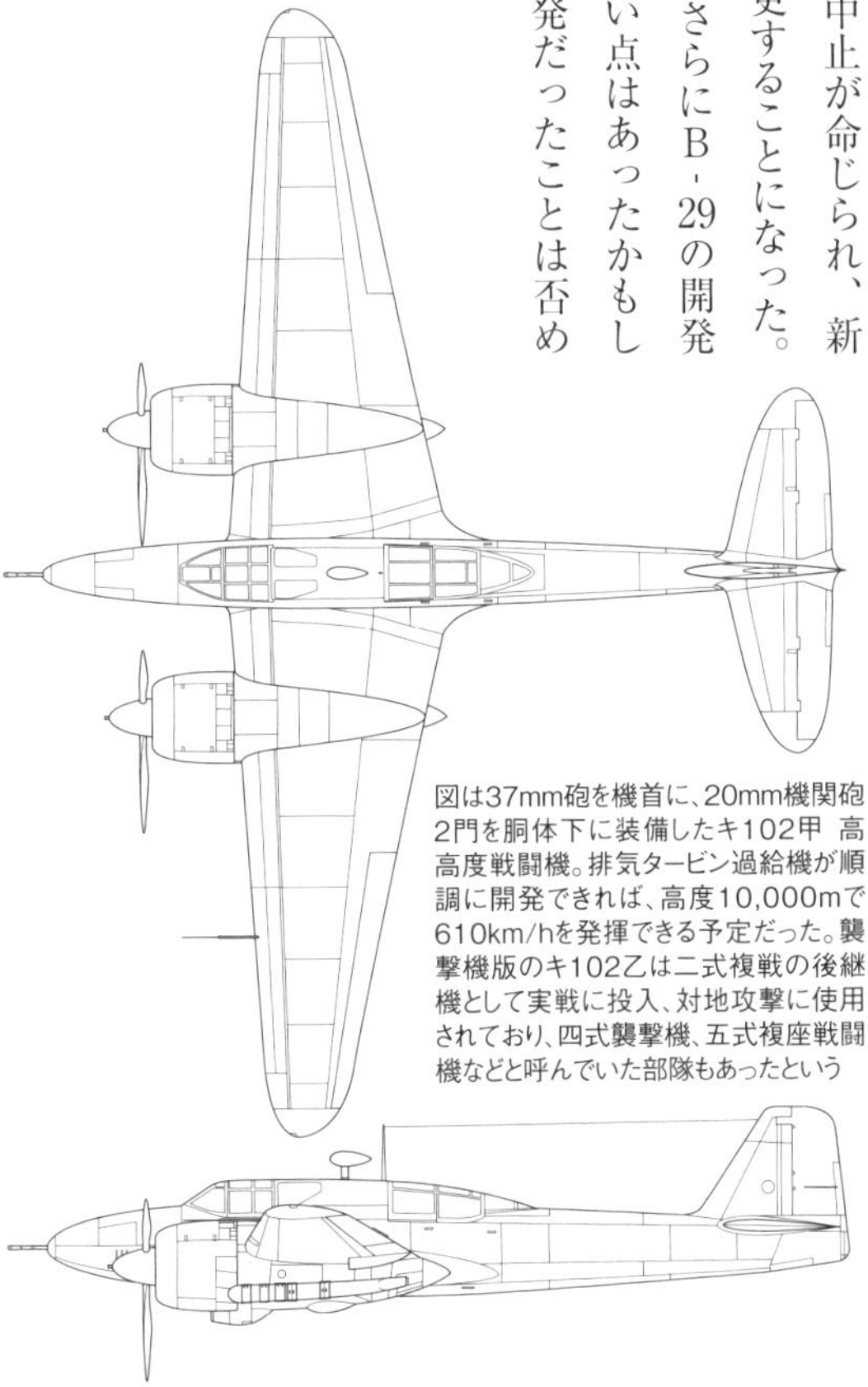

図は37mm砲を機首に、20mm機関砲2門を胴体下に装備したキ102甲 高高度戦闘機。排気タービン過給機が順調に開発できれば、高度10,000mで610km/hを発揮できる予定だった。襲撃機版のキ102乙は二式複戦の後継機として実戦に投入、対地攻撃に使用されており、四式襲撃機、五式複座戦闘機などと呼んでいた部隊もあったという

川崎キ102甲 高高度戦闘機（性能は計画値）

全幅:15.57m／全長:11.45m／全高:3.70m／主翼面積:34㎡／自重:4,950kg／全備重量:7,150kg／発動機:三菱ハ112-Ⅱル（1,500hp）×2／最大速度:610km/h／航続距離:2,000km／武装:37mm機関砲×1、20mm機関砲×2、12.7mm機関砲×1／爆弾搭載量:800kg／乗員:2名

九九式《きゅうきゅうしき》襲撃機（キ51）

襲撃機というカテゴリーは帝國陸軍においてはどちらかといえばマイナーな存在であるが、戦闘機と爆撃機の中間的な性格を有した機体と考えればいい。主な任務としては対地上攻撃で、低空からの機関銃掃射および急降下爆撃となる。九九式襲撃機はこのようなコンセプトのもとに開発され、良好な整備性、操縦性の高さ、運動性能などから現場での評価は非常に高かった。しかし強敵の存在しない中国大陸はともかく、戦争後半の米英軍機相手には速度不足が仇となり、損害も増大していった。

ただそれも制式年が昭和14年ということを考えると致し方ないところでもあり、むしろ終戦まで使用され続けたのは本機の信頼性の高さを物語るものであろう。

また、九九式襲撃機の姉妹機に九九式軍偵察機があり、キ番号は同じ51である。九九式襲撃機とは基本構造が同じであり、生産ラインの途中から仕様の一部を変更することで偵察機に変更することが可能であった。

低空における軽快な運動性を備えていた九九式襲撃機。軽爆撃機では細かく対処するのが難しい、敵地上部隊への低空攻撃を主任務とした。地上からの反撃に備えるため、防弾装備も備えていた

外見上の特徴としては固定脚と大きな風防にあり、また爆弾は胴体内への搭載が不可能なために両翼下に懸吊《けんちょう》する格好となる。大戦末期には２５０kg爆弾を抱いた特攻機として使用された機体も少なくなかった。

九九式襲撃機は地上攻撃だけでなく、連絡、軽輸送、対潜哨戒、練習機としても使用された、隠れた名機であった。格闘性能もある程度備えており、P-40戦闘機を撃墜した記録も残されている

三菱キ51 九九式襲撃機
全幅:12.10m／全長:9.21m／全高:3.40m／主翼面積:24.20㎡／自重:1,873kg／全備重量:2,798kg／発動機:ハ26-Ⅱ(940hp)／最大速度:424km/h／航続距離:1,060km／武装:7.7mm機関銃×3／爆弾搭載量:200kg／乗員:2名

写真は昭和18年夏に大陸で撮影された、飛行第四十四戦隊の九九式軍偵察機

九八式軽爆撃機（キ32）

陸軍が九三式軽爆撃機の後継機として川崎・三菱両社に対して開発を命じたうちの、川崎が提示した機体がキ32（九八式軽爆撃機）であり、同様に三菱側が提示したキ30は九七式軽爆撃機として採用されている。同時期の開発にもかかわらず川崎の機体が1年遅れで採用されたのは、当初採用されたのが三菱の九七式軽爆だけだったからであるが、支那事変の勃発に伴って大量に機数を揃えたい陸軍は、川崎の生産能力に余力があることからこれを活かすために九八式軽爆を採用したとも言われる。

九八式軽爆は液冷式発動機を搭載した単発複座の機体で、爆弾倉は胴体内に設けられ、300～450kgの積載量があった。

制式採用以来、おもに中国大陸で活躍を続け、武漢作戦を始めとして、太平洋戦争緒戦のマレー戦や香港爆撃などにも参加、陸軍の近距離支援爆撃機としての任務を全うした。

九八式軽爆撃機の主脚は引き込まれない固定脚。胴体内の爆弾倉に300～450kgの爆弾を搭載できた

日本機としては珍しい液冷発動機を搭載していた九八式軽爆撃機。川崎は戦前から液冷発動機に大きなこだわりがあり、後に三式戦「飛燕」なども生産した

しかし、一方で液冷発動機の不調に泣かされ、稼働率はあまり高くなかったとも言われ、その点について前線での評価は芳しいものではなかったという。

昭和13年の制式採用以来、約850機が製造され、昭和17年頃には第一線を退き、その後は訓練機などとして活用されている。

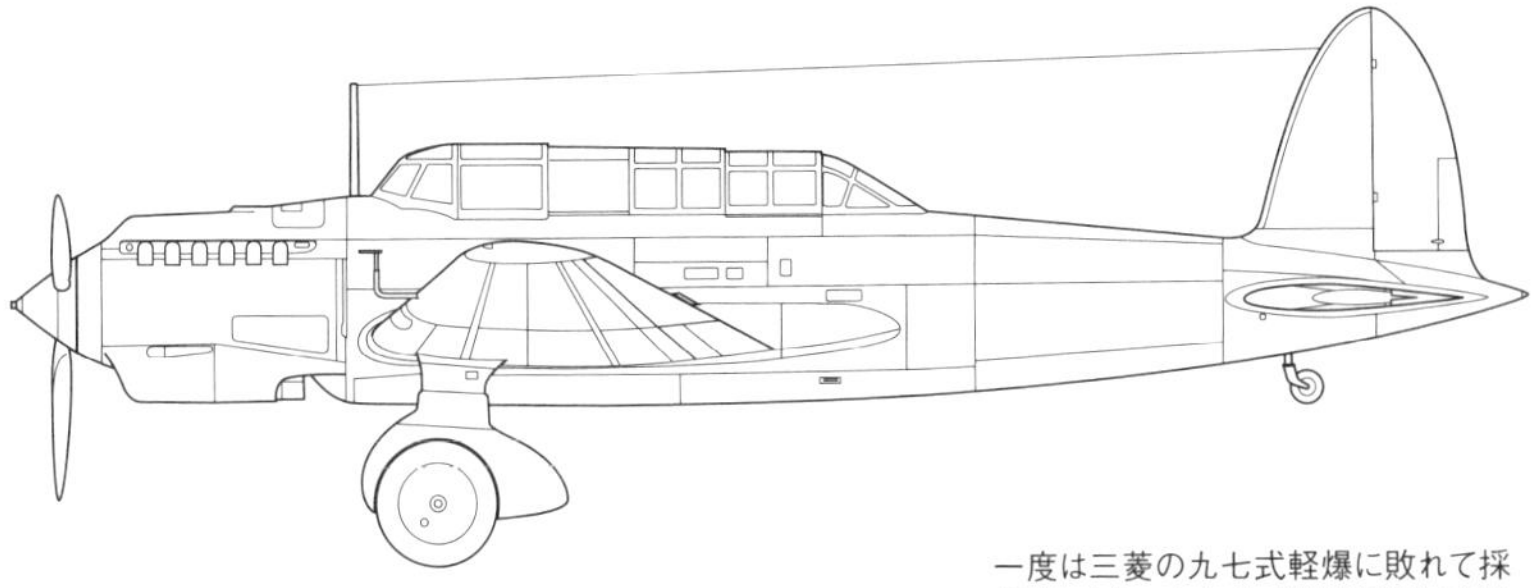

一度は三菱の九七式軽爆に敗れて採用されなかった九八式軽爆だが、支那事変の勃発に合わせて一転して採用された。だがやはり発動機に故障が多く、前線での稼働率は低かった。大陸戦線だけでなく、太平洋戦争緒戦のシンガポール攻略戦などにも投入されている

川崎キ32 九八式軽爆撃機

全幅:15.00m／全長:11.64m／全高:2.90m／主翼面積:34㎡／自重:2,349kg／全備重量:3,762kg／発動機:ハ9-Ⅱ乙(850hp)／最大速度:423km/h／航続距離:1,220km／武装:7.7mm機関銃×2／爆弾搭載量:450kg／乗員:2名

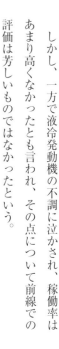

九九式双軽爆撃機（キ48）

九九式双軽は太平洋戦争期における代表的な軽爆撃機である。開発は川崎重工で、陸軍側の要求は最大速度４８０km／h、爆弾搭載量４００kgというもので、空冷の双発、引き込み脚と極めてオーソドックスな形で設計がまとめられた。これが功を奏したか試験でも優秀な成績を収め、昭和15年に制式採用された。

本機は爆弾倉と後方機関銃の設置およびその射界確保のために機体後部が急激にくびれる独特の形態をしており、外観上の特徴となっている。発動機の換装により一型・二型があり、一型はハ25（９５０馬力）、二型はハ１１５（１１５０馬力）を搭載。二型は最大速度５００km／hを越える性能を持ち、二型乙からはダイブ・ブレーキも備えて急降下爆撃も可能だった。総生産数は１９７７機に上り、陸軍爆撃機としては九七式重爆の次に多い。

また、本機は運動性能にも優れ、安定した性能とともに前線将兵からの

九九式双軽爆撃機は飛行第七十五戦隊に配備され、次に九十戦隊にも配備。この2戦隊が大戦緒戦のマレー攻略作戦でも地上軍の支援に活躍した。だが爆弾搭載量の少なさが問題視され、次第に戦闘爆撃機の二式複戦に更新されていった

胴体下に「ネ-0」ラムジェットエンジンを搭載、テストベッドとして使用されている九九式双軽。対艦ミサイルのはしりである「イ号一型乙無線誘導弾」の搭載母機としても使用された

評価は高かったが、大戦後半には優速の敵戦闘機にかなわず、防御力も低かったため、多くの損害を出すに至った。それでも九九式双軽は最後まで陸軍の主力軽爆の座を占め続け、近距離支援爆撃のみならず長距離爆撃や夜間爆撃までこなすなど八面六臂《はちめんろっぴ》の活躍ぶりをみせた。また、各種実験機の母体としても使用されている。

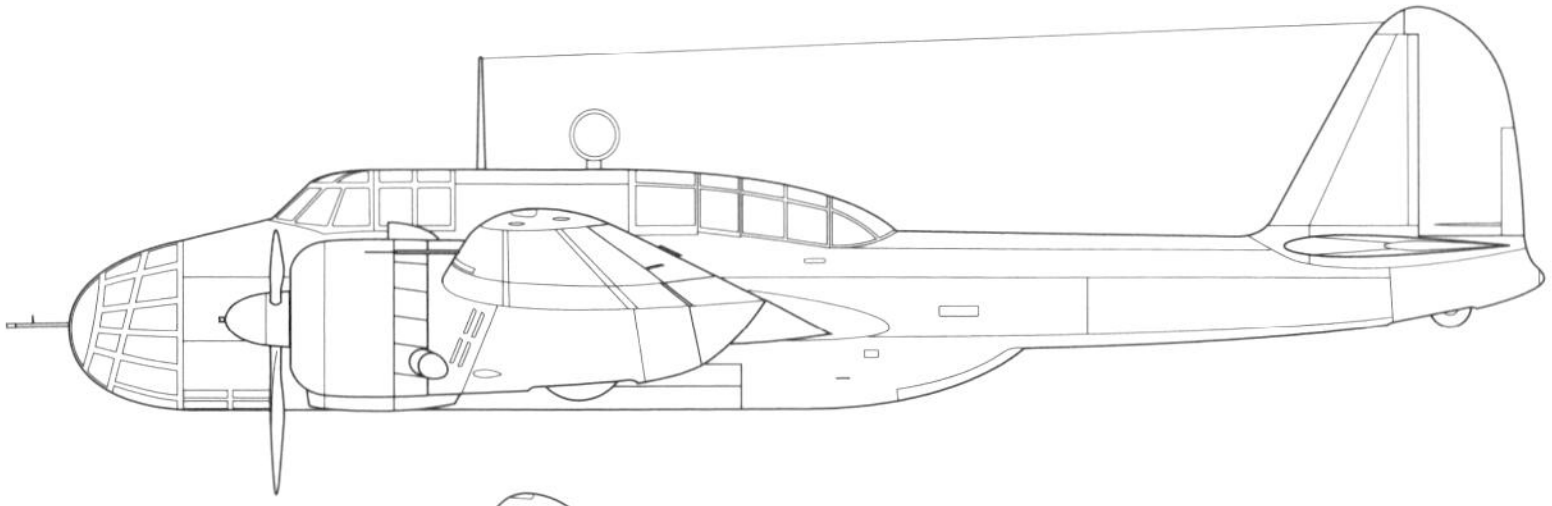

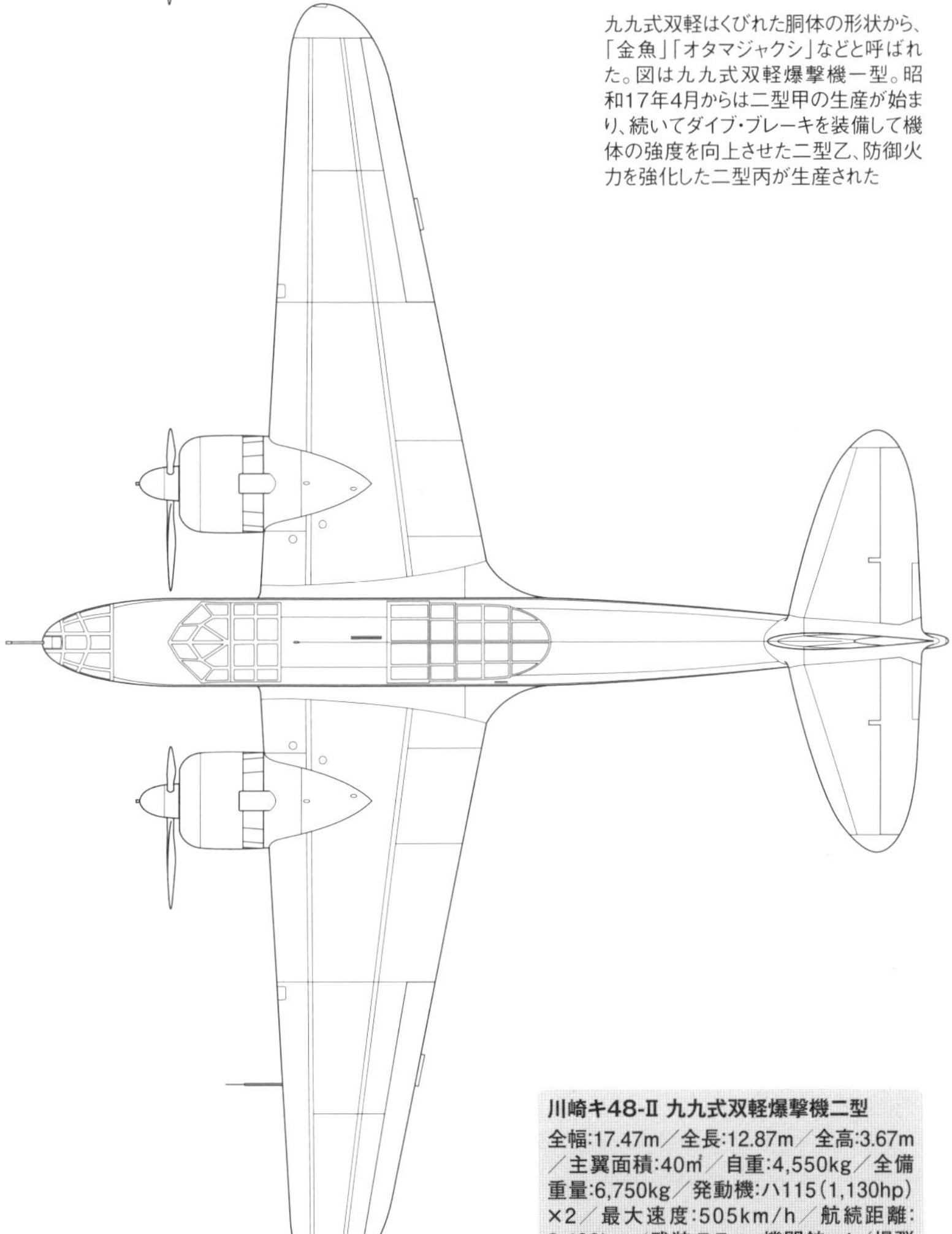

九九式双軽はくびれた胴体の形状から、「金魚」「オタマジャクシ」などと呼ばれた。図は九九式双軽爆撃機一型。昭和17年4月からは二型甲の生産が始まり、続いてダイブ・ブレーキを装備して機体の強度を向上させた二型乙、防御火力を強化した二型丙が生産された

川崎キ48-Ⅱ 九九式双軽爆撃機二型

全幅:17.47m／全長:12.87m／全高:3.67m／主翼面積:40㎡／自重:4,550kg／全備重量:6,750kg／発動機:ハ115(1,130hp)×2／最大速度:505km/h／航続距離:2,400km／武装:7.7mm機関銃×4／爆弾搭載量:300～500kg／乗員:4名

九七式重爆撃機（キ21）

九七式重爆撃機は九三式重爆撃機の後継機として開発された、双発の爆撃機である。開発は三菱と中島の両社に対して指示され、最終的に三菱製のキ21が採用された（中島の試作機はキ19）。

開発時の要求性能としては最大速度400km／h以上、爆弾搭載750kg以上というもので、重爆撃機という種別にも関らず搭載量は少なめである。もっともこれは陸軍の爆撃機全般に言えることで、陸軍の運用思想としては爆撃機に対して敵戦闘機を上まわる速度を与えることを重視し、そのために防御力や武装、積載量が犠牲にされる傾向にあった。

ただその割には九七式重爆が制式採用された時期の諸外国の戦闘機の速度と比して決して優速というわけでもなく、その意味では九七式重爆は高性能とは言い難かった。

しかし、他に適当な機体がなかったこともあり、九七式重爆は終戦まで陸軍の主力爆撃機の座にあり、総生産機数

九七式重爆撃機をはじめとして、日本陸軍の重爆撃機は大陸での航空撃滅戦（敵航空基地を攻撃して航空機や施設を破壊、制空権を確保すること）を念頭に置いて開発されていた。そのため、速力や機動性に長けており、前線での反復攻撃に向いていたが、爆弾搭載量は最大1トンに過ぎず、諸外国の双発重爆が2トン程度搭載できたのに比べるとかなり少なめだった

浜松陸軍飛行学校の九七式重爆撃機二型甲。九七式重爆は陸軍の主力重爆として、ノモンハン事件、マレー攻略戦、フィリピン戦、ビルマ、ニューギニア、フィリピン、沖縄など様々な戦場で戦った。沖縄の米航空基地に突入した挺進攻撃隊（コマンド部隊）の義烈空挺隊を輸送したのも九七式重爆である

は２０６４機と、帝國陸軍爆撃機では最多である。

九七式重爆は目を見張るような高性能ではなかった反面、使い勝手は良く、また信頼性も高かったことから前線での評判は良かったと言われる。

なお九七式重爆を輸送機に改修する案が陸軍側から提示され、昭和15年に一〇〇式輸送機として制式採用されている。

図版は7.7mm機関銃を機首に1挺、尾部に1挺、胴体左右に1挺ずつ、胴体後部下に1挺、後上方（長い風防の後ろ）に連装7.7mm機関銃を1挺装備し、計7挺の7.7mm機関銃を搭載した九七式重爆撃機二型甲。それでも防御火力の不足は否めず、次の二型乙では胴体上部の長い風防を撤去し、12.7mm機関砲1門を搭載する球形銃座を装備した

三菱キ21-Ⅱ甲 九七式重爆撃機二型甲
全幅:22.50m／全長:15.97m／全高:4.35m／主翼面積:69.6㎡／自重:6,070kg／全備重量:9,710kg／発動機:ハ101（1,500hp）×2／最大速度:478km/h／航続距離:2,400km／武装:7.7mm機関銃×7／爆弾搭載量:750〜1,000kg／乗員:7名

一〇〇式《ひゃくしき》重爆撃機「呑龍《どんりゅう》」（キ49）

キ49は九七式重爆の後継機として計画され、高速かつ重武装で戦闘機の護衛なしでも単独で長距離爆撃を行える爆撃機を、というコンセプトのもとに開発が進められた。中島飛行機ではそれを受けて、最大速度５００km／h、爆弾搭載量１トンという数値を目標に設計を行なったが、結果的にこの数値をクリアすることはできなかった。

完成した試作機は九七式重爆と性能的にそれほど大差なかったが、唯一、胴体上面に装備された20mm機関砲が利点であった。当初の目論見どおり、これによって単機防衛力は高まったと判断され、昭和16年に一〇〇式重爆として制式採用となった。

しかし、一〇〇式重

九七式重爆より新型の重爆として採用された一〇〇式重爆撃機「呑龍」。20mm機関砲以外は九七式重爆に明らかに勝る性能はなく、存在意義が問われる航空機だったが、ニューギニア、ビルマ、ダーウィン空襲、フィリピンなどで奮闘している

写真は浜松陸軍飛行学校の一〇〇式重爆一型。一型はハ41発動機（1,185hp）を2基備え、最大速度は470km/hに留まった。二型は大馬力のハ109を搭載し、500km/h弱の最大速度を発揮したが、発動機の信頼性が低く、現場では九七式重爆のほうが評価は高かったという

爆の採用および配備の時期にはすでに諸外国の戦闘機の速度性能は著しく向上していたうえに、当時の人力による照準・射撃では思ったほどの防御火力が発揮できるわけもなかった。

その結果、開発当初の目標であった護衛戦闘機なしでの単独爆撃は事実上不可能であり、性能的にも九七式重爆と大差なかったことから一〇〇式重爆の生産数は813機とそれほど多くなく、特筆すべき活躍も少ない。

なお、一〇〇式重爆に機関銃を多数搭載した編隊護衛機に改造した試作機も作られたが、効果無しとして採用は見送られている。

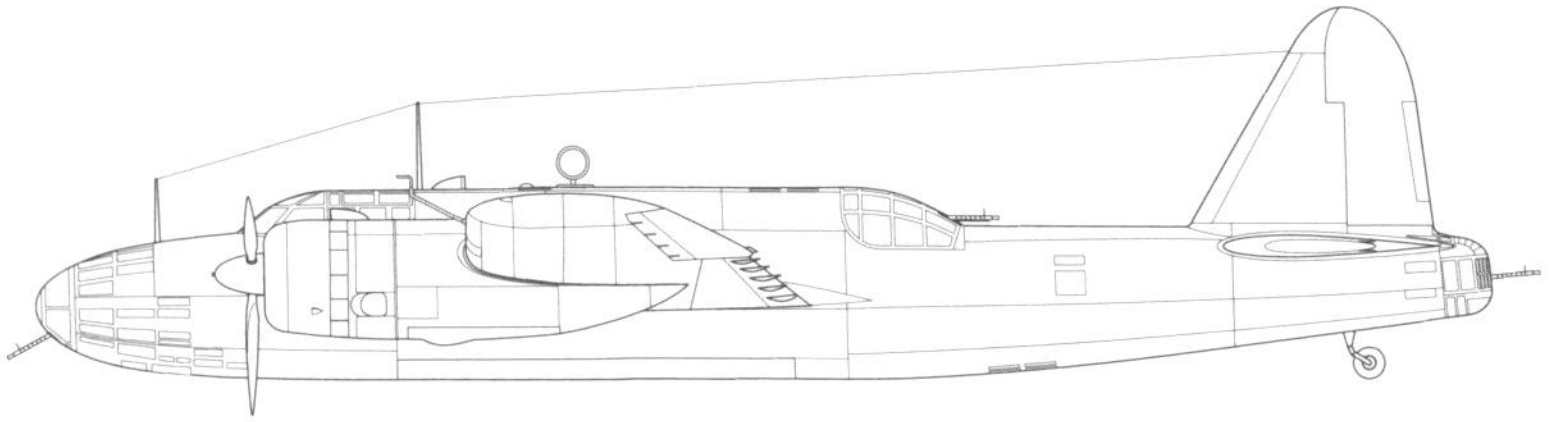

爆撃機としては太く短い戦闘機のような主翼を備えていたり、内翼が前に突出していたりと、特徴的な形状の一〇〇式重爆撃機一型。胴体上面後ろの銃座に20mm機関砲を装備し、機首、尾部、胴体左右、後下方に7.7mm機関銃計5挺を備えていた。二型甲では7.7mm機関銃を7.92mm機関銃に、二型乙では12.7mm機関砲に換装した。したがって、二型乙は20mm機関砲1門と12.7mm機関砲5門を装備する重武装機となった

中島キ49-Ⅱ甲 一〇〇式重爆撃機「呑龍」二型甲

全幅:20.42m/全長:16.81m/全高:4.09m/主翼面積:69.33㎡/自重:6,395kg/全備重量:10,370kg/発動機:ハ109(1,500hp)×2/最大速度:492km/h/航続距離:2,200km(過荷)/武装:20mm機関砲×1、7.92mm機関銃×5/爆弾搭載量:1,000kg/乗員:8名

四式重爆撃機「飛龍《ひりゅう》」（キ67）

陸軍最後の制式爆撃機がこの四式重爆撃機で、開発指示は昭和14年に三菱重工に対して行われた。開発主務者は小澤久之丞技師で、陸軍側の要求では最大速度550㎞／h以上で急降下爆撃が可能な、運動性能に優れた爆撃機ということであった。

三菱側はこの要求を見事に満たし、ハ104（1900馬力）発動機2基を搭載した本機は、双発爆撃機とは思えないほどの運動性能を誇った。一説には爆弾を搭載しない状態では宙返りも可能であったと言われる。また、それまでの陸軍爆撃機では軽視されがちであった航続距離も3800㎞と長大なもので、このために作戦運用の幅が広がったのは本機の利点といっていいだろう。

また、四式重爆はその性能の高さから各種派生型が作られている。その代表的な機体が75㎜砲を装

軽快・高速な飛行性能を有した四式重爆撃機「飛龍」は、昭和19年10月から台湾沖航空戦、フィリピン戦、九州沖航空戦、沖縄戦などで夜間雷撃に奮闘。サイパンのB-29空襲作戦などでも夜間爆撃を行ったが、米軍の高度な防空網の前には大きな戦果を挙げるには至らなかった

写真は飛行第七十四戦隊の四式重爆。三菱が設計しただけあり、どことなく海軍の一式陸攻とシルエットが似ている。四式重爆は試作されていた「イ号一型甲無線誘導弾」の試験母機にもなった

備した特殊防空戦闘機キ１０９や、大型爆弾「桜弾」を機首に搭載したキ１６７などである。雷撃機としても台湾沖航空戦などに参加、その性能の良さに目をつけた海軍が譲渡を要望したほどであった（海軍側はこの機体を「靖国」と命名して使用した）。

四式重爆の制式採用は昭和19年と遅かったこともあり、生産総数は６９７機とそれほど多くはなかった。だが海軍の「銀河」がエンジン不調に悩まされるなど、陸海ともに有効な陸上爆撃機を欠いた状態でその期待を一身に背負った優秀機であった。

魚雷を懸吊した四式重爆撃機一型甲。低空を匍匐飛行する「垣根越し飛行」能力を誇ったが、その飛行性能を海軍から見込まれ、多くが雷撃機として運用されることになった。防御火力は胴体上部に20mm機関砲1門、機首、尾部、胴体左右に12.7mm機関砲4門を搭載。一型乙は尾部の防御機関砲が12.7mm連装機関砲となった

三菱キ67-I甲 四式重爆撃機「飛龍」一型甲

全幅:22.50m／全長:18.70m／全高:4.80m／主翼面積:65.85㎡／自重:8,649kg／全備重量:13,765kg／発動機:ハ104（1,900hp）×2／最大速度:537km/h／航続距離:3,800km／武装:20mm機関砲×1、12.7mm機関砲×4／爆弾搭載量:800kgあるいは魚雷1本／乗員:6～8名

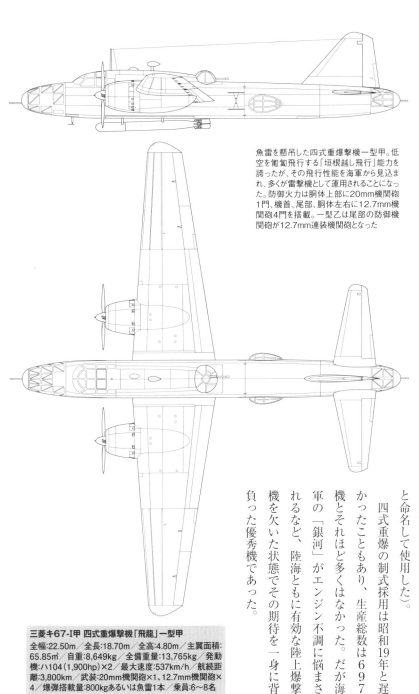

一〇〇式司令部偵察機（キ46）

昭和12年、陸軍は九七式司令部偵察機の後継機の開発を三菱に対して指示。これを受けた三菱は久保富夫技師を主務者として開発を開始した。

陸軍側の要求は最大速度600km／h、航続距離2400kmという、当時としてはとてつもないものであったが、三菱側はこの要求を満たすべく全力を傾けて試作機を作りあげた。結果、最大速力は540km／hと当初の要求を満たすことはできなかったものの、陸軍側はその出来に満足、昭和15年に制式採用となった。

その後も一〇〇式司偵は度重なる改修を受け、一型～四型が生産された。一型はハ26-Ⅰ発動機（850馬力）を2基搭載したが、二型はハ102（1080馬力）に換装し、日本の軍用機と

流麗なフォルムを持ち、最大速度630km/hと、実戦投入された日本陸海軍の軍用機の中では最速を記録した一〇〇式司令部偵察機三型。軍偵察機が前線近くの敵部隊などを偵察する戦術偵察を行うのに対し、司令部偵察機は、敵戦線奥深くの重要施設や都市、基地などを偵察する「戦略偵察」に近い任務を負った

一〇〇式司偵三型は対B-29用の防空戦闘機にも改造され、20mm機関砲2門を機首に搭載したタイプは三型乙、三型乙に37mm機関砲を上向き砲として追加した型は三型乙＋丙と呼称された。写真は三型乙＋丙

して初めて600km／hの壁を突破した。三型は発動機をハ112（1500馬力）に換装してさらなる速度向上を追求。四型はさらに排気タービンを装着して高々度性能を向上させたが、試作のみに終わった。

一〇〇式司偵は戦略偵察機として全戦域にわたって活躍し、その機影を見た数日後には必ず日本軍の攻撃があるとして敵からは忌み嫌われた。連合軍将兵から「空の通り魔」として恐れられた所以である。

一〇〇式司偵は、偵察機としてはもっとも多い1742機が生産され、また一部は防空戦闘機としての改修も受けている。

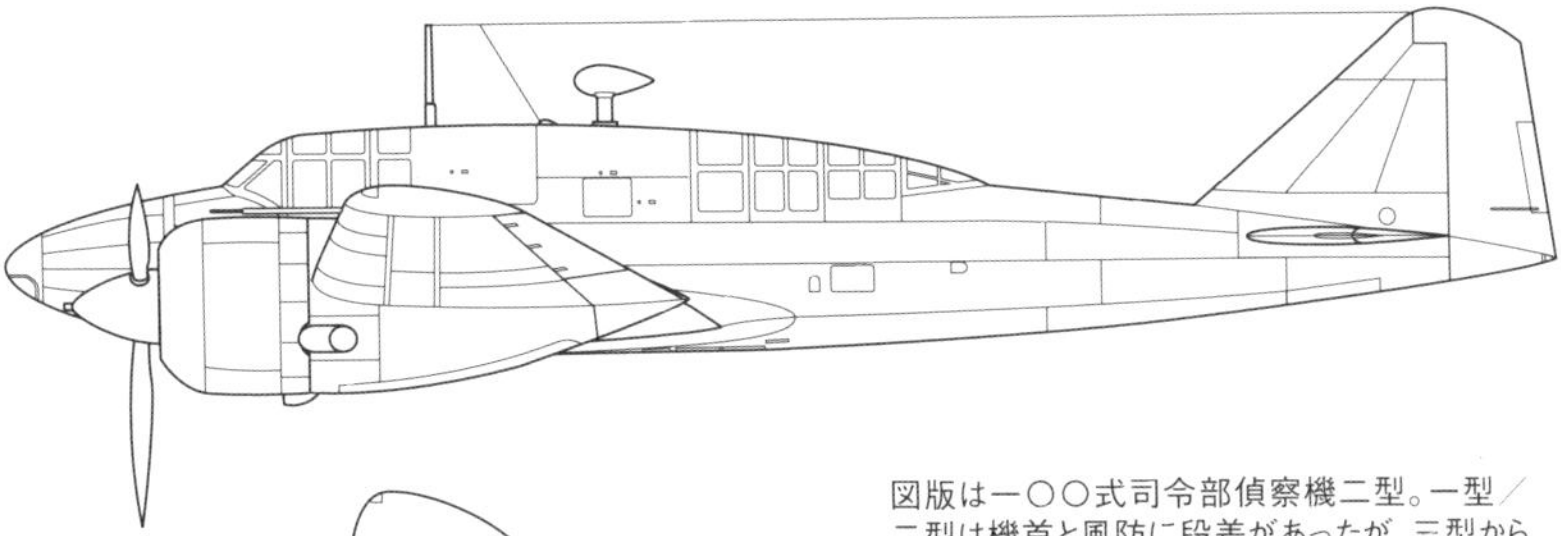

図版は一〇〇式司令部偵察機二型。一型／二型は機首と風防に段差があったが、三型からは空気抵抗の低減を追及して段無しになった。各型の生産数は、一型は26機、二型は1,093機、三型は613機、四型は試作4機のみ。なお従来からの九七式司令部偵察機に対して、一〇〇式司偵は「新司偵」と呼ばれた

三菱キ46-Ⅲ 一〇〇式司令部偵察機三型
全幅:14.70m／全長:11.00m／全高:3.88m／主翼面積:32㎡／自重:3,831kg／全備重量:5,724kg／発動機:ハ112-Ⅱ(1,500hp)×2／最大速度:630km/h／航続距離:4,000km(増槽付き)／武装:なし／乗員:2名

第五節

特殊船・舟艇

発動艇

ノルマンディー上陸作戦や沖縄侵攻など、連合軍による上陸作戦に必ず登場する「上陸用舟艇《しゅうてい》」であるが、帝國陸軍でも同様の兵器を装備していた。むしろ、開発と配備に関しては帝國陸軍のほうが先であった。

帝國陸軍の上陸用舟艇にはおもに「大発《だいはつ》」と「小発《しょうはつ》」と呼ばれる2種があり、太平洋戦争では大発が主として使用された。もともとはどちらも鋼板製であったが、後に戦争が始まって大量に必要になったこと、および材料不足から木板製、合板製のものも作られた。発動艇はいわば箱のような船に発動機を取りつけた小舟で、前部の板は歩板といって海岸に着いた時に降ろし、そのまま人員や車輌・火器などを降ろすことが出来るようになっていた。

上陸作戦時には輸送船の甲板に搭載され、上陸地点の沖合いで海面に降ろして上陸地点に向かう。大発は人員

九五式軽戦車を揚陸中の大発動艇

大発動艇
自重:9.5t／全長:14.8m／全幅:3.35m／速力:7.8ノット／積載量:13t／航続時間:約15時間／乗員:6名

70名または貨物13トンを搭載可能であった。また、大発は八九式中戦車も搭載可能であったが、九七式中戦車は重量オーバーだったため、後に九七式中戦車が搭載可能な特大発動艇も開発されている。

大小発動艇は陸軍の主要な上陸作戦はもちろん、マレー進撃戦や沖縄戦などにおける舟艇機動攻撃にも使用されたほか、全戦域において補給物資の輸送などにも使用されている。

装甲艇（AB艇）

強襲上陸作戦において、その上陸地点における敵拠点の制圧を任務としたのが装甲艇で、57㎜砲や機関銃を搭載していた。全長17mほどの小艇なので外洋渡航能力はなく、輸送船などに搭載して現地まで運んだ。また、中国大陸の河川における上陸援護や警戒活動にも使用されたほか、大発などによる舟艇機動攻撃の支援任務なども行なっている。武装の違いなど幾つかの種類が存在し、年間あたり10隻前後建造されていたが、昭和18年に新規建造は中止となった。

八九式中戦車と同じ57mm戦車砲を砲塔に搭載し、さらに連装の八九式旋回機関銃を銃塔に搭載していた装甲艇

装甲艇
重量:20t／全長:17.1m／全幅:3.5m／速力:14ノット／武装:57mm砲×1、機関銃数挺／航続距離:140浬／乗員:13名

機動艇（SS艇）

海洋国日本が外征を行う際に必ずついてまわる問題が敵前上陸である。沖合いから大発などに分乗して上陸していたのでは効率が良くない。そこで、人員だけでなく戦車や車輌なども一気に接岸して揚陸させることを目的として開発されたのが機動艇で、米軍では同種の艦を戦車揚陸艦（ＬＳＴ）と呼んでいる。

船首部を観音扉とし、接岸と同時に扉を解放、歩板（道板）を展開してそのまま海岸に上陸可能となっていた。

帝國陸軍ではこの機動艇15隻をもって海上機動旅団を編成、戦車を含む諸兵科連合部隊として敵前上陸を想定していた。しかし、機動艇の建造が捗らず、また状況的にも海上機動旅団が活躍できる場面はついに訪れることはなかった。

戦後撮影された機動第十九号艇

機動艇（試作1号艇の「蛟龍」）
満載排水量:850t／全長:53m／速力:14.5ノット／武装:75mm砲×1、150mm迫撃砲×1、20mm機関砲×3／搭載量:戦車4輌、トラック1台、小発動艇2隻、兵員170名

四式肉薄攻撃艇（㋹《マルレ》艇）

海軍の震洋とならび、陸軍の海上特攻兵器として有名なのが四式肉薄攻撃艇、通称㋹艇である。㋹は秘匿名として付けられた連絡艇の頭文字をとったものである。

四式肉薄攻撃艇は合板製のいわゆるモーターボートで、全長５・６ｍの小さな船体に２５０kg爆雷を搭載、敵船に肉薄して爆雷を投下後に急速反転、離脱を試みる兵器であった。その意味では海軍の震洋と異なり、一応生存の可能性のある兵器であったが、高速（20ノット以上）航行中にそのような離れ技を出来るわけもなく、実際には体当たりを敢行する以外にない特攻兵器であった。

四式肉薄攻撃艇には甲一型、甲四型、Ｋ型の三種類がある。甲四型は発動機を換装して速力を増したタイプで、Ｋ型は発動機は甲四型と同じであるが小型化したために速力をさらに増したタイプである。各型併せて数千〜1万隻程度生産されたと言われているが、正確な数は判然としていない。

後部に爆雷を搭載した「特攻ボート」こと㋹艇は、ルソン島の戦いや沖縄戦で揚陸艇数隻を撃沈、駆逐艦数隻、戦車揚陸艦数隻を撃破したと見られている。当初から体当たり特攻用として開発された海軍の震洋と異なり、㋹艇は当初は生還可能な兵器として開発されていたが、実際はほぼ特攻兵器といえた

四式肉薄攻撃艇は製造が安易で製造費も安く済むことから昭和19年半ばより大量生産が開始され、併せて海上挺進隊が組織された。フィリピン防衛戦をはじめ沖縄戦などに出撃、幾許かの戦果と引き換えに多くの若い命を奪った。

四式肉薄攻撃艇（㋹艇）
排水量:1.45t／全長:5.6m／全幅:1.8m／速力:20〜24ノット／武装:250kg爆雷×1／乗員:1名

上陸用舟艇母船「神州丸《しんしゅうまる》」

帝國陸軍は自前で多くの船舶を保有していた世界でも珍しい陸軍であるが、その先鞭となったのがこの「神州丸」である。昭和4年に大小発動艇を実用化し、上陸作戦に自信を深めた陸軍であったが、昭和7年の上海事変の際、実際に運用する段になって問題に直面した。当時、輸送に使用した民間の船舶では起重機が装備されておらず、上陸地点の沖合いで発動艇を海面に降ろすことができなかったのである。

陸軍ではこの経験をもとに上陸地点沖合いで直接発動艇を発進させられる船舶の開発に取り組むことになる。この結果誕生したのが「神州丸」である。

「神州丸」は中甲板および上甲板に30〜60隻の発動艇を搭載し、中甲板に搭載した発動艇は後部扉から直接海面へ進水させることができ、航空機も12機程度射出可能であった。兵員約2000名のほか戦車などの車輌類も搭載できた。現在この種の艦艇を強襲揚陸艦と呼ぶが、「神州丸」はまさに世界に先駆けて建造された強襲揚陸艦であった。

「神州丸」は支那事変を皮切りに太平洋戦争緒戦のマレー上陸作戦やジャワ島上陸作戦などに参加してその真価を発揮したが、昭和20年1月、米潜水艦の雷撃によって海没した。

1938年(昭和13年)10月、中国のバイアス湾で揚陸作業中の神州丸。多数の舟艇を従えている

舟艇母船「神州丸」

基準排水量:7,100トン／全長:144m／全幅:22m／出力:7,500馬力／最大速力:20.4ノット／航続力:7,000浬／兵装:7.5cm単装高角砲×6、20mm機関砲×4、7.5cm野砲×1、爆雷／搭載艇:大発最大29隻、小発25隻／搭載機:最大12機／乗員:1,200名

上陸用舟艇母船「あきつ丸」

「神州丸」の成功を受けて陸軍では同種の船舶のさらなる建造を目論んだ。ただし戦時には徴用することを前提に、補助金を出して各海運会社に建造させた。これらの船舶を特殊船と呼び、甲・乙・丙の3種類があった。甲型および丙型は基本的には「神州丸」と同様の上陸用舟艇の運搬船であったが、丙型はそれだけに止まらず、航空機の運用をも視野に入れた船舶であった。

もともと陸軍航空隊は目標物のない洋上飛行は苦手であったが、太平洋戦争の勃発に伴って前線に飛行機を運ぶためにはその必要が生じた。そこで、その労を少しでも軽減するため、特殊船に航空機を搭載して輸送することが考えられたのである。

このため丙型は、戦時には最上甲板上に飛行甲板を備えることができるように設計されたが、「あきつ丸」はその建造途中に日米関係が悪化したため、当初から飛行甲板と格納庫を設置する形で完成した。この結果、世界にも類を見ない陸軍の航空母艦が誕生することになったのである。
完成当初は九七式戦闘機を13機搭載し、発艦後に上陸支援を行った後の着艦は考えていなかった。しかし、後に船団の護衛空母として活用できるように飛行甲板の拡張や邪魔な上部構造物を撤去するなどして対潜護衛空母として生まれ変わった。だが戦局の悪化から結局輸送船として使用され、その真価を発揮することなく、昭和19年11月、米潜水艦によって沈められる悲運に見舞われた。

舟艇母船「あきつ丸」（改装後）
排水量:9,433t／全長:152m／全幅:19m／出力:13,435馬力／最大速力:21ノット／飛行甲板全長:110m／兵装:7.5cm単装高角砲4基、25mm機関砲×8、12cm対潜迫撃砲×1、爆雷60個／搭載機:7～8機（三式指揮連絡機）

三式潜航輸送艇（ゆ艇）

帝國陸軍では空母だけでなく、さらに潜水艦まで保有していた。それがこの三式潜航輸送艇である。世界的にも例を見ない陸軍の潜水艦であるが、これは海軍が保有していた敵の艦船を攻撃するための潜水艦とは異なり、輸送任務を専門に担う潜水艦であった。

対潜哨戒用の三式指揮連絡機を搭載した「あきつ丸」

太平洋戦争中盤のガダルカナル戦で、遠隔地への補給の困難さを思い知らされた陸軍では、なんとか自力で補給する手だてはないかと考えた。ガダルカナル戦では敵に制空権を握られ、通常の船舶による輸送はことごとく失敗し、海軍では駆逐艦や潜水艦によるネズミ輸送を細々と続けていた。そこで陸軍でも自前の潜水艦を建造・運用することを思いついたのである。

こうして苦心の末に昭和18年秋には一号艇を完成させたが、それは設計から完成まで1年にも満たない期間であった。攻撃のための魚雷兵装や水密区画を省いた簡易的な潜水艦とはいえ、驚嘆すべき速度である。三式潜航輸送艇は船倉に24トンの貨物を搭載可能であったが、これは2万名の兵員の1日分の食料消費量に等しかった。

せっかく完成させた三式潜航輸送艇であったが、戦局の悪化はその運用を許さないところにまできていた。結局、三式潜航輸送艇は約40隻建造されたものの、大した活躍も出来ずに終ってしまったのは誠に残念であった。

三式潜航輸送艇
水上排水量:274t／水中排水量:346t／全長:41.4m／全幅:3.9m／速力:10kt(水上)、5kt(水中)／兵装:37mm砲×1／航続距離:1,500浬(水上)／安全潜行深度:100m／乗員:35名

陸軍潜水艦の㋴艇こと三式潜航輸送艇は、完成した38隻のうち35隻が生き残っている。昭和19年11月にはレイテ島への物資輸送に成功したこともあった

第三章

—

軍服・個人装備

イラスト／熊谷杯人（特記以外）

帝國陸軍の服制

帝國陸軍の軍服（制服）は、明治期のいわゆる黒い〝肋《ろっ》骨《こつ》服〟から度々改正され、時代に則して変遷してきた。帝國陸軍の服制は日露戦争を境に大きく変化し、昭和期に着用されていたカーキ色軍服は、明治37年2月の戦時制式によって定められたものがその原型となっている。

その後、明治39年4月に制式服制化されるのであるが、そもそもこの変更に明治天皇は反対だったと言われる。当時の日本軍は「天皇陛下の軍隊」であり、天皇陛下が良しとしなければ軍服を変更することもできない。しかし、すでに日清戦争を経験し、そして日露戦争で人的被害が増大していた軍部としては、軍服の変更は焦眉《しょうび》の問題であった。それまでの軍服では目立ち過ぎ、射撃戦ではいい的になってしまうのである。

そこで一計を案じた軍上層部は、天皇陛下ご臨席の演習において、一方の部隊をそれまでの軍服とし、もう一方の部隊をカーキ色の軍服を着用した部隊とした。果せるかな、演習中にカーキ色の軍服を着用した部隊が突如として天皇陛下の御前に現れたのを見て、明治天皇は軍服の変更について裁可されたという逸話が伝えられている。

なお、帝國陸軍においては下士官兵には軍服装備品一式が支給されたが、将校は自費で調達することになっていた。

歩兵の装備一式

時代、および配属先などによってさまざまな相異はあるものの、ごく一般的に歩兵が携行していた個人装備品を挙げてみよう。

まず頭部であるが、戦地においては鉄帽を着用し、その下に略帽をかぶることもあった。また、熱地などにおける日除けとして、首が隠れるような垂布を着用することもあった。軍服の左胸の物入れには軍隊手帳をしまっておく。腰部には帯革《たいかく》を着用し、その帯革には弾薬盒《ごう》、銃剣などを取りつける。この銃剣は本来小銃先端に取付けて白兵戦時に使用するものであるが、俗に「ごぼう剣」と呼ばれてさまざまな用途に使用され、兵たちからは重宝された。

以上を基本として、行軍時などには雑嚢《のう》または背嚢を携帯する。布製の雑嚢中にはブラシや石鹸などの身の回り品や下着類、食料などを入れる。ちなみに靴下は踵部分がない単なる袋状のものであるが、これは米などを携行するのに重宝した。背嚢には幾つかの種類があったが、最終的には布製になった。これに携帯天幕や飯盒、水筒などを取りつける。その他、円匙《えんぴ》(※)（スコップ）や防毒面なども携行したため、完全武装時にはかなりの重量となった。

また、下士官の場合はこれ以外に下賜《かし》された軍刀を佩用《はいよう》している。

完全装備の兵

太平洋戦争時における下士官兵の軍服は昭五式軍衣（昭和5年）、九八式軍衣（昭和13年）、三式軍衣（昭和18年）で、いずれも夏服と冬服があった。夏服は木綿、冬服は毛織物であるが、末期には物資不足から木綿製の簡易な冬服も製造されている。五式軍衣までは肩章を付けていたが昭13年の改定で襟章のみとなり、兵科を示す胸章も昭和15年に廃止された。

ズボンにあたる部分は「軍袴《ぐんこ》」と言い、膝下くらいまでの長さである。したがってスネ部分が露出するが、この部分に脚絆《きゃはん》（ゲートル）を巻いた。帝國陸軍では徒歩が基本であったため、長距離行軍などにおいてはこの脚絆を強く巻きつけることで足の疲労がだいぶ違ったらしい。

下士官兵の靴は形態・材質など幾つかの相異があるが、基本は短靴であった。また、これ以外に地下足袋なども使用されている。とにかくよく歩く帝國陸軍では靴の減りも激しく、戦争末期には良い靴を入手するのに苦労したという話である。

ノモンハン事件でソ連軍の装備を鹵獲した日本陸軍の下士官兵。左から2人目は防毒面を付けている。中央の眼鏡をかけている下士官、および右から3人目の兵の軍衣は肩章が付いているため、昭五式かと思われる。それ以外の兵の軍衣は、ボタンが見当たらないので、戦車兵などが着用するつなぎタイプのようにも見える

(※)円匙…日本軍ならびに自衛隊内では「えんぴ」と呼ぶが、本来の日本語では「えんし」と読む。

戦地における歩兵は必要装備一式を各自持ち歩いたが、最前線においてはしばしば戦線後方に背嚢を始めとする装備類を残し、小銃・水筒・飯盒などの最低限の装備だけで前進することもあったようだ。そしてこれらの装備類のために少数の人員を割き、あとから輜重部隊などとともに追及させたのである。

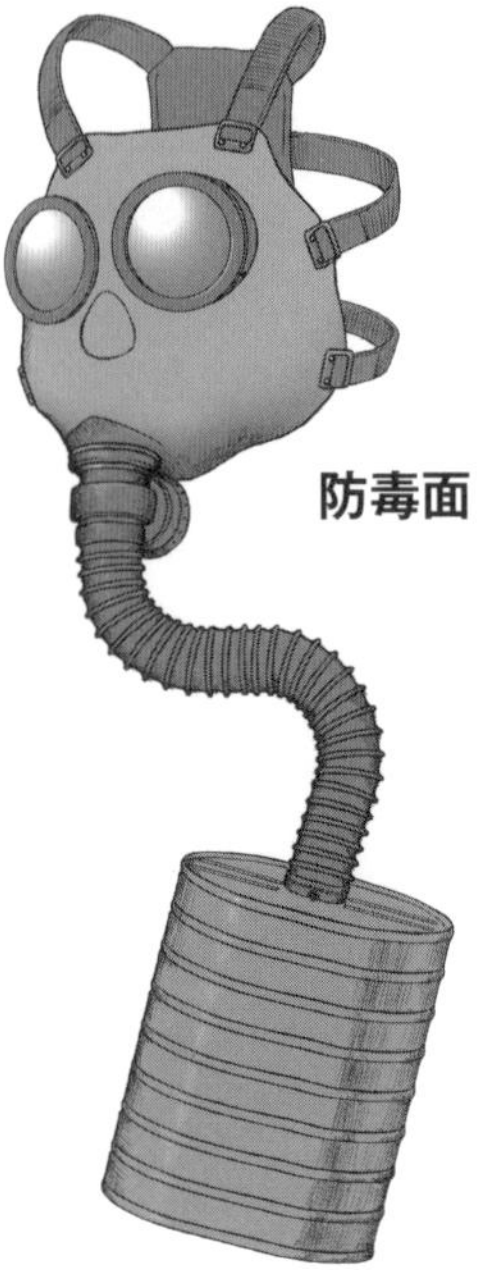

歩兵の装備一式

イラスト／峠タカノリ

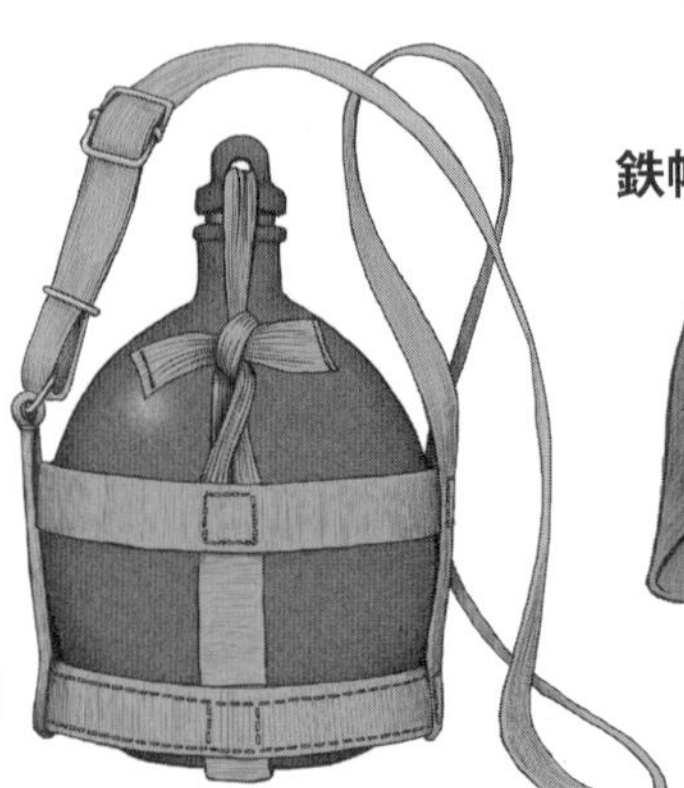

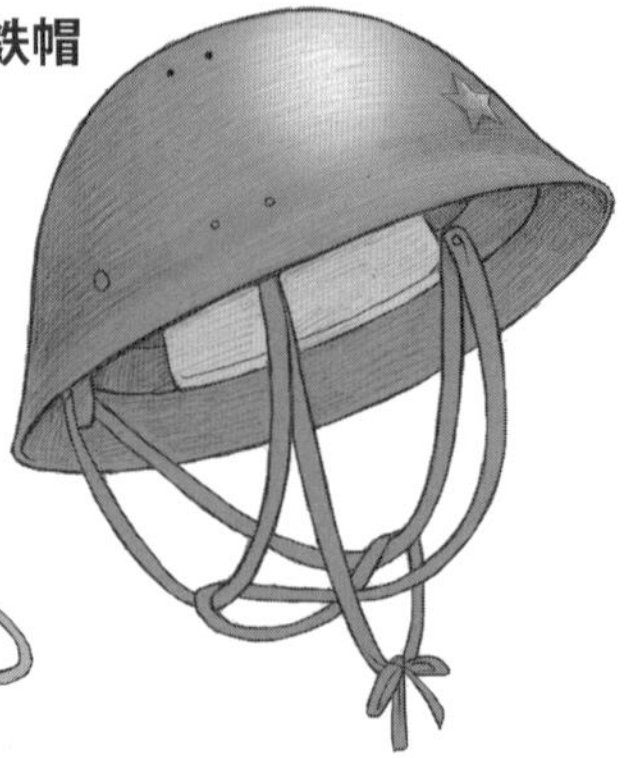

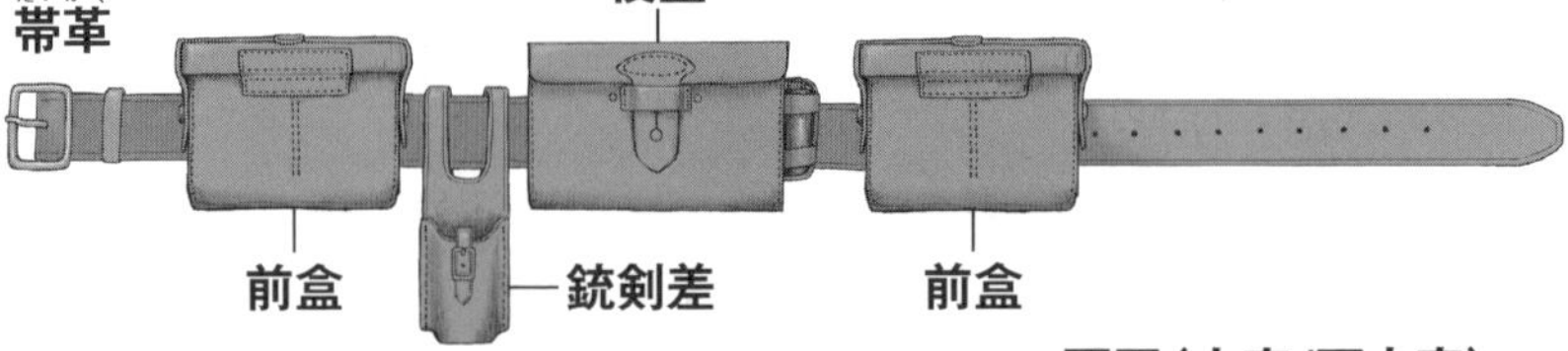

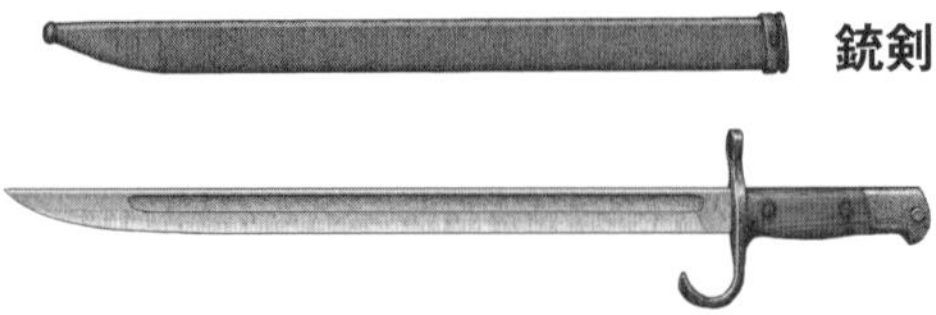

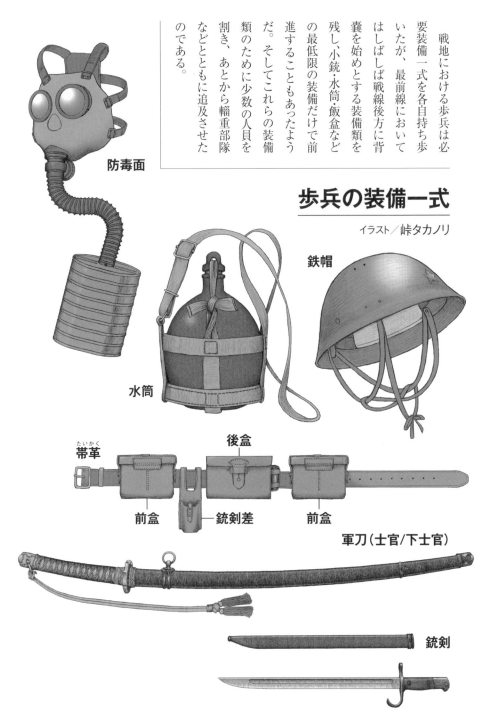

円匙《えんぴ》

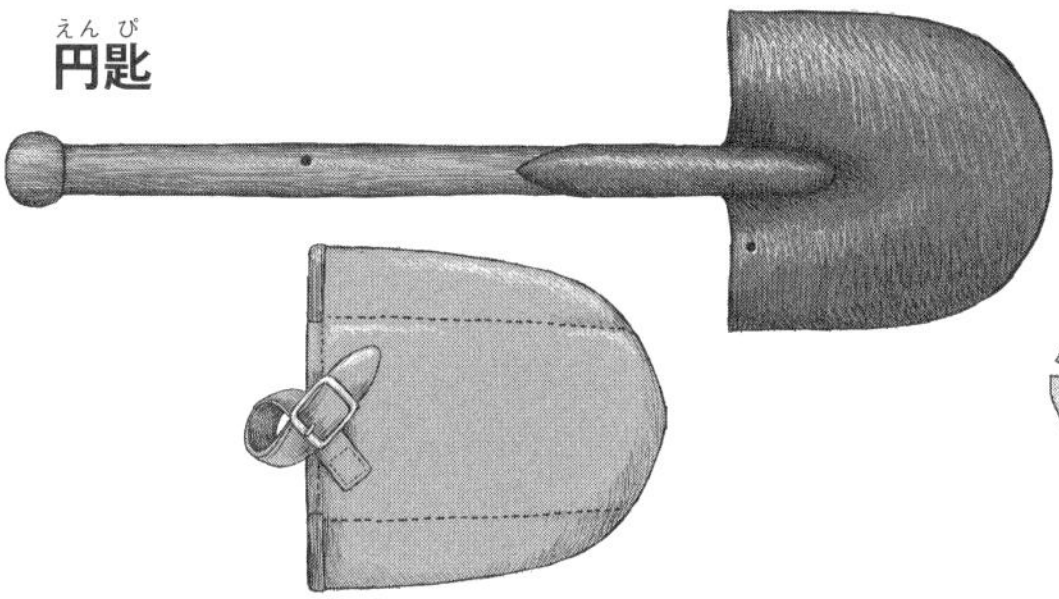

略帽

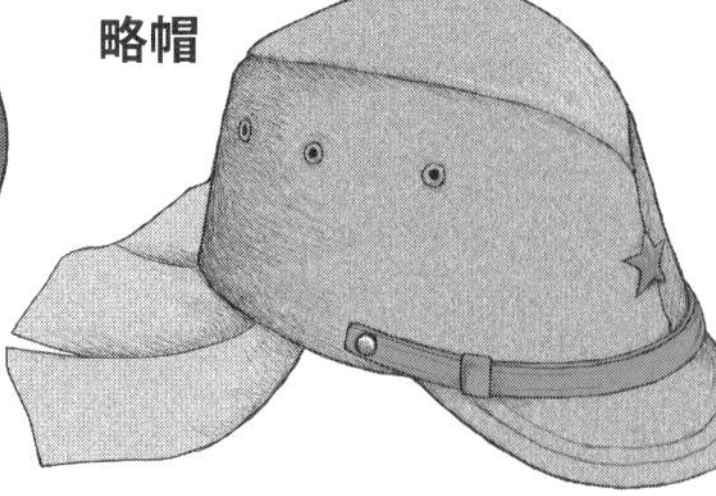

背嚢《はいのう》

飯盒《はんごう》

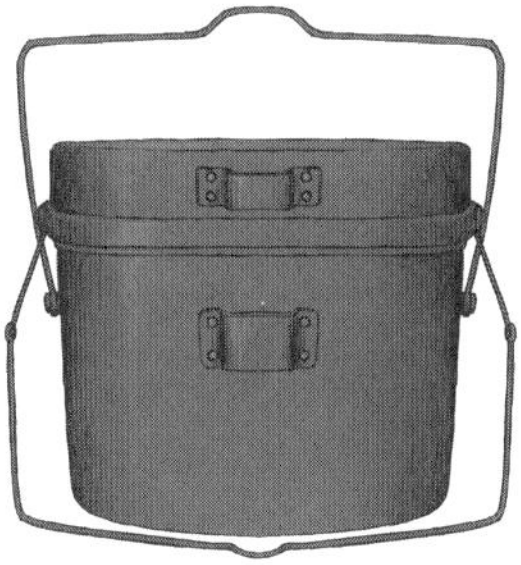

昭五式軍衣を着用した一等兵。襟は立襟で、折襟の九八式とは大幅に異なる。階級章も昭五式だと肩に付いていたが、九八式では襟に付くことになった。襟章は緋色で歩兵を示し、「1」は第一聯隊を示す

雑嚢《ざつのう》

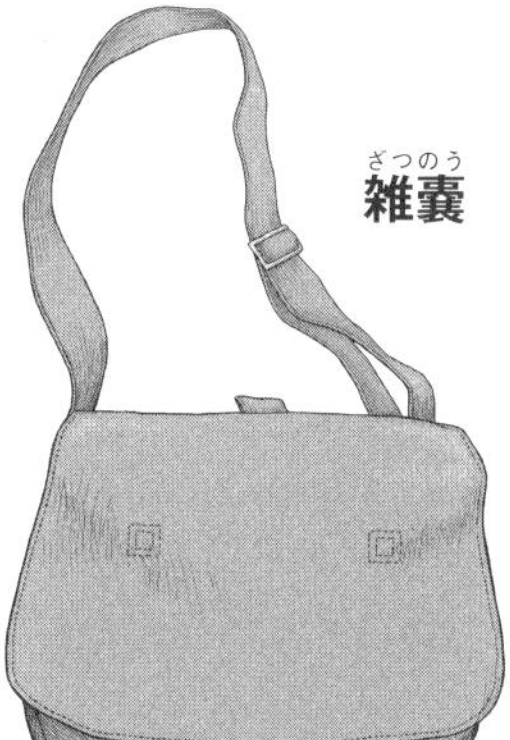

軍靴《ぐんか》

完全装備の歩兵
（一等兵）

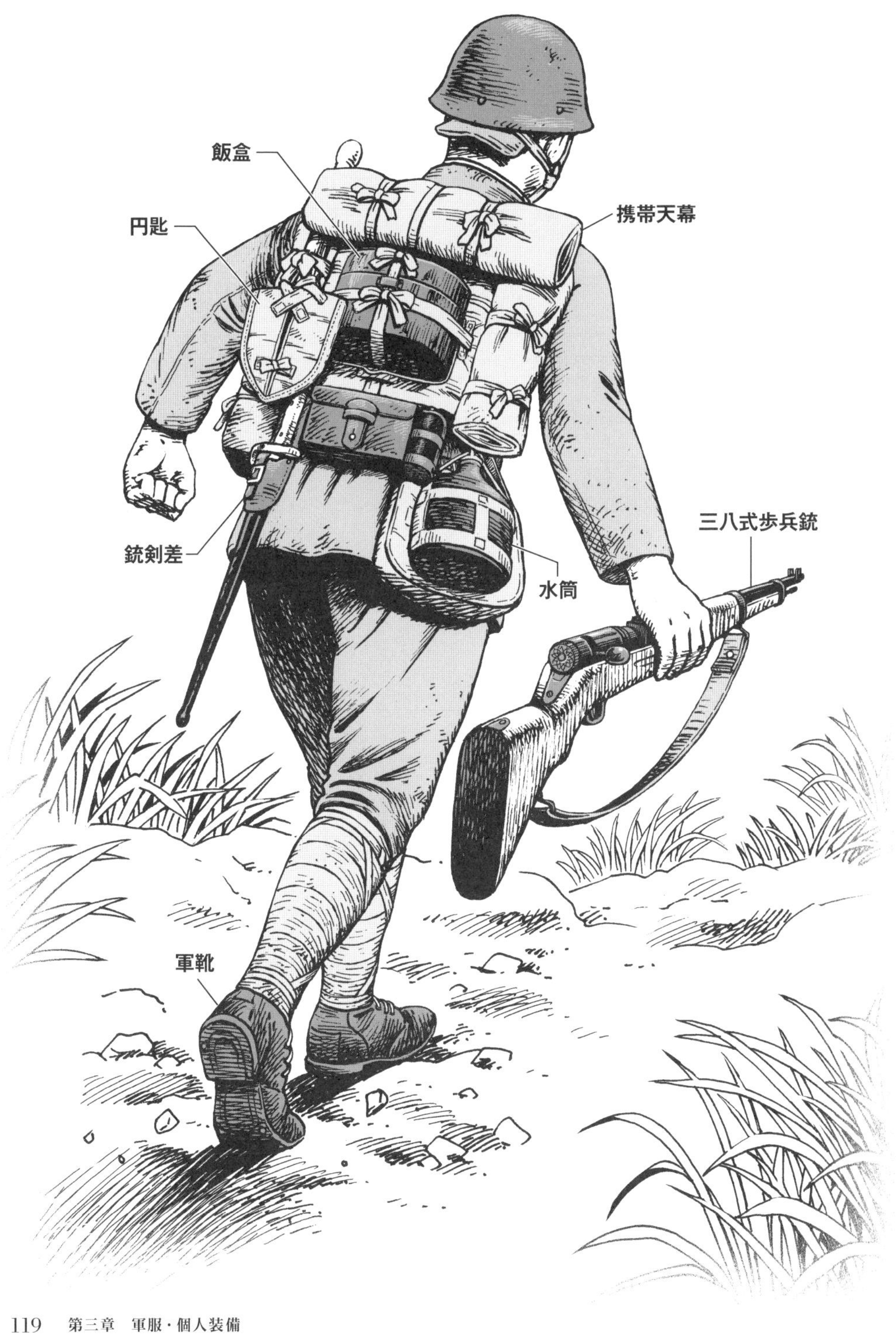
飯盒
円匙
携帯天幕
三八式歩兵銃
銃剣差
水筒
軍靴

防暑服

太平洋戦争以前、帝國陸軍は南方などの暑い地域に派遣されたことはほとんどなく、戦線が熱帯にまで広がると被服類も通常の夏服だけでは対応できなくなってしまった。そこで、開襟の防暑衣や防暑《ぼうしょ》襦袢《じゅはん》が用意された。防暑略衣はいわゆる半袖半ズボンであるが、毒虫から身を守るため、熱帯地方のジャングルなどでは逆に長袖の防暑衣袴を着用することが多かった。さらに、防蚊覆面や防蚊手袋なども用意されている。

また、高温多湿のジャングルなどでは革製品の劣化が激しいため、帯革や弾薬盒、靴底など革を使用する装備品は革の代わりにゴム製のものも作られた。

熱帯地などでは、現地で調達した防暑帽をかぶることもあった。また密林では、狙撃兵は木登り用に専用のスパイクを装備することもあった。

将校

将校の軍装は大別すると3種類ある。正装、礼装、戦闘服（軍装）で、正装は宮中や天長節などへの参賀や、拝謁《はいえつ》のために参内《さんだい》する際に着用を義務づけられた。礼装は正装と似通っているが、主に晩餐《ばんさん》や午餐《ごさん》などの際に着用した。

将校の場合、基本的に被服類などは自前であったため、特に任官したての下級将校はその調達に苦労した者も多かったらしい。また、各被服類の形式などは服制規則に定められていたために極端に異なることはないものの、オーダーメイドのために微妙に異なる部分もあった。その顕著な例が軍帽で、昭和初期の青年将校にはチェコ式と呼ばれる前部を高くした軍帽が好まれた（ただし上層部からは不評だったと言われている）。

また、戦争後半以降、中隊長以上の者は隊長徽章を着用したほか、参謀職の者は右胸に俗に参謀肩章と呼ばれる飾緒（しょくちょ・しょくしょ・かざりお）を付けていた。

イラストは参謀の大尉。飾緒は金モール製でかなり重量があり、袖や胸部の痛みが早いために絹製などの代用品もあった。将校の軍刀は、尉官は青色、佐官は赤色の革ひもでベルトにぶら下げていた

正装（大礼服《たいれいふく》）

正装は大礼服とも呼ばれ、宮中への参内や公式行事などの際に着用した。

　黒の上着はダブルで、ズボンには兵科色の筋が縦に入り、袖部分にも金線が施される。また、将官は右胸に飾緒をかけ、勲章などはすべて略授賞ではなく正式なものを佩用《はいよう》する。正帽には以前は前立を付けていたが、昭和期には付けなくなったようだ。

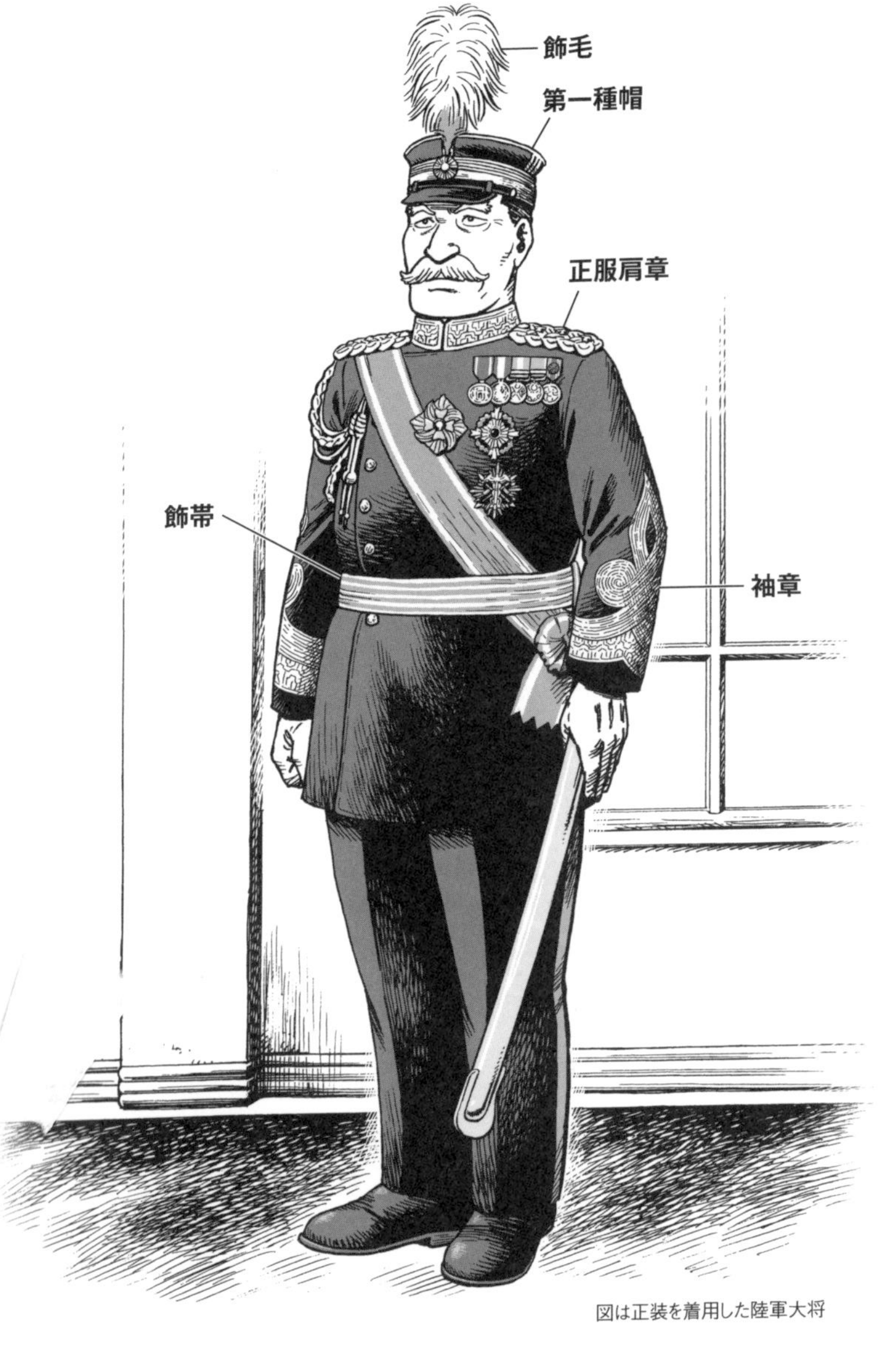

図は正装を着用した陸軍大将

また、飾帯を結ばないこともあった。

肩章は正肩章と呼ばれるもので、金線が鎖状になった物に銀の星章を配している。

防寒服

もともと帝國陸軍の仮想敵国は明治以来ロシア＝ソ連であり、日露戦争、シベリア出兵や満州への進出と寒冷地での作戦経験は多かった。そのため、防寒衣については古くから制定されている。寒冷地などでは通常の軍衣の上に防寒外套を着用し、靴も防寒長靴を使用した。また、帽子については略帽などの官給品では寒さに耐えられないため、私物の毛皮製の物なども着用している。その他、下着類も防寒襦袢《じゅはん》や防寒袴下《こした》などを着用している。

被服以外の装備品としてはスキー（長短2種あった）や氷上を歩くためのアイゼンのほか、雪上用のかんじきなどもあった。

※長靴の下には防寒脚絆（フェルト製など）を着用した

外套《がいとう》

外套とはいわゆる「オーバーコート」のことで、極寒地以外において冬季に着用した。また、極寒地でも外套の内側に毛皮を貼り付け、使用された例も見受けられる。

外套は将校用と下士官兵用とでデザインが微妙に異なり、また九八式以降の外套はボタンの数も減った。

外套以外にもマントを着用する場合もあり、また雨天などの場合には外被と呼ばれるレインコートを着用した。現在の自衛隊でもそうだが、当然のことながら将兵は傘を使用することが出来ない。したがって外套にしても外被にしても、頭部を被うフードが着脱可能な構造となっている。

ダブルになっているのは大正までの四五式外套。兵用の九八式外套はシングルになっている
兵用は袖線がない（図の士官は中佐）

航空兵

航空被服には幾つかの種類がある。基本となる第一種航空衣袴《いこ》（冬用）は絹と毛織物の混紡で、第二種（夏服）は木綿製、防寒用の航空服として電熱線で暖める形式のものもあった（電熱航空衣袴）。これ以外に革製の航空頭巾を着用し、航空衣袴の上から救命胴衣を着用する。

　また、尻の下敷きになる位置に非常用の落下傘を装着する。これは縛帯《ばくたい》（ベルト）によって固定されており、ボタンを押すと簡単に取り外すことができた。

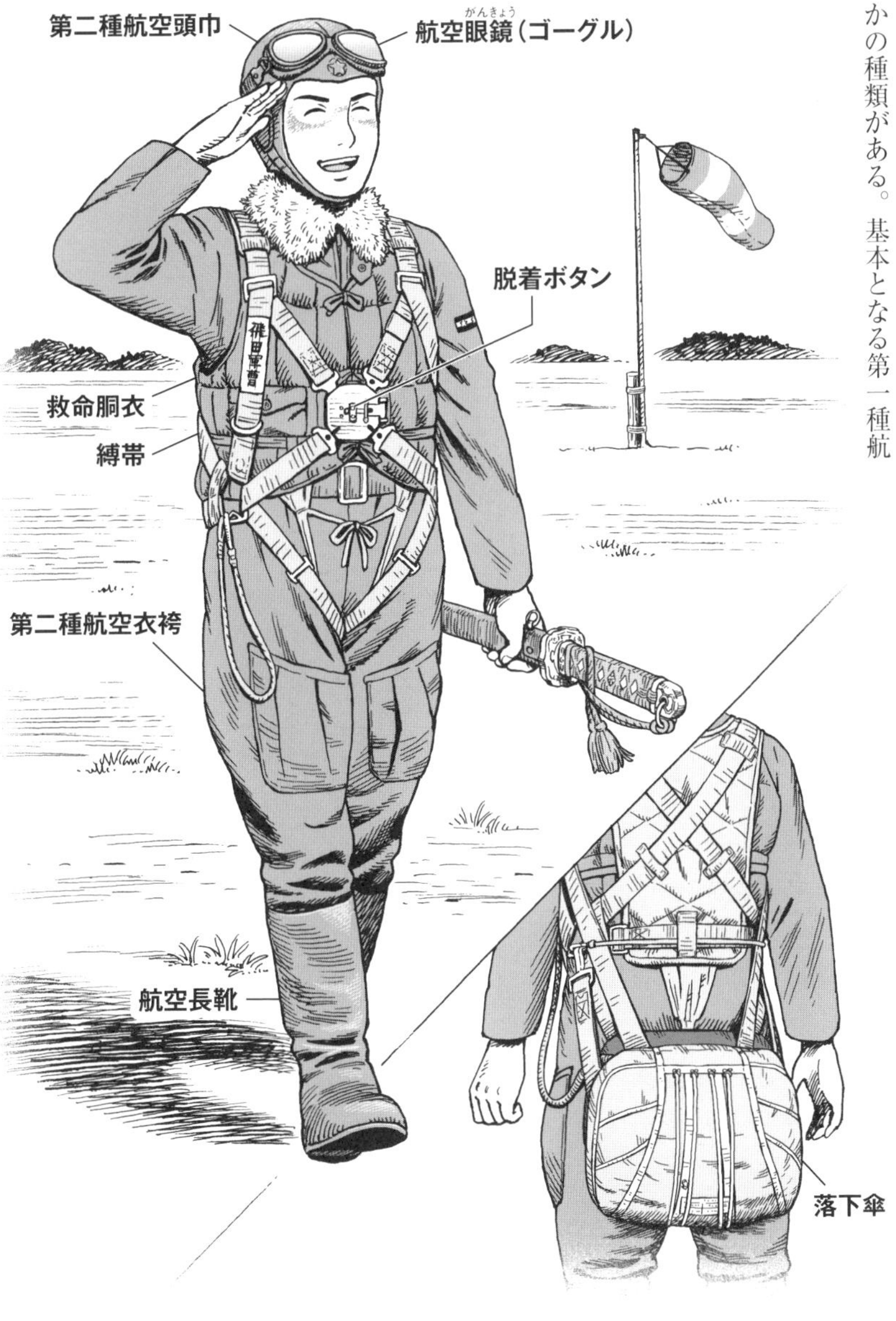

戦車兵

帝國陸軍の戦車兵には専用の軍衣は無く、基本的には歩兵と同様のものを着用していた。具体的には九八式軍衣、または作業衣で、冬季には防寒作業衣に手袋、防寒半靴という出で立ちになる。特徴的なのは戦車帽で、これには夏・冬・防寒と3種類があった。

通常はつなぎの作業衣に戦車帽、それに戦車眼鏡《がんきょう》（ゴーグル）というのが一般的な軍装であったが、まれに航空服冬衣などを着用している例もあったようである。

図は機甲部隊の大尉

また、戦車を破壊されて遺棄する場合などのために、自衛用として騎兵銃や拳銃、短機関銃などを装備していたほか、車載機銃を取り外して戦闘を継続することもあった。

落下傘兵

帝國陸軍における航空降下部隊は「挺進団」と呼ばれ、落下傘降下を行なう部隊と、滑空機（グライダー）などで強襲着陸する部隊の2種類があった。

落下傘降下を行なう場合の軍装としては、歩兵と同様の軍衣の上に弾帯や弾薬盒などの装備を着用し、その上から降下外被と呼ばれる降下専用のつなぎを着用する。さらにその上から落下傘を取りつけるのだが、主傘は背部、予備傘は腹部に装着した。また、頭部には降下鉄帽と

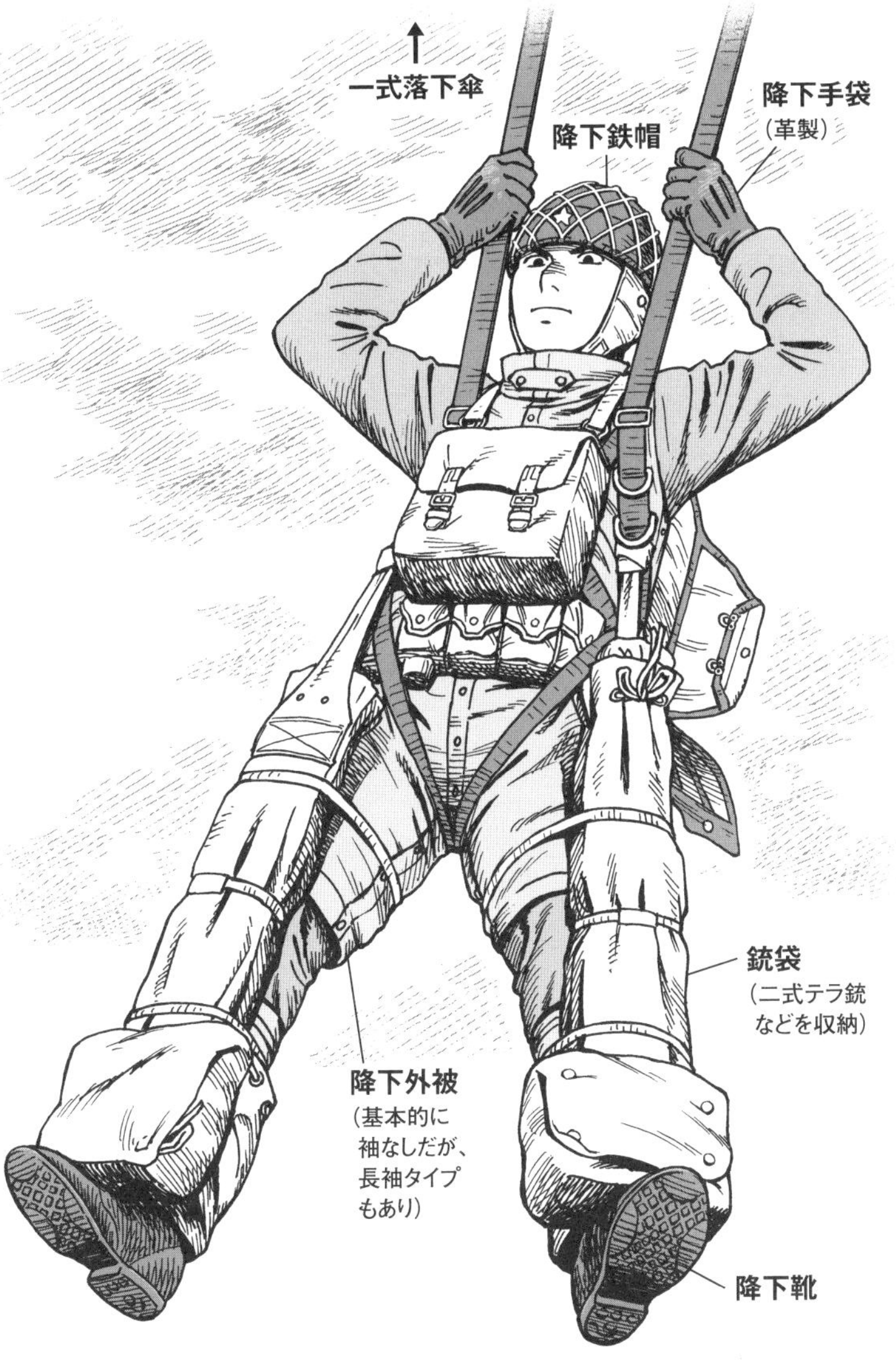

呼ばれる専用の鉄帽を着用した。

なお、初期の落下傘部隊は小銃などの火器類は別に降下させていたが、後期では分解した火器類を足に括りつけて兵員とともに降下させるようになった。

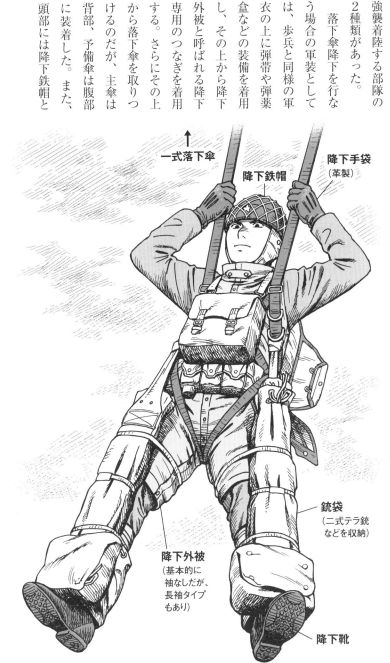

挺進兵《ていしんへい》

帝國陸軍では前線で臨時に「挺進部隊」という切り込み隊を編成することがあったが、ここでいう挺進兵とは滑空機（グライダー）で強襲着陸を行なう部隊および兵を指す。よく知られるところでは、レイテ島で全滅した薫《かおる》空挺隊や、沖縄戦で米飛行場に突入、激闘ののち全滅した義烈《ぎれつ》空挺隊などがある。

挺進兵の特徴としては通常の軍衣に独自の迷彩を施しているところで、これは制式ではなく各自が思い思いの迷彩模様を施している。

また、孤立無援が原則で、さらに落下傘降下による重量制限もないことから、持てるだけの武器弾薬食料を各自が携帯していることも特徴である。このため、上半身には所狭しと弾帯や手榴弾、爆薬類などが取りつけられている。

※義烈空挺隊の携帯食料は、わずか3食分だった

防毒衣

第二次世界大戦は第一次世界大戦と異なり、洋の東西を問わず毒ガスが前線において大々的に使用されることはなかったが、それでも兵はそれぞれ防護面を装備していた。ただしこれはあくまでも緊急回避的なものであり、化学兵器を直接処理したりする場合には専用の防毒衣が必要であった。

防毒衣には軽装防護衣と重装防護衣とがあり、軽装は素材の違いなどから2種類あった。一方重装防護衣はゴム製のつなぎで、手袋と頭巾を装着すると完全に防護することが可能であった。

また、軍馬を多用していた帝國陸軍らしく、軍馬用の防護覆いなども用意されていた。

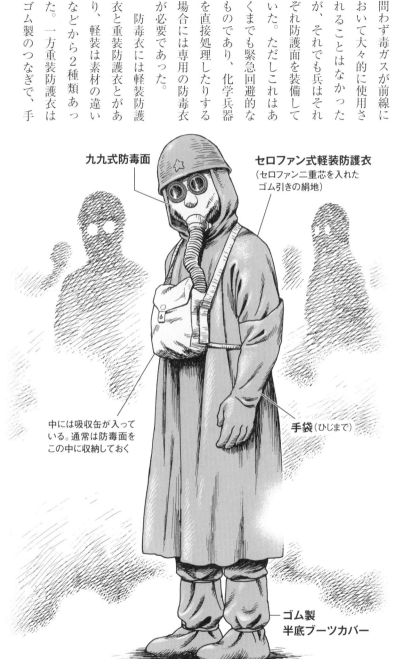

雨衣

外套の項で述べたように、雨天時に着用するための被服が外被である。これはいわゆるレインコートなので袖あり前合わせの通常の形態をしているが、平時はともかく、戦地ではこれを使用できないケースもあった。

しかし、長時間雨に晒《さら》されると急激に体力を消耗してしまう。そこで、前線では外被の代わりに装備品の携帯天幕（テント）を着用することも多かった。

この携帯天幕は何枚かを繋ぎ合わせることで通常の天幕として使用できる物で、防水加工が施された木綿でできていた。雨具として使用する場合には肩にかけ、顎の下で紐を結ぶ。ちょうどマントのようになり、ある程度は寒さ対策にもなったようである。

携帯天幕は各個人が携行し、通常は天幕の他に支柱とペグを二本ずつ携帯する。天幕の大きさは1.5m四方で、一人当たり1枚の勘定でその人数分のテントとなった。また、数十枚を組み合わせることで簡易指揮所を設営することも可能だった

士官候補生

士官候補生の軍衣は歩兵の軍衣と同様である。ただし、襟に曹長の階級章とともに、士官候補生であることを示す特別徽章を付けることになっていた。また肩章も同様に階級章と徽章を併用するるが、これは儀礼などに出席する際の礼装の場合に限られた。

なお、陸軍士官学校（本科）と予科士官学校の士官候補生とでは特別徽章が異なっている。ちなみに、陸軍

将校になるにはいくつかの方法があるが、もっとも一般的なのは士官学校（予科）↓隊付き勤務↓士官学校（本科）↓見習い士官↓任官というコースである（24ページ参照）。

防弾被服

防弾被服とはいわゆるボディアーマーのことで、幾つかの種類があった。もともとは第一次上海事変の際、激しい市街戦（＝至近距離での射撃戦が多い）を経験したことから急遽《きゅうきょ》導入されたものである。基本的には楕円形《だえんけい》の特殊鋼板で胸部及び腹部を防護するもので、それ以外も分割されたプレートを装着する防弾ベストなどもあった。また、変わったところでは亀の甲羅のように、頭部及び上半身をスッポリと覆ってしまう試作品もあった。

しかし、いずれのタイプも太平洋戦争期にはほとんど使用されていない。

船舶工兵

船舶《せんぱく》工兵《こうへい》とは帝國陸軍が保有する船舶を運用する将兵を指し、太平洋戦争によって洋上作戦の機会が増えたこともあり、昭和18年に新設された。ただし、民間からの徴用船である輸送船などは、そのまま引き続きその民間会社の人間が軍属として乗り込んでいる。したがって、船舶工兵は主に大小発動艇や機動艇など、兵器としての船舶を運用している。

軍装としては鉄帽に水上作業衣、時に応じて救命胴衣というのが一般的である。また、胸には昭和19年に制定された船舶胸章を付けることになっていた。

軍属

帝國陸軍には軍人としてではなく、軍に所属して勤務する者も多数存在した。例えば先に挙げた船舶勤務者もそうであるが、技術者や軍学校の教授、陸軍省の書記官、従軍記者など、さまざまな職業の者がいた。これらは基本的に非戦闘員であるが、否応なく戦闘に巻き込まれた者も少なくなかった。また、判任官以上は将校待遇となったため、腰に軍刀を下げる者もいた。

軍属の場合は軍人ではないので軍服とは言わず、制服または従軍服といった。濃緑色で襟は立折襟と開襟があり、開襟の場合にはネクタイを着用することもあった。また肩章と臂章《ひしょう》を付けることになっていた（臂章は上着の上腕部に付ける）。

図は建築・建設など技術関係の奏任官。判任官の上には勅任官が、下には判任官が位置する

勲章その他

イラスト／峠タカノリ

軍服にはさまざまな章を付ける。階級を示すためのものは襟章《えりしょう》および肩章《けんしょう》で、兵科や各部など所属を示すものは兵科胸章である（ただし、兵科胸章は昭和15年に廃止、昭和18年には胸章そのものが廃止となっている）。

さらにこれ以外に徽《き》章《しょう》と勲章《くんしょう》というものがあった。徽章にはさまざまな物があり、以前は右襟部分・襟章の隣りに隊号章と呼ばれる数字の徽章を付けていた。また、左襟には特別章とよばれる兵科などを示す徽章を付けていたが、いずれも昭和15年に廃止となった（士官候補生、幹部候補生、憲兵を除く）。

さらにこれ以外に、各種成績優秀者や技量を認定された者に授与される徽章があった。たとえば小銃射撃の成績優秀者に授与されるのは小銃射撃徽章、戦車の操縦者には戦車装甲車操縦徽章といった具合である。また、昭和19年12月には武功徽章というものが定められ、これは「武功抜群にして衆の模範とするにたる陸軍軍人軍属」に対して授与

金鵄勲章

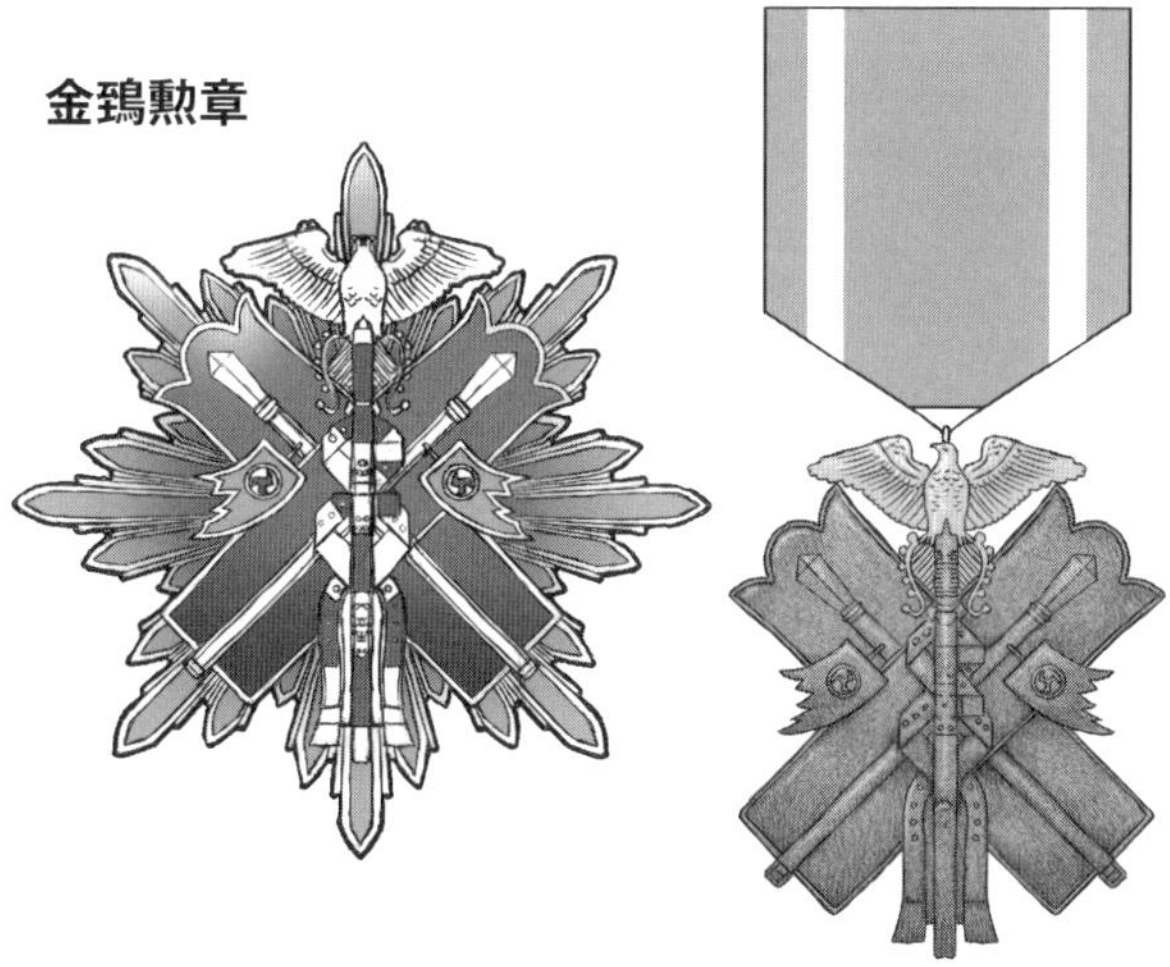

旭日章

され、太平洋戦争開始にまで遡《さかのぼ》って適用された。
勲章には金鵄《きんし》勲章、旭日《きょくじつ》章、瑞宝《ずいほう》章などがあり、金鵄勲章はもともと武功抜群の者に授与されるものであったが、昭和15年以降は戦死または戦病死者に限られるようになった。

瑞宝章

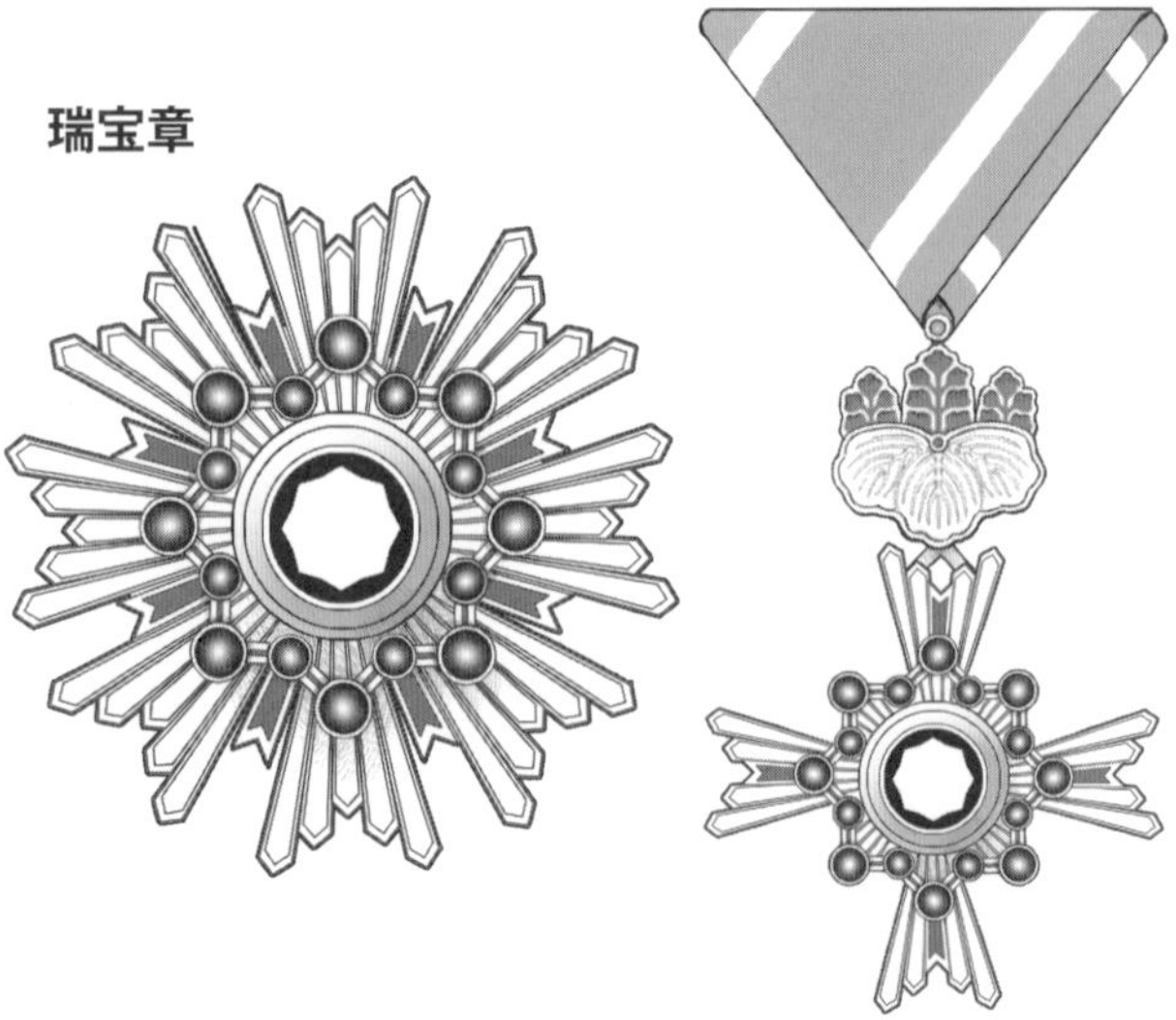

武功徽章(※)

小銃射撃徽章

戦車装甲車操縦徽章

襟章

歩兵第五聯隊の襟章(色は緋色)

戦車第五聯隊を表す襟章。色は歩兵科と同じ緋色

「天保銭」と呼ばれた陸軍大学校卒業徽章

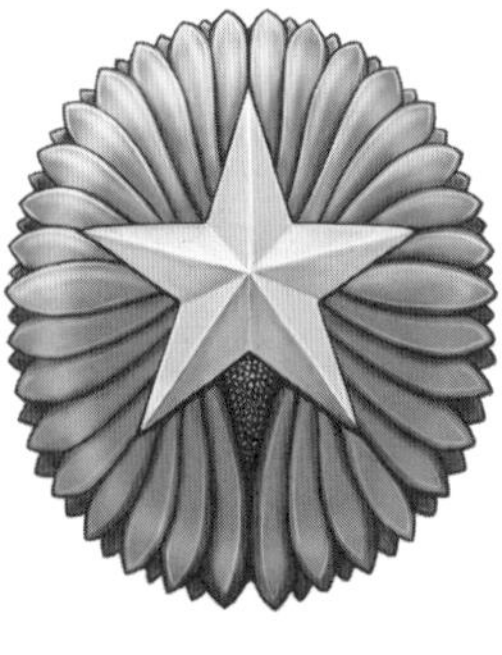

(※)武功徽章までいかない場合でも、部隊あるいは個人に対して所属長官から「感状」が送られる場合があった。

第四章 ― 典令範

イラスト／峠タカノリ

典令範《てんれいはん》とは?

帝國陸軍は巨大な組織であり、同時に、戦うための組織でもあった。「軍隊」というものは、いざ戦争となったときにその実力を発揮するためには平時における準備・訓練がものを言う。そしてその訓練はその国および軍隊独自の思想に基づき、共通の規則のもとに行われなければならない。そのためには当然、マニュアルが必要になる。帝國陸軍にあってはそれが「典令範」と呼ばれるものに集約されていた。

典令範の「典」は歩兵操典や砲兵操典など、各兵科のために作成された教育指南書で、制定者は天皇であった。むろん、操典自体を作成したのは軍人であるが、形式上は軍の最高指揮権を有する天皇が制定しているのである。したがって、各操典の冒頭には必ず勅語が記載され、天皇の御名御璽と陸軍大臣の副署がなされていた(ただし、軍令が制定される以前の明治初期の操典には記載されていない)。

「令」は「典」と同様、制定者は天皇であり、天皇の御名《ぎょめい》御璽《ぎょじ》と陸軍大臣の副署についても同様である。異なるのは、「典」が陸軍の中の各兵科ごとの教育指南書なのに対して、「令」は陸軍全体に対する指示・規定書になっている点である。したがって、歩兵操典は歩兵のための教練、戦闘方法をまとめたものであるが、作戦要務令は兵科を問わず陸軍全体を通じた戦闘方法や規定をまとめたものである。

なお、「典」も「令」もともに軍令であった。軍令とは法令の一種であり、大日本帝國にあっては閣議も議会も通さずに施行される軍独自の特殊な法令であった(明治40年、軍令第一号が公布された)。軍に必要とみなされる規定(編制や動員計画など、内容は多岐にわたる)を独自に定め、天皇から直接命令する形をとる(実際には軍から上奏し、それを裁可する形になる)。陸海両軍に関する内容の場合にはたんに「軍令第○号」と呼ばれるが、陸軍に関することは「軍令陸」と呼ばれ、さらに重要なものには甲乙を付けた。また番号は年次ごとの通し番号である。そのため、先に挙げた作戦要務令の場合であれば「昭和十三年軍令陸第一九号」となる。

最後に「範」であるが、これは「典令」とは違い法令ではない。形式的にも陸軍大臣や教育総監からの通達という形をとる。「範」は「教範」で、たとえば剣術教範や諸兵射撃教範などがこれにあたり、個人や部隊などに対して、より具体的な戦闘方法などを示した教科書である。

ところで、前述したように制定者の重みから言うと「典令範」の順が正しいが、実際には「典範令」と呼ばれることも多かったようだ（公文書にも典範令と記載している例がある）。

また、典令範以外にも陸軍では数多くのマニュアル、参考書の類が作成されているが、以下、この章では紙幅の許す限り紹介していきたい。

統帥綱領《とうすいこうりょう》

『統帥綱領』と次に紹介する『統帥参考』は、先述した典令範には該当しない。したがって強制力のあるものではない。『統帥綱領』とは将官、もしくは将来の将官候補を対象に昭和3年に作成されたもので、いわば「将軍のための指南書」である。したがって『統帥綱領』は軍事機密（文書）であり、日本陸軍の最高戦争指導書と位置付けてもいいだろう。それだけに閲覧は厳しく制限され、実物を目にした人は限られていた。さらに終戦時に全て焼却されてしまったが、現在は復刻版が出版されている。

統帥綱領の冒頭には次のように書かれている。

「本綱領は、主として高級指揮官に対し、方面軍および軍統帥に関する要綱を示すものとす」

これからもわかるように、『統帥綱領』とは軍の高級指揮官の採るべき行動や指針が述べられており、将帥としてのあり方や指揮下の軍全体に対する指導要領、さまざまな戦闘に際しての考え方が示されている。

『統帥綱領』は全九篇から構成され（目次参照）、中でも「第六 会戦」と「第七 特異の作戦」にもっとも比重が置かれている。このことからも帝國陸軍はやはり攻勢偏重主義であったことが伺える。兵站《へいたん》および作戦前の準備を重視した米軍とは非常に対照的と言えるだろう。

『統帥綱領』の目次

第一 統帥の要義
第二 将帥
第三 作戦軍の編組
第四 作戦指導の要領
第五 集中
第六 会戦
　一、通則
　二、機動
　三、戦闘
　四、追撃
第七 特異の作戦
　一、対陣
　二、堅固なる陣地の攻防
　三、河川戦及び山地戦
　四、退却
第八 陸海軍協同作戦
第九 連合軍の作戦

統帥参考

『統帥綱領』を「教科書」だとすると、『統帥参考』はその名の通り『統帥綱領』を学ぶための参考書にあたる。実際、『統帥参考』は陸軍大学における『統帥綱領』の講義に際して使用するために昭和7年に作成された。また、『統帥綱領』に準じて軍事極秘扱いされている。

『統帥参考』は『統帥綱領』の参考書であるため、本の構成も『統帥綱領』に準じて編集されている。すなわち、全二篇からなり、第一篇は一般統帥、第二篇は特種作戦の統帥である。なお特種作戦とはいわゆる「特殊部隊」の作戦を指すのではなく、平野部における遭遇戦や会戦以外の作戦を指す。したがって、河川（渡河）における戦闘や、山岳地における作戦行動、陣地に対する攻撃や防御などについてその指針を示している。

『統帥参考』もやはり当然のことながら全体的に純軍事作戦に関する記述が多い。全320項目のうち、約三分の二が軍事作戦に関する事項となっている。

ただし、第二篇の最終章（第六章）に「兵站」が独立して記述されているのは注目に値する。その第三〇二項に**「兵站の適否は直ちに軍の作戦を左右す」**とあり、また第三一九項には**「特殊の戦場たとえば不毛の地（中略）、などにおける兵站に関しては特に考慮を要するもの少なからず（後略）」**とあり、まさしくその通りであった。

『統帥参考』の目次

第一篇　一般統帥
- 第一章　将帥
- 第二章　幕僚
- 第三章　統帥組織
- 第四章　統帥の要綱
- 第五章　情報収集
- 第六章　集中
- 第七章　会戦

第二篇　特種作戦の統帥
- 第一章　持久作戦
- 第二章　河川戦
- 第三章　山地戦
- 第四章　陣地戦
- 第五章　連合作戦
- 第六章　兵站

作戦要務令《さくせんようむれい》

『作戦要務令』は軍令であり、それなりに強制力のあるものであった。ただし、法令の一種とはいえ軍刑法などとは異なるため、書かれている内容と異なることをしたからといって法的に罰せられるようなものではない。むしろ、内容的には示唆、指針といったものが多く、戦いにおける原理原則を示した兵学書といったほうがいいだろう。『作戦要務令』は全四部からなり、そのうちの第一部および第二部が昭和13年に正式に制定、公表された。第三部は翌14年、第四部はさらに翌年の15年である。ただし、後述するように第四部は軍事機密のために当時は公表されていない。

第一部および第三部はそれ以前にあった『陣中要務令』（大正3年制定）をもとにしたものであり、さらにそれ以前には『野外要務令』があった（明治24年制定）。第一部は作戦行動時における勤務全般に関する指針を示したもので、兵科を問わず原則となる内容である。第三部は輸送業務、補給業務などの兵站に関すること、あるいは衛生、憲兵、宣伝など、おもに戦線後方における勤務について記述した内容となっている。

一方、第二部は『戦闘綱要』（昭和4年制定）をもとにしたもので、戦闘行動に関する指針を述べたものである。第二部は全八篇372項目よりなるが、そのほとんどは「攻撃」に関する記述となっており、防御や退却に関する記述はごく僅かである。ただ、昭和に編纂されただけあって、歩兵を中心的な兵科とみなしながらも機甲戦力あるいは航空戦力との連携や、諸兵種協同の理念を謳っている点は注目に値する。

なお、第四部は上陸作戦などの特種作戦に関する内容で、特にもとになったものがあったわけではない。特殊陣地に対する攻撃、大河の渡河、湿地および密林地帯における行動など、あきらかに対ソ戦（満ソ国境突破）を意識した内容となっている。

以上がおおよその内容であるが、これを見てもわかるように『作戦要務令』は帝國陸軍全体の作戦方針を示した指

『作戦要務令』の目次

第一部
- 第一篇　戦闘序列および軍隊区分
- 第二篇　指揮および連絡
- 第三篇　情報
- 第四篇　警戒
- 第五篇　行軍
- 第六篇　宿営
- 第七篇　通信

第二部
- 第一篇　戦闘指揮
- 第二篇　攻撃
- 第三篇　防御
- 第四篇　追撃および退却
- 第五篇　持久戦
- 第六篇　諸兵連合の機械部隊および大なる騎兵部隊の戦闘
- 第七篇　陣地戦および対陣
- 第八篇　特殊の地形における戦闘

第三部
- 第一篇　輸送
- 第二篇　補給および給養
- 第三篇　衛生
- 第四篇　兵站
- 第五篇　戦場掃除
- 第六篇　気象
- 第七篇　憲兵
- 第八篇　宣伝の実施および防衛
- 第九篇　陣中日誌および留守日誌

第四部
- 第一篇　特種陣地の攻撃
- 第二篇　大河の渡河
- 第三篇　湿地及び密林地帯に於ける行動
- 第四篇　瓦斯《ガス》用法
- 第五篇　上陸戦闘

導書であり、他の全ての兵書の基本となるものであった。

そのことを示しているのが綱領である。

『作戦要務令』および各操典類には冒頭に「綱領および総則」が付されている。綱領はそのマニュアル全体を通じての基本的な考え方、方針を示しており、作戦要務令は全十一条からなる。これに対して各操典は全十二条からなり、各操典の第十一条だけが『作戦要務令』の綱領とは異なり、各兵科の本領を示している（『作戦要務令』の第十一条が各操典の第十二条にあたる。なお、『作戦要務令』の綱領は章末に記載）。

つまり『作戦要務令』とは諸兵種を運用して協同戦闘を行なうための原則を示したものであり、各操典類はそれを如何に実行すべきかを各兵科ごとにまとめた手引書ということになる。

軍隊教育令

再三述べているように、いざ戦争という時に軍隊がその実力を発揮するには平時からの訓練が重要である。そしてそのためには上は将官から下は二等兵まで、弛《たゆ》まぬ訓練が必要だ。その訓練方法や考え方を規定したものが『軍隊教育令』で、大正2年に制定され、以後時代や状況に合せて変更が加えられている。

『軍隊教育令』の総則第一条には「本令は軍隊の教育に関し規定し、かつ軍隊教育上準備すべき事項を示すものとす（昭和15年改訂版より）」とあり、『軍隊教育令』の位置付けを示している。

大正から昭和初期にかけては世界的にも軍の近代化が推し進められた時代であり、また、日本に関して言えば満州事変から支那事変へと実際に軍事行動が日常的に行われていた時代でもある。それを反映して、『軍隊教育令』も一般的な内容から、飛行隊などの特殊勤務者を対象とした内容が増補されたり、また戦時における教育についても付け加えられている。

さらに昭和15年の改定では特に精神教育について強調されているのが特徴である。もともと『軍隊教育令』では綱

『軍隊教育令』の目次

領第一条から精神教育の重要性が指摘されているが、改訂版になるとその点がさらに強調され、なおかつ美麗な字句を並べ立てて必要以上に鼓舞しているようにも見受けられる。ともあれ、『軍隊教育令』は軍人を教育するための指針となるものであった。

陸軍演習令

軍人個人の教育は『軍隊教育令』に基づいて行われるが、軍隊である以上、部隊として行動できなければ意味がない。そこで、平時において実戦に近い状態で訓練することを演習と呼び、小は中隊などによる小規模演習から、大は複数個師団が参加する特別大演習まで様々なものがあった。このうち、師団規模以上の演習について規定しているのが『陸軍演習令』である。

演習令はもともと『野外要務令』の第二部に「秋季演習」としてまとめられていたが、大正3年に『陣中要務令』が制定されたおりに「秋季演習令」として独立、さらに大正13年に『陸軍演習令』となり、以後何度か改定されている。

『陸軍演習令』の総則第一条には以下のように記されている。

「演習一般の目的は勉めて実戦に近き状態において軍隊を訓練し、もって教育の完璧を期するにあり」

『陸軍演習令』は全九篇および付表からなり、第一篇では演習の種類について解説を行っている。以降、禁止事項や注意点、損害賠償、衛生などのほか、観兵式に関する項目もある。

また、演習令付録として、具体的な演習方法に関する記載があり、こちらは全七章からなっている。内容としては状況の策定方法や審判の方法、その後の指導方法などについてであり、演習を統括する側の参考書となっている。

『陸軍演習令』の目次

第一篇　演習の種類
　第一章　連合演習
　第二章　師団演習
　第三章　特別師団演習
　第四章　特別大演習
　第五章　特別各兵演習
　第六章　司令部演習
第二篇　統監部
第三篇　演習部隊の行動
第四篇　禁制および注意
第五篇　損害賠償
第六篇　衛生
第七篇　憲兵
第八篇　観兵式
第九篇　雑則

歩兵操典《ほへいそうてん》

帝國陸軍の祖先を江戸時代に求めると、フランス式で教練された幕府の伝習隊にまで遡ることができる。当時、ヨーロッパにおいてはフランス陸軍がもっとも強く、そして進んでいると思われていた。したがって、幕府がフランスにその範を求めたのは当然と言えば当然の選択である。そして維新政府もまたその流れを受け継ぎ、制服、教練方法についてもフランス式であった。そしてその教練にはフランスの教練書を翻訳したものが使用されていた。これが一番最初の『歩兵操典』で、明治4年に制定された。しかしちょうどその頃ヨーロッパで普仏戦争が起り、プロシアがフランスを圧倒する。さらに、帝國陸軍を外征型軍隊に転換するという動きと相まって、陸軍首脳部は序々にドイツ式へと傾倒していくのである。

その流れの中で、明治24年、『ドイツ歩兵操典』を翻訳したものが新たな『歩兵操典』として制定され、さらに日露戦争の戦訓などを取り入れて改定を重ねたものが昭和期まで使用されたのである。また、『作戦要務令』も基本的には同じ経緯を辿っている。したがって、帝國陸軍はドイツ式の軍事思想を色濃く受け継いでいるといえる。これは普仏戦争の結果だけでなく、当時のプロシア＝ドイツと大日本帝國の政体や地勢的な環境が比較的似ていたことも大きく影響していると思われる。

『歩兵操典』とは、軍の主力であり、基本である歩兵を教育するための教科書のようなもので、各個人の「不動の姿勢」から始まり、連隊規模の教練までを取り扱っている。

全七篇671項目からなり（昭和15年改訂版）、第一篇が各個（人）教練、第二篇が中隊教練というように徐々に規模が拡大するように構成されている。また、歩兵が取り扱う兵器についても一通り解説されており、機関銃や自動砲、歩兵砲、擲弾筒の基本的な扱い方が示されている。ただし、こ

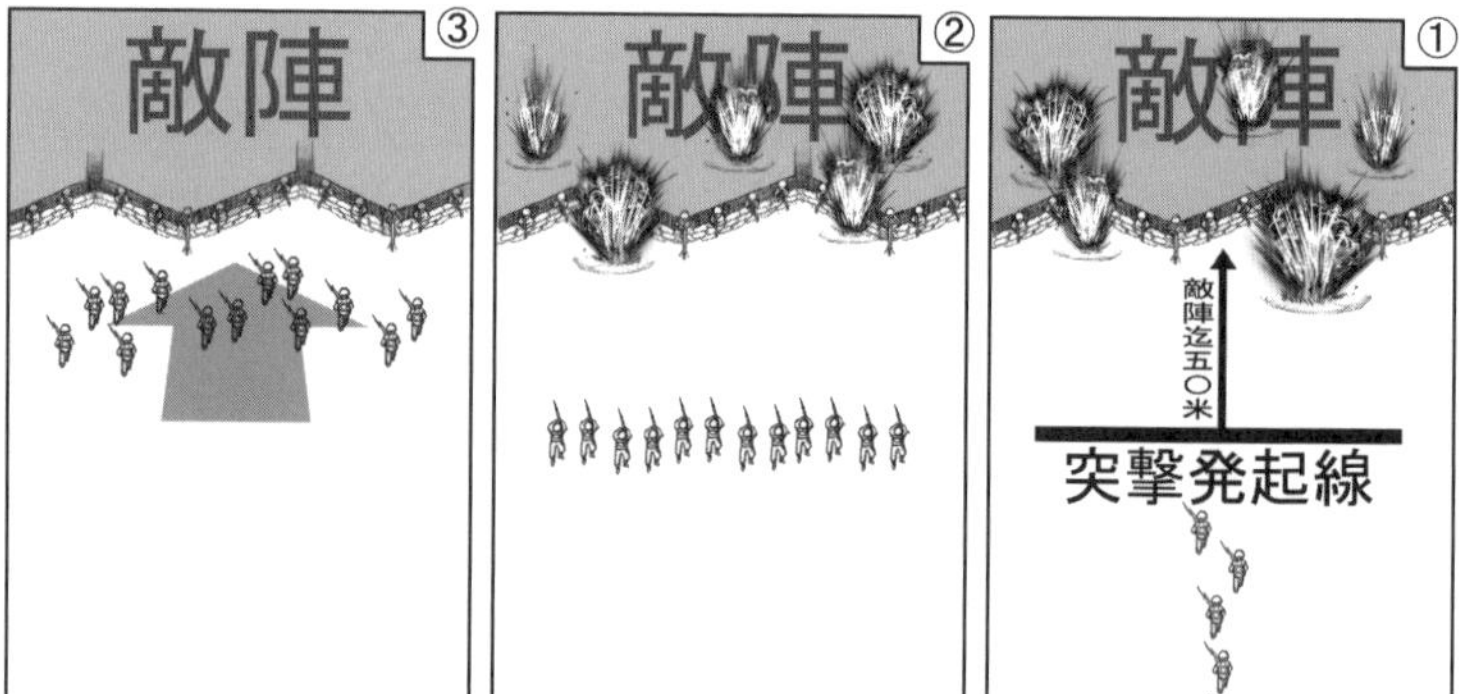

歩兵の基本的な戦術。①砲兵の支援射撃下、突撃発起線まで前進。②分隊ごとに相互支援を行いながら突撃発起線まで到達。③支援射撃の最終弾着弾とともに突撃を行う

れら兵器類については別途、各兵器ごとの参考書が作成されており、『歩兵操典』では兵器の運用方法に関する内容が記されている。なお、自動砲とはいわゆる「対戦車ライフル」のことで、九七式20㎜自動砲のことを指している。

ところで『作戦要務令』の項でも解説したように、綱領第十一条が各操典の特徴を示しているので、それを以下に掲載しておく。

「歩兵は軍の主兵にして諸兵種協同の核心となり、常に戦場における主要の任務を負担し、戦闘に最終の決を与うるものなり。

歩兵の本領は地形及び時期の如何を問わず戦闘を実行し、突撃を以って敵を殲滅するにあり。而《しこう》して、歩兵はたとえ他兵種の協同を欠くことあるも、自らよく戦闘を遂行せざるべからず。

歩兵は常に兵器を尊重し、弾薬、資材を節用し、馬を愛護すべし」

砲兵操典

『砲兵操典』とは砲兵のための教科書であり、主として大砲の運用について記述されたものである。一番最初に制定されたのは明治3年～4年にかけてで、この当時は山砲および野砲が中心であった。その後、大砲や運用思想の進化に伴って改定が加えら

『歩兵操典』の目次

第一篇 各個教練
- 第一章　基本
  - 第一節　不動の姿勢、右(左)向、半右(左)向、後向
  - 第二節　擔銃、立銃、行進
  - 第三節　着剣、脱剣、小銃および軽機関銃の弾薬の装填、抽出
  - 第四節　射撃
- 第二章　戦闘
- 第三章　夜間の動作
- 第四章　戦闘間 兵一般の心得

第二篇 中隊教練
- 第一章　密集
- 第二章　戦闘
- 第三章　夜間戦闘
- 第四章　弾薬および資材の補充、弾薬小隊の行動

第三篇 機関銃および自動砲教練
- 第一章　密集
- 第二章　射撃
  - 第一節　機関銃
    - 要旨
    - 陣地における分隊長以下の関係位置
    - 装填、照準、発射
    - 射向および射角の修正、目標変換
    - 射撃中止および停止
    - 対空射撃
  - 第二節　自動砲
- 第三章　戦闘
- 第四章　夜間戦闘
- 第五章　弾薬および資材の補充、弾薬小隊の行動

第四篇 歩兵砲教練

第五篇 大隊教練

第六篇 通信隊教練

第七篇 聯隊教練

れ、明治20年ごろの操典の大まかな内容は「山砲操法之部」「山砲駄馬繋駕教練之部」「野砲繋駕教練之部」「乗馬教練之部」「徒歩教練之部」「野砲繋駕駁法教練之部」という六部から構成されていた。これが明治24年に『野戦砲兵操典』となり、のちの『砲兵操典』の原型となる。『野戦砲兵操典』は全五部からなり、「第一部 徒歩教練」「第二部 砲操法」「第三部 駁法教練」「第四部 部隊教練」「第五部 戦闘」という構成になっている。これを見てもわかるように、のちの操典に見られるように順を追って教練できるような構成に変更されている。また、より大規模な運用が可能なように、大隊、聯隊による教練についても記述がなされている。また、ほぼ同時期に『要塞砲兵操典』も制定されている。

『砲兵操典』の目次

※第二部は野戦砲兵(自動車)のほか、高射砲兵、野戦砲兵(輓、駄馬)、重砲兵及要塞重砲兵がそれぞれ分冊となっている。

※要塞重砲兵、高射砲兵についても項目はほぼ同じ

その後、日清・日露戦争の戦訓などを取り入れて改正がなされ、さらに昭和4年の改定では、それまで複数に分かれていた各砲操典を一つにまとめたが、そのためにかなり

の文量となり、全1136項目となった。

しかし、火砲の種類も増加し、またその運用方法なども変化したことに伴い、昭和14年、軍令陸第十九号として『砲兵操典』を新たに改定した。この改定により、『砲兵操典』は大きく三部に分けられ、第一部では各個教練（徒歩教練）から始まり、各種小火器類の使用方法や戦闘方法など、兵としての基本的事項に関する記述となっている（銃教練）。

第二部は「重砲兵及び要塞重砲兵」「野戦砲兵（自動車）」「野戦砲兵（輓、駄馬）」「高射砲兵」と各砲兵種ごとに分冊とされ、それぞれの火砲の操法や運用方法などが記述されている。これにより、砲兵もより専門化、細分化していることがわかる。第三部は再び砲兵全般に関する内容となり、より具体的な運用方法や戦闘方法の解説となっている。

なお、『砲兵操典』綱領第十一条は以下のとおり。

「砲兵の本領は威力強大、機動迅速なる火力により戦闘の骨幹を成形して敵を震駭《しんがい》撃滅し、友軍の士気を鼓舞作興《さっこう》し、諸兵種協同戦闘の実を挙げ、もって全軍戦捷の途をひらくにあり。

砲兵は周密にして機敏、剛胆にして沈着、よく戦技に精熟し、各々責務を完遂し、全軍の犠牲たるべき気魂と諸兵種一心同体たるの信念とを堅持し、もって常に正確主動の火力を発揮し、その本領を完うすべし。

火砲は砲兵の生命なり。故に砲兵は必ずこれと死生栄辱を共にし、たとえ一門の火砲、一名の砲手となるも、なお毅然として戦闘を遂行すべし。

砲兵は常に兵器を尊重し、弾薬を節用し、馬匹を愛護すべし」

騎兵操典

帝國陸軍において騎兵が活躍できたのは日露戦争までであった。敵陣深くまでの強攻偵察や迂回機動による敵戦線後方の撹乱など、その後の捜索聯隊や機甲部隊の役割を担っていたのである。その騎兵科のための操典が『騎兵操典』で、明治9年に制定されたものは「教練基礎」「小隊の部」「大隊の部」からなっていた。その後、『騎兵操典』は度々改定を受け、明治45年軍令陸第二号として改定を受けたものが、ほぼその後の原型となった。

そしてさらに、昭和6年にも改定され、時代を反映して機関銃中隊の教練や、対戦車、対空戦闘などの項目も増えている。

『騎兵操典』（昭和六年版）の綱領第十一条は以下のとおり。

「騎兵の本領は独立せる戦闘能力と快速なる機動をもって捜索、警戒、援護、戦闘参加、追撃など全軍戦捷のため重要なる任務を達成するにあり。而《しこう》して機先を制し敵を急襲するをもって戦闘の要訣となす。ゆえに騎兵は剛胆かつ慧敏にして、特に不屈不撓の気力を有し、果敢断行巧みに乗馬戦または徒歩戦を活用し、あるいはこれを併用して敵を圧倒殲滅し、もってその本領を発揮するを要す。

　馬は騎兵の活兵器なり。ゆえに常時これを訓練愛護し、必要にあたりその全能力を発揮せしめざるべからず。また兵器を尊重し、弾薬を節用し、もって常にその戦闘能力を充実すること緊要なり」

『騎兵操典』の目次

第一篇 各個教練
　第一章 徒歩
　第二章 乗馬
　第三章 夜間の動作
　第四章 戦闘間 兵一般の心得
第二篇 中隊教練
　第一章 乗馬
　第二章 徒歩
　第三章 夜間戦闘
　第四章 航空機に対する動作
　第五章 装甲自動車および戦車に対する戦闘
第三篇 軽機関銃中隊教練
第四篇 機関銃隊教練
第五篇 聯隊教練
第六篇 旅団教練
第七篇 戦闘原則

工兵操典

工兵とは戦場あるいはその後方において各種工事などに携わる兵科であり、その歴史は古い。たとえば、攻城戦における爆破作業などは本来工兵の任務である。その工兵のための教典が『工兵操典』で、『歩兵操典』同様、始めはフランスのものを流用していた。これが明治6年に編纂されたもので、内容的には野堡、対壕、

工兵の任務

工兵の任務は、架橋や交通路の設営、自軍陣地の設営や強化、敵陣の爆破、障害物や橋などの破壊など多岐にわたる。最前線にて危険な作業を行なう工兵は消耗も多かった

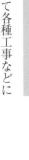

坑道、架橋、測量などについて記述されていた。その後、明治25年に改定されるが、これとはべつに『架橋教範』や『築城教範』といったより専門的な内容の各教範が整備されていった。また、帝國陸軍は攻勢を重視していたこともあり、工兵においても「突撃作業」が重視され、第一次大戦の戦訓なども取り入れた「突撃作業教範」が制定されている。

昭和に入ってからは昭和8年に改定され、軍令陸第一号として発布された。全二篇521項目からなり、第一篇は他兵科同様、基本的な徒歩および銃教練、第二篇が工兵に関する内容となっている。

なお、『工兵操典』の綱領第十一条は以下のとおりである。

「工兵の本領は作戦経過の全周にわたり、その特有の技術的能力を発揮して天然を制し、人為に克ち、もって全軍戦捷の途をひらくにあり。これがため、交通を開設して軍の機動を便易にし、これを遮断して敵の作戦を阻害し、特に敵前渡河にあたりては友軍の攻撃を神速容易ならしめ、堅固なる敵陣地に対しては地上もしくは地下よりこれに近迫し、その組織を破砕して歩兵のために肉迫突撃の自由を与え、あるいは陣地の骨幹を構成して軍の防御威力を増大するなど、至難なる各種作業に任せざるべからず。ゆえに工兵は各種技術に精熟するのみならず、耐忍にして剛胆、機敏常に身を挺して全軍戦捷の犠牲たるの気魂なかるべからず」

『工兵操典』の目次

戦車操典

イギリス軍によって戦車という兵器が初めて使用されたのは第一次世界大戦におけるソンム会戦で、大正5年（1916年）のことであった。その後、大正7年には日本にも戦車が輸入される。以後、輸入車輌を用いて研究が続けられ、大正13年（1924年）には宇垣軍縮（兵員数を減らして装備の近代化を推進）の一環として、帝國陸軍に初の戦車部隊が誕生した（久留米第一戦車隊）。同時に千葉の陸軍歩兵学校内にも戦車隊が編成された。さらにその後、国産戦車の開発にも成功し日本の戦車部隊は徐々に形を整えていったのである。

発足当初からノモンハン事件までの帝國陸軍においては、戦車という兵器はあくまで「歩兵支援のための兵器」であった。いわゆる歩兵戦車である。軍の主戦力たる歩兵の突撃を支援することが最大の任務だったのである。ところが、ノモンハン事件において手痛い損害を被った結果、対戦車戦闘の重要性を認識せざるを得なくなる。こうした結果、昭和15年に『歩兵操典』が改定されたのに合わせて、『戦車操典』も編纂・制定（軍令陸第十一号）された。

『戦車操典』は全四部からなるが、このうち第四部は軍事秘密扱いであり、第四部だけは軍令陸乙第十二号として別途取り扱われた。

第一部は他の操典と同じく、兵としての基礎教練内容（徒歩および銃教練）であり、第二部は戦車隊に対する単車教練（車輌1輌のこと）から始まり、中隊教練、整備関連、聯隊教練までを扱う。第三部は項目としては第二部と同様であるが、対象が軽装甲車（騎兵戦車隊および騎兵装甲車隊）となっている。第四部は先述したように軍事秘密事項で、作戦行動時におけるより具体的な戦闘方法などについて述べられている。具体的には戦闘時の指揮全般、各状況別の攻撃および防御方法、追撃と退却、整備及び補給についてなどである。

ただ、『戦車操典編纂要領（案）』を見る限り、この段階ではまだ歩戦協同を重要視しており、独立した機甲戦力として電撃戦的な運用思想が提示されるのは昭和17年に編纂された『機甲作戦要務書』か

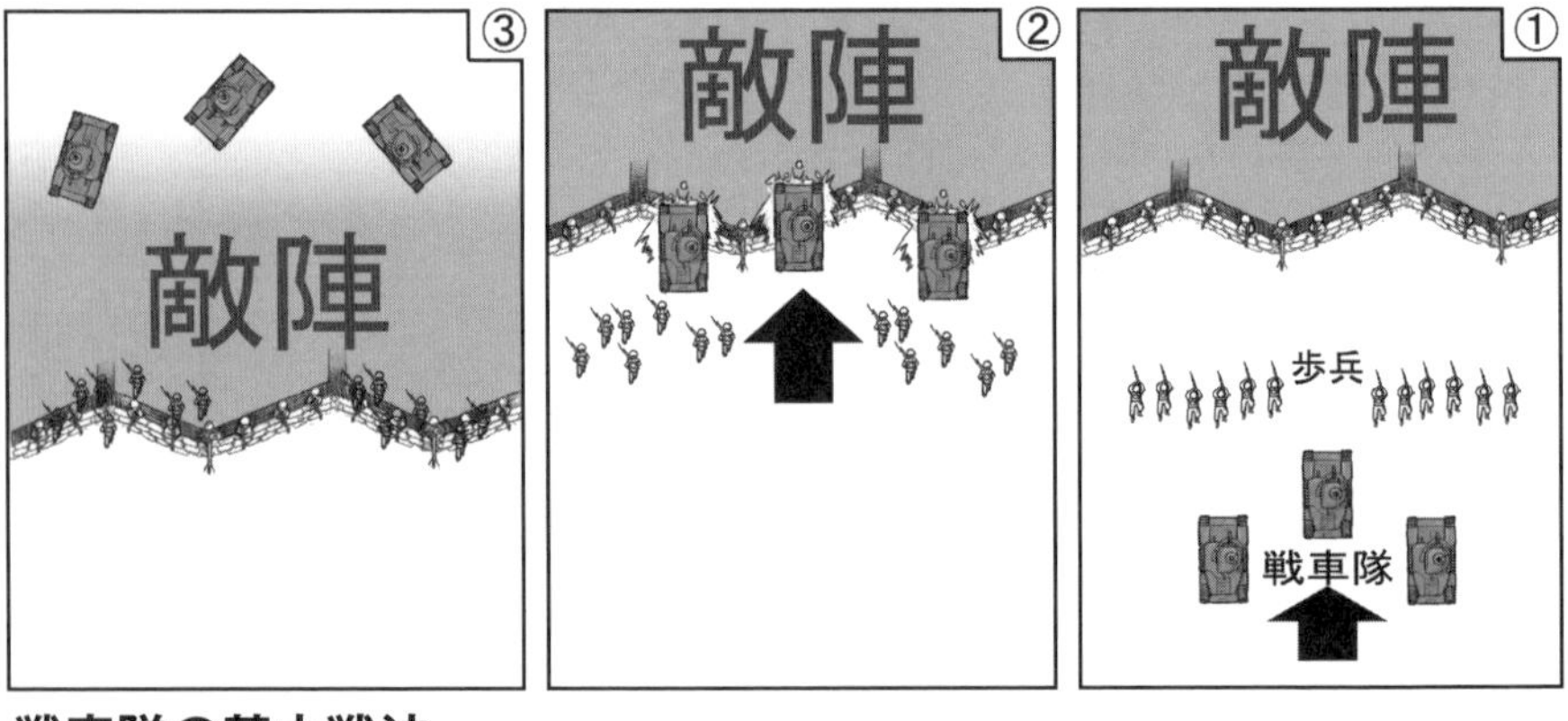

戦車隊の基本戦法

①砲兵の支援射撃中、発射音にまぎれて前進を開始。②支援射撃の後、歩兵を“超越”して敵陣に突入し突破口を開く。③歩兵が敵陣に突撃したら、敵陣の後方に回って敵の退路を塞ぐ

らである。また、昭和20年には本土決戦における戦車戦力の活用方法を記した『戦車用法』が編纂されている。

『戦車操典』の目次

第一部
第一篇 各個教練
第二篇 中隊教練

第二部 戦車隊教練
第一篇 単車教練(※)
第一章 基本
第二章 戦闘
第三章 夜間の動作
第四章 戦闘間 兵一般の心得
第二篇 中隊教練
第一章 隊形および運動
第二章 戦闘
第三篇 整備中隊および聯隊段列教練
第四篇 聯隊教練

第三部
騎兵戦車隊および騎兵装甲車隊教練
第一篇 単車教練
第二篇 中隊教練
第三篇 整備中隊および聯隊段列教練
第四篇 戦車隊教練

第四部
第一篇 戦闘指揮
第一章 戦闘指揮の要則
第二章 戦闘のための捜索ならびに戦闘間の警戒および連絡
第二篇 戦闘
第一章 攻撃
第二章 防御
第三章 追撃および退却
第四章 特殊の地形における戦闘
第三篇 整備及び補給
第一章 戦闘各期における整備および補給
第二章 整備および補給機関の自衛

※単車……戦車1輌のこと。
オートバイのことではない。

なお、『戦車操典』の綱領第十一条は以下の通りである。

「戦車の本領は卓越せる機動力と偉大なる攻撃力とを発揮して、率先敵中に突入し、敵の戦闘力を圧倒破砕し、諸兵協同の実を挙げ、もって全軍戦捷の途をひらくにあり。
戦車部隊の将兵は剛胆かつ果断にして良く戦技に精熟し、全軍の犠牲たるべき気魂を堅持し、不撓不屈あらゆる困難を克服し、もってその本領を完うすべし。また常に兵器を尊重し、かつこれが整備を完全にし、弾薬、燃料を節用するを要す」

航空兵操典

帝國陸軍において、航空部隊が初めて実戦参加したのは日露戦争においてであり、旅順攻略のおりに気球を使って敵情視察を行ったのがその端緒である（西南の役でも気球の活用を図ったが失敗している）。その後、第一次世界大戦における青島攻略戦に際しては飛行機が初めて実戦投入され、偵察や爆撃に使用された。ただし、この当時の爆撃は機体側面に紐で吊った爆弾（小型砲弾の改造）を落とすだけであり、大した効果があったわけではない。なお、陸軍航空隊は最初から存在したわけではなく、当初は工兵隊に所属する一部隊であった。

その後、飛行機の発達とともに陸軍航空部となり、大正14年の宇垣軍縮の際にようやく航空兵種は工兵科から独立し、航空本部が設置された。なお、陸軍航空学校（所沢）が開校したのはこれに先立つ大正8年のことである。

以後、陸軍航空隊は急速にその戦力を拡充させ、昭和9年には39個中隊、400機以上を配備していた。そして『航空兵操典』も昭和9年に軍令陸第七号として制定された。

『航空兵操典』は「飛行隊」「偵察隊」「戦闘隊」「爆撃隊」「戦闘原則」「気球隊」の全1162項目からなっている。

「飛行隊」では徒歩教練について記述されているが、他兵科と異なり、小銃などの火器類や地上戦闘に関する項目は除かれている（基本動作および中隊教練の隊形・動作関係のみ）。

「偵察隊」「戦闘隊」「爆撃隊」では単機教練から始まり、編隊教練、中隊教練、大隊教練まで扱う。また、「偵察隊」では偵察行動全般、「戦闘隊」では各種戦闘方法、「爆撃隊」では対地攻撃方法などについても触れられている。

航空部隊の任務

偵察機の任務には、主に前線で戦況を探る戦術偵察と、敵の奥地まで侵入して敵の重要施設や基地、司令部の情報を探る戦略偵察があった。戦闘機隊の任務には、侵攻してきた敵機を撃退する迎撃戦闘と、敵地上空において制空権を確保する制空戦闘、味方爆撃機の長距離護衛任務などがあり、また爆弾を搭載して地上襲撃（近接航空支援）も行った。爆撃機隊の任務には、主に敵の前線部隊を攻撃する戦術爆撃（地上襲撃・近接航空支援）と、敵の航空基地を攻撃する航空撃滅戦、また都市や工場などを破壊する戦略爆撃があった一方、「気球隊」は他隊と異なり地上勤務者も多いことから、徒歩訓練および銃教練は他兵科なみに記述され、またその他にも自動車教練や気球の操作、空中勤務教練などが扱われている。

なお、『航空兵操典』の綱領第十一条は以下の通りである。

「航空兵の本領は偉大なる機動力と卓絶せる戦闘威力とにより、開戦劈頭より空、地における敵戦力の破砕、捜索、監視など重要なる任務を達成するとともに、よく友軍の士気を作興し、もって全軍戦捷の途をひらくにあり。これがため、航空兵は剛胆かつ慧敏にして果敢断行、機先を制して敵を圧倒撃滅し、また周到かつ沈着にして堅忍不抜の気力をもってその任にあたり、地上軍隊およびその作戦に緊密に協力してその本領を発揮するを要す。

航空兵は常にその戦闘力を充実するため、兵器を尊重し、弾薬、燃料などを節用すること緊要にして、特に航空機の整備に関しては全力を尽くし、その威力の発揮に遺憾なきを要す」

『航空兵操典』の目次

飛行隊
- 徒歩教練

偵察隊
- 第一篇　単機教練
- 第二篇　編隊教練
- 第三篇　中隊教練
- 第四篇　大隊教練

戦闘隊
- 第一篇　単機教練
  - 第一章　基本攻撃
  - 第二章　行動および戦闘
- 第二篇　中隊教練
  - 第一章　編隊
  - 第二章　編隊群
  - 第三章　重層配置
  - 第四章　中隊
- 第三篇　大隊教練
  - 第一章　本部諸機関
  - 第二章　戦闘指揮
  - 第三章　前進飛行場の使用および飛行場変換

爆撃隊
- 第一篇　単機教練
- 第二篇　中隊教練
- 第三篇　大隊教練

戦闘原則
- 第一章　制空および援護
- 第二章　空中戦闘
- 第三章　対地攻撃
- 第四章　捜索
- 第五章　飛行場
- 第六章　通信連絡
- 第七章　会戦間における飛行隊の行動
- 第八章　陣地戦および特種地形の作戦における飛行隊の行動
- 第九章　人員の訓練ならびに器材、弾薬および消耗品の整備、補充

気球隊
- 第一篇　徒歩教練
- 第二篇　自動車教練
- 第三篇　気球操作教練
- 第四篇　空中勤務教練
- 第五篇　中隊教練

輜重兵《しちょうへい》操典

輜重兵はもともと兵科の一種であり、戦争を遂行するためになくてはならない兵種なのだが、帝國陸軍では攻撃を担う歩兵や騎兵がもてはやされ、どうしても一段下に見られがちであった。

輜重兵とは兵站《へいたん》業務に携わる職種であり、どうしても後方勤務が多くなりがちであるが、兵科の一つということもあり、また実際に戦闘に携わることもあるため、他兵科同様、『輜重兵操典』の第一篇は徒歩および銃教練から記述されている。それ以外には輓《ばん》（駄《だ》）馬《ば》教練や自動車教練などが記され、荷物の梱包や積載、輸送業務などについてが分隊〜大隊教練まで、各規模において記述されている。

なお、『輜重兵操典』の綱領第十一条は以下の通りである。

「輜重兵の本領は戦役の全期にわたり確実迅速に作戦の要求に応ずる輸送及び補給を実施し、もって軍の戦闘力を維持増進し、その戦捷を全からしむるにあり。

輜重兵は堅忍持久の気力を備え、全軍の犠牲たるべき気魂を堅持し、自ら敵の妨害を破砕し、あらゆる地形及び気象を克服し、昼夜至大の行軍力を発揮し、その本領を全うせざるべからず。

輜重兵は常に兵器を尊重し、馬及び車輌を愛護し、輸送品を保全すべし」

『輜重兵操典』の目次

通信兵操典

近代戦においては、如何に速く正確に情報を伝達するかが作戦の勝敗を左右することに繋がる。それを支えるのが通信兵であり、通信部隊である。帝國陸軍の一般的な編制では師団に師団通信隊が配属され、さらに各歩兵聯隊にも通信隊が配属される。また、前線においては必要に応じてこれらの通信隊が各支隊に分派され、通信連絡網を形成した。ちなみに師団通信隊は本部、有線小隊（二）、無線小隊（一）、器材小隊（一）からなり、聯隊配属の通信中隊は有線小隊および無線小隊各一からなっている。

『通信兵操典』では第一篇は他兵科同様に徒歩および銃教練となっており、以下、師団通信隊の通信教練、電信聯隊の通信教練となっている。

なお、『通信兵操典』の綱領第十一条は以下の通りである。

「通信兵の本領は戦役の全期にわたり指揮統帥の脈絡を成形し、戦闘力統合の骨幹となり、もって全軍戦捷の途をひらくにあり。ゆえに通信兵は常に相互の意志を疎通し、特有の技術に精熟し、周密にして機敏、耐忍にして沈着、進んで任務を遂行し、全軍の犠牲たるべき気魂を堅持し、もってその本領を全うせざるべからず。

通信兵は常に兵器および材料を尊重し、整備、節用に勉め、馬を愛護し、また特に防諜に留意すべし」

『通信兵操典』の目次

第一篇　銃教練
第二篇　師団通信隊の通信教練
　第一章　各個教練
　　第一節　有線
　　第二節　無線
　　第三節　視号
　第二章　通信隊教練
　　第一節　通信隊、小隊および分隊の密集
　　第二節　分隊
　　第三節　小隊
　　第四節　通信隊
第三篇　電信聯隊の通信教練
　第一章　各個教練
　第二章　中隊教練
　第三章　聯隊教練

諸兵射撃教範

『諸兵射撃教範』とは、歩兵科を中心として、各兵科の射撃実施要綱をまとめたもので、昭和14年に陸達第三七号として発布された。また、歩兵科に関してはこれより先の昭和12年に『歩兵隊射撃教育規定』が訓令として出されている。

『諸兵射撃教範』は全四部からなり、第一部は射撃に関する理論解説となっており、各種観測具の操法や測量の方法などについて記述されている。

第二部は歩兵および騎兵に対する具体的な教育実施方法が記述されており、小銃はもとより、軽機関銃、重擲弾筒、拳銃、手榴弾などについても記載されている。また、歩兵および騎兵以外の各兵種（戦車隊や砲兵隊など）についても簡単に射撃教育の実施要綱が記述されている。

第三部は歩兵および騎兵に対する重機関銃の教育のほか、歩兵隊や騎兵隊に配属される砲兵隊に関する教育内容が記述されている。具体的には歩兵砲（山砲）および速射砲であり、その射撃方法から始まって、観測方法や射撃修正、夜間における射撃方法などが記されている。また、士官候補生や下士官候補者に対する射撃教育や、褒賞関連についての記述もなされている。

第四部は射撃（訓練）場における勤務や各種注意事項のほか、銃砲類の整備に関すること、また射撃訓練に使用する標的などの用具に関する記述となっている。

また、各部の巻末に各種表類などの付録が記載されているが、そのうち第二部の巻末には弾薬の支給定数表が付されている。その中から歩兵の現役兵に対する支給を抜き出してみると、一般小銃手に対する支給は初年兵85に対して二年兵には46となっており、特別射手の初年兵は１２１、同二年兵は69となっている。ちなみに特別射手とは初年兵の基本射撃訓練がほぼ終了した時点で、特に射撃技能が優秀な者を10名ほど選抜して特別射手とするもので、狙撃技能の向上を図るものとされていた。このため、他の兵より多く弾薬が支給されているのである。また、特別射手になると小銃射撃特別徽章が授与され、大変名誉なことであった。

なお、『諸兵射撃教範』第二部の第一篇は歩兵及び騎兵の射撃教育に関する記述であり、その通則に射撃教育に関する心得が書かれているので、第一条だけ記載しておく。

「射撃教育の振作は一に幹部の優秀なる射撃技量に俟つもの大なり。これがため、中隊長は幹部の技量を考慮し、一貫せる計画のもとに射撃の特別教育を実施し、絶えずその技量を向上し、特に射撃教育に任ずる者をして垂範克く射撃術の機微を捉え、これが教育に任じ得るの技能を附与し、

『諸兵射撃教範』の目次

第一部
- 第一篇　射撃に関する定説
- 第二篇　観測具の操法
- 第三篇　距離測量および角測量

第二部
- 第一篇　歩兵隊および騎兵隊射撃教育
- 第二篇　歩、騎兵隊以外の諸隊の射撃教育
- 第三篇　士官候補生、幹部候補生および下士官候補者に対する射撃教育
- 第四篇　弾薬、記録および報告

第三部
- 第一篇　機関銃
- 第二篇　歩兵砲および速射砲
- 第三篇　士官候補生、幹部候補生および下士官候補者に対する射撃教育
- 第四篇　実験射撃
- 第五篇　射撃の奨励および褒賞
- 第六篇　弾薬、記録および報告

第四部
- 第一篇　射撃場の勤務、警戒および危害予防
- 第二篇　銃、砲の整備
- 第三篇　射撃教育に用うる各種標的ならびに射撃用具

もって遺憾なきを期せざるべからず。
聯、大隊長は適宜の方法により、本教育の成果を助長するに勉むべし」

歩兵教練の参考

昭和15年、典令範の大規模な見直し・改訂が行われ、『歩兵操典』も支那事変の戦訓などをもとに改訂が行われた。したがって、各隊における教育についてもさまざまな変更が発生した。そのため、陸軍歩兵学校によって編纂された『歩兵教練の参考』が発行され、各歩兵中隊における教練の参考とされた。『歩兵操典』を教練のための教科書とするなら、書名の通りまさに歩兵教練のための「参考書」であった。

『歩兵教練の参考』は全14巻からなり、各巻が『歩兵操典』の構成に沿うようにまとめられている。全巻の構成は下段に示すとおりであるが、ここでは第一巻および第二巻について解説してみたい。

まず、『歩兵教練の参考』第一巻にある緒言を紹介しておく。

「一、本書は改正歩兵操典の主旨を速やかに教育者に理解せしむる目的をもって編纂せるものなり。しかれども操典の内容をことごとく詳解することは到底不可能なる

『歩兵教練の参考』の目次

第一巻　各個教練
第二巻　教練ノ計画実施上ノ注意　中隊教練分隊
第三巻　中隊教練小隊
第四巻　中隊教練中隊
第五巻　機関銃教練
第六巻　自動砲
第七巻　大隊砲
第八巻　聯隊砲
第九巻　速射砲
第十巻　歩兵砲、観測通信
第十一巻　聯・大隊教練
第十一巻　通信隊教練
第十三巻　指揮機関
第十四巻　九七式曲射歩兵砲

「第一巻　各個教練」の内訳

第一章　基本
- 第一節　不動の姿勢、立銃、着剣、弾薬の装填および抽出　ほか
- 第二節　射撃
- 第三節　手榴弾の投擲

第二章　戦闘
- 第一節　射撃
- 第二節　運動、運動と射撃との連携
- 第三節　手榴弾の投擲
- 第四節　突撃

第三章　夜間の動作
- 第一節　企図の秘匿
- 第二節　視覚、聴覚の訓練
- 第三節　行進方向の維持、方位判定
- 第四節　運動
- 第五節　突撃
- 第六節　夜間および煙内射撃
- 第七節　手榴弾の投擲

をもって、特に要点と認むる件につき力を用い、なるべく具体的に記述することに勉めたり」

「二、教育の手段方法ならびに教育上の注意は被教育者の素質、教育時間、場所、教育資材などにより一定なることあたわず。読者は典範令の精神を把握し、本書を伴侶とし、これに適応する如く教育を実施すること必要にして、いたずらに形式に陥らざらんことを希望す」

一読してわかるように、この緒言は参考書の使用者、つまり各部隊指揮官（具体的には小隊長〜中隊長）に対してのものである。とくに第二項については立派なことが書いてあり、現代の教育者・教職者にも見習って欲しいところである。

それはさておき、第一巻（各個教練）の内容であるが、不動の姿勢をはじめとする基本動作訓練から始まり（第一章　基本）、各火器や手榴弾を使用しての基本的な戦闘訓練（第二章　戦闘）、夜間の行動および戦闘訓練（第三章　夜間の動作）となっている。特に『歩兵操典』も含め、夜間行動訓練を重視しているところに帝國陸軍の特徴が表われているといってもいいだろう。

第二巻（教練の計画実施上の注意　中隊教練（分隊））では、「第一章　攻撃」「第二章　防御」「第三章　弾薬の節用および携行補充」となっている。また、付録として「鉄条網の処理」や「対戦車肉迫攻撃」についても触れられており、このあたりは『作戦要務令』および『歩兵操典』の改訂に添った内容となっている。

なお、第一章は分隊単位での戦闘訓練に関する内容で、前進、射撃、突撃、陣内攻撃、夜間攻撃について、第二章は陣地の占領、陣地の（防御）設備、防御戦闘などについての内容となっている。

戦術の参考書

帝國陸軍の幹部教育（士官学校および陸軍大学校）では、とくに戦術演習を重視した。このことは明治時代に陸大教官として招聘《しょうへい》されたドイツの軍人、メッケル少佐に由来するところが大きいかもしれない。当時の帝國陸軍は揺籃期ということもあり、軍事理論や国家戦略よりも、軍隊そのものの運用や編制などの実務に関することを望み、メッケルもまた実務として実地訓練を含む戦術論を遺産として残している。この結果、その後の帝國陸軍の性質にも影響を及ぼしたのである。この点は長短ともにあり、一概に是非を問うわけにもいかないが、いずれにせよ戦略論よりも戦術論が重視される傾向にはあった。また、典礼が軍令という形をとったため、軍人個人がこれを研究・批判することはタブー視されていた側面も否めない。この結果、戦術に関する研究は大いに進んだ反面、戦前の日本で戦略論と呼べるものはごく僅かに過ぎなかった（その意味では石原完爾などは例外的な人物といえるだろう）。

その戦術論であるが、明治以来、多くの戦術参考書が出版されている。その中には陸軍士官学校で編纂されたものや、将校倶楽部である偕行社から出版されたもの、或いは軍人個人が俗に「兵書屋」と呼ばれた出版社から出版したものなど様々である。ここではその中から幾つかを抜粋して紹介してみたい。

まず、陸軍士官学校で編纂されたものに『応用戦術』が

「白紙戦術集 第一集」の目次

第一　側背脅威の研究
第二　状況判断の研究
第三　払暁攻撃準備の研究
第四　決戦防御の研究
第五　払暁攻撃の研究
第六　夜間陣地攻撃の研究
第七　追撃部署の研究
第八　遭遇戦における砲兵の研究
第九　遭遇戦（統一戦闘加入）の研究
第十　騎兵旅団攻撃の研究
第十一　旅団長の遭遇戦指導の研究
第十二　隘路通過の研究
第十三　戦線加入の研究
第十四　払暁遭遇戦決心の研究
第十五　側背迂回の研究
第十六　夜間強襲の研究
第十七　側背脅威の研究
第十八　状況判断の研究
第十九　渡河攻撃の研究
第二十　夜間攻撃部署の研究
第二十一　側背援護の研究
第二十二　側背脅威の研究
第二十三　払暁攻撃の研究
第二十四　遭遇戦指導の研究
第二十五　敵情判断の研究

「応用戦術集 第一集」の目次

第一　夜襲の研究
第二　陣地攻撃の研究
第三　山地戦の研究
第四　威力捜索の研究
第五　遭遇戦の研究
第六　鉄道輸送の研究
第七　独立師団　状況判断の研究
第八　騎兵旅団　状況判断の研究
第九　化学戦の研究
第十　遭遇戦および砲兵用法の研究
第十一　払暁攻撃の研究
第十二　住民地攻撃の研究
第十三　対匪賊攻撃の研究
第十四　夜間強襲の研究
第十五　要地防空の研究
第十六　対優勢騎兵　騎兵戦闘の研究
第十七　間隙部よりする包囲の研究
第十八　遭遇戦の研究

ある。これは士官学校における戦術教育案をまとめたもので、主として下級将校の戦術参考として編纂され、大隊、聯隊、師団規模の作戦行動について考察、研究されたものである。

偕行社から出版されていたものとしては『応用戦術集』『白紙戦術集』などがある。両書とも、もともとは偕行社発行の「偕行記事」に掲載されたものを補修集録したものであるが、『応用戦術集』は実在の場所を想定した内容となっている。すなわち、第一集は南満州、第二集は九州、第三、第四集は満州を想定戦場とし、該当地域の地図を別に必要とする。そのためか、冒頭には「日本将校、下士官ほか閲覧を禁ず」とあり、取り扱いに関する注意が記されているのが興味深い。

これに対して『白紙戦術集』は仮想の地域を想定戦場としているため、応用戦術に比べるとやや手軽に戦術理論を学ぶことが出来るようになっている。

両書とも概ね師団規模を想定した戦術書であり、遭遇戦を始め払暁攻撃や夜間攻撃、追撃、渡河、側背迂回、機甲戦闘などあらゆる状況を想定した問題が出されている。

また、各設問の構成は「想定」「問題」「要図」「説明（想定の研究）」「原案」からなり、『応用戦術集』には「原案の説明」も付されている。

なお、本書の巻末に『白紙戦術集』から抜粋した問題を掲載しているので、そちらも参照していただきたい。

空挺作戦参考書

帝國陸軍にも空挺降下部隊が存在し、太平洋戦争緒戦のパレンバン降下作戦などで活躍したが、その空挺部隊の作戦要領をまとめた指導書がこの『空挺作戦参考書』である。満州の陸軍公主嶺学校が昭和16年にまとめたもので、極秘扱いの文書であった。ただしその巻頭に**「（前略）既得資料の精粗一ならざるにより、体裁において繁簡よろしきを得ざるものあり。また将来の研究に俟つにあらざれば決定するを得ざるものありて、問題のまま残されたるものあり（後略）」**とあるように、完成されたものというよりは、ひとまず研究の成果物としてまとめられたものと見るべきであろう。

『空挺作戦参考書』は全二部からなり、第一部は「空挺作戦」、第二部は「対空挺防衛」となっている。第一部では作戦指導、空挺作戦前の諸部隊との協定や準備、空挺降下および（強行）着陸の要領、地上戦闘要領などがまとめられている。また、これらの想定地域があくまで極東（シベリア）であった点は注目に値する。これは機甲部隊なども同様であるが、帝國陸軍の仮想的はあくまで赤軍（ソ連軍）であり、装備、編制、運用、戦術思想はすべてそれをもとになされていたのである。

なお、第二部では逆に敵の空挺部隊による空挺降下に対する防衛要領について記述されている。

『空挺作戦参考書』の目次

第一部　空挺作戦
　第一篇　空挺作戦の指揮
　　第一章　空挺作戦指揮の要則
　　第二章　制空援護
　　第三章　情報収集
　　第四章　企図および行動の秘匿偽騙
　第二篇　空挺部隊の戦闘
　　第一章　空挺作戦指揮の要則
　　第二章　空挺準備
　　第三章　空中前進および降下着陸
　　第四章　地上戦闘
　　第五章　通信連絡
　　第六章　補給衛生その他
　第三篇　大兵団をもってする空挺作戦
第二部　対空挺防衛
　第一章　総則
　第二章　対空艇防衛の要領
　第三章　防御戦闘

挺進奇襲の参考

太平洋戦争において、帝國陸軍が特に多用した戦術の一つに「挺進攻撃」というものがある。ごく簡単に言えば、小人数による切り込み攻撃で、敵戦線後方まで浸透して破壊工作などを行なうものである。ただし、誤解のないように書いておくが、生還の見込みのない特攻とは異なり、あくまで攻撃後に帰還することが前提であった。

『挺進奇襲の参考』はその挺進攻撃の実施要領をまとめた参考書で、昭和19年に教育総監部より配布されている。ただしその冒頭にあるように、かなり緊急的に配布されたもののようである。戦局の悪化に伴い、この手の攻撃方法をさらに強化・実践するために急遽まとめられたものであろう。

以下、「編纂上の前提」を記載しておく。

「一、本書における挺進奇襲とは、小部隊をもって敵配備内に潜行または潜在し、主として左のごとき任務に服するをいう。
1、敵の人的物的戦力を奇襲破砕す
2、情報収集（俘虜、文書の獲得を含む）
3、後方撹乱

『挺進奇襲の参考』の目次

二、一般部隊において挺進部隊を編成する場合を基礎とす。
三、兵力は歩兵一中隊以下数名にわたるまでとし、行動期間は数日より二週間にわたるものとす」

これだけ読めば戦は勝てる

　昭和16年12月8日、大日本帝國は米英に宣戦布告を行い、戦争状態に突入した。開戦と同時に海軍は真珠湾に攻撃を行い、陸軍の第一陣はマレー半島へと上陸した。その際、マレー半島（および他の南方諸作戦）に渡る船の中で全将兵に配布されたのがこの『これだけ読めば戦は勝てる』である。

　発行は昭和16年で、『作戦要務令』および『熱地作戦の参考』の中から特に重要と思われる部分を抜き出し、さらに下士官兵でもわかるように平易な文章に書き改められている。発行は大本営陸軍部となっているが、実際の執筆者は辻政信参謀だと言われている。たしかに彼が終戦後に出版した書籍などを見ると似たような文体であり、そう思わせるものがある。

　内容としては戦争そのものの意義から始まり、船中でのこと、上陸戦闘における注意事項、作戦地における各種行動やガス防護や衛生面に関することまで、細かく記載されている。

　この小冊子は後世、その使用している語句や一部偏見とも見える内容からとかく批判の対象とされてきた経緯がある。或いは辻参謀が編纂に携わったと言われていることもその一因かもしれない。しかし、堅苦しい法律文書のような教範などが多い中で、出征する兵士向けにこれからの心構えや行動についてわかりやすく解説したという点は、評価されるべきではないかと思われる。

『これだけ読めば戦は勝てる』の目次

一、南方作戦地方とはどんな所か
二、何故戦わねばならぬか、
　また如何に戦うべきか
三、戦争はどういう経過を辿るか
四、船の中ではどうするか
五、上陸戦闘
六、熱地の行軍
七、熱地の宿営
八、捜索警戒
九、戦闘
一〇、ガス防護
一一、通信兵のために
一二、自動車兵のために
一三、兵器を愛せ
一四、給養
一五、衛生
一六、馬衛生
一七、特種地形の行動
一八、結び

要図の書き方

軍隊とは言うまでもなく戦うための組織であるが、一口に「戦う」と言ってもそのためにはさまざまな準備や情報収集が必要である。そうでなければただ闇雲に殴り合うだけで、勝つことはおぼつかない。

戦闘に勝つために重要な要件の1つに「地形の利用」がある。攻めるにしても守るにしても、戦場の地形をよく知り、それを活用できれば本来の力以上の戦力を発揮することも可能である。そのためには、戦場付近の地理、地勢の情報を指揮官が得ていなくてはならない。また、戦争においては戦場付近の地図が必ず手に入るとは限らないし、またたとえ手に入ったとしても古かったり、実情とかけ離れていることもあるだろう。

ここに偵察と、それに伴う要図作成の重要性がある。戦争は机上で行うものではなく、実際に戦場で行われるものである。その現場に即した判断が必要であろう。

『要図の書き方』は実際に偵察へ赴いた際にどのように要図を書けばよいのかをまとめたものであり、簡単な略地図や文章（報告書）の作成方法、遠景図（スケッチ）の描き方などが例とともに記載されている。また、要図には軍隊特有の軍隊符号も記載するため、付録としてその一覧も記載されている（次ページにその一部を掲載した）。

軍制教程

軍隊が戦争を行なうためには、諸制度が整っていなければならない。たとえば、平時から戦時に切り替わる時には動員令を発して兵員を大量に確保する必要がある。また、

軍隊符号リスト

軍	A
軍団	C
師団	D
旅団	B
独立混成旅団	MBs
聯隊	R
大隊	b(Bn)
中隊	c(Co)
小隊	pt
歩兵	*i*
戦車	TK
騎兵	K
工兵	P
野砲兵	A
山砲兵	BA
野戦重砲兵	SA
輜重兵	T
飛行師団	FD

第一線……………
師団司令部…………
歩兵旅団司令部……
歩兵聯隊本部………
重機関銃……………
速射砲………………
戦車聯隊本部………
戦車…………………
騎兵部隊……………
野砲兵聯隊本部……
野砲兵部隊…………
工兵聯隊本部………
工兵部隊……………
飛行戦隊……………
飛行機………………
飛行場………………
通信中隊……………
輜重兵連隊本部……
行李…………………

そうなると今度はその兵員に対して武器、弾薬、食料、被服などを用意しなければならない。それを支える兵役制度も整備しなければならないし、兵器や被服の管理も必要である。そして、なにをするにも「お金」が必要であり、軍全体の経理システムも構築しなければならない。

言ってみれば軍とは官衙《かんが》（役所）の一つであり、軍制とは軍事に関する諸制度全般をいう。これをまとめたものが『軍制教程』である。巻頭に書かれた緒言がもっとも的を射ているので、それをそのまま記載しておこう。

「軍制とは国軍の建設、維持、管理、運用など、軍事に関する諸制度をいい、一国の軍備を実現し、軍の運用を容易ならしむるため、その基礎を建軍の本義におき、国情、法制、経済などの関係を考慮して制定せらるるものにして、軍制の良否は直ちに軍備の完否に関し延《ひ》いて国防に至大の影響を与うるものとす。

本教程は編成、経理、兵器業務、兵役、服役、補充およ

び動員に関して必要なる事項を記述し、もって国軍軍制の概要を会得して将来の服務に資するところあらしめんとす」

『軍制教程』の目次

第一篇　編制
　第一章　通説
　第二章　帝國陸軍の現編制
第二篇　軍動員、国家総動員、軍需工業動員、青年学校および学校教練
　第一章　軍動員
　第二章　国家総動員
　第三章　軍需工業動員
　第四章　青年学校および学校教練
第三篇　兵役
　第一章　通則
　第二章　服役
　第三章　徴集および召集
第四篇　補充および進級
第五篇　馬政
第六篇　経理
第七篇　兵器業務
第八篇　休暇、褒賞および救恤

赤軍《せきぐん》野外教令

「敵を知り、己を知れば百戦危うからず」

有名な孫子の兵法であるが、戦争をするには相手を知らなければ話にならない。帝國陸軍にとって、仮想敵国はほぼ一貫してロシア＝ソ連であった。したがって、明治以来、彼の国の研究は怠りなく続けていた。『赤軍野外教令』とはソビエト軍の軍事マニュアルであり、帝國陸軍の『作戦要務令』に該当するものである。ちなみに、当時日本ではソビエト軍のことを「労農赤軍」と呼称し、省略して「赤軍」と言うのが一般的であった。

それまで赤軍は１９２９年（昭和4年）に制定された『野外教令』を使用していたが、１９３６年（昭和11年）にこれを改訂、翌昭和12年に偕行社より翻訳されたものが「特報」として全軍将校に対して頒布されている。ただし、内容が内容だけに「部外秘」扱いとされ、取り扱いに注意を促している。

『赤軍野外教令（1936年版）』の目次

第一章　綱領
第二章　捜索および警戒
第三章　後方勤務
第四章　政治作業
第五章　戦闘指揮の原則
第六章　遭遇戦
第七章　攻撃
第八章　防御
第九章　夜間行動
第十章　冬季行動
第十一章　特殊の状況における行動
第十二章　軍隊の移動
第十三章　宿営ならびに宿営間の警戒

内容的には全十三章385項目からなり、内容はともかく項目的には『作戦要務令』とそう大差はない。特徴的なのは赤軍らしく、第四章が「政治作業」に充てられている点であろう（第五章の戦闘指揮より前という点は注目に値する）。文量としてはさほど多く割かれているわけではないが、政治部員（政治委員）の役割が明確に記述されている点が興味深い。

赤軍戦法早わかり

再三述べているように、帝國陸軍では仮想的国たる赤軍の研究には余念がなかった。『赤軍戦法早わかり』もそんな研究成果の一つであり、元になった論文はドイツ軍参謀本部発行の『軍事課学雑誌』であり、その中の「赤軍の戦争指導に関する戦略戦術の原則」から翻訳・編纂されている。まとめたのは陸軍大学校の研究部であり、昭和14年に発行されている。

内容的には、大雑把に言うと「一般原則」「攻撃」防御」の三項からなり、かなり具体的な記述がなされている。

一例を挙げると、「軍の攻勢作戦の基準数量」の項では、

「決戦を企図する赤軍の攻勢軍の突破正面は二五ないし三〇㎞にわたり、これに三ないし五軍団と大なる砲兵および戦車部隊を配当する」

「全軍の一日行程は十五ないし二〇㎞である」

「軍騎兵および機甲兵団は主力よりも百㎞前に出る」など

など。

ところで、この冊子の巻末には「結び」としてこう書かれている。

「（前略）旧式軍が近代軍に対し、如何に痛ましい運命を

『赤軍戦法早わかり』の目次

招くかは独波（ドイツ・ポーランド）二週間の戦史が明瞭にこれを物語っている」

なにをかいわんや、である。

米英軍常識

あえて極論を言えば、帝國陸軍は米英に対する戦争準備をほとんどしないまま戦争に突入したと言っていい。攻められた側であればそれも致し方ないが、攻める側がそれでは「泥縄」の誹《そし》りを受けても仕方あるまい。

しかし、だからといって何も手を打たなかったわけではない。連合軍に比して寡少とはいえ、対敵情報収集も行っていたのである。その成果物の一つが『米英軍常識』である。米軍には、日本軍の編成や装備をまとめた『HANDBOOK ON JAPANESE MILITARY FORCES』というマニュアルが存在するが、『米英軍常識』はその日本版と考えていい（ちなみに米軍のマニュアルについては光人社より『日本陸軍便覧』として翻訳出版されている）。

『米英軍常識』は全六篇３５８ページ＋付録というかなり分厚い冊子で、昭和18年暮れに教育総監部より発行されており、内容的には米英豪の国民性から始まり、編制、装備、戦法など多岐にわたる。なにしろ帝國陸軍では下士官兵は言うに及ばず、将校に至るも米英に関する知識は相当欠如していたと思われ、付け焼き刃ではあったかもしれないが、本書は相当役に立ったのではないかと思われる。また、『米英軍常識』でも米軍の戦法については触れられているが、それをより詳しく解説した『敵軍戦法早わかり』という冊子も後に発行されている。

『米英軍常識』の目次

第一篇　国民性より見たる米、英、濠軍の特性
第二篇　軍政機関および統帥組織の概要
第三篇　兵科、部および階級
第四篇　編制および装備の概要
第五篇　兵器、資材等の概要
第六篇　米軍戦法の概要
第七篇　英軍戦法の概要

付表
第一　軍団直属部隊（米軍）
第二　一般歩兵師団（三単位）編制表（米軍）
第三　自動車化歩兵師団編制（基準）表（米軍）
第四　装甲師団編制（基準）表（米軍）
第五　空輸師団編制表（米軍）
第六　落下傘大隊編制表（米軍）
第七　飛行師団編制（基準）表（米軍）
第八　米軍上陸作戦用舟（船）艇
第九　英軍上陸策専用舟（船）艇
第十　歩兵旅団の強襲上陸経過予想の一例（英軍）

※濠…オーストラリアのこと。

作戦要務令　綱領および総則

【綱領】

第一　軍の主眼・戦闘一般の目的

軍の主任務は戦闘である。それゆえにすべての事柄は戦闘を基準に考えること。そして戦闘の目的は敵を圧倒・殲滅して迅速に勝利を得ることにある。

第二　戦捷の要

戦いに勝つ要点は有形無形の各種の戦闘要素を総合し、敵に勝る戦力を要点に集中・活用することにある。

よく訓練をし、必勝の信念固く、軍紀（軍内の風紀・規律）を守り、攻撃精神旺盛な軍隊は物質的な威力を凌駕して勝利を収めることができる。

第三　必勝の信念

必勝の信念は主に軍の光輝ある歴史に由来し、周到な訓練をもってこれを育成し、優れた指揮・統制によって充実する。

輝かしい伝統を有する国軍はますます忠君愛国の精神に磨きをかけ、ますます訓練の熟練を重ね、戦闘が激しくなったとしても上下ともに信頼しあい、毅然として必勝の確信を持たなければならない。

第四　軍紀

軍紀は軍隊の命脈である。戦場においてはさまざまな境遇のものがいるし、またそれぞれが種々雑多な任務を遂行している。このような環境で、上は将帥から下は一兵卒にいたるまで一定の方針に従って全員が同じ行動をとれるようにするものがすなわち軍紀である。その運用は軍の運命を左右するものであり、軍紀の要点は「服従」にある。それゆえに、全軍の将兵は身命を君国（国家と天皇）に捧げ、上官の命令には誠実に服従し、その命令を確実に守り実行することが重要である。

第五　独断専行

戦闘に関する事柄は独断を要するものが非常に多い。そして「独断」とは考え方の上で「服従」の精神と相反するものではない。常に上官の意図を察し、大局を判断しつつ状況の変化に応じて目的を達成すべき最良の方法を選び、また、好機を活かさなければならない。

第六　攻撃精神

軍隊は常に攻撃精神に溢れ、士気旺盛でなければならない。

攻撃精神は忠君愛国の気持ちより自然に発する軍人精神のもっともすぐれたものであり、強固な士気の象徴でもある。戦闘技術はこれに則って励み、教練（訓練）はこれによって光を放ち、戦闘はこれによって勝利を収めることができる。まさに、勝敗は必ずしも兵力の多少によるものではなく、よく訓練され且つ攻撃精神の旺盛な軍隊は少数で多数を破るものである。

第七　協同一致

協同一致の精神は戦闘の目的を達するために極めて重要である。兵種（兵科）・（階級の）上下を問わず各々が協力し、全軍一体となって始めて戦闘の成果を得ることができる。全体的な情勢を考察し、各々がその職務に責任を持ち、ひたすら任務の遂行に努力することが協同一致の趣旨に合致するものである。そして各兵種（兵科）の協同は、歩兵がその目的を達成することを第一に考えてこれを行なうものとする。

第八　克難

戦闘は最近、著しく複雑で厳しいものとなってきたが、資材の充実や円滑な補給は必ずしも常に望めるものとは限らない。それゆえに、軍隊は我慢強く堪え忍び、困難や（補給品などの）欠乏に耐え、難局を打開し、戦闘に勝利するためにひたすら邁進しなければならない。

第九　敵の意表に出づ

敵の意表を突くことは、機を制して勝利を得るために必要な方法である。それゆえに旺盛な企てと追随を許さない創意と素早い機動をもって敵にあたり、常に主導権を持ち、こちらの企図を厳重に秘匿し、困難な地形や天候を克服して敵に対応する暇を与えないことが重要である。

第十　指揮官と軍隊

指揮官は軍隊指揮の中心であり、また団結の核心である。それゆえに常に熾烈な責任感と強固な意思をもってその職責を遂行するとともに、高い徳性を備えて部下と共に苦楽を共にし、率先実行することによって模範として尊敬され、銃弾の飛び交う中でも勇猛沈着を心がけ、部下が指揮官を見た時に富士山のごとき重みを感じるようにしていなければならない。

実行しないことと、迷って決断をしないことは指揮官のもっとも戒めるべき点である。この2点は（戦術や作戦を）間違えるよりも、軍隊を危機に陥らせるという意味でさらに重大な問題だからである。

第十一　運用の妙

戦闘時にはすべてのことを簡潔にして、よく訓練されたものが成功を収め得る。典令（作戦要務令や歩兵操典など）はこの趣旨に基づいて軍隊訓練上の主要な原則や法則および制式を示すもので、これを上手く運用するのはあくまでも運用者本人による。もとより、みだりに典令に背いてはならない。また典令にこだわって実効を誤ってはならない。よく工夫を重ね、創意に努めてさまざまな状況に際してこれを活用すること。

【総則】

第一　準拠事項

本令は陣中勤務および諸兵連合の戦闘に関し、一般に準拠すべき事項を示すものである。

第二　本令に基づく精神の訓練

軍隊は本令に基づいて訓練に励むこと。特に戦時にあっては実戦の経験とよく照らし合わせて将来の変化を見抜き、本令を活用し、教育し、戦って、勝利の獲得に際して遺憾のないようにすることが肝要である。

第三　本令実施上の規定事項

本令を実施するにあたって特に規定する必要がある事項については附録として参謀総長・教育総監・陸軍大臣と協議・決定するものとする。

※綱領及び総則は、読みやすいように現代訳とした。

第五章

昭和陸軍軍人列伝

永田鉄山《ながたてつざん》少将

昭和初期、陸軍を牽引していた重要人物の一人が永田鉄山である。

長野県出身の永田は、幼年学校、陸軍士官学校、陸軍大学校をすべて優等で卒業した秀才で、徹底した合理主義者であった。

少佐時代、陸士同期の小畑敏四郎、岡村寧次の三人とドイツのバーデンバーデンという温泉郷で会同し、陸軍の刷新を誓い合った。これを「バーデンバーデンの密約」という。

この時期、陸軍はようやく藩閥体制から脱しつつあったが、依然として長州閥と九州閥のわだかまりはあった。永田らはこれを藩閥に拠らない能力主義に改革するべきだと考え、また将来の戦争に備えて総力戦体制を速やかに整えるということで意見が一致した。

こうして帰国後、永田らを中心に結成されたのが二葉会という研究グループである。また後に一夕会というグループも結成された。昭和初期における陸軍の動向はこの二つの会派を抜きには語れない。気鋭の中堅将校らが参加し、張作霖爆殺事件、そして満州事変にも関与している。

だが、永田と小畑の関係はこの頃から亀裂が入り始める。

藩閥は解消されたが、代わって統制派と皇道派という派閥が生じ、前者は軍政畑を中心に国家総力戦体制の完成を目指した。そして皇道派は軍令畑を中心に旧上原閥、すなわち九州閥を下敷きとして荒木貞夫陸相を中心として形成された。

そして永田は軍政畑、小畑は軍令畑を進んだことで、両者の関係はこじれていくことになる。また、もともと永田は怜悧な合理主義者、小畑は直情的な親分肌のところがあり、一旦亀裂が生じると修復が難しくなった。

そして対ソ・対中戦略を巡って二人の意見は決定的に分裂した。そうしたなかで荒木が陸相を退いたことをきっかけに皇道派の勢いが衰え、統制派の巻き返しがはじまった。

そして昭和10年8月12日、すべての元凶は永田にあると信じ込んだ皇道派の相沢三郎中佐が、軍務局長であった永田の執務室に押しかけ、白昼堂々と軍刀で斬り殺してしまった。

こうして陸軍きっての俊英と謳われた永田は志半ばで斃れたが、国防国家建設の夢は可愛がっていた東條英機の手に委ねられたのである。

「高度国防国家」を目指す統制派のリーダーであった永田は、「永田の前に永田なく、永田の後に永田なし」とまで称された英才であった。永田が生きていれば太平洋戦争は起きなかったと評する者もいる。暗殺後、中将に昇進した。明治17年（1884年）1月14日生まれ、昭和10年（1935年）8月12日没

東條英機《とうじょうひでき》大将

頭が良く真面目な人にありがちな欠点として、他者にも自分と同じ価値基準を求めるところがある。

人間は元来、それぞれが違う存在である。頭の善し悪し、話のテンポ、行動規範、なにもかもが一人一人異なる。ところが、時々そこに思い至らない人がいる。そしてそれが権力者ともなれば、とても困ったことになる。

東條英機という人物は、まさにそういう人物であった。

陸軍に時々現れる地頭の良い秀才、たとえば永田鉄山や石原莞爾のようなタイプと異なり、東條は努力の結果としてその才幹を認められた人だ。それも他者が到底マネできないようなとてつもない努力をしている。

メモ魔と言われた東條は終生その姿勢を崩さず、どんな些細なこともメモを取り、勉強家でもあった。

まさに能吏《のうり》のお手本のような人物であったが、出世して部下が多くなると却ってそのことが裏目に出ることもあった。また、人に対する好悪の感情が露骨で、自分のお気に入りは依怙《えこ》贔屓《ひいき》したが、嫌った人物は徹底して冷遇した。のちに首相になってからもこのことは変わらず、こうした点が敵を増やすことにも繋がった。

永田鉄山亡き後は統制派の中でさらに影響力を強めていったが、反目していた石原莞爾と異なり、東條に心酔していた人物というのは寡聞にして聞かない。些細なことでもほじくり返して叱責するような上司に、本気で付いていこうというような者は希だろう。

それでも官僚的才覚があったことは確かで、近衛内閣では陸相を勤め、近衛が内閣を放り出した後に首相となった。人一倍天皇への忠誠に厚い東條は、対米開戦について慎重に検討するように言われ、一度白紙に戻して陸軍内部から猛反発を食らった。そして結局は開戦を決意する。

太平洋戦争が劣勢になると、参謀本部総長まで兼任。首相・陸相・参本総長を兼任した人物は未だかつて存在せず、こうしたことも後に「独裁者」としてのイメージを形成した。

しかし実物の東條は独裁者とはほど遠い人物だった。それでも戦後は戦犯第一号として裁かれ、昭和23年12月、絞首刑に処せられた。

東條は東京裁判において、「この戦争の責任は私一人にある」と自己弁護はせず、日本国家の弁護と天皇の訴追回避を貫き、理路整然とした主張で連合軍側の検事をやり込めることもあった。明治17年(1884年)12月30日生まれ、昭和23年(1948年)12月23日没

石原莞爾《いしわらかんじ》中将

豪放磊落《らいらく》、奇人、天才。

いずれも石原莞爾を形容する言葉である。

石原莞爾といえば満州事変の立役者としてつとに有名である。統制派に連なる石原は、永田鉄山の手によって満州に送り込まれ、騒乱状態の沈静化を期待された。

だが同じ統制派とはいえ、永田は石原の真意を完全に理解していたわけではない。両者は対ソ戦略について静謐《せいひつ》を保ち、南方に目を向けるべきという点では一致していたが、石原はその実現のために満州国の独立を画策した。

石原の考えでは真に独立した満州国を建設し、それによってソ連との防波堤の役割を期待したのである。そしてそのためには、日本は進んで満州の権益を捨てるくらいのことをすべきだと考えていた。

だが、石原の理想とは異なり、多くの人間は利権を目の前にしてそれを放棄するようなことはできないし、事が起これば自己保身に走るものである。

結果、満州事変によって満州国は建設されたが、その実情は石原の理想とはほど遠い、日本の傀儡《かいらい》国家に過ぎなかった。

そしてこの満州事変はその後の昭和陸軍に大きな弊害をもたらした。手柄さえ立てれば、下克上も許されるという悪弊である。

満州事変勃発前、日本政府の満州に対する姿勢は「最低1年間は事を起こさず」というものであった。石原はこれを無視して、半ばクーデター同然に満州事変を起こしたわけだ。

のちに石原は参謀本部第一部長となるが、その時に支那事変が勃発。石原は不拡大を唱えたが、その部下の武藤章第一課長は真逆の拡大派だった。その武藤を石原は窘《たしな》めたが「かつての閣下と同じことをしております」と返され、黙るしかなかった。

本来、石原が目指した統制された陸軍という理想とは逆の現象を、自ら生み出したとも言える。

また、石原は同じ統制派の東條とは犬猿の仲で、ことあるごとに意見が対立した。そしてあからさまな東條批判を繰り返したことで、太平洋戦争開戦前の昭和16年3月に予備役編入を命じられ、現役を退いた。

そして終戦後の昭和24年8月に病没した。

石原は関東軍作戦主任参謀であった昭和6年、満州事変を起こし、わずか1万の関東軍で25万の張学良軍を倒して満州国を建国した。昭和15年、「最終戦争論」を著し、近いうちに世界大戦が起き、東洋の王道を具現する日本（を中心とした東亜連盟）と、西洋の覇道を体現するアメリカが最終戦争を行うことになると主張した。明治22年（1889年）1月17日生まれ、昭和24年（1949年）8月15日没

山下奉文《ともゆき》大将

「マレーの虎」こと山下奉文ほど、誤解されている日本の将軍も少ないかもしれない。

マレー戦における指揮統率、シンガポール戦終結時の「イエスか、ノーか」発言などから、一般に山下は剛毅な前線指揮官と思われがちである。

だが、山下は軍政畑を主とした経歴の持ち主であり、本来は野戦指揮官ではない。もちろんそれをもって実戦指揮に不適というわけではないが、世上のイメージほど実戦経験が豊富というわけではないということだ。

また、太平洋戦争緒戦の勝ち戦における立役者の一人として記憶されているためか、山下は武勲の誉れ高い将軍と思われがちだが、これもまた実情とは異なる。

山下が優秀な陸軍将校だったことに異論はないが、大きな躓《つまず》きは2・26事件の際に起きた。皇道派の一人とみなされていた山下は事態の収拾にあたったが、この時に天皇の不興を買った。

山下は必ずしも皇道派と言えない面もあったが、少なくとも周囲はそう見ていたし、そうした事情もあって事態の収拾後は陸軍中央から外されたのである。

それから8年を経て、ようやく日の目を見ることになったが、それは前述のようにマレー攻略を担当する第二十五軍司令官というポストだった。

反目する東條が、どういう意図でこの人事を承認したのかは分からない。しかしはっきりしていることは、マレー攻略で戦功の大きかったはずの山下は、その後満州に飛ばされている。完全に陸軍中央からは外れた人事である。

そして戦局が押し迫った昭和19年になると、今度は米軍との決戦が予想されるフィリピン防衛を担当する第十四方面軍司令官に補された。

その際、山下が参謀長として請うたのが武藤章であった。武藤はバリバリの統制派であり、いわば思想的には相容れないはずの人物だった。しかし山下と武藤は太平洋戦争前、北支で参謀長と参謀副長という間柄であり、両者はお互いのことをよく理解していたようだ。

そうしたこともあって、苦しい比島戦をともに戦い抜いたのである。そして山下は、フィリピンでの住民虐殺事件の責任を問われる形で戦犯として裁かれ、昭和21年2月に絞首刑に処された。

山下は昭和16年1月からは同盟国のドイツ軍視察のため訪独、ヒトラーやグデーリアン上級大将と会談した。またパーシバル将軍に対する「イエスか、ノーか」は、恫喝する目的ではなく、降伏する意思があるかはっきりさせたかっただけだといわれる。明治18年(1885年)11月8日生まれ、昭和21年(1946年)2月23日没

本間雅晴《ほんままさはる》中将

本間雅晴の人物伝には、つねに光と影が付きまとう。光は言うまでもなく、フィリピン攻略の司令官として。そして影は、そのフィリピン攻略の結果として生じた「バターン死の行進」の首謀者としてのレッテルだ。

今でこそ「バターン死の行進」は虚偽のプロパガンダであり、さらに言うなら本間によってフィリピンからの逃亡を余儀なくされたマッカーサーによる復讐だったことに疑問の余地もない。

それでも、マニラ軍事法廷の判決は覆しようのない「事実」として、今も残り続けているのである。

昭和16年11月、本間は山下奉文、今村均とともに杉山元参謀本部総長より軍司令官の内示を受けた。太平洋戦争緒戦の大事な作戦を任せるわけだから、陸軍内でもえり抜きの人物が選ばれたはずだ。

しかし本間は本来、前線指揮官というよりは軍政畑の人間であった。その点、山下奉文と似ている面もあるが、本間はこの時期の将軍には珍しく、統制派、皇道派といった派閥とは無縁の人物でもあった。

また海外駐在歴が長く、とくにイギリス駐在武官を長く務めた。その関係もあって本間は陸軍部内でもイギリス通として知られており、事実イギリス仕込みのジェントルマンでもあった。

そうした本間の実像を知れば知るほど、「バターン死の行進」のイメージとはかけ離れていることがすぐにわかる。

だが戦時の軍人としては、本間のその優しさは却って仇となったのかもしれない。フィリピン攻略、そしてその後のバターン攻略を巡る数々の齟齬にしても、本間自身の優柔不断さ、他者の意見を重んじる姿勢が招いたことと言えなくもない。

さらにバターン戦で多少躓いたとはいえ、フィリピン攻略の戦功を挙げたにもかかわらず、その直後に本間は予備役編入となって陸軍を去ることになった。

そして戦争が終わると今度は戦犯容疑で拘束され、「バターン死の行進」の責任を取らされて有罪判決。唯一の慰めは絞首刑ではなく銃殺刑だったことであろうか。

まさに悲運の将軍であった。

180cm超えの巨躯ながら温厚で英語も堪能、多くの軍歌の作詞も手掛けるなど文人将軍として知られた本間。バターン攻略に手間取ったことを問題視され、フィリピン戦後は予備役に編入されてしまった。明治20年（1887年）11月27日生まれ、昭和21年（1946年）4月3日没

今村 均《ひとし》大将

名将、勇将、猛将と、将軍に対する尊称はいろいろあるが、仁将と呼ばれる者は少ない。それは「一将功成りて万骨枯る」と言われるように、好むと好まざるとに関わらず、将軍とは多くの者を死地に追いやる役目であり、「仁」とは相反するものだからだ。だが、今村均は仁将と呼ばれ、聖将と呼ばれる。それは今村の人格あるいは本性が、軍人らしからぬ優しさに溢れているからであろう。

そもそも今村は、はじめから軍人を志していたわけではない。裁判官だった父の死によって高校進学を諦めざるを得ず、陸軍士官学校を受験した。ちなみにその学科試験の際に隣席にいたのが本間雅晴で、以来親交を深めた。ともに温和な性格であり、太平洋戦争緒戦の重大作戦を任されたのも奇縁というべきか。

だが、その後の二人の人生は大きく異なる。

第十六軍司令官として蘭印攻略にあたった今村は、僅か9日間で攻略を成功させた。そしてその後は同地の軍政司令官として仁政をしき、住民からも慕われたという。また、牢獄に入れられていたスカルノを助け出したのも今村であった。

しかしそれから1年を経ずに今村は第十八方面軍司令官に親補され、蘭印を去った。第十八方面軍とは、ガダルカナル島を担当する第十七軍と、ニューギニアを担当する第十八軍を統括する上級司令部である。どちらも難局に直面しており、大本営は今村の手腕に期待したのである。

だが、今村一人の力でどうなるものでもなく、両方面とも敗戦と敗走が続く。そうしたなか、今村はラバウルの永久根拠地化を打ち出して、現地における自給自足体制を作り上げた。これによってラバウル守備隊は終戦まで耐えきったのである。

戦後、今村は戦犯として裁かれ、第十八方面軍司令官として禁固10年の刑を科せられた。さらに第十六軍司令官としてオランダによる裁判が行われ、死刑を求刑された。しかしこれは棄却され、結局禁固10年のみを科され、巣鴨刑務所で服していた。

しかし部下たちがニューギニアのマヌス島にある刑務所で過酷な状況にあることを知ると、自らもそこでの服役を希望し、マッカーサーはこれに応えた。

服役後は回想録を出版して、その印税は元部下の戦死者や戦犯者のために使い、82歳でこの世を去った。

今村は昭和15年に教育総監本部長として戦陣訓の編纂に関わり、太平洋戦争に当たっては蘭印攻略作戦の最高司令官として作戦を大成功に導いた。戦後、マヌス島での服役を訴えた今村に対し、マッカーサーは「初めて真の武士道に触れた思いがした」と称賛している。明治19年（1886年）6月28日生まれ、昭和43年（1968年）10月4日没

阿南《あなみ》惟幾《これちか》大将

阿南惟幾の名は、終戦時の陸相として、そしてその責任をとる形で割腹自殺をしたことでつとに有名である。

その逸話が強烈すぎるせいか、またポツダム宣言受諾を巡る政府内でのやりとりの苛烈さ故か、ややもすると阿南は当時の陸軍を象徴する強硬派のイメージが一人歩きしているように思う。

しかし実際の阿南は誠実で裏表なく、また平素は大声を出すようなこともまずなかったと言われる。家庭的で愛妻家、子煩悩、公正無私というのが、当時を知る人たちの一致した阿南像であり、恐らくそれは真実だろう。

戦争末期の難しい時期に、陸軍が一致して阿南を陸相に推したのもそういった人柄故であった。

昭和20年ともなれば、陸軍の少壮将校らは本土決戦を叫び、本気で実行する気だった者も少なくなかったが、少しでも良識のある将校であれば、どの段階で、どのようにして矛を収めるかを考え始めていた。つまりそこに陸軍部内でも温度差があり、その調整役が務まる人物はそうそういなかったわけだ。

その点、統制派や皇道派のどちらにも属さず、人格者でもあった阿南は適任だったといえる。また、かつて侍従武官を務めたこともある阿南は、天皇からの信任も厚かった。

しかし阿南は陸軍大将、そして陸相まで昇り詰めはしたが、本来陸軍の中でエリートの本道を歩いてきたわけではなく、どちらかというと脇役であった。

その阿南には不思議な巡り合わせがある。一つは2・26事件後の人事粛正で、派閥色がなく公正無私な阿南は陸軍省の兵務局長に抜擢され、のちに人事局長となった。その後、前線指揮官として第百九師団長に転じ、軍司令官や方面軍司令官を歴任。そして前述のように終戦間際に陸相となったわけだが、まるで阿南という人物を陸相に据えるために天が采配したかのような経歴といえる。

そして聖断によってポツダム宣言の受諾と終戦が決まると、8月15日当日、自ら割腹自殺をして果てた。この阿南の行為は、陸軍の暴走に歯止めをかける効果が大きかったといわれる。

まさに阿南の遺書どおり「一死以て大罪を謝し奉る」を有言実行したのである。

阿南は昭和13年（1938年）には第百九（109）師団長に親補。この際、天皇と二人きりで陪食するという破格のもてなしを受けた。前線指揮官のイメージが薄い阿南だが、百九師団長としては数に勝る山西軍や八路軍に対し連戦連勝を続け、昭和14年6月にはわずか5個大隊の兵力で、山西軍4個師団を包囲殲滅する大戦果を挙げた。明治20年（1887年）2月21日生まれ、昭和20年（1945年）8月15日没

宮崎繁三郎中将

インパール作戦における宮崎繁三郎の指揮ぶりはつとに有名であるが、本来宮崎は生粋の前線指揮官というわけではなかった。

もともと特務機関などに属した中国の専門家、いわゆる「支那屋」であり、暗号の専門教育まで受けている。そのため中国方面での勤務が長かった。

転機となったのは昭和14年に勃発したノモンハン事件である。この時宮崎は第十六連隊の連隊長だったが、同連隊は宮崎の原隊でもあった。

ノモンハン事件は9月に入ると日本軍の敗勢が濃くなっていったが、第十六連隊はそうした状況下で局地的な攻勢を行い、九四四高地を占領した。その後、同高地はソ連軍の激しい攻撃を受けるが宮崎は退かず、停戦まで持ちこたえた。そしてその去り際に石工だった兵を呼んで石碑を作ると土中に埋めた。これがその後の国境線画定に大いに役立ったのである。

また宮崎は平時の訓練においても実戦主義を貫き、部下の指揮ぶりをよく観察した。そして「訓練だから」という考えを戒め、つねに実戦と同じ思考を要求した。それは「猛訓練は真に兵を愛する所以である」という言葉にその思想がよく表れている。

こうした指揮官の下に弱兵はいない。実際、大失敗に終わったインパール作戦においても、宮崎の指揮した部隊は最後まで困難な任務をやり遂げたのである。

一方で、宮崎を評して「好んで敵を求める」という者もいる。実際、インパール作戦中、コヒマ奪取の任を帯びた宮崎は、途中で強敵が立て籠もるサンジャックを攻撃して時日を消費したことがある。

だが、もし重要地であるサンジャックに強敵を残したままにしていれば、その後の作戦全般に与えた影響は大きかっただろう。また、結果として攻略後に手に入れた鹵獲品が、その後の作戦を有利に進めた点も見逃せない。

そういう点において、宮崎は戦術指揮官としての天賦の才を持っていたと言える。

インパール作戦後は第五十四師団長に親補され、苦しいビルマ撤退戦を最後まで戦い抜いて終戦を迎えた。

圧倒的劣勢のノモンハン事件やインパール作戦において巧妙な遅滞戦術などで奮闘し、帝國陸軍屈指の名将として知られる宮崎。しかしインパール作戦の退却中も負傷兵を見捨てず、自らの食料を分け与え、他隊の将兵も同じように扱った部下思いの将軍でもあった。明治25年（1892年）1月4日生まれ、昭和40年（1965年）8月30日没

栗《くり》林《ばやし》忠《ただ》道《みち》中将

硫黄島の戦いはハリウッドで映画化されたこともあり、日本でも有名な戦いの一つと言える。その指揮を執ったのが栗林忠道である。

硫黄島の戦いは孤立無援の孤島の戦いであり、結末はわかりきった戦いであった。しかしそれでも、米軍の攻略目標だった5日間を大幅に上回る36日にわたって死闘を繰り広げ、さらに日本軍の損害以上の死傷者を米軍に与えた戦いとして歴史にその名を刻んでいる。

そしてその死闘をなし得た背景には、栗林による緻密な防御計画があった。栗林は硫黄島に着任すると全島をくまなく視察した。そしてそのうえで、これまで日本軍が採用してきた水際撃滅の方針を捨て、長大な地下坑道に拠る持久作戦に転換したのである。

当初は反対意見も無くはなかったが、栗林が日々率先垂範して陣地構築を指導する姿を見て、いつしか反対意見は消えた。そして、米軍上陸までに全長18㎞にもおよぶ地下坑道を築き上げたのである。

そうしてこの地下坑道と徹底した持久作戦が米軍を苦しめた。だがそれ以上に米軍を苦しめたのは、栗林の指揮統率ぶりだったといえる。

どれほど堅固な要塞でも、戦う兵の士気が低ければ、あるいは指揮官の思い通りに兵が動かなければ、容易に攻略されてしまう。

硫黄島守備隊を指導して頑強に戦い、米軍にも高く評価されている栗林。文才や絵の才もあり、米国駐在中にはユーモラスな絵手紙を家族に送っていた。硫黄島戦最終段階の3月16日に発した、「戦局最後の関頭に直面せり　敵来攻以来、麾下将兵の敢闘は真に鬼神を哭（なか）しむるものあり」で始まる決別電はよく知られている。戦死後大将に昇進。明治24年（1891年）7月7日生まれ、昭和20年（1945年）3月26日没

その点、栗林は当時の帝國陸軍にあって、有数のアメリカ通であった。栗林は大尉時代に3年間アメリカに留学経験があり、その際に各地を訪問してアメリカの内情に詳しかった。当然対米戦には反対の立場だったが、それはアメリカの底力を知ればこそだろう。

そしてその知識故に、アメリカ相手にどう戦えばよいか心得ていたわけだ。

そして何より、栗林は兵を慈《いつく》しんだ。硫黄島は全島硫黄が噴出する劣悪な環境だが、米軍が上陸するまでの間、兵と同様の生活を営み、また他の将校にも特権的な振る舞いを禁じた。

そして一兵卒から将校に至るまで、心を一つにするための「敢闘の誓」という標語を自ら作成し、全軍一丸となって米軍を迎え撃ったのである。

栗林は文学的才能にも指揮統率にも優れた、当時の帝國陸軍でも有数の名将であった。

八原博通《やはらひろみち》大佐

八原博道ほど評価が極端な軍人も珍しいかもしれない。そしてそれは、取りも直さず八原本人の能力と性格に由来しているといえるだろう。

八原は陸大を優等で、しかも最年少で卒業したほどの俊英である。にもかかわらず、陸大同期が次々と将官に昇進する中、結局大佐で終わっている。これは八原の能力ゆえではなく、むしろ直言居士としての性格が禍《わざわい》している。

昭和17年、八原は第十五軍の参謀としてビルマ攻略戦に参加。しかしこの時も、作戦立案の着想などは抜群ながら、同僚との意思疎通に欠け、上司すら馬鹿にするような態度が問題となり、作戦後は再び陸大教官に戻されている。

万事がこんな調子だから、進級が遅れるのも当然といえば当然だが、本人は自分に問題があると分析しつつも、どこか他人事のようなところもあった。

そんな八原に転機が訪れたのは昭和19年に入ってすぐのことで、新設される第三十二軍の高級参謀として赴任することが決まった。

とはいえこの時期の沖縄はまださほど重要視されておらず、栄転とはほど遠い。だが戦局の急激な悪化に伴い、米軍の沖縄上陸が現実化を帯びていく中で八原の責任は日に日に重くなっていった。

ただ、作戦参謀として戦術家の腕の見せ所でもあり、また米国駐在武官も務めた経験を生かせる場でもあったといえる。

沖縄防衛については、主として大本営の責任で戦略が二転三転する混乱ぶりを見せたが、第九師団が台湾に抽出されて以降、八原は一貫して長期持久を主張した。

当初は第三十二軍司令部はおろか、大本営もそれに同意していたが、いざ米軍が上陸するや、考えがブレまくった。その挙げ句、それぞれの面子を保つためだけに、失敗すると分かっている総攻撃を実施して沖縄戦の敗北を結果的に早めることになった。

むろん八原の知謀がどれだけ冴えていたとしても、万能ではあり得ない。攻撃の失敗はあくまで結果でしかないが、八原の進言通り持久に徹していたら、沖縄戦の推移はもう少し違った形になっていたかもしれない。

とはいえ八原の進言が容れられなかったのは、やはり八原自身の性格によるところも大きいと思われる。

天は二物を与えなかったのである。

八原は第三十二軍の高級参謀として、実質的に沖縄戦の作戦を指揮・立案し、巧妙な防御で米軍に痛撃を与えた。第三十二軍司令官の牛島満大将、参謀長の長勇（ちょういさむ）中将が自決する中、民間人に紛れて脱出。戦後、第一級の史料である「沖縄決戦 高級参謀の手記」を記した。明治35年（1902年）10月2日生まれ、昭和56年（1981年）5月7日没

辻《つじ》 政信《まさのぶ》大佐

裕福とはいえない家庭に育った辻は、苦学の末に陸軍幼年学校に入学。しかも補欠からの繰り上げ入学だった。しかしその後、一念発起した辻は猛勉強の末に首席で卒業し、陸士、陸大も優等で卒業した。

辻の初陣は第一次上海事変で、激戦により負傷。病院送りになったものの自ら脱走して隊に戻り、再び中隊長として指揮を執った。これには猛者揃いの下士官たちも驚いたというが、たしかに辻は前線の戦術指揮官としては有能だったのかもしれない。

しかし参謀将校としての辻は些《いささ》か困った存在であった。ノモンハン事件の際には最前線で越権行為すれすれの作戦指導に当たり、事件終了後には難癖をつけて複数の連隊長を自決に追いやった。

さらに太平洋戦争が始まると南方各地を転戦。シンガポールでもやはり最前線に出向いて強引な作戦指導を行い、勝手に部隊編合をしてとにかく前進を促した。これについては幸い功を奏したが、マレー戦が終わった後には華僑の虐殺命令を勝手に出し、素直にそれに従った者は戦後に戦犯となって処刑された。

このマレー戦の時の上司は山下奉文だが、辻を評して「我意強く、小才に長じ、所謂《いわゆる》こすき男」と看破している。

その後も方々の激戦地に出没しては私物命令を発して現場を混乱させた。フィリピンではバターン戦後に米兵捕虜の虐殺命令をねつ造し、ニューギニアではポートモレスビー攻略を勝手に大陸命に仕立て上げる。

さらにガダルカナル島では将官である川口少将をボロクソに言って罷免に追いやるなどやりたい放題であった。

また一面では極端なほどの潔癖主義者で、女性や金品について他人にも自分にも厳しかった。

終戦はビルマで迎え、連合軍から戦犯に問われることを逃れるために僧形となって中国に潜入。国共内戦にも介入した後に帰国した。

そして戦犯の追求をまんまとかわした辻は、小説を発表するやそれがベストセラーとなり、さらに国政選挙にうってでて国会議員となった。

昭和36年、突如タイに行き、北ベトナム入りを目指してラオスに向かったまま消息を絶ち、昭和43年に死亡宣告を受けている。

「作戦の神様」と称された辻は、作戦参謀としてノモンハン事件、マレー戦、フィリピン攻略戦、ポートモレスビー攻略戦、ガダルカナル戦、ビルマ戦線など様々な戦線に出現。独断専行で指揮を執り、指揮系統を混乱に陥らせることが多かったが、しばしば前線視察に来て将兵を激励し、現場には人気があったという。明治35年（1902年）10月11日生まれ、昭和43年（1968年）7月20日死亡宣告

加藤建夫《たてお》中佐

さすがに昨今では「加藤隼戦闘隊」の名を知る人も減ったと思われるが、30〜40年ほど前なら子どもでも知っている者は多かったし、まして戦時中ともなれば、その隊長である加藤建夫は少年たちの憧れの的であった。

それは軍による宣伝効果もあっただろうが、それも実際の戦功あってのことである。

加藤は陸士を卒業後、そのまま航空畑に進み、初陣は昭和13年の支那事変における北支戦線であった。この頃からすでに指揮官先頭を実践し、それは生涯変わることはなかった。ところが加藤は操縦の腕前も抜群で所沢の飛行学校をトップで卒業している。そのため、しばしば部下が加藤に追いつけないような事態も発生している。

とはいえ猛将の下に弱兵なし。昭和16年に飛行第六十四戦隊長となり、太平洋戦争の開戦とともにマレー戦に参加。その際、マレー半島に上陸する輸送船団の上空護衛にあたったが、これは夜間に洋上を飛行するという、陸軍航空が最も苦手とするところであった。

そのため3機の行方不明機を出し、帰投した搭乗員たちも疲労困憊《こんぱい》であった。ところが加藤はこれらの隊員は休養させ、自らは残りの全機を率いて翌日も出撃している。この時点で加藤は戦闘機乗りとしては高齢の38歳であり、驚異的なタフネスぶりだ。隊長のこのような奮迅ぶりに隊員が決起しないわけがない。

こうして第六十四戦隊はマレー半島を巡る戦いで大戦果を挙げた後にビルマ方面へ転出した。

そして再びイギリス空軍を相手に死闘を繰り広げる毎日が続く。開戦から半年ほどの間に、第六十四戦隊が挙げた戦果は250機を数え、感状を7回も授与されている。

ただし加藤個人の撃墜スコアはそれほど多くはなく、生涯撃墜数は18機ほどとされる。もっとも、加藤はあくまで戦隊指揮官であり、撃墜数を競う立場にはない。そういう意味では部隊が挙げた戦果こそ評価されるべきで、それについては文句の付けようがないだろう。

しかし指揮官の死は、偉大であればあるほど大きな影響を及ぼす。加藤は昭和17年5月22日、英爆撃機との戦闘で被弾して戦死。加藤は少将に二階級特進し、軍によって「軍神」に祭り上げられたのだった。

大陸で複葉の九五式戦闘機の前に立つ加藤。技量と指導力を兼ね備えた、日本陸軍戦闘機隊を代表する撃墜王であり、戦闘機隊指揮官であった。温厚な性格でユーモアもあり、部下からの信頼は絶大だったといわれる。昭和17年5月の戦死後、少将に二階級特進した。明治36年(1903年)9月28日生まれ、昭和17年(1942年)5月22日没

西《にし》竹一《たけいち》中佐

本名よりも「バロン西」という名のほうが、もしかしたらよく知られているかもしれない。

西竹一はその「バロン（男爵）」が示すとおり、男爵位を持つ華族であった。父・徳二郎は外務大臣も務め、茶葉の輸入で財をなした人物であったが、竹一が10歳の時に他界。西は幼くして男爵位とともに莫大な遺産を相続した。

そのためか終生派手好みで、ハーレー・ダビッドソンや黄金のパッカード・コンバーチブルを乗りこなし、それでいて嫌みではなく人に好かれるタイプだった。もっとも、西のその浮世離れした暮らしぶりから批判的に見る者もいるが、部下から慕われていたことは確かである。

西のエピソードとして欠かせないのは、愛馬「ウラヌス」のことだろう。陸士を卒業して騎兵としての道を歩み始めていた西は駿馬を求め、イタリアまで出向いてウラヌスを買い付けた。

なかなか体躯の大きい馬だったようだが、西はこのウラヌスとともに昭和7年（1932年）のロサンゼルス・オリンピックに出場。下馬評を制して馬術大障害飛越競技で金メダルを獲得する。当時、日本人として金メダルを獲得したことはまさに快挙であった。

そして西が男爵位を持っていることが知れると、アメリカ人たちは「バロン西」と呼び、天真爛漫な性格と相まってたちまち人気者となった。

華やかな生活と鷹揚な性格で有名だった西。ロサンゼルスの社交界でも浮名を流した美男子で、夫人には「俺はもてているよ、アバヨ」との手紙を送ったこともあった。硫黄島では顔面を負傷しながらも明るく振舞い、部下たちも「さすがオリンピックの西さんだ」と感服したという。戦死後大佐に昇進。明治35年（1902年）7月12日生まれ、昭和20年（1945年）3月22日没

しかし時代は世界的に暗い方向へと進む。同時に、西も中佐に昇進して戦車第一師団捜索隊長を経て、戦車第二十六連隊長に就任した。

同連隊の硫黄島行きが決まると愛馬ウラヌスの鬣を切ってお守りとして持参し、別の馬とともに出征した。

硫黄島では戦車連隊長として奮戦するも、米軍のM4シャーマンに九七式中戦車では歯が立たない。やむなく地中に車体をダッグインして戦ったが、やがて装備車輌もすべて失った。

それでも西は戦いを止めず、斬り込み戦を繰り返したという証言もある。だが、諸説あるが西の最期は今以て不明のままだ。

ただ、一つだけはっきりしている事実は、西が戦死したと思われる直後、ウラヌスもまた息を引き取ったということだ。まさに人馬一体を地で行く最期であった。

第六章 ―

帝國陸軍かく戦えり

図／おぐし篤、田村紀雄

明治の建軍以来、太平洋戦争の敗戦とそれに伴って陸海軍が解体されるまで、帝國陸軍は70年あまりの歴史を誇った。そしてその歴史はまさに戦いの歴史であった。

では帝國陸軍はいかにして戦い、そして滅びたのか。その戦いの歴史を紐解いてみたい。

第一節
西南戦争から第一次世界大戦まで

西南戦争

明治維新後の日本において誕生した常備軍は、その国家と同じく小さく、脆弱な存在であった。それまでの幕藩体制下における「軍隊」は、各藩が独自に有するいわば私兵であり、これを国家の元に統一した軍隊とするには多くの抵抗があった。

それは一言でいえば武士階級の特権剥奪ともいえるものであり、徴兵制の施行は武士階級の誇りを踏みにじる行為と受け取られたのである。

こうして、新政府が徐々に軍隊を建設し始める一方で、国内各地、とりわけ西国ではかつて武士だった士族たちの不満が高まっていった。そしてそれは**神風連《しんぷうれん》の乱**や**秋月の乱**として実際に噴出し、そのたびに鎮圧されていった。

しかしこれら一地方の騒乱と一線を画すほどの士族反乱が勃発する。いわゆる**西南の役**である。かつて陸軍大将まで務めた西郷隆盛が頭目として担ぎ上げられたこの反乱は、規模の面からみても内乱と呼ぶに相応しかったが、西郷が当初から「戦争」を起こそうとしていたかという点については疑問だ。

しかしさまざまな不幸が重なった結果、九州全域を巻き込んだ内乱となったのである。

とはいえ、この当時の日本の国軍の戦力はまだまだ心許なく、常備兵力も少なかった。騒動が起こった明治10年（1877年）2月14日から5日後、第一および第二旅団が動員され、さらに少し遅れて第三旅団が動員された。ただしこれら旅団は各鎮台の部隊をもとに編成された部隊であり、常設部隊ではない。

一方、鹿児島を出発した薩軍は北上し、まずは2月22日から政府軍の拠点である**熊本城**の占領を試みた。しかし思いがけず苦戦し、多くの損害を出してしまう。その後、主力はさらに北上を続けたがこの時間の浪費が響き、その間に政府軍は北九州に展開、南下を開始した。

これによって3月4日以降、薩軍の北上ルート上にある**田原坂**《たばるざか》で激戦が繰り広げられたが、薩軍はついにこれを抜くことができなかった。

西南戦争での両軍の動きと主要な戦闘

さらに政府軍は海軍の軍艦11隻をもって4月19日に熊本の八代に上陸、そのまま南下して鹿児島を占領した。この時点でもはや薩軍の勝機は消えていたが、西郷は部隊をまとめると鹿児島の**城山**まで強行突破した。そしてこれを包囲した政府軍に最後の突撃を敢行して西郷以下の主立った幹部は戦死、西南戦争は終結した。

こうして、日本軍として戦った最初の戦争は苦い勝利で幕を閉じたのである。

日清戦争

西南戦争に勝利したとはいえ、それはあくまで内乱の鎮圧に過ぎない。もともと建軍当時の日本軍は、鎮台制を中核とした治安維持を主任務とした軍隊である。

しかし、時代はまさに植民地主義全盛であり、日本も対外進出を目指しつつあった。そしてそのためには、軍隊という武力の後ろ盾がなければ話にならない。

こうして、日本はさらなる軍備拡張を図るとともに、軍隊の組織改革も次々と行っていった。その一つが**参謀本部の設置**（明治11年：1878年）であり、**陸軍大学校の開校**（明治16年：1883年）である。そしてこの頃から陸軍はフランス式からプロシア式に移行している。また、明治19年には鎮台制を廃止して**師団を常設**した。

これはつまり、陸軍が治安維持の軍隊から、外征型の軍隊へ変貌しつつあることを示すものであった。

ところで明治時代において、新興国である日本がもっとも脅威に感じていたのはロシアであった。隣国の清国も大国であり、脅威には違いないが、情勢だけを見れば西欧列強に侵食されている。米英なども大国ではあるが、日本に直接脅威を与えるには本国が遠すぎた。しかしロシアは北方で国境を接し、さらに日本の利益線である朝鮮半島の権益を虎視眈々と狙っていた。つまり、いつかは衝突する可能性が大きいと考えられていた。

こうした情勢を見据えて日本は軍備増強に邁進したわけだが、その朝鮮半島を巡って、ロシアではなく清国と戦端を開くことになった。

当時の朝鮮は清国の従属国だったが、朝鮮の王室は二分していた。すなわち、これまで通り清国に従属すべきという一派と、維新を成し遂げた日本と外交関係を修復して独立すべきという一派である。

この王室内の権力闘争と日清両国の思惑が交錯した結果、日清戦争の開戦に至る。危機感を覚えた日本は朝鮮に対して「朝鮮国内からの清兵駆逐を要請」するように仕向け、派兵を開始。これに対して清国も平壌を中心に大部隊を集結させつつあった。

日本は首都・漢城こそ押さえていたものの、南北両面で清国軍に包囲されつつあったことから、まずは南方に展開中の清国軍を撃破することを決意した。こうして明治27年（1894年）7月、成歓において日清両軍は矛を交えることになった。この**成歓の戦い**は、動きの鈍い清国軍に対して大島義昌少将率いる混成第九旅団が強襲をかけて勝利した。

そして敗走する清国軍を追って日本軍は北上を続け、ついに平壌において再び相まみえることになった。なお、日清両国による正式な宣戦布告は8月1日のことである。

当時、平壌周辺には約1万5000名ほどの清国の戦力があった。しかしこれを統一指揮する指揮官は不在で、4人の将が協議する形式を取っていた。また装備なども前近代的であり、全体的にみて近代的な軍隊の体をなしていなかった。その後、成歓の戦いで敗れて敗走していた葉志超が平壌に到着して総指揮官となったが、軍の士気は却って低下したと言われる。

これに対して日本軍は野津道貫《のづみちつら》中将率いる第五師団を平壌攻略に向かわせた。さらに9月1日、大本営は来春の直隷（※）決戦に備えて第一軍を編成し、その司令官には山縣有朋《やまがたありとも》大将が就任した。第一軍は第三師団と第五師団を基幹として朝鮮半島の作戦を遂行し、その後、陸沿いに中国東北部へ進攻する計画であった。

こうして9月15日より**平壌城**に対する総攻撃が開始されたが、予想に反してあっけなく陥落した。攻撃が開始され、城壁の一角が崩れると清国軍は白旗を揚げ、翌朝の開城を約束。しかし清国軍はその日の夜のうちにほとんどが城から脱出してしまった。

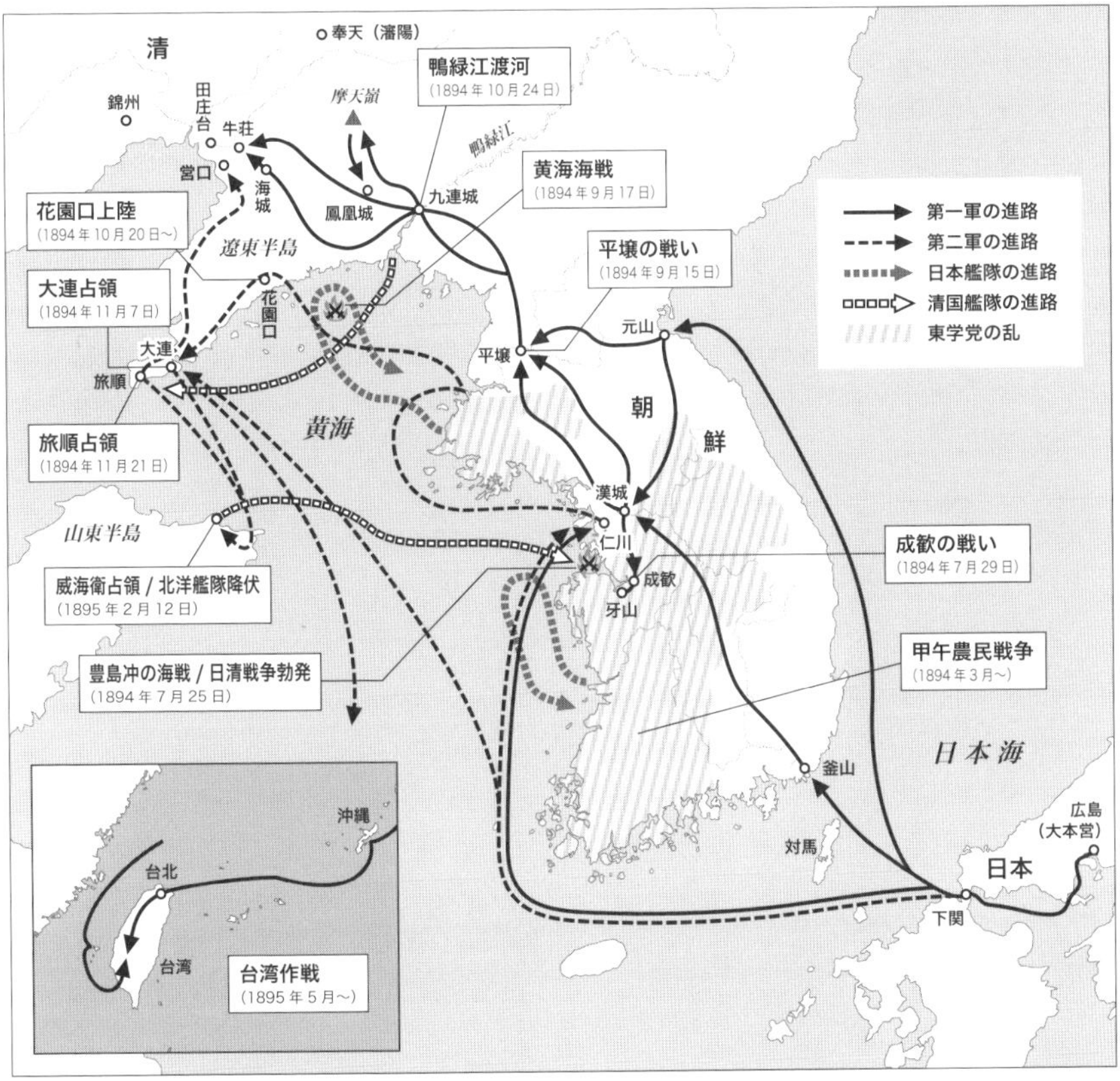

日清戦争の各軍・艦隊の動きと主要な戦闘

（※）…首都の北京を含む直隷省のことで、現在の河北省。

これによって「朝鮮半島から清国軍を一掃する」という当初の目的は達成されたが、第一軍司令官の山縣はこれで満足しなかった。第三師団に対して国境を越え、海城の占領を命じたのである。これは来春の直隷決戦を有利に進めるため、山縣なりに考えた策であったが、大本営の意向を無視した行為でもあった。

だが桂太郎中将率いる第三師団は無事に**海城**を占領。中国東北部に楔を打ち込むことに成功した。ところが海城はいわば敵中に孤立した点である。そのため、この直後から海城は清国軍の猛攻に晒されることになる。

山縣の独断専行を面白く思わない大本営だったが、このまま海城を放置するわけにもいかず、3月より攻勢を開始した。第三師団には海城を出て北方の鞍山站を占領させ、さらに鳳凰城を出た第五師団がその後詰めとして到着、牛荘城を攻略した。また第一師団も営口を占領後、第三、第五師団と協同して田庄台をも制圧した。

こうして第三師団は危機を脱し、遼河平原を平定した。そしてこの一連の攻勢がきっかけとなって日清両国は和平に向けて動き出し、ほどなくして戦争は終結したのだった。

日露戦争

下関講和条約の締結によって日清戦争は終結したが、それはまた新たな戦争への火種となった。というのも同条約の講和条件の一つに遼東半島の日本への割譲があり、その内容についてプロシア、フランス、ロシアが難癖をつけてきたからだ（**三国干渉**）。

その背景には、ロシアの目を欧州からアジアに向けさせたいというプロシアの魂胆があった。そしてロシアもまた中国進出を狙っていたことから、両者の思惑が一致した。そのために三国は日本に対して遼東半島の返還を強硬に迫ったのである。

この結果、戦争を終えたばかりの日本はこの理不尽な要求を受け入れざるを得なかった。しかしこの悔しさは日本国民の感情を却って逆なでし、臥薪嘗胆《がしんしょうたん》を合い言葉にさらなる富国強兵への道へ突き動かした。そして清国から得た賠償金を元手に、陸海軍は軍備増強を推し進めていったのである。

日清戦争からちょうど10年を経て、日本とロシアはついに戦端を開くことになった。日清戦争によって日本は朝鮮半島の権益を確保したが、遼東半島に続き、ロシアがいよいよ朝鮮半島にまでその勢力を伸長し始めたためである。

未だ東洋の小国だった日本にとって、ロシアとの戦争は大きな賭けであった。国力差もさることながら、バルト海沿いのロシアの首都・ペテルスブルグを攻め落とすことなど不可能であり、戦争はあくまで満州に限定せざるを得ない。しかしそれではどうやってロシアに戦争で勝てばよいのか。

日本としては連戦連勝して、結果としてロシアが戦争継続を断念せざるをえない状況を作り出し、そのうえで第三国に講和斡旋を依頼するほかなかった。つまり、日本としては勝ち続けることが戦争を終結させるための唯一の道であった。

明治37年（1904年）4月、黒木為楨《ためもと》大将率いる第一軍が**鴨緑江《おうりょくこう》渡河作戦**を敢行し、激戦の末にこれを制して日本軍は再び中国国内に進入した。

一方、奥《おく》保鞏《やすかた》大将率いる第二軍は遼東半島の塩大澳に5月に上陸。**南山**を攻略すると北上を開始した。日本軍の戦略としては、第一軍と第二軍が分進合撃して遼陽を目指し、同地を決戦場としてロシア軍を包囲撃滅する計画であった。

ただ、日本軍は開戦当初から一つの足かせをはめられていた。それは日本本土から大陸への補給は海上輸送に拠らなければならず、そのためには黄海の制海権が必要であった。しかし旅順を根拠地とするロシアの旅順艦隊が存在するため、つねに輸送には不安がつきまとった。

この結果、開戦前の計画にはなかった第三軍を新たに動

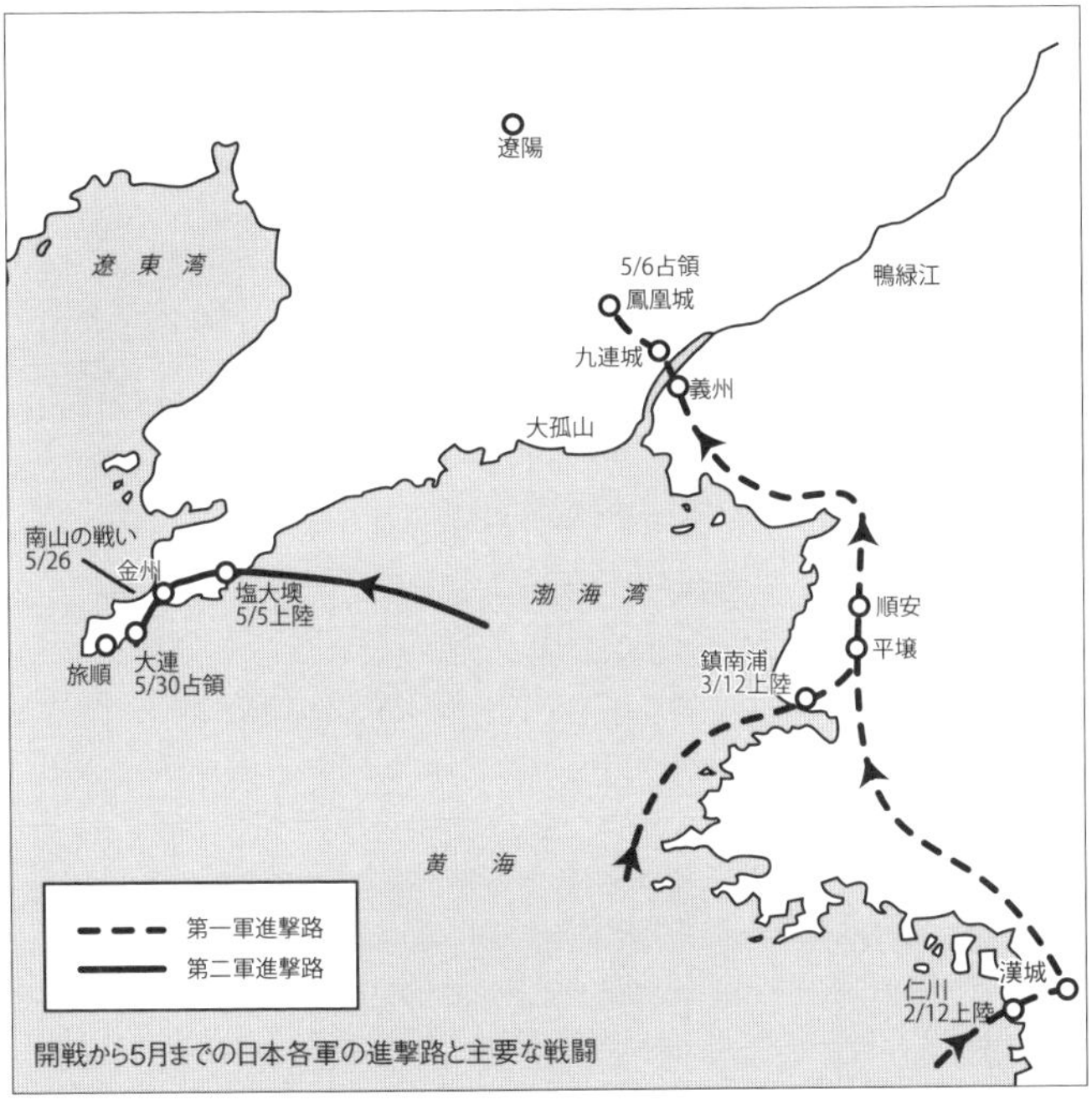

開戦から5月までの日本各軍の進撃路と主要な戦闘

員し、旅順要塞を陸上から攻める必要が生じたのである。

また、第一軍と第二軍の間隙を埋めるために第四軍も新たに動員・編成され、遼陽へ進撃を開始した。

こうして8月26日、第一、第二、第四軍は**遼陽**においてクロパトキン大将率いるロシア軍と激突した。待ち構えるロシア軍に対して日本軍は正面からぶつかって戦線は膠着

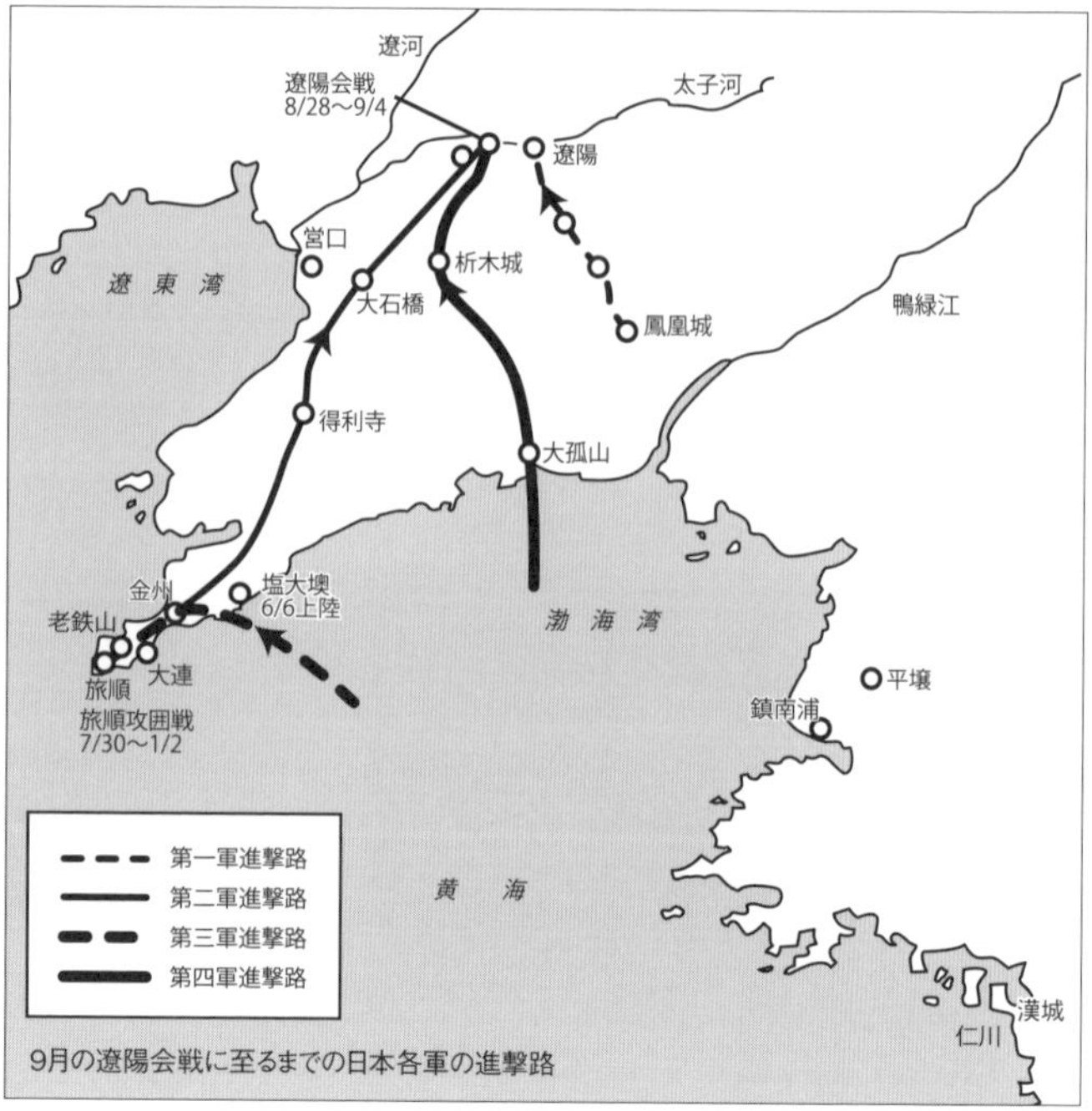

9月の遼陽会戦に至るまでの日本各軍の進撃路

したが、日本軍右翼の第一軍が太子河を渡河して大きく迂回を開始した。これに釣られたロシア軍も戦力を移送したが、次第に半包囲の状況になりつつあった。

9月4日、この状況を不利とみたクロパトキンは遼陽を放棄して撤退し、日本軍は遼陽会戦に勝利した。だが、ロシア野戦軍を包囲撃滅するという大目的は達成できなかった。

一方、**旅順攻略**を任された第三軍司令官の乃木希典《のぎまれすけ》大将は苦戦を強いられていた。乃木は日清戦争の際にも旅順を攻撃してこれを陥落させた経験を持つが、その頃に比べて旅順要塞は大幅に近代化されていたためである。

8月の第一次総攻撃、9月~10月の第二次総攻撃は失敗に終わり、第三軍の損害は大きかった。また、消費した弾薬も膨大なものであり、ロシア軍との再度の決戦を控えた満州軍総司令部にとっては頭の痛い問題であった。

こうした中、陣容の立て直しを図っていた日本軍に対して、ロシア軍は10月から攻勢を開始した。**沙河会戦**と呼ばれるこの戦いで日本軍は守勢であったが、ロシア軍の部隊間の不協和からやがて攻勢は頓挫し、日本軍は危地を脱した。

11月26日、旅順では三度目となる総攻撃が開始され、激戦の末に**二〇三高地**を奪取した。この高地を占領したこと

第三回旅順総攻撃前の第三軍の部隊配置。乃木希典率いる第三軍は第三回総攻撃でついに203高地の奪取に成功、旅順港に停泊していたロシア極東艦隊は壊滅した

旅順港を砲撃する第三軍の28cm砲（二十八糎榴弾砲）

で日本軍は旅順港に対して正確な砲撃が行えるようになったのである。そしてこれがきっかけとなって旅順攻略戦は一気に進捗し、明治38年（1905年）1月1日に旅順守備隊は降伏したのだった。

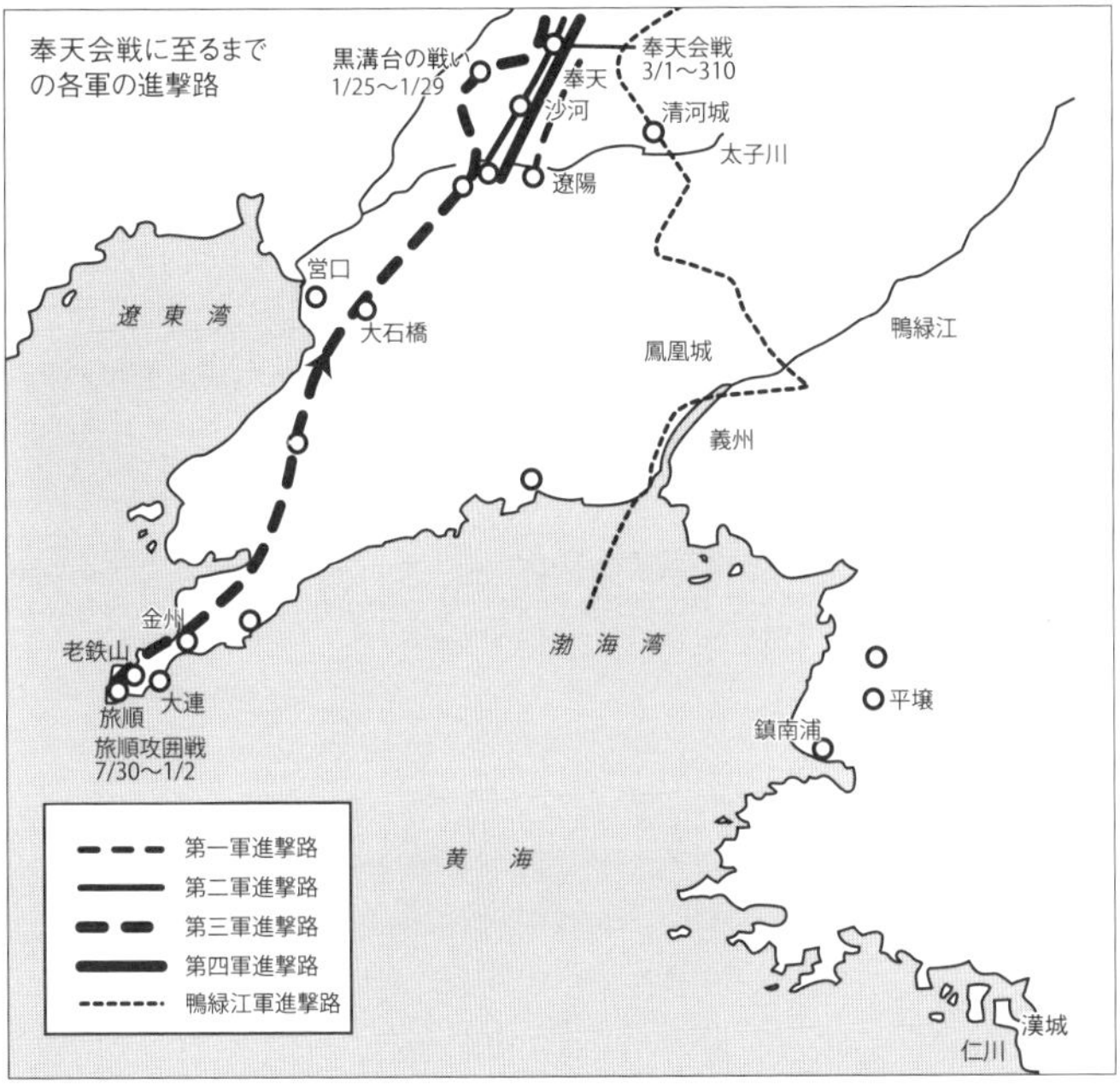

奉天会戦に至るまでの各軍の進撃路

この旅順陥落はロシア軍を刺激した。第三軍の北上が確実となったからである。そのため、1月25日、ロシア軍は先手を打って冬期にもかかわらず攻勢を開始した。**黒溝台の戦い**と呼ばれるこの戦いで、日本軍は不意を突かれたために対応が後手に回ったが、ロシア軍もまた攻撃が不徹底であった。そして日本軍はどうにか戦線を安定させたため、

ロシア軍はついに攻撃を中止して撤退した。

そして3月、日本軍は最終決戦を行うために奉天への進撃を開始。日本軍の総力を挙げての決戦・**奉天会戦**となった。しかし戦力で劣る日本軍は攻めあぐね、戦線はまたもや膠着。この状況を打開するために第三軍が左翼から大きく側方迂回を行った。

結果的にはこの機動に幻惑されたクロパトキンがまたもや及び腰となって撤退を開始、会戦は日本軍の勝利に終わった。しかしまたしても包囲撃滅することは叶わなかった。

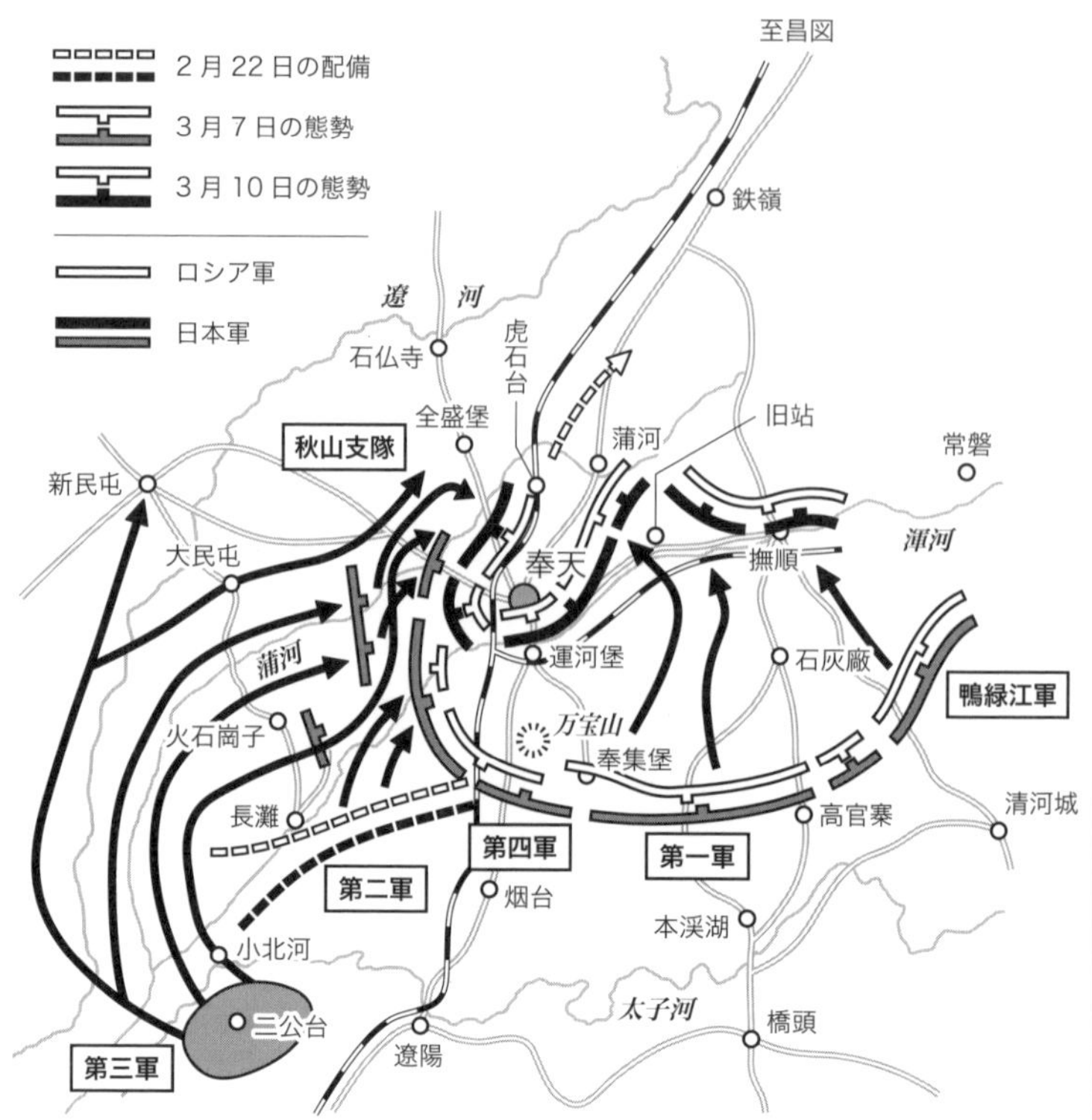

奉天会戦の戦況図。日本軍は運動戦を駆使して奉天のロシア軍の包囲殲滅を狙ったが、包囲網が閉じる前にロシア軍を取り逃がしてしまった

奉天会戦終了後に整列して点呼を取る日本軍第一師団

日露戦争はその後、5月27日の日本海海戦の完勝を経て終結。日本は大国であるロシアに事実上勝利し、世界中を驚かせたのだった。

第一次世界大戦とシベリア出兵

日露開戦からちょうど10年後の大正3年（1914年）、

欧州に端を発した戦争は世界規模の大戦争へと発展した。第一次世界大戦である。

当時日本はイギリスと同盟を結んでいたこともあり、連合国の一員として参戦し、ドイツの租借地だった**青島を攻略**。そして戦勝国として、海軍が占領した南洋諸島を委任統治領として獲得した。

ところで、日露戦争は世界の歴史において一石を投じた出来事でもあった。日露戦争の結果がすべてではないにしても、ロシア革命発生の要因の一つとなったからだ。

ロシア革命は世界中の国に大小様々な影響を与えたが、日本にも少なからぬ影響を及ぼした。社会主義思想の拡散のみならず、シベリアへ軍隊を派遣するという直接的な関与によってである。

事の起こりは第一次世界大戦中にロシア革命が勃発し、ドイツとロシアが単独講和したことにある。この時、ロシア国内にいたチェコ軍捕虜をウラジオストック経由で欧州に戻すことになったのだが、ロシア軍とチェコ軍の間にトラブルが発生してこれが不可能になった。

そこで連合国では**シベリアに出兵**してこのチェコ軍を救出しようということになり、日本にも話が持ちかけられた。

日本は当初慎重だったものの、のちにアメリカが参加を決めたことで大正7年（1918年）8月、出兵に踏み切った。

そして当初の目的だったチェコ軍の救出問題が解決されると、英仏米の各国軍は順次撤退を開始したのだが、日本だけはシベリアに居座り続けた。

じつのところシベリア出兵に際し、各国の本当の目的はソビエト政権の打倒にあったわけだが、それが到底不可能となった時点で各国はさっさと撤退を決定したわけである。しかし日本は撤退のタイミングを見誤り、その後もズルズルと出兵を続けた。結局、シベリア出兵は大正11年まで4年あまりという長期間に及び、その間に延べ11個師団が投入された。

だが、住民の反感を買う以外に得たものはなく、労多くして実りない無駄な出兵であった。

ところで第一次世界大戦が終結すると、世界経済は不況へと向かっていた。にもかかわらず、各国の軍備拡張は続いた。そのため当然のことながら国家財政は厳しくなり、結果、大正時代は大幅な軍縮が進行した時代でもあった。

大正11年（1922年）に行われた陸軍の軍縮は、時の陸軍大臣の山梨半造の名を取って**山梨軍縮**と呼ばれる。この時の軍縮では1個大隊・4個中隊編制のところ、3個中隊とし（1個中隊は欠番）、機関銃中隊を増設した。言ってみれば兵員数を減らした分を火力で補うことが主眼であった。この山梨軍縮によって人員約6万名が削減され、概ね成功と評価される。

これに対して大正14年（1925年）に実施されたのが**宇垣軍縮**で、この時には常設4個師団が廃止された。山梨軍縮との大きな違いはまさにこの点で、師団が廃止されるということは、将校のポストが減少することを意味する。この結果、この軍縮案は初めから陸軍内で大きな反発を生んだ。しかし宇垣はこれを断行した。

実のところ、宇垣軍縮は経費削減が目的ではなく、本当の狙いは軍の近代化にあった。そのため常設師団を減らしてまで戦車部隊や飛行部隊の拡充に当てたのである。だが、そのことは既得権益を有する高級将校たちには受け入れがたかった。

またこの軍縮は陸軍内の派閥抗争を反映していた面もあり、上原派（九州閥）はこれによって退けられた。もっとも、後に宇垣が首班指名されたときに流産したのは、この時の遺恨が遠因だったとも言われる。

ともあれ二度の軍縮を経て、陸軍の軍近代化が促進されたのだった。

第二節

満州事変と支那事変・ノモンハン事件

満州事変

日清・日露戦争の結果、日本は遼東半島に進出し、満州鉄道という実利を得た。そしてこれを監督するために関東総督府を開き、さらに権益保護のために1個師団および6個独立守備大隊を常駐させた。これがのちの**関東軍**の母体となった。

一方、満州は張作霖軍閥の勢力下にあり、日本との蜜月関係を経て反目、関東軍司令部は謀略によって張作霖を爆殺した。

さらに昭和6年（1931年）9月に瀋陽（奉天）近郊で起こった**柳条湖事件**を契機として関東軍は瀋陽を占領すると、そのまま満州全土に対して軍事行動を開始した。これは日本政府および軍中央の意図を汲んだものではなく、関東軍参謀による、いわば独断専行であった。しかし朝鮮軍（朝鮮配備の日本軍）もこれに加担して、満朝国境を越境して満州に入った。

この一連の動きに日本政府および参謀本部は不拡大を伝えたが、動き出した軍は止まらなかった。そして10月には北京にいた張作霖の息子の張学良が約1万名の兵力を持って反撃を企てて満州に進撃を開始した。日本軍はこれを食い止めようと**錦州**に対して都市爆撃を敢行。実質的な損害は与えられなかったうえに、諸外国からの非難を浴びた。

さらに満州の情勢から諸外国の目をそらさせようと、上海において再び謀略を用いた。これによって昭和7年（1932年）1月、**第一次上海事件**が勃発し、日本の海軍陸戦隊と中国軍の第19路軍との間で激戦が展開。状況を打破するために陸軍は第九師団と混成第二十四旅団を派遣したが、戦線はなおも膠着したままだった。そこでさらに2個師団を動員して戦線背後の七了口に上陸させ、ついに中国軍が総退却を開始したことで事態は終息した。

また、満州においても2月初旬の哈爾浜《ハルビン》における戦闘を最後にほぼ全土が平定された。その後も増援を得た関東軍は**熱河省への進攻**を行い、一時は長城を越えて関内まで入り込んだ。しかしこれ以上の拡大は天皇も望まず、昭和8年5月に塘沽協定が締結されて満州事変は終息した。

だがこれで満州における問題がすべて解決したわけではなく、むしろより大きな騒乱への導入に過ぎなかったのである。

支那事変

満州事変の終結後、日本と中国は表面上は平静を保っていた。しかし現実には反日運動は日増しに強くなり、小さな紛争は日常茶飯事となっていた。

そうしたなか、昭和12年（1937年）7月7日に北京で小さな争いが生じた。未だに真相は闇の中だが、夜間演習中の日本軍に対して何者かが発砲し、兵士1人が行方不明となった（後に帰隊）。事態を重く見た支那駐屯歩兵第一聯隊長の牟田口廉也《むたぐちれんや》大佐は中国軍守備隊に対して戦闘行動を開始した。これを**盧溝橋《ろこうきょう》事件**という。

当初はよくある小競り合いに過ぎなかったが、事態は次第に拡大し、双方の対応はエスカレートしていった。そしてこれを契機として**北支事変**（後に**支那事変**）に発展する。

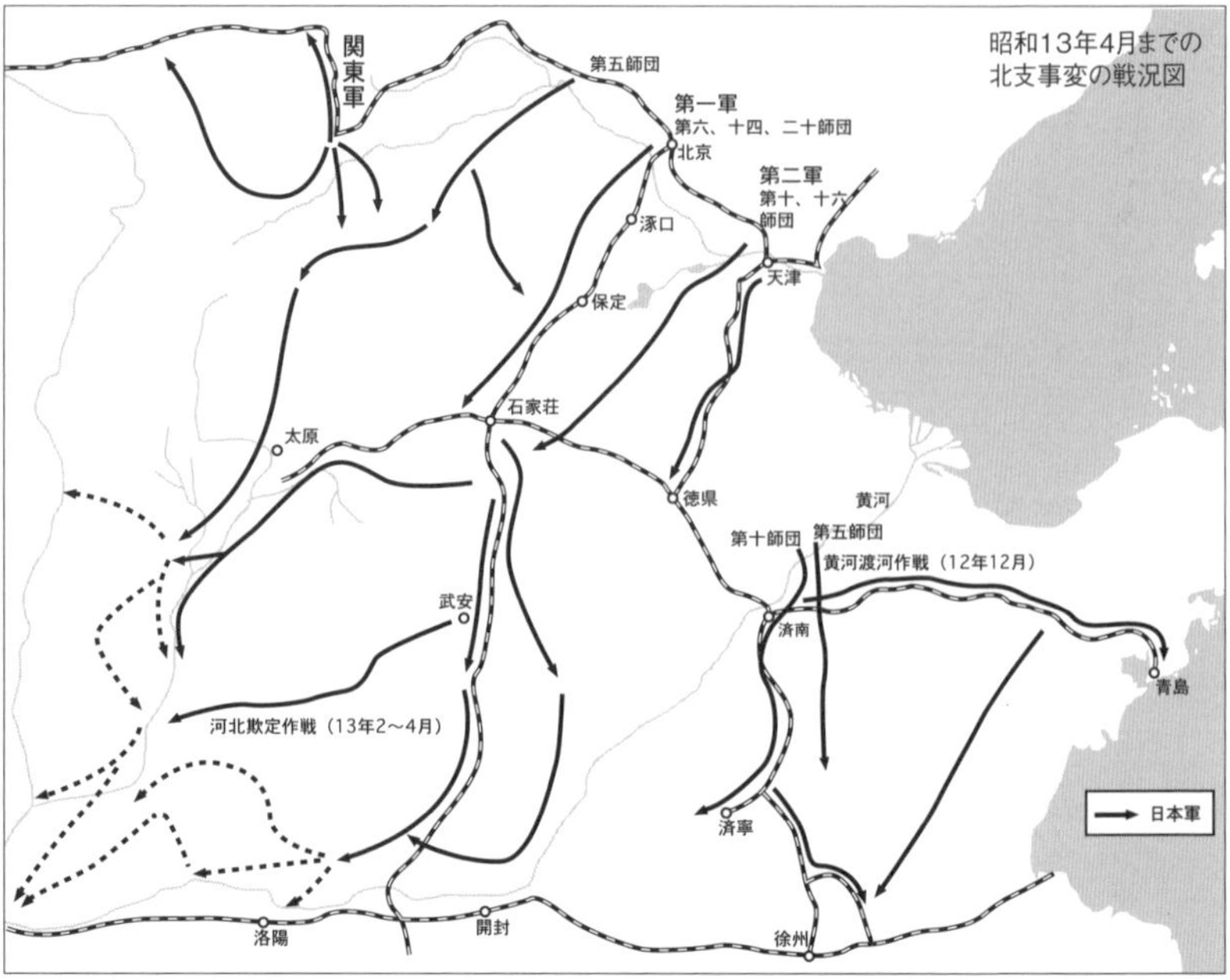

昭和13年4月までの
北支事変の戦況図

しかし政府も軍中央も、あくまで不拡大方針であった。ところがこの時の参謀本部作戦部長は石原莞爾だった。言うまでもなく柳条湖事件の首謀者である。そのため、現地部隊を宥《なだ》めようとしても、却って「かつて貴方がやったこと」と言われる始末であった。

こうして支那駐屯軍は南下して次々に河北省の要地を占領していった。しかしその後の大陸における戦い同様、中国大陸はあまりに広大で、日本は鉄道線路沿いに進軍し、主要都市を占領したに過ぎない。一見すると広大な領土を制圧したかに見えるが、日本軍はあくまで点と線を保持し

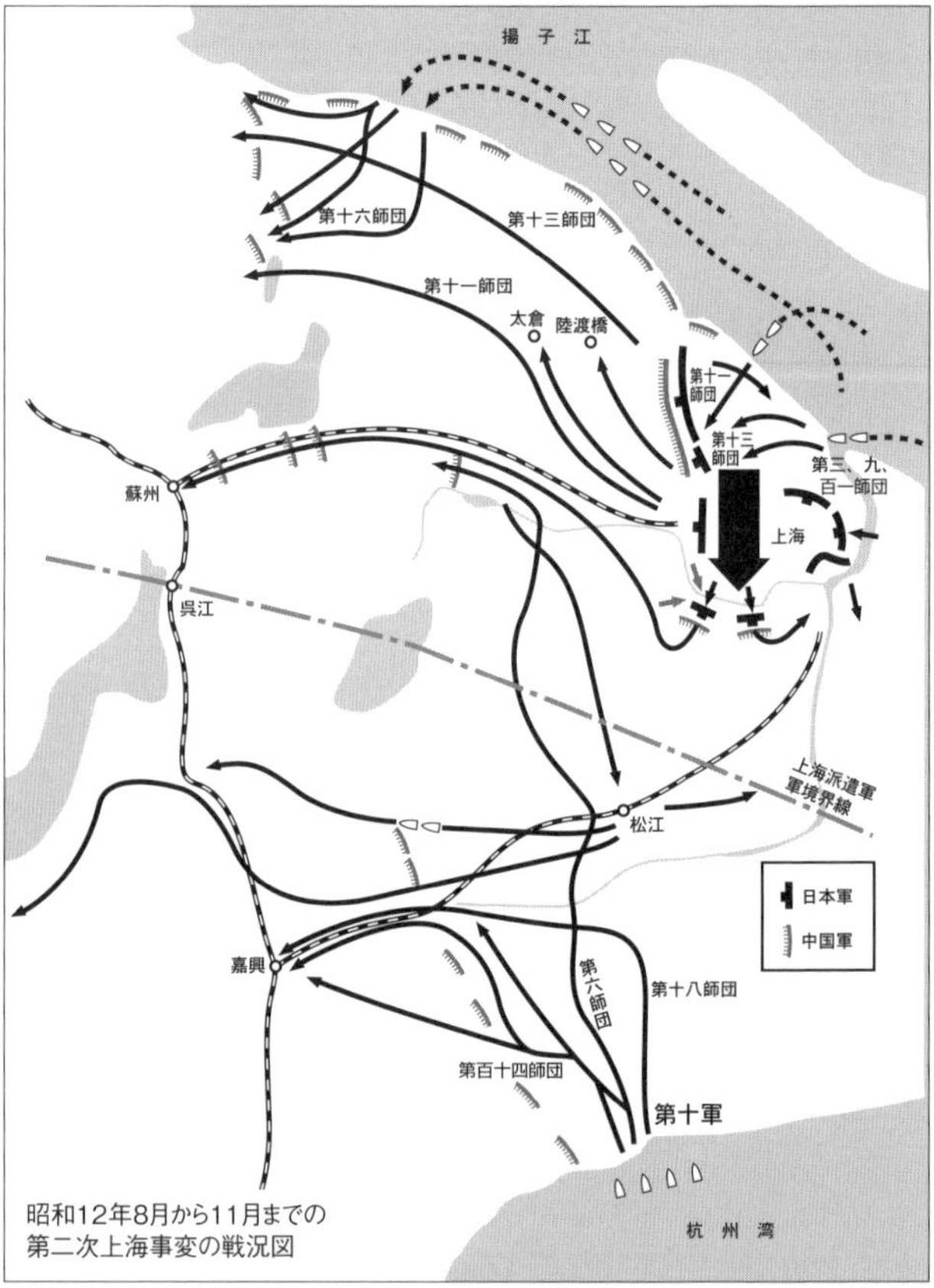

昭和12年8月から11月までの
第二次上海事変の戦況図

ているに過ぎなかった。

ところで北支で戦闘が進む中、南では**第二次上海事変**が勃発した。陸軍はただちに上海派遣軍を編成して第三および第十一師団を派遣した。しかし中国軍第19路軍も頑強に抵抗し、数で勝る中国軍に日本軍は次第に圧倒され始めた。

そこで参謀本部は新たに第九、第十三、第百一師団を増派したが、それでも戦局は好転しなかった。そのため第十軍を新たに編成し、11月に**杭州湾**に上陸後、北上させた。

この新手の部隊の登場にさすがに中国軍も抗しきれず、退却を開始。一方、日本軍もこれを追って北上した。事態の拡大を望まない中支方面軍は度々統制線を設定して各部隊の前進にストップをかけたが、そのたびに前線部隊はさらに先に進み、司令部はこれを追認するほかなかった。そしてついに国民党政府の首都である**南京**に迫り、激戦の末、12月13日にこれを占領した。

ところが、国民党政府の蒋介石総統は11月には奥地の重慶に遷都していた。そのため南京陥落は戦争終結には何ら寄与しなかった。それどころか、日本はさらなる泥沼にはまり込んでいくことになる。

北支では昭和13年（1938年）4月から**徐州**において

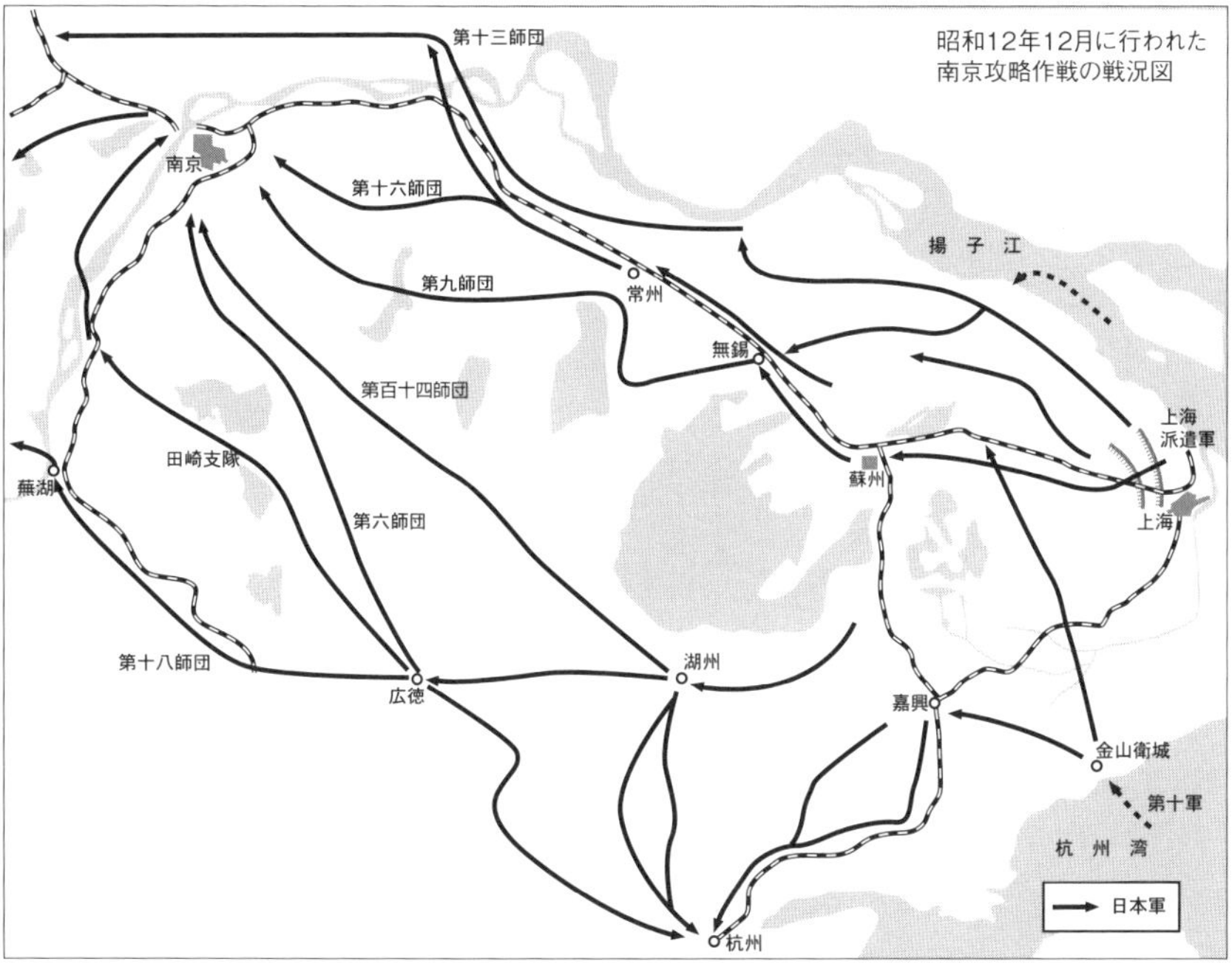

大規模な包囲戦が展開されたものの、日本軍の兵力不足から包囲環を閉じられずに中国軍を殲滅することに失敗。以

後、中国共産党軍（中共軍）によるゲリラ活動とも対峙する苦しい闘いを続けることになる。

また中支では昭和13年6月に**武漢攻略作戦**を発動し、第二軍および第十一軍が投入された。参加師団は9個師団を中核としてその他様々な支援部隊が加えられ、総兵力は50万名以上であった。対する中国軍は第5戦区軍および第9戦区軍で、編制上では100個師以上となる。なお、中国軍の1個師は概ね日本軍の旅団程度の戦力と考えられるが、師によって戦力にかなりのばらつきがあった。

こうして支那事変最大規模の攻略作戦が開始された。だが揚子江沿いを進む第十一軍は縦深に連なる要害地帯を越えていかねばならず、苦戦を強いられた。また特設師団である第百一および第百六師団などは敵の反撃によって大損害を被っている。

また第二軍は大別山脈を踏破して南下、漢口を目指した。第二軍は敵と戦う以上にコレラなどの疾病にも悩まされたが、予定通り漢口北方まで進んだ。

そして第十一軍は最後の要害である田家鎮を9月に制圧すると、戦線整理を行った後、10月より最後の前進を開始。26日には漢口を占領した。

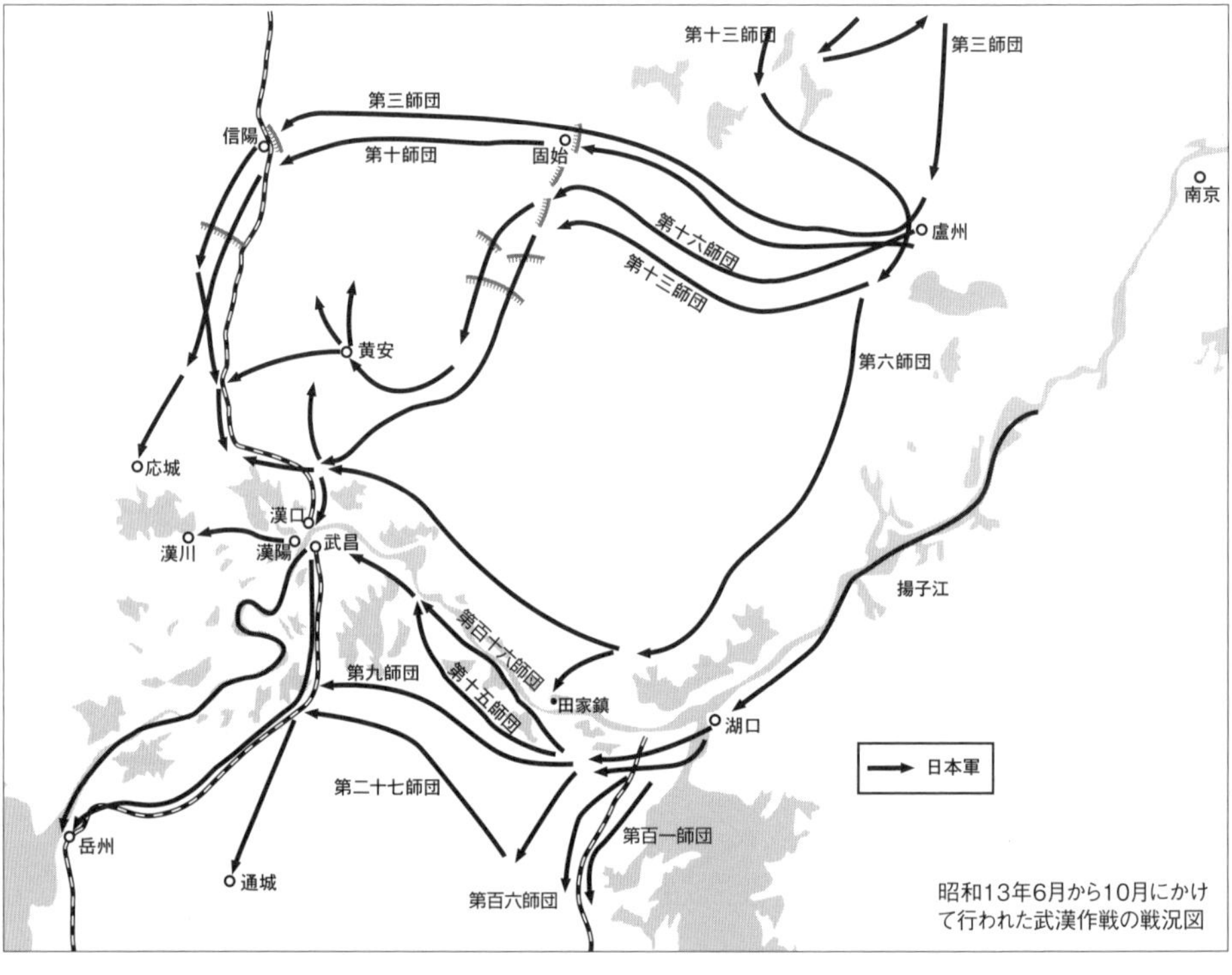

昭和13年6月から10月にかけて行われた武漢作戦の戦況図

こうして中国最大規模の工業地帯である武漢三鎮も日本軍の手に落ちたが、それでも蒋介石は両手を上げず、むしろより一層日本との対決姿勢を鮮明にしたのだった。

張鼓峰《ちょうこほう》事件とノモンハン事件

日本が満州事変を起こして満州全土を掌握する過程で、ソ連は驚くほど反応を見せなかった。というのも、革命後のソ連はこの時点では極東方面にかまけている余裕がなかったためである。

ところがそれから10年も経たず、極東ソ連軍は日増しにその勢力を拡張していた。この時点まで日本軍のソ連観は未だ革命初期の脆弱な体制と判断していたが、すでにそれは時代遅れだと気付かされる事件が勃発した。

満州、朝鮮、ソ連の国境が交差する地域に**張鼓峰**という小高い丘がある。この周辺は清とロシアとの間で国境線を定めていたのだが、いつしかそれが曖昧になっていた。

そうした中、昭和13年（1938年）6月にロシア軍高官がこの満ソ国境を越えて亡命してきたことから事件が勃発した。ソ連軍はこれを契機に部隊を張鼓峰へ進出させた。しかし日本側からすれば張鼓峰は国境線の満州国側にある。

そのため朝鮮北部に駐屯していた第十九師団が同地に急行した。そこでソ連軍はいったん撤退したため、第十九師団も順次撤収を開始した。ところがソ連軍はさらに戦力を増強して、今度は明らかに越境を開始した。

そこで第十九師団長の尾高亀蔵《すえたかかめぞう》中将は撤収を中止させるとともに、7月29日、越境して来たソ連軍に対して攻撃を

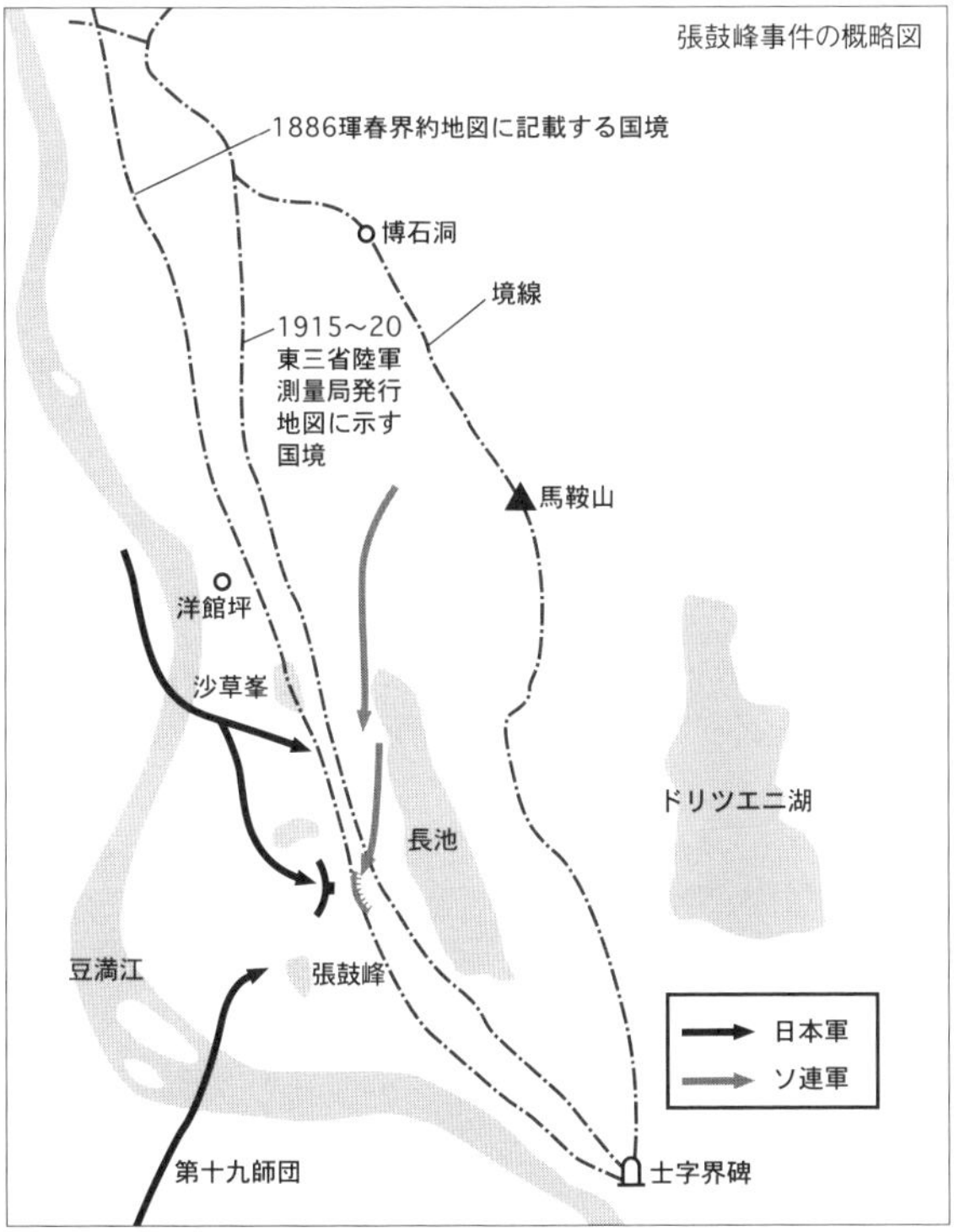

張鼓峰事件の概略図

命じた。

　こうして日ソ両軍は激しい戦闘を繰り広げたが、ちょうど中国で武漢攻略作戦が行われる時期と重なっていたこともあり、陸軍中央は事態の拡大を望まなかった。そのため、現地に増援を送らず、また戦車や航空機の投入も禁じた。

　これに対してソ連軍は戦車部隊をも投入。第十九師団は苦戦を強いられることになった。だが、師団が壊滅する前になんとか外交交渉がまとまり、8月12日に撤退して事態は終結した。

　ところが、この張鼓峰事件に対する反応は、軍中央と関東軍では異なっていた。

　この事件に関東軍は直接関わっていないが、ソ連との長大な国境線を守備しなければならないことから危機感を覚えたのである。

　そのため関東軍司令部は『満ソ国境紛争処理要綱』を作成した。この要綱は、簡単に言えば国境線が不明確な地帯での紛争では断固として戦って敵を撃滅すべし、という過激なものであった。もちろん、紛争の不拡大を唱えていた政府や軍中央の考えとは真逆のものである。

　そしてこの『満ソ国境紛争処理要綱』を実戦する機会は案外早く訪れた。

　昭和14年（1939年）5月、外蒙古軍の一団が（日本側では国境線と認定していた）ハルハ河を越境し、満州国警察隊との間に小競り合いが発生した。これがいわゆる**ノモンハン事件**の始まりである。

　これに端を発して、日本軍は同地域の守備にあたっていた第二十三師団が15日、東《あずま》支隊（捜索第二十三聯隊基幹）を派遣。これにより外蒙古軍が一旦退却したために東支隊も帰還したが、その後再び越境して来た。そのため、21日、今度はさらに部隊を増強した山縣《やまがた》支隊が向かった。

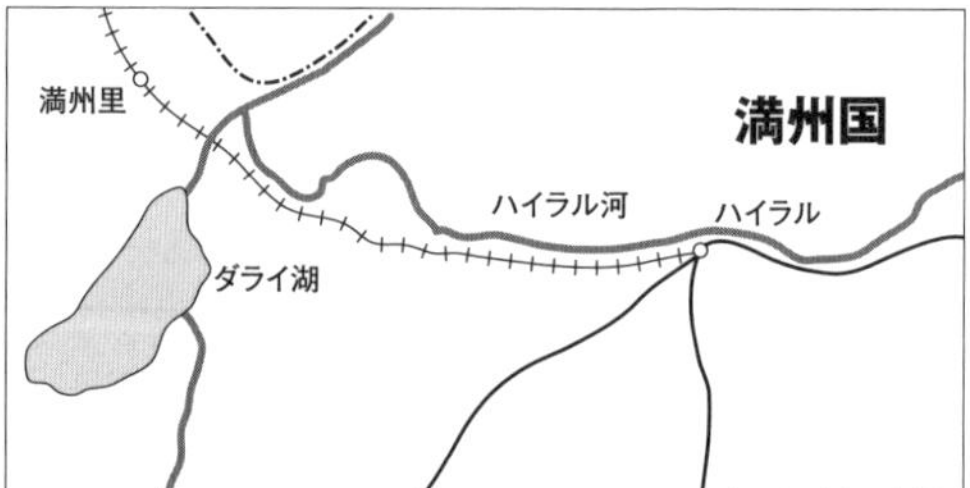

ノモンハンの周辺図

こうして双方が次第に投入する部隊をエスカレートさせていった結果、日本軍は第二十三師団が全力で戦闘をする事態となり、さらには虎の子の戦車部隊まで投入したのである。

　これに対してソ連軍もセルゲイ・ジューコフ将軍を増援部隊とともに現地に向かわせ、日ソ両軍は不毛な荒れ地を巡って激しい戦いを繰り広げた。

　8月にはいったん戦火は下火になったが、その間にソ連軍はさらなる増強を続け、第1集団軍約5万名は20日より大攻勢を開始した。

　日本軍は多勢に無勢で各陣地に籠もって防御戦に徹

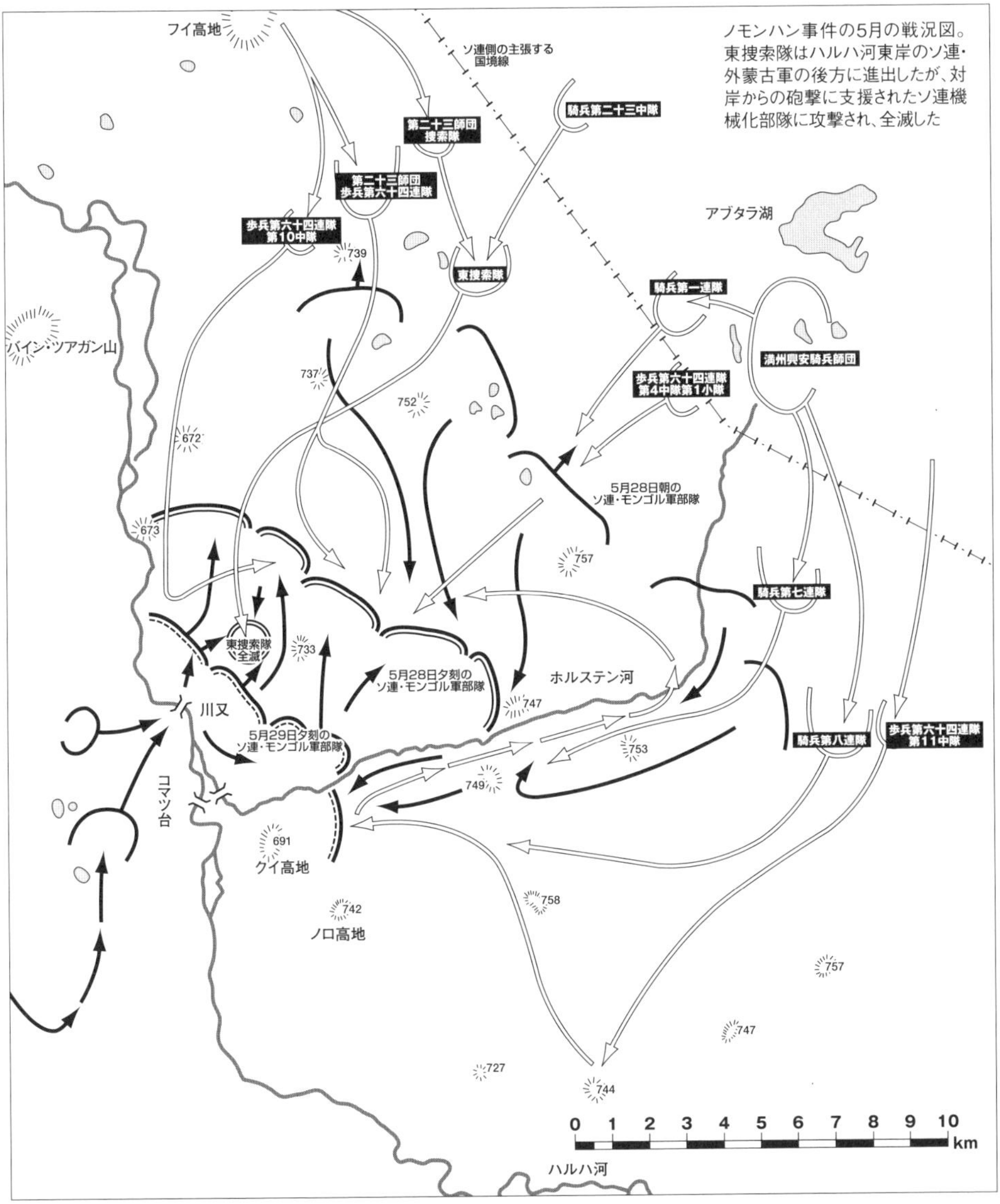

ノモンハン事件の5月の戦況図。東捜索隊はハルハ河東岸のソ連・外蒙古軍の後方に進出したが、対岸からの砲撃に支援されたソ連機械化部隊に攻撃され、全滅した

する以外になかったが、9月15日、外交交渉の末にようやく事態は収まった。じつはこの時、ソ連はポーランド侵攻を間近に控えており、極東での紛争を早期に切り上げたいという思惑があったのである。

日本にとってみてもこれ以上の戦闘は望むものではなかったため、交渉はまとまったが、国境線の画定に関して

ハルハ河東岸に向かう八九式中戦車。帝國陸軍は7月の攻勢で92輌の戦車を投入、これほどの多くの戦車が投入されたのは帝國陸軍史上初めてであったが、ソ連側は8月、400輌以上の戦車を投入し日本側を圧倒した

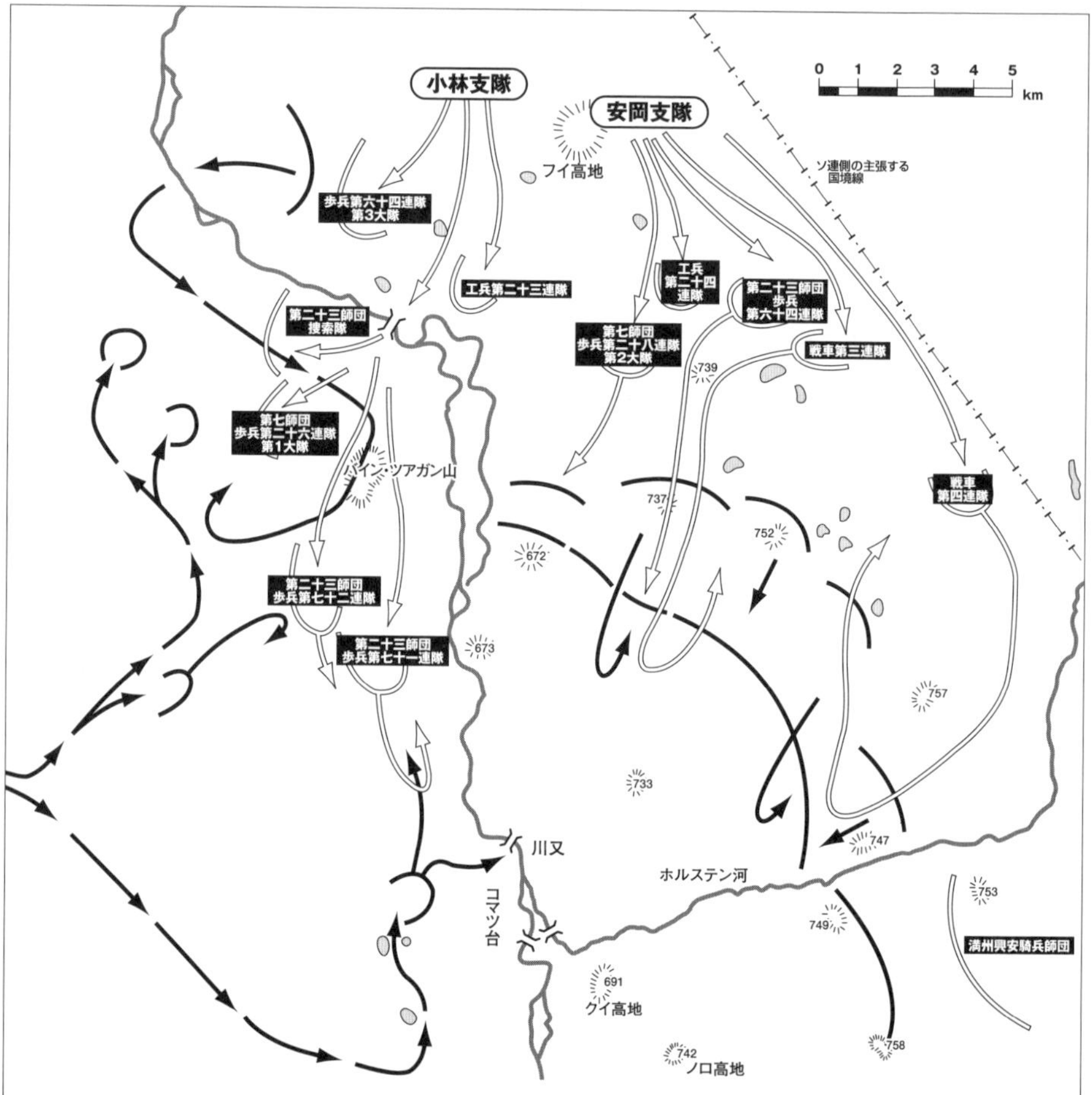

7月2日、第二十三師団は再度攻勢を開始した。今度は小林支隊がハルハ河西岸に渡河してソ蒙軍の退路を断ち、機械化部隊の安岡支隊が東岸を迂回機動してソ連軍を包囲する計画であった

は基本的にソ連側の要求を大部分受け入れざるを得なかった。

もはやソ連軍は革命直後の弱敵ではなく、むしろ兵力面でも装備面でも侮りがたい強大な敵であった。そしてソ連とのこの戦いが、陸軍の目を南方に向けさせる要因の一つともなったのだった。

撃破したソ連軍のBA-10装甲車の前で九二式重機関銃を構える日本兵

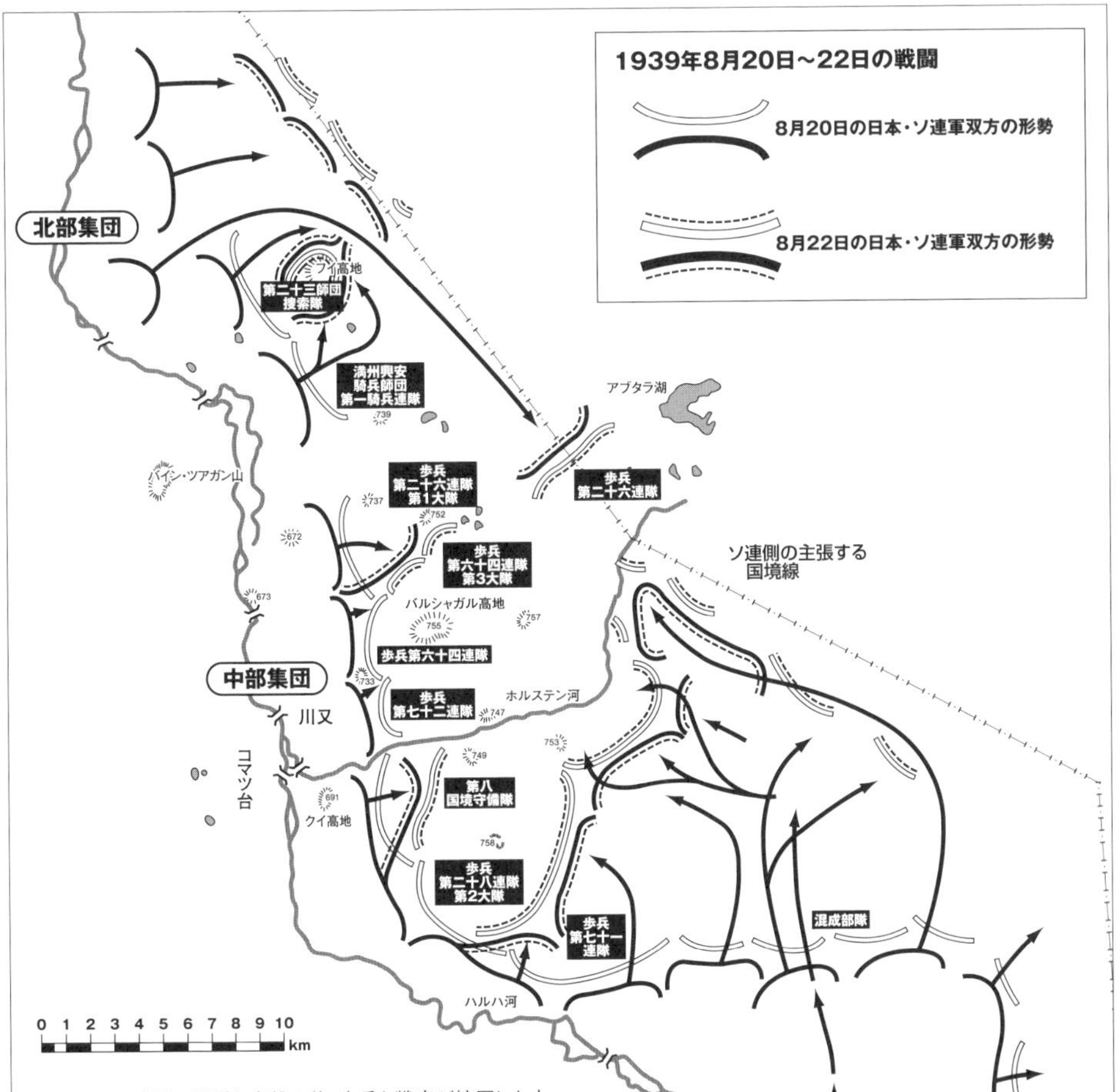

8月20日、ソ連軍は猛烈な砲撃の後、歩兵と戦車が協同した大攻勢を発起。日本軍の各部隊は火力・機動力に優れるソ連軍の戦車部隊に包囲撃滅されていった。ノモンハン事件で日本側は約17,300名が死傷、戦車・装甲車36輌、航空機64機を喪失。ソ蒙側は約26,000名が死傷し、戦車・装甲車約300輌、航空機207機を喪失。損害だけならソ蒙軍の方が多かったが、国境はソ蒙軍の主張通りとなったため、一般的にはソ蒙側の勝利とされている

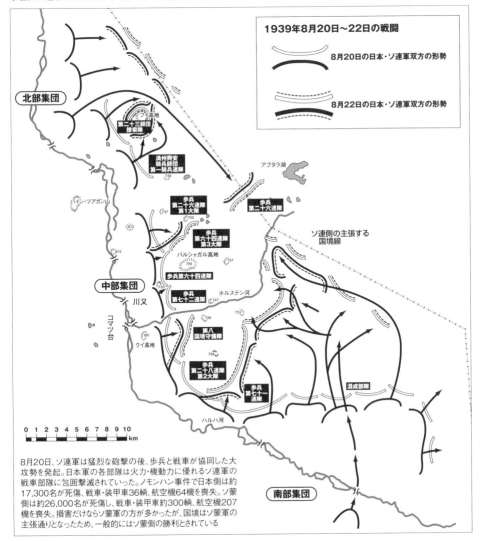

第三節

太平洋戦争開戦 破竹の進撃

運命の開戦

日本はなぜ、太平洋戦争に踏み切ったのか。

その理由を簡潔に述べることは難しい。

ただ言えることは、いったん動き出した歯車は容易には止まらないし、止められないものだということである。少なくとも昭和15年（１９４０年）の時点で、本気で米英２大国を相手に戦争を開始しようと考えていた政府首脳や軍上層部の人間は少数だっただろう。

だが、中国との事実上の戦争が行き詰まりを見せ、終わらせ方を見失った時点で、もはや太平洋戦争の開戦は運命づけられていたのかもしれない。

そういう意味では、蒋介石あるいは国民党政府の思惑に、日本はうまくはめられたという見方もできる。

いずれにせよ、昭和16年に入ってから日本は戦争への歩を急速に進め、12月8日の開戦に至るのである。

マレー・シンガポール攻略戦

一般的には、太平洋戦争は真珠湾に対する奇襲作戦によって開始されたと思われている。しかし時系列で考えるならば、陸軍によるマレー半島への上陸のほうが先であった。

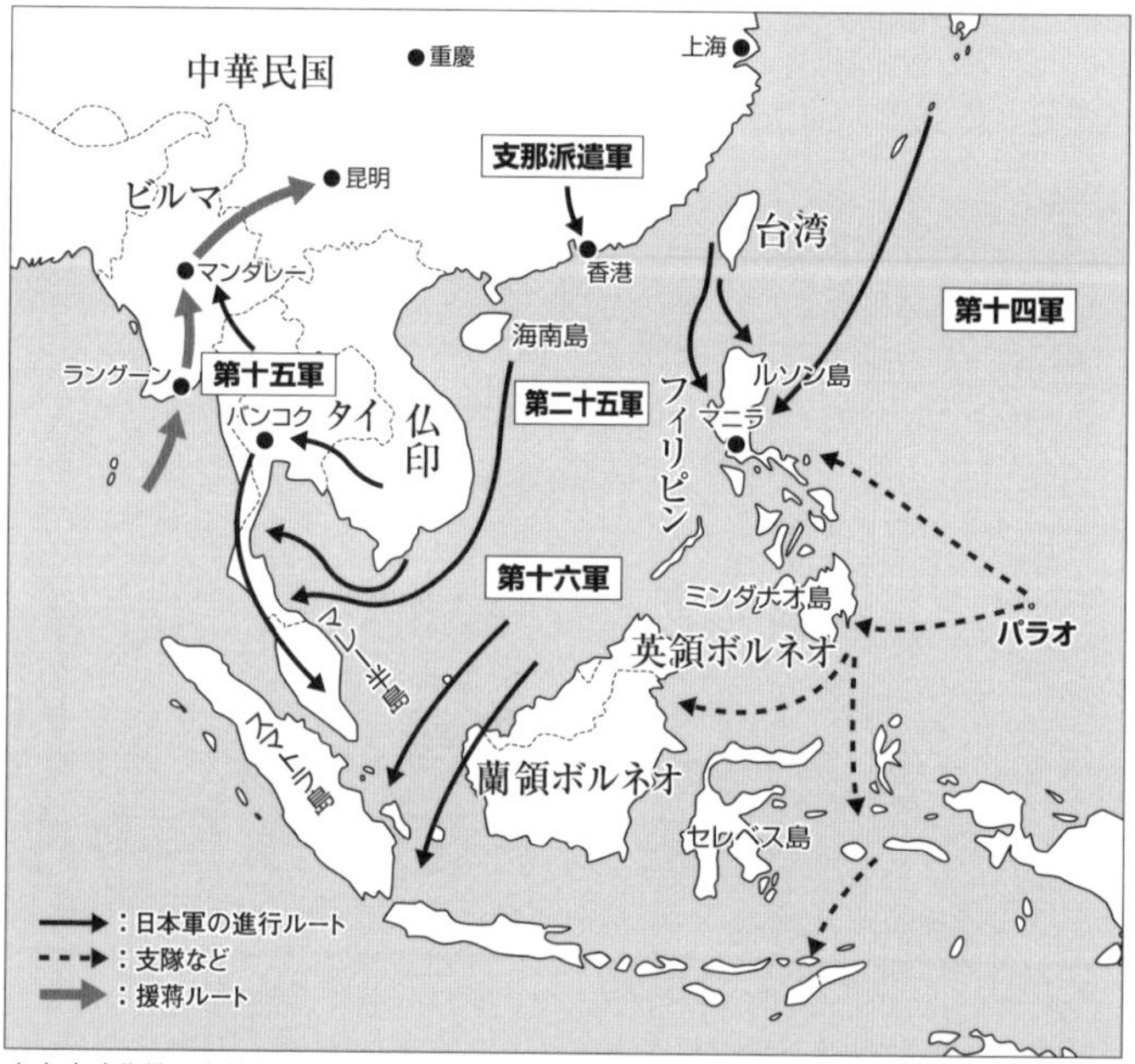

南方攻略作戦の全体図。陸軍はマレー、フィリピン、蘭印、ビルマと破竹の勢いで英米蘭の勢力地を攻略していった

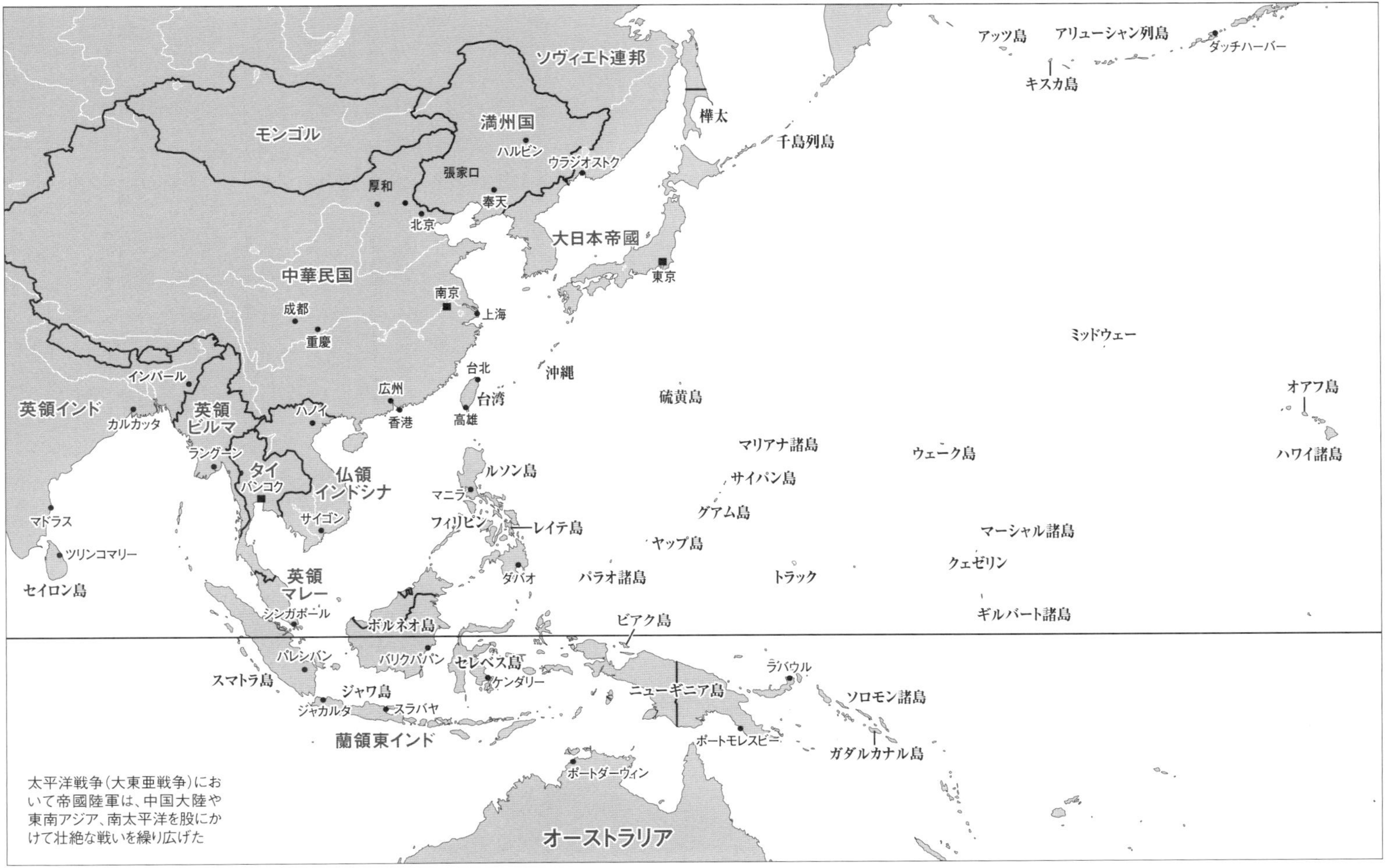

太平洋戦争（大東亜戦争）において帝國陸軍は、中国大陸や東南アジア、南太平洋を股にかけて壮絶な戦いを繰り広げた

開戦前、陸海軍は対米英戦を行う場合の戦略について討議を重ねた。そして第一段作戦の最重要目的が蘭印を占領して戦略資源を確保することにある点は一致していたが、そこに至る進撃路について両者の意見は食い違っていた。

すなわち、海軍は蘭印占領後の海上輸送路確保のためにシンガポールの占領は絶対条件と考え、そのためにはまず最初にマレー半島を攻略すべしと主張した。

一方陸軍は、アメリカ軍の反攻を考慮したとき、その拠点となりうるフィリピンを早期に攻略しなければならないと主張した。

いずれの意見も一理あり、戦争をするならいっそ両方に対して同時に進攻すればよさそうなものだが、当時の日本にはそのような国力も、戦力もなかった。

そもそもその時点で2大国を相手に戦争を仕掛けることが非常識といえる。しかも中国との戦いも継続しながらである。

ともあれ陸海軍の話し合いはすったもんだの末に、マレー半島に対する上陸作戦を先に行い、その後にフィリピン攻略を行うことになった。また、イギリスに対して戦争を行う以上、香港とビルマも攻撃することになった。これによって重慶の国民党政府に対する対外援助、いわゆる援蒋ルートの遮断が完成するはずであった。

こうして12月8日午前0時30分、山下奉文中将指揮する第二十五軍はマレー上陸作戦を開始した。英領のコタバルには歩兵第五十六聯隊を基幹とする侘美《たくみ》支隊が上陸して激戦となった。波浪により上陸に手間取ったうえに激しい抵抗に遭遇したが、翌日にはコタバル市街および飛行場を制圧した。そして侘美支隊は半島東海岸沿いに進撃して12月31日にはクアンタンを攻略。さらにその後を追及してきた木庭《こば》支隊（第十八師団 歩兵第五十五聯隊基幹）と交代して、侘美支隊はクアラルンプール方面へと転進した。

一方、主力部隊である第五師団はタイ領のシンゴラとパタニに上陸し、マレー半島西海岸を目指した。

第五師団は本来、事前の外交交渉によって平和裏に上陸できるはずであったが齟齬が生じ、タイ国軍との間で若干の小競り合いが生じた。

しかしその後停戦が成立すると、シンゴラに上陸した佐伯部隊（捜索第五聯隊基幹）は急進撃し、各地で敵の小部隊を撃破しつつ9日の夜半にはタイ・マレーの国境線に到達した。そして戦車第三中隊ほかを配属され「佐伯挺進隊」

となった部隊は、イギリス軍が「プチ・マジノライン」と呼ぶジットラ・ラインという陣地帯に到達した。

12日、ジットラ・ラインからの砲撃によって佐伯挺進隊は一時苦境に立たされたが、その後、到着した第四十一聯隊および第十一聯隊とともに夜襲を決行してこれを突破。堅陣と謳われた陣地線を抜けたことで佐伯挺進隊はペラク河に向かって突進を開始した。

一方、パタニに上陸した安藤支隊（歩兵第四十二聯隊基幹）はベトン北方においてイギリス軍の陣地に遭遇して激しい抵抗を受けた。そのため後続を待って夜襲を行ったところ、敵はすでに退却した後だった。これを

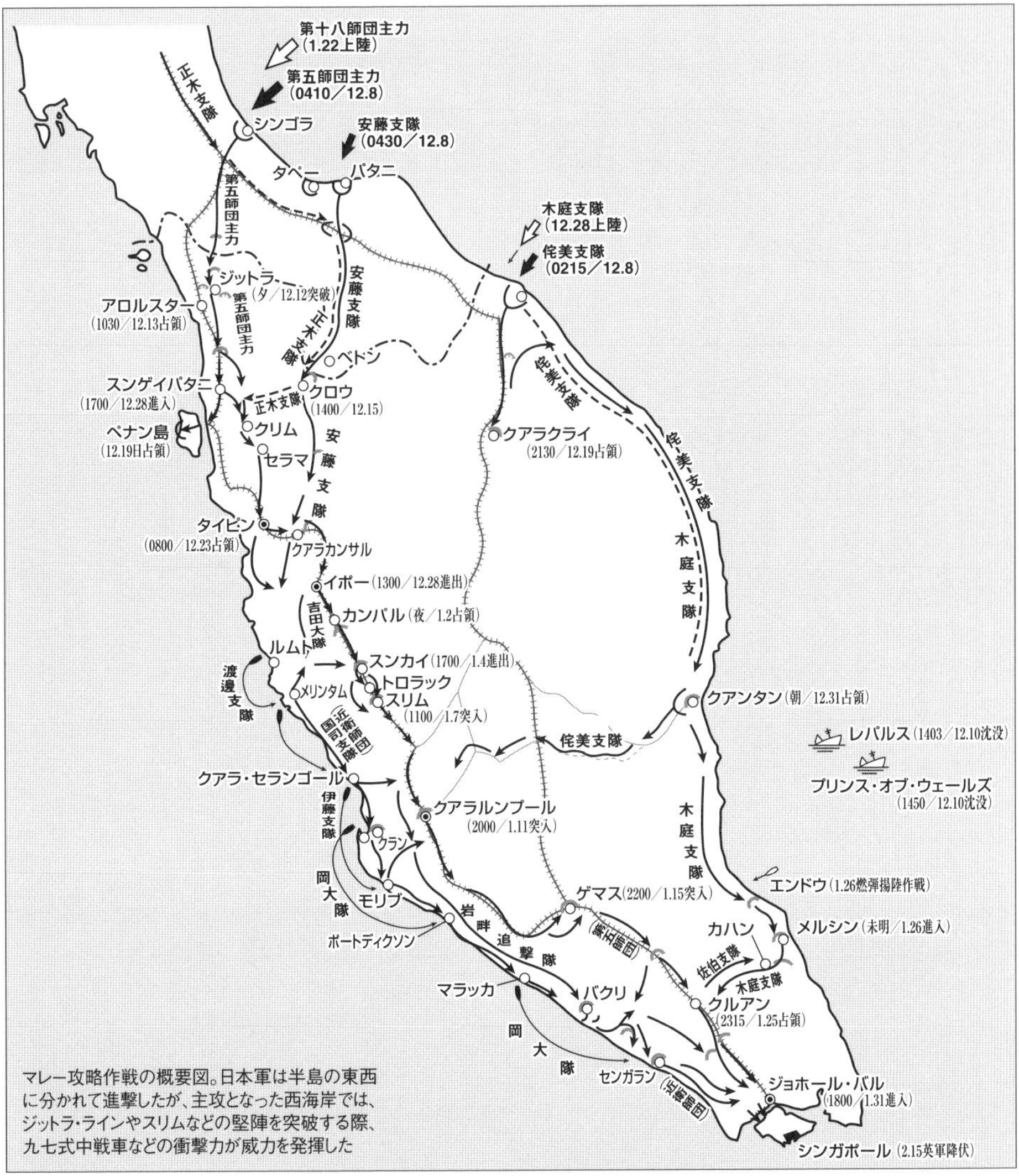

マレー攻略作戦の概要図。日本軍は半島の東西に分かれて進撃したが、主攻となった西海岸では、ジットラ・ラインやスリムなどの堅陣を突破する際、九七式中戦車などの衝撃力が威力を発揮した

追うように前進して15日には国境に達し、師団との合流を目指した。

ところでマレー戦は時間との戦いでもあった。なぜならマレー半島の進撃路は限られているうえに、大小多数の河川が存在しており、進撃が遅ければ渡河点の多くが爆破されてさらなる遅延を招くからだ。そのため、日本軍は「銀輪部隊」を導入した。銀輪とはすなわち自転車のことだ。この銀輪部隊は自動車道路が整備されていない小道でも進撃可能で、前進速度が大幅に向上した。そのため、日本軍の予想外の進撃速度にイギリス軍は翻弄され、潰走に近い退却を繰り返したのである。

しかしイギリス軍が守りを固めていた箇所もいくつかあった。その一つがスリム陣地である。この辺りは山地と海岸の間の幅が狭く、守りに適した場所であった。日本軍はこれまでジャングル内を迂回して敵の側背を衝き、それによって敵を混乱させて突破してきたが、ここではそれが通用しない。

そこで戦車による夜襲という、あまり成功例のない奇策を用いることにした。島田豊作《とよさく》少佐率いる戦車第六聯隊第四中隊は1月7日の払暁に敵陣地に突入し、混乱する英印軍を蹂躙した。その後、混乱する敵に追い打ちをかけるように歩兵部隊も加わり、英印軍は潰走。見事に敵の堅陣を突破した。

これが決め手となってイギリス軍はクアラルンプールからも撤退し、8日にこれを占領した。

そしてさらに前進を続けた第二十五軍は、オーストラリア軍の頑強な抵抗も排除して、ついに1月31日には半島先端部のジョホール・バルに到達した。

その後、1週間かけて休養と補給を行い、2月8日からシンガポール島に対して上陸を開始した。第二十五軍の近衛師団、第五師団、第十八師団の約三万名あまりの戦力を投入して一気に占領するつもりであった。じつはこの時点で第二十五軍の砲

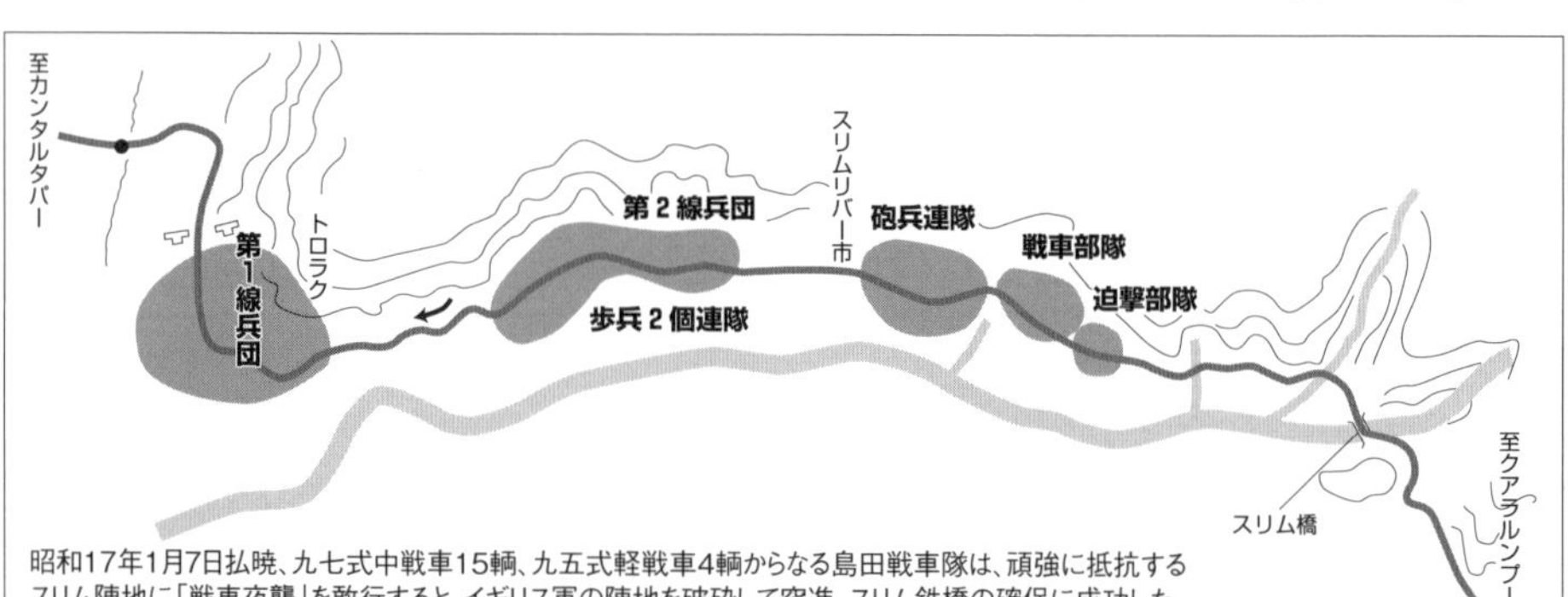

昭和17年1月7日払暁、九七式中戦車15輌、九五式軽戦車4輌からなる島田戦車隊は、頑強に抵抗するスリム陣地に「戦車夜襲」を敢行すると、イギリス軍の陣地を破砕して突進、スリム鉄橋の確保に成功した

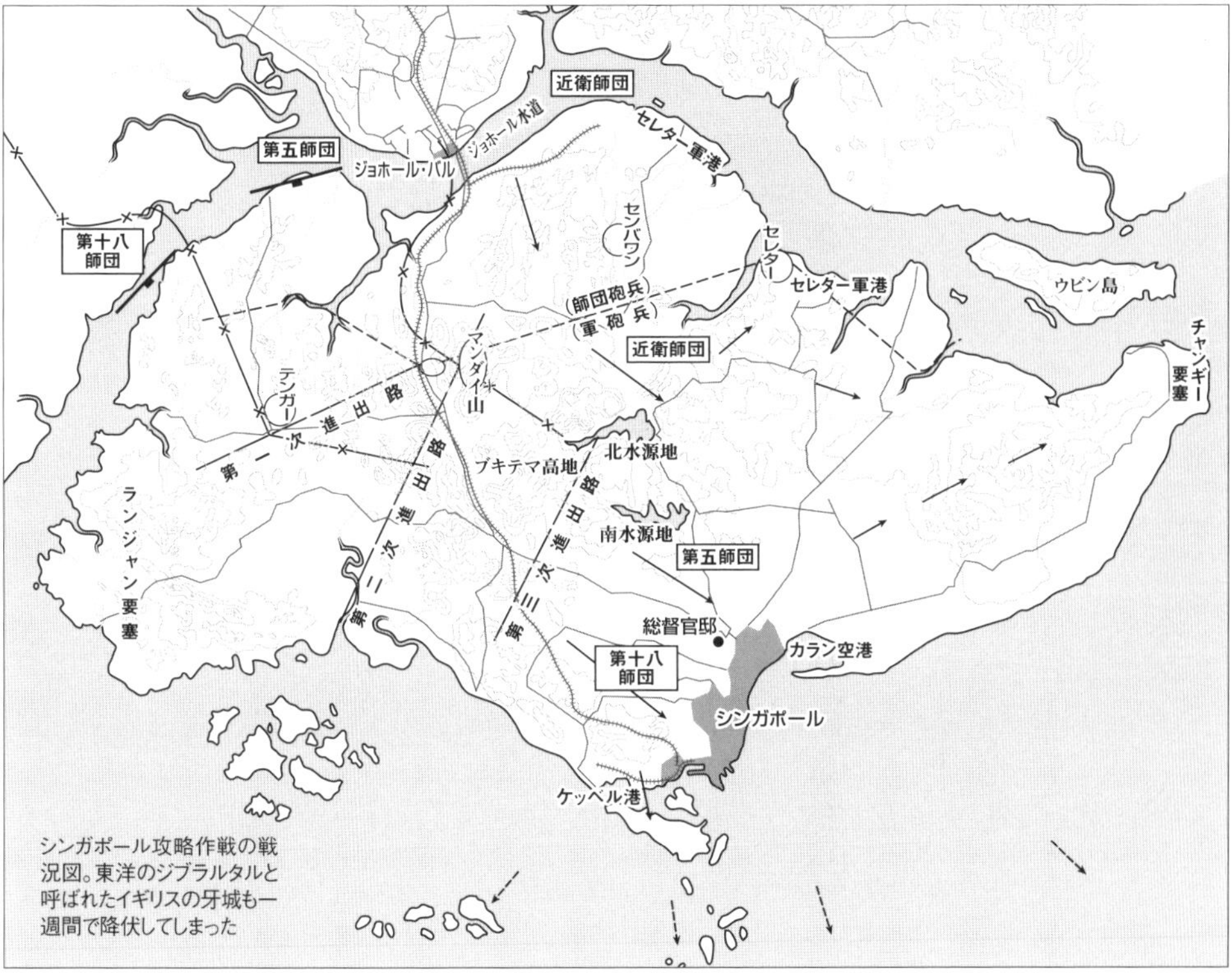

シンガポール攻略作戦の戦況図。東洋のジブラルタルと呼ばれたイギリスの牙城も一週間で降伏してしまった

弾の備蓄はかなり少なく、戦いが長引けば膠着する可能性もあったからだ。

イギリス軍もブキテマ高地などで頑強に抵抗したが、日本軍に水源を押さえられたことで降伏を決意した。

2月15日の降伏交渉の際、イギリス軍司令官のアーサー・パーシバル中将が煮え切らない態度をとり続けたために、山下中将が思わず「イエスか、ノーか!」と詰め寄る場面があった。ただし、このエピソードはその後にかなり尾ひれが付いたようで、実際にはそこまで強圧的だったわけでもないといわれている。

いずれにせよ、こうしてマレー半島を巡る戦いは終結したのだった。

シンガポール戦の降伏交渉での山下奉文中将とイギリス軍のアーサー・パーシバル中将

香港攻略戦

また、マレー半島に第二十五軍が上陸した直後、中国の九龍半島に対しても攻撃が実施された。九龍半島の先端には香港島がある。香港は以前から有力な援蒋ルートとして使用されていたことから、これを遮断する目的で占領することになったのである。

攻略を担当したのは酒井隆中将が指揮する第二十三軍で、主力となるのは第三十八師団である。また、香港攻略にあたっては、帝國陸軍としては珍しく多数の砲兵隊が投入され、北島麒子雄《きねお》中将が統一指揮を執った。九龍半島にはイギリス軍が「東洋のマジノ線」と豪語する要塞線が築かれており、その突破に手こずることが予想されたためである。

12月8日、3個聯隊を並列させて越境すると、翌日にはイギリス軍の抵抗も徐々に増してきた。しかし一部陣地の抵抗が弱く、第二百二十八聯隊の第十中隊が独断で突入を図ったところ呆気なく占領できてしまった。この好機を生かした日本軍は一気に戦果を拡大して13日までに九龍市街を占領した。

そして翌日から香港に対して砲撃を開始して、18日より上陸を開始した。イギリス軍も抵抗したものの、水源地を占領されたことで戦意を喪失し、12月25日ついに降伏したのであった。

フィリピン攻略戦

マレー上陸作戦から2週間あまり、昭和16年12月22日に本間雅晴中将率いる第十四軍はフィリピンのルソン島に上陸を開始した。これ以前、海軍航空隊による航空撃滅戦によって在比米航空戦力はほぼ壊滅しており、制空・制海権はほぼ日本側にあった。

主力となる第四十八師団はリンガエン湾に

フィリピン戦で九七式中戦車よりも対戦車戦闘力に優れるアメリカ軍のM3軽戦車に苦戦した日本軍は、長砲身砲を持つ九七式中戦車改をコレヒドール攻略戦に投入したが、M3との交戦の機会はなかった

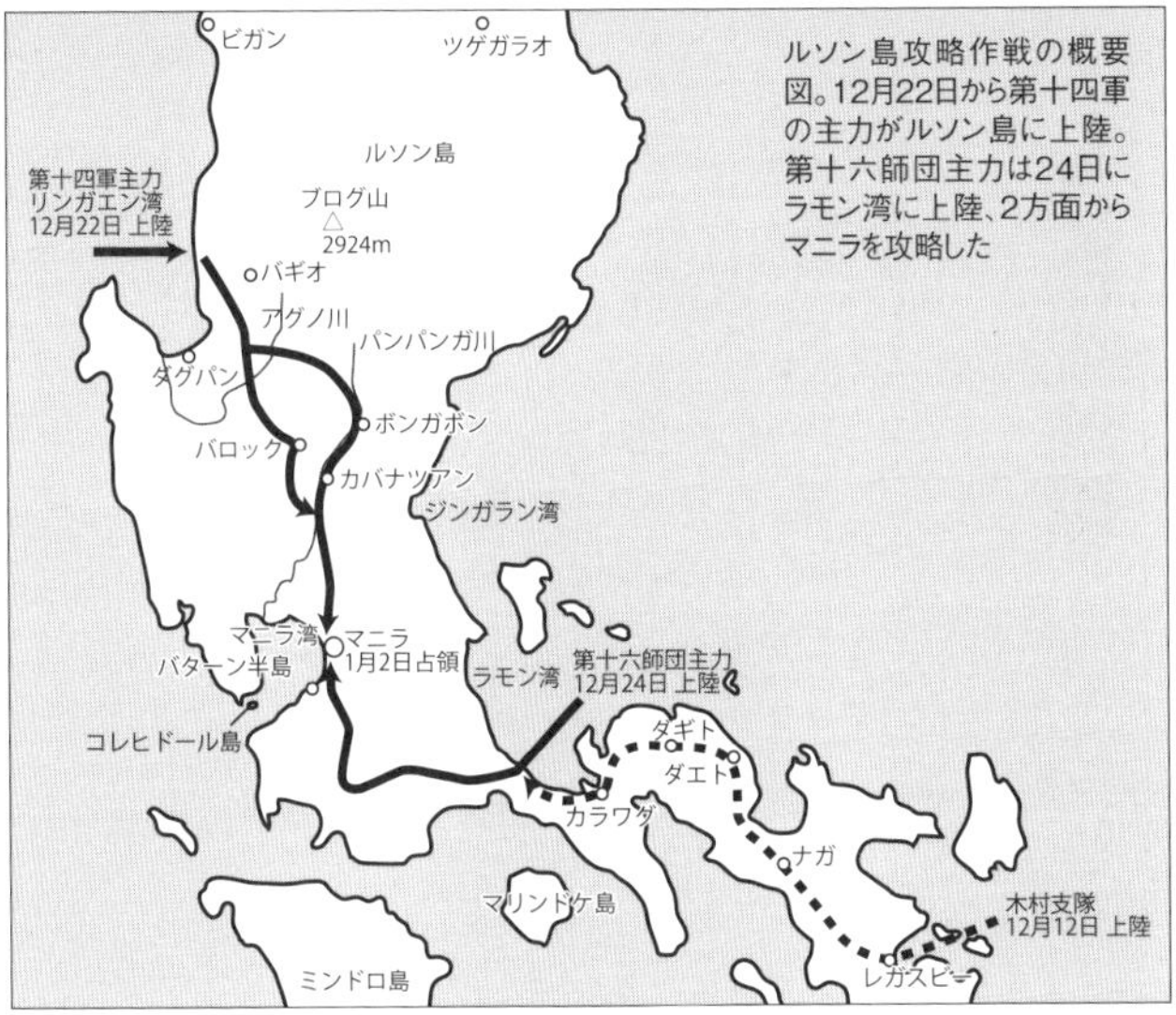

ルソン島攻略作戦の概要図。12月22日から第十四軍の主力がルソン島に上陸。第十六師団主力は24日にラモン湾に上陸、2方面からマニラを攻略した

上陸、一路マニラを目指した。また、助攻となる第十六師団はラモン湾に上陸して北上を開始した。こうして2個師団が首都マニラを南北から挟撃して1月2日に占領を果たした。

しかしこれは、アメリカ軍がマニラでの決戦を避けて12月27日に無防備都市宣言を行ない、予めバターン半島に退却していたためであった。第十四軍は当初、このバターン半島を攻略するために第四十八師団を差し向けたが、同師団はフィリピン攻略後に蘭印へ転用することが初めから決まっていた。そうしたこともあり、第四十八師団は地ならしだけ行ってフィリピンを去り、代わって第六十五旅団が攻略を担当することになった。

バターン半島攻略戦の概要図。数に劣る日本軍は米比軍の頑強な抵抗に手を焼いたが、ようやく4月にバターン半島を攻略、5月にはコレヒドール要塞も攻略した

ところがバターン半島に立て籠もる米比軍は10万を超えていたのに対して、第六十五旅団は治安維持を目的とした二線級部隊に過ぎなかった。当然、たちまち苦戦に陥った。そのため第十六師団の木村支隊（第二十聯隊基幹）を増援として送り込んだが焼け石に水であった。しかも第十四軍ではバターン半島のまともな地図さえ用意していなかったため、前線部隊がジャングル内で迷ったり、舟艇機動を行った部隊が全滅の憂き目に遭っている。

そして1月24日の総攻撃でなんとかナチブ山系の防衛ラインを突破したものの、これ以上の攻勢は無理

であった。こうして第一次バターン攻略は失敗に終わった。

その後、態勢を立て直して戦力を増強し、十分な支援砲爆撃のもとに4月3日より第二次攻略作戦が開始された。そして一週間も経たずにアメリカ軍は9日に降伏。さらに沖合のコレヒドール島に対しても上陸作戦を行って5月6日に占領し、フィリピン攻略はようやく完了したのであった。

蘭印攻略戦

一方、マレーでの戦いが順調に進み、フィリピン戦もマニラ占領までは予定通りだったため、蘭印攻略のスケジュールが若干早められることになった。蘭印とは今のインドネシアのことで、大小無数の島を有し、石油をはじめとする戦略資源を多く産出するオランダ領である。最終的にはジャワ島攻略を目指すが、その前にいくつかの要点を押さえておく必要があった。

そのため、坂口支隊（第五十六師団 歩兵第百四十六聯隊基幹）は12月20日にミンダナオ島のダバオを占領後、ホ

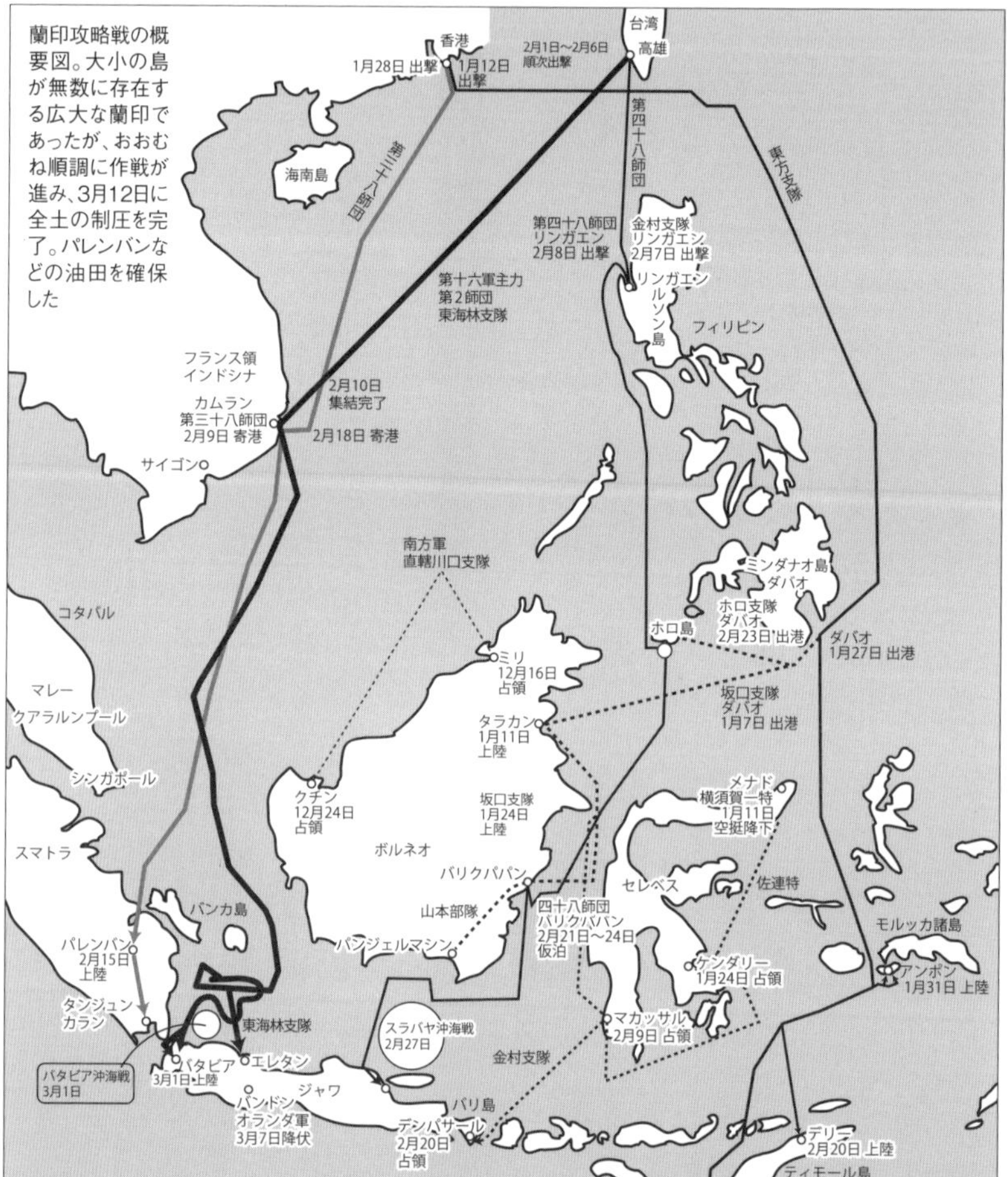

蘭印攻略戦の概要図。大小の島が無数に存在する広大な蘭印であったが、おおむね順調に作戦が進み、3月12日に全土の制圧を完了。パレンバンなどの油田を確保した

ロ島も制圧した。さらにタラカン島を占領し、以後、バリクパパン、パンジェルマシンとボルネオ島東岸沿いに進撃を続けた。

一方、ボルネオ島西岸は川口支隊（第十八師団 歩兵第百二十四聯隊基幹）がその制圧にあたり、アンボン、マカッサル（セレベス島）を占領した。そしてデリー（チモール島）は東方支隊（第三十八師団 歩兵第二百二十八聯隊基幹）が占領してオーストラリアとの連絡線を遮断、前進航空基地を確保した。

また日本軍としては初めて空挺部隊を投入し、海軍の横須賀第一特別陸戦隊がメナドに落下傘降下を行った。そして久米清一大佐が指揮する陸軍第一挺進団も2月14日にパレンバンに対して空挺作戦を実施し、最小限の被害で製油所を確保。その後スマトラ島に上陸し、ムシ河を遡航した第三十八師団と交替して油田の占領を確実なものにした。

こうして蘭印各地を攻略した後、3月1日に第四十八師団がジャワ島に上陸を開始した。蘭印攻略を担当するのは第十六軍で、司令官は今村均中将である。

この時期、ジャワ島にはオランダ守備軍のみならず、米英豪軍も防衛にあたっており、総兵力は約8万名であった。

これに対して第十六軍は部隊を三つにわけ、主力の第二師団はジャワ島西部のバンタム湾に上陸、首都であるバタビアの占領を目指した。

また東海林《しょうじ》支隊（第三十八師団の2個大隊基幹）はバタビアを挟んで東側のエレタンに上陸、バタビアの後背を抑えると同時にバンドン要塞とバタビアを遮断することになった。このバンドン要塞には米英豪軍の主力部隊がいたため、難戦が予想された。そのため、第二師団がバタビアを占領後に攻略に向かうはずであった。ところがその前に東海林支隊が急襲し、要塞の一角を占領するとバンドン守備軍はあっけなく降伏。結局3月12日までにジャワ島攻略は終了したのであった。

蘭印攻略戦では陸海軍の空挺部隊の活躍が目立った。写真は昭和17年2月14日、パレンバン空挺降下の準備を整える陸軍の第一挺進団

ビルマ攻略戦

また昭和17年1月より、ビルマ方面でも航空撃滅戦が展開され、来たるべき地上進攻に備えていた。そして1月20日、第五十五師団が国境を越えてビルマへ進攻を開始。ビルマ攻略を担当するのは第十五軍で飯田祥二郎中将が指揮を執る。

まずは首都・ラングーンを目指し、第三十三師団がイギリス軍との激戦を経て3月8日にこれを占領した。その後、日本軍は第三十三師団、第五十五師団、第五十六師団、第十八師団により3つの進撃路を北上した。そして第十五軍は「マン会戦計画」という決戦構想を企図し、敵部隊を殲滅するべく攻撃準備を進めた。

ところがこれに対してイギリス軍および中国軍は決戦を避けて退却を続け、5月末までに第十五軍はビルマのほぼ

ビルマ攻略戦の概要図。援蒋ルートを遮断でき、インド工作の拠点としても重要な地域であった。局地的には連合軍に苦戦することもあったが優位に戦いを進め、十五軍は5月18日に任務完了を宣言した

昭和17年4月、ビルマのエナンジョン油田を制圧する日本軍部隊

全土の攻略を終えた。

こうして第一段作戦は予想を上回る早さで終結し、日本国民は勝利に酔いしれた。しかしそれは、敗北への最初の一歩に過ぎなかったのである。

第四節 アメリカ軍の反攻開始

ポートモレスビー攻略戦

ところで対米英戦争を開始するにあたり、政府にも大本営にも、戦争終結のための明確なグランド・デザインはなかった。あったとすれば、日本が勝ち続けることで米国を講和のテーブルに引きずり出すということくらいであった。

戦争終結の大戦略が不明瞭ということは、当然その一段階下の軍事戦略にも影響を及ぼす。第一段作戦は成功裡に終わったが、続く第二段作戦をどうするか、大本営ではなかなか結論が出なかった。

そうしたなかで、陸海軍でどうにか妥協を見た案が、米豪遮断によってオーストラリアを戦争から脱落させるというものであった。そのために、海軍はＦＳ作戦を推進することになった。そしてその一環として、陸軍は東部ニューギニアの北岸に進出し、さらにオーストラリアの対岸にあたる南岸への進攻を企図したのである。

こうしてポートモレスビー攻略が実施されることになったが、海上進攻は珊瑚海海戦の結果取りやめとなり、歩兵第百四十四聯隊を基幹とする南海支隊がオーエン・スタンレー山脈を

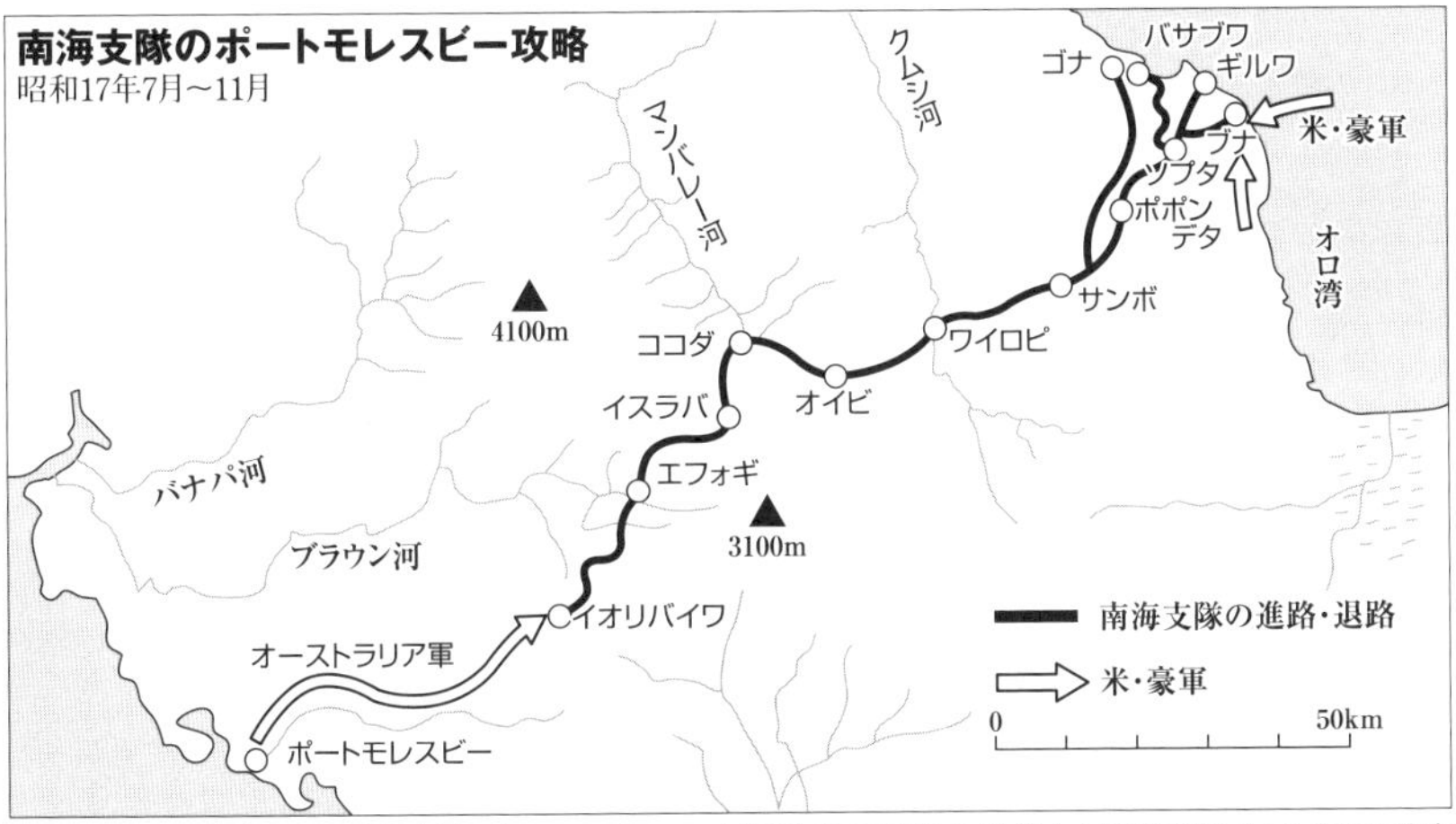

ポートモレスビー攻略のため、南海支隊はオーエン・スタンレー山脈を越えて南下したが、第十七軍がガダルカナル方面に注力することに方針を変更したため攻略を断念。退却する日本軍を豪軍が追撃、大打撃を被った。ココダ道の戦いとも呼ばれる

越えて陸路より行うことになった。とはいえ、この山脈越えの作戦は、本来は「り号研究」と呼ばれ、あくまで作戦の可否を検討するものに過ぎなかった。ところがこの研究はいつのまにか大陸命にすり替えられ、作戦実施が決定してしまったのである。

こうして8月29日に山脈の麓にあるココダを占領すると、南海支隊は急峻なオーエン・スタンレー山脈に踏み込んでいった。そしてイスラバで抵抗を試みたオーストラリア軍を退けると9月5日には山脈頂上部に到達。さらに13日にはポートモレスビーの街灯りが望見できるイオリバイワまでたどり着いたものの、第十七軍司令部からココダまでの撤退命令が届けられた。

食料の残り少なくなった南海支隊は、再び山脈を越えて撤退を開始したが、それをオーストラリア軍が追撃し、支隊長の堀井富太郎少将は退却中に行方不明となってしまった。こうしてポートモレスビー攻略は失敗に終わったのである。

ガダルカナルの戦い

一方、ポートモレスビー攻略が開始される直前の8月7

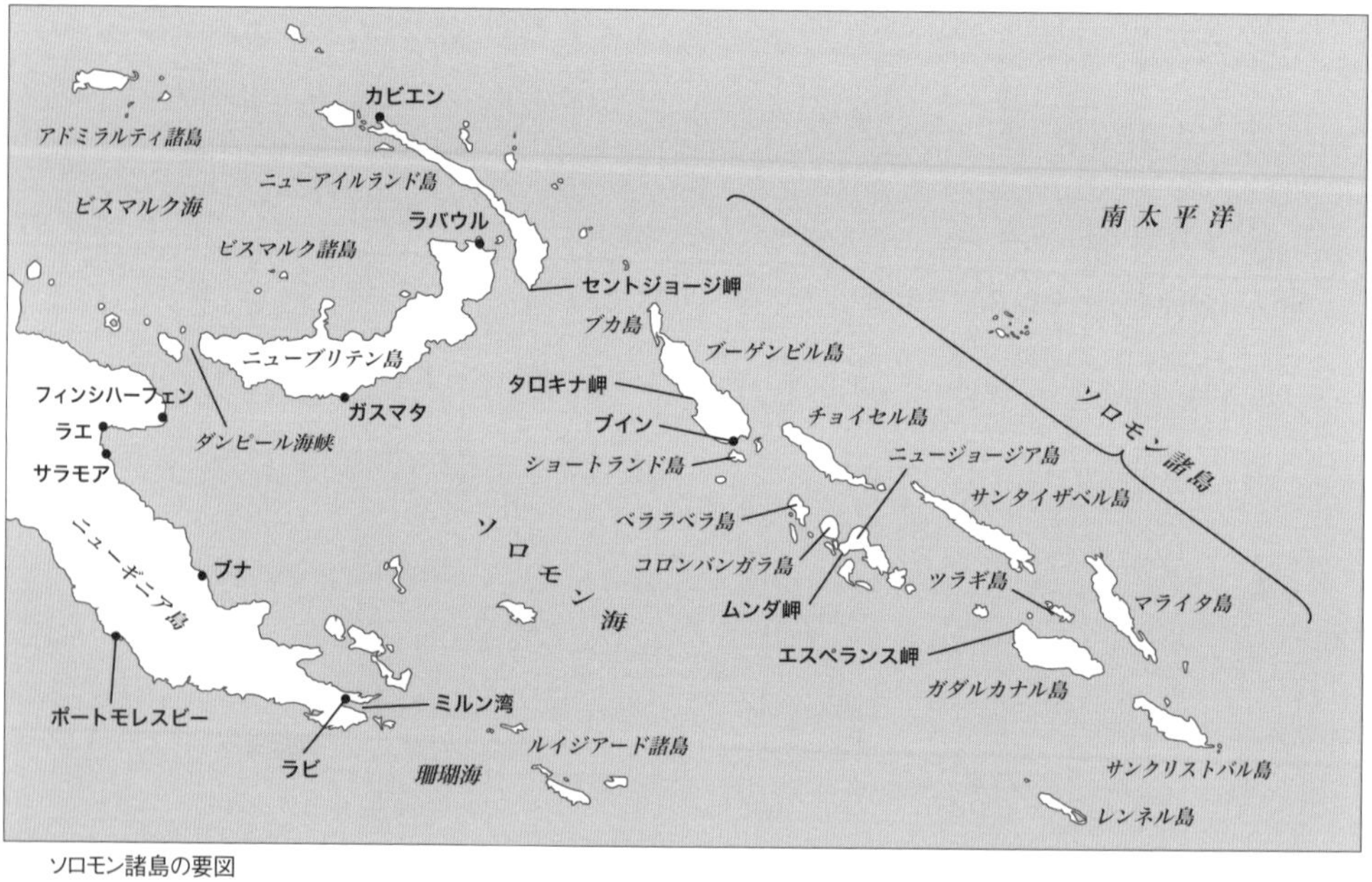

ソロモン諸島の要図

日、アメリカ軍はガダルカナル島に上陸し、完成間近だった日本海軍の飛行場を占領した。もともと日本軍にとってガダルカナル島進出はＦＳ作戦のための布石であって、陸軍の本命はニューギニアにあった。

そのため、アメリカ軍の上陸部隊も小部隊に過ぎないと過信して、歩兵第二十八聯隊を基幹とする一木支隊を急遽送り込んだ。ただし輸送船舶の都合から、第一梯団として送り込まれたのは約９００名で、実質的には１個大隊程度の戦力に過ぎなかった。

8月20日夜、ガダルカナルのイル河を渡河して攻撃をかけたものの、アメリカ軍の待ち伏せに遭って壊滅した一木支隊の将兵たち

これに対して、上陸したアメリカ軍は海兵第１師団の１万名以上の戦力であった。第一次ソロモン海戦の影響もあってアメリカ軍も補給状態は決して良好ではなかったが、それでも戦車まで配備された１個師団に１個大隊で攻めかかるのはあまりに無謀だった。

一木支隊は８月18日夜にタイボ岬に無血上陸すると、態勢を整えてただちに西進、ルンガ飛行場へ向かった。そして21日、イル河に到達したが、米海兵師団はすでにここに防衛線を構築していた。

もともと支隊長の一木清直大佐は「敵の戦力は２０００名程度の偵察部隊」と聞かされていたこともあり、強襲をかけて一気に突破を図った。しかし巧みに配置された機関銃によって大損害を被ったうえに、戦車部隊の迂回攻撃にあって支隊は壊滅状態に陥り、攻撃は失敗に終わった。

一木支隊壊滅の報は第十七軍を驚かせたが、当初の予定通り川口支隊を増援として追送した。

川口清健少将が指揮する川口支隊は歩兵第百二十四聯隊のほかに、一木支隊の第二梯団（通称熊大隊）と歩兵第四聯隊の１個大隊（通称青葉大隊）を基幹とし、兵力約６２００名からなる。

川口支隊長はこれを三手に分け、９月13日に飛行場南側から夜襲を決行した。そして青葉大隊の一部は飛行場の北端に突入を果たし、また別の部隊は敵司令部に肉薄するなど善戦したものの、夜が明けたことで空襲を避けるため、支隊は後退。またもや飛行場の奪還はならなかった。

ここに至り、大本営も事態の容易ならざることを理解し、10月には第二師団を投入して一気に態勢挽回を図ることにした。この作戦に賭ける大本営の意気込みは並々ならぬものがあり、百武晴吉司令官をはじめとする第十七軍司令部までガダルカナル島に上陸して直接指導に当たった。

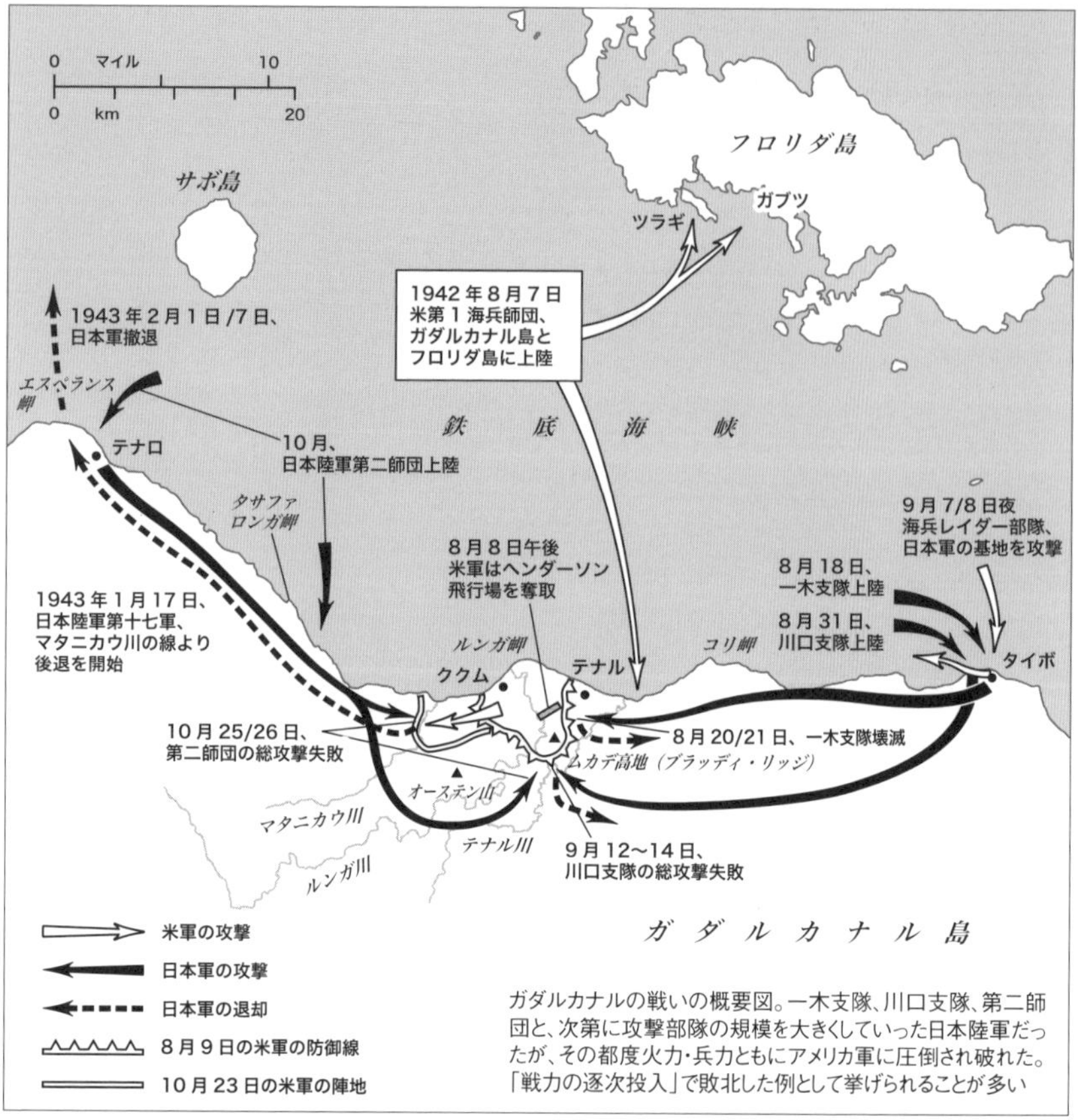

ガダルカナルの戦いの概要図。一木支隊、川口支隊、第二師団と、次第に攻撃部隊の規模を大きくしていった日本陸軍だったが、その都度火力・兵力ともにアメリカ軍に圧倒され破れた。「戦力の逐次投入」で敗北した例として挙げられることが多い

作戦の大要は、主攻撃部隊が飛行場南側から攻撃する一方、マタニカウ河方面からも住吉支隊が助攻として陽動作戦を行うというものだった。ただ、1万を超える戦力を大きく迂回させる必要から、まずはジャングルを啓開して道を作るところから始めなければならなかった。

そして主力部隊は行軍の遅れから作戦開始予定日までに作戦発起点に到達できずに作戦決行は延期され、10月24日、住吉支隊は連携の取れないまま大損害を被る。さらに10月25日の第二師団を中核とした主力部隊の攻撃も、予め日本軍の接近を察知していたアメリカ軍による防御射撃の前に大損害を被って頓挫した。

この戦いで日本軍はアメリカ軍による隔絶した火力戦を目の当たりにしたが、その後の戦いにこの教訓が生かされることはなかった。

そしてその後も第三十八師団がさらに送り込まれたもの

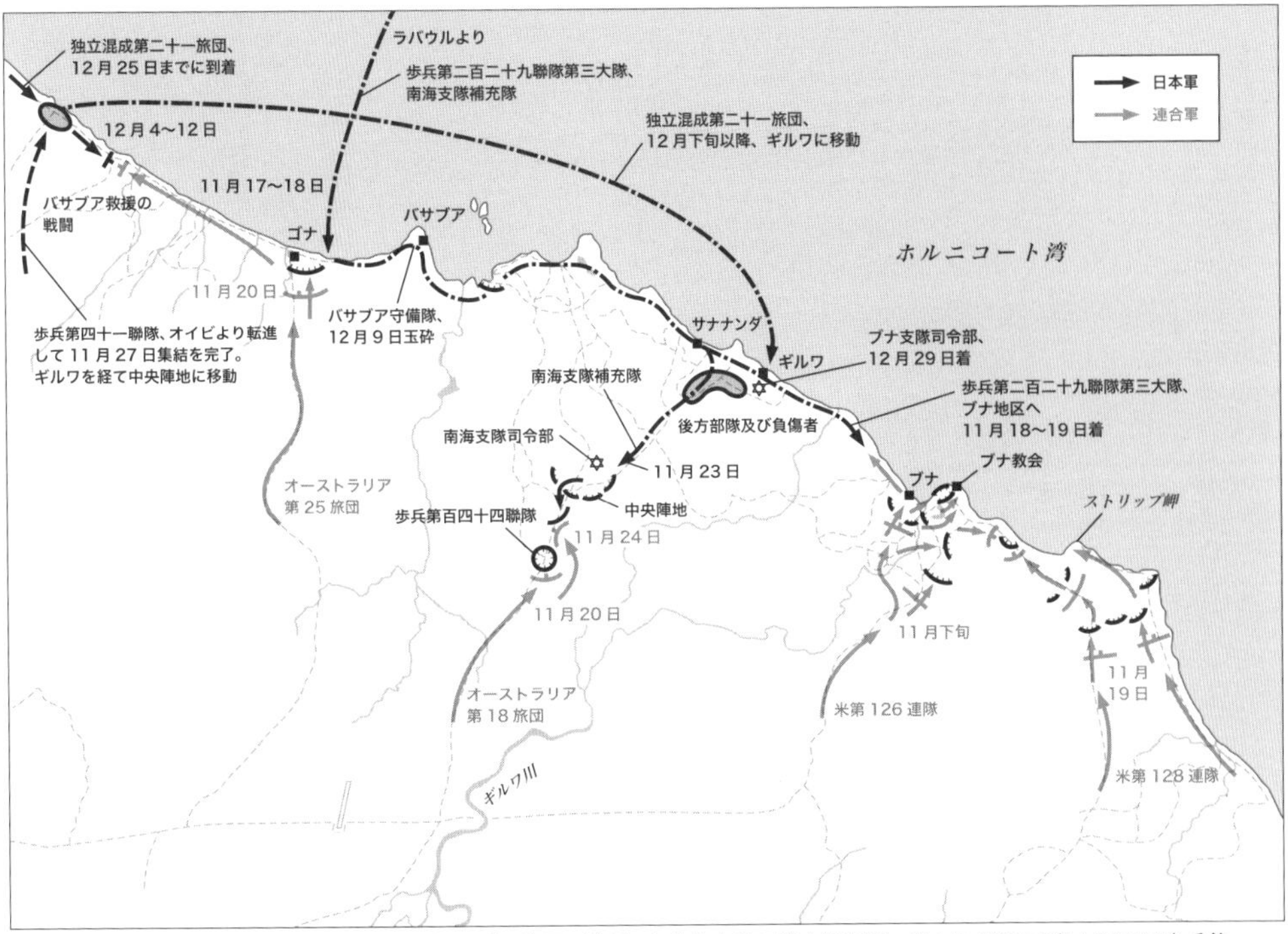

ブナ地区の戦いの概要図。ココダ道の戦いに敗れ、ブナ地区に撤退した南海支隊に連合軍が襲い掛かり、昭和18年1月2日に歩兵第百四十四聯隊と海軍の横須賀第五特別陸戦隊は壊滅、南海支隊長の小田健作少将は14日に自決した

の、補給難からもはやこれ以上の攻勢を続けることはできず、昭和17年末にガダルカナル島からの撤退を決定した。

そのころ、東部ニューギニアのブナ地区も壊滅の危機に瀕していた。南海支隊を追って山脈を越えてきた米豪軍にくわえ、海岸からも攻められた末に日本軍守備隊は各地で玉砕し、どうにか脱出できた部隊は散り散りにサラモア方面に落ち延びていった。

アッツ玉砕、キスカ撤退

また、昭和17年6月のミッドウェー作戦と連動して実施されたアリューシャン攻略作戦で、陸軍はアッツ島とキスカ島にも部隊を派遣していた。アッツ島の守備にあたったのは山崎保代大佐率いる北海守備隊第二地区隊の約2600名である。これに対してアメリカ軍は歩兵第7師団を投入して昭和18年5月に攻撃し、激闘の末に占領した。日本国内ではこのアッツ島の戦いが初めての玉砕戦と報道されたが、実際の玉砕は先述したブナ地区のほうが先であった。

なおアッツ島の戦いの後、7月にはキスカ島の守備隊

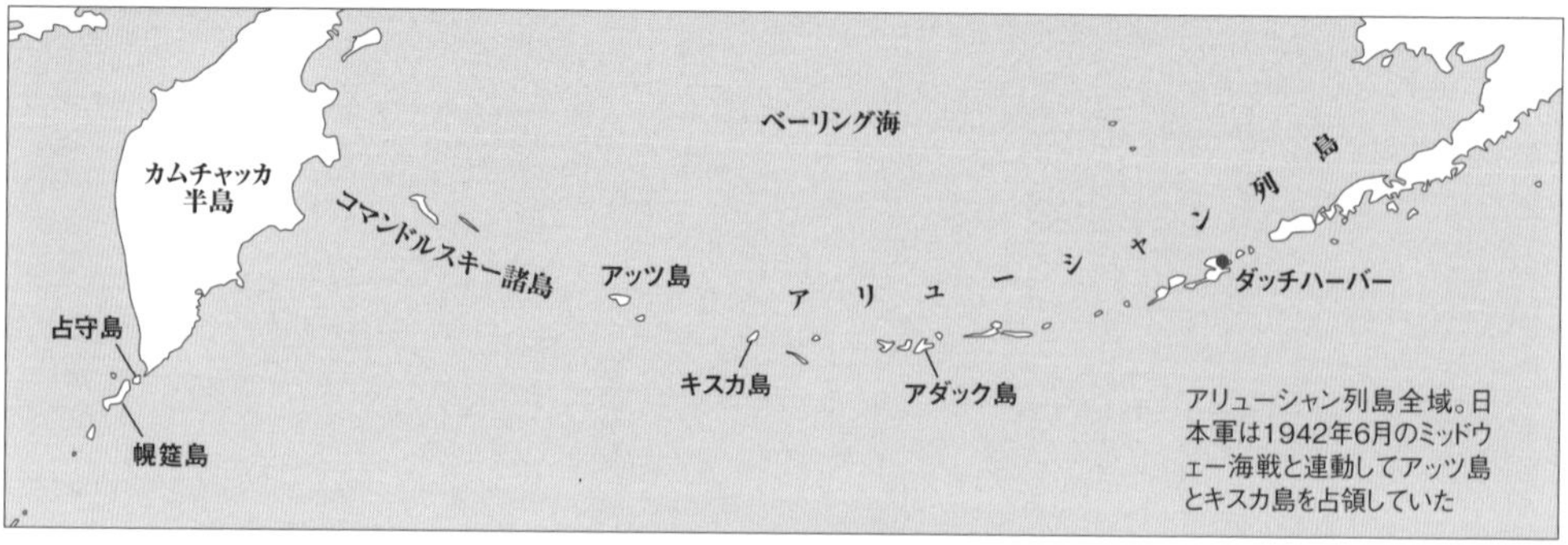

アリューシャン列島全域。日本軍は1942年6月のミッドウェー海戦と連動してアッツ島とキスカ島を占領していた

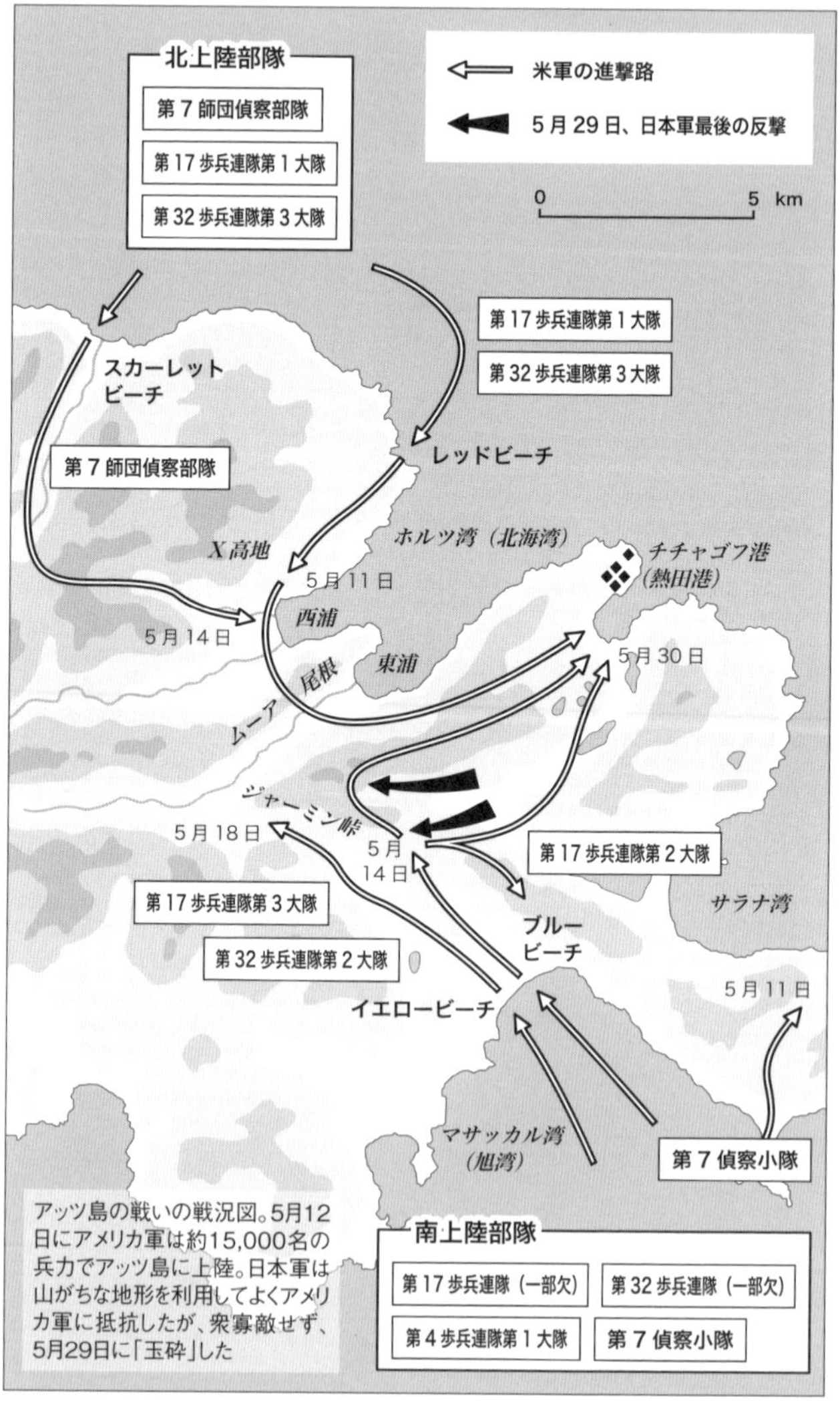

アッツ島の戦いの戦況図。5月12日にアメリカ軍は約15,000名の兵力でアッツ島に上陸。日本軍は山がちな地形を利用してよくアメリカ軍に抵抗したが、衆寡敵せず、5月29日に「玉砕」した

が撤収に成功している。これは木村昌福《まさとみ》少将率いる海軍の第一水雷戦隊による戦功といっていいだろう。第一次作戦は天候の関係でやむなく断念して帰投した。そして第二次作戦も天候に恵まれなかったが、ようやく発生した濃霧に紛れてキスカ島に接近し、無事に全員を救出したのである。のちにキスカの奇跡と呼ばれる見事な撤収作戦であった。

アメリカ軍のカートホイール作戦

こうして太平洋の南北で日本軍は立て続けに敗北した

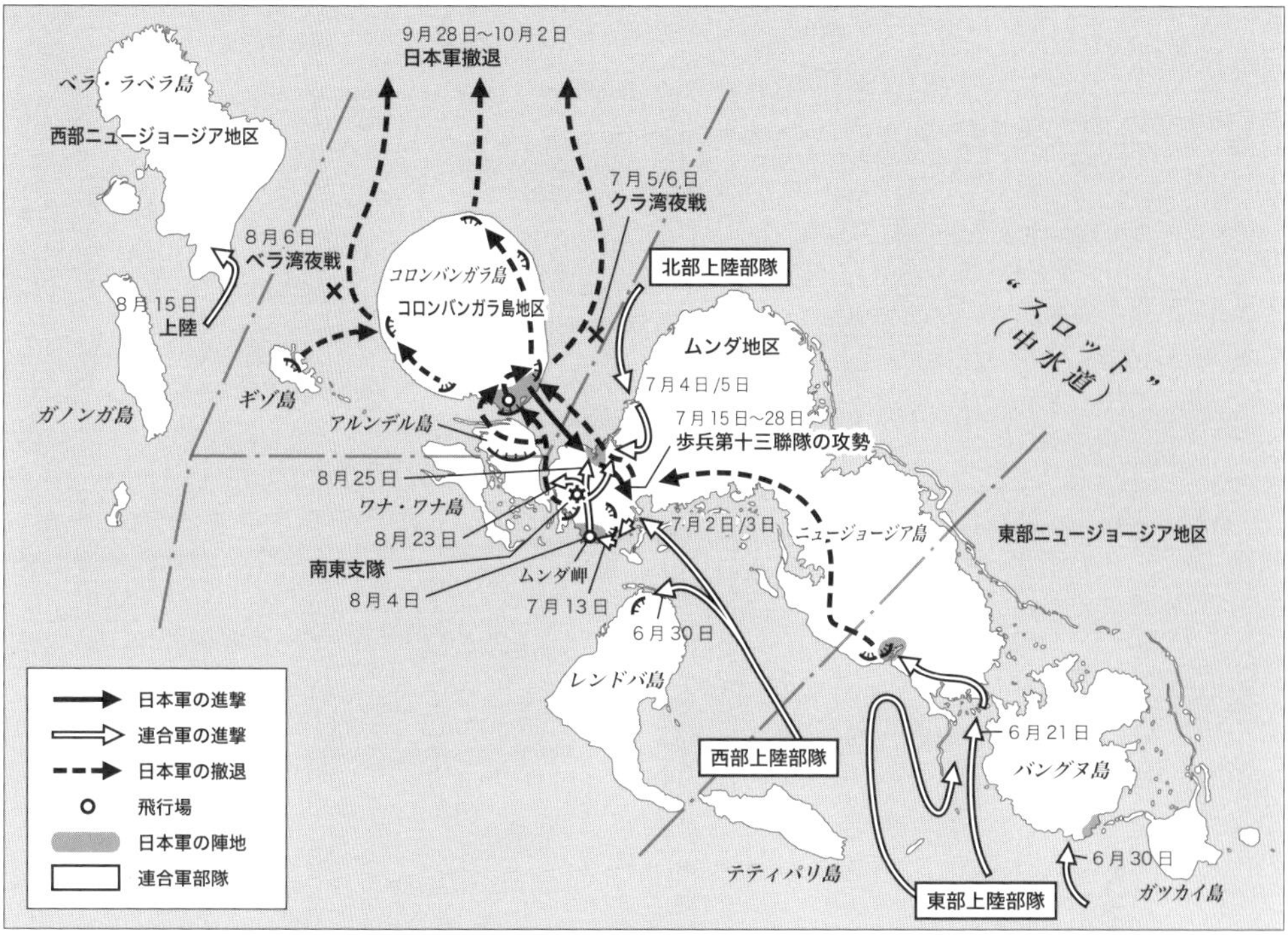

ニュージョージア島の戦いの戦況図。アメリカ軍は6月30日にレンドバ島に上陸、7月初めからニュージョージア島西部に上陸を開始。日本軍も増援として到着した歩兵第十三聯隊が奮闘するなど抵抗したが、戦力差は圧倒的で、9月末までにムンダ地区から撤退した

が、連合軍によるさらなる反攻作戦が開始された。それは日本軍の前進拠点であるラバウルとブーゲンビル島を攻略するための遠大なキャンペーンで、中部ソロモンと東部ニューギニアの両面で同時に攻勢を開始するという大胆なものであった。

カートホイール作戦と呼ばれるこの作戦で、中部ソロモン方面ではニュージョージア島、東部ニューギニアではラエおよびサラモアが当面の目標とされた。作戦開始は6月30日である。

ニュージョージア島の守備に当たっていた日本兵たち

ニュージョージア島にはムンダ飛行場があり、アメリカ軍の目的はこの飛行場だった。同島の守備にあたったのは歩兵第二百二十九聯隊を基幹とする南東支隊で、支隊長は佐々

木登少将である。南東支隊は寡兵よく戦い、アメリカ軍の2個師団を相手に2ヵ月におよぶ激闘を繰り広げた。だが衆寡敵せず、ついに隣接するコロンバンガラ島に撤収。アメリカ軍のさらなる進攻を食い止めながら徐々に撤退を重ね、10月5日にブーゲンビル島へとたどり着いた。

一方、東部ニューギニアでも6月30日に米豪軍がナッソウ湾に上陸してサラモア地区に対する攻撃を開始。守備にあたったのは第五十一師団だが、実質的な戦力は1個連隊程度でしかなかった。

ところがサラモアでの米豪軍は慎重だった。日本軍の抵抗があると兵を引いて大規模な砲爆撃を行い、日本軍が下がると再度攻撃した。この繰り返しで第五十一師団は徐々に疲弊していったが、2ヵ月にわたって防衛線を維持した。

だが9月4日に後方のラエに米豪軍が上陸を開始。さらにナザブ平原に米第503空挺連隊が降下して日本軍の退路を絶った。

この結果、第五十一師団はついに退却を開始し、ラエの守備隊とともにさらに後方へ退却した。だがこの退却はサラワケット山脈を越える想像を絶する難行軍で、途中で多くの兵が倒れた。

その後、ニューギニアの戦いは海岸沿いに進撃するアメリカ軍を食い止めようと各地で戦いが繰り広げられたが、アメリカ軍はしばしば大胆な蛙跳び作戦を行った。このため第十八軍の対応はつねに後手に回り、東部ニューギニア戦線は事実上崩壊するに至った。

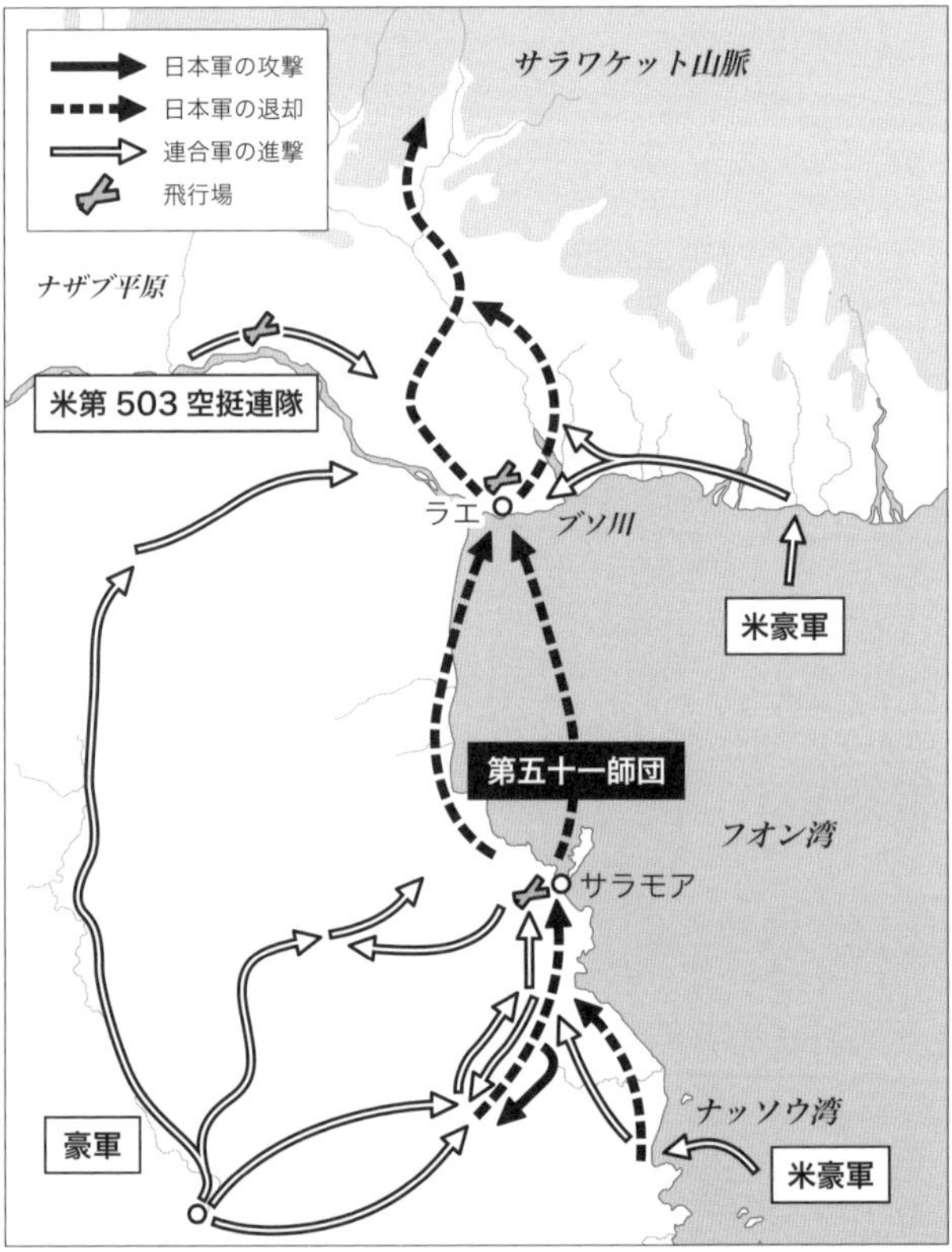

ラエ・サラモアの戦いの概要図。サラモア地区の第五十一師団は3方向から包囲され、師団長の中野英光中将は玉砕を覚悟するも、第八方面軍の今村均中将は玉砕を認めず、五十一師団はラエに退却。さらに標高4,000mのサラワケット山脈を越えて北岸のキアリまで撤退した

第五節

サイパンの失陥と比島決戦

ビアクの戦い

ニューギニア北岸を進撃したマッカーサーの目的は、その先にあるフィリピンの奪還であった。そしてそのためには、ニューギニア西端部にあるビアク島の占領が不可欠であった。同島の飛行場はフィリピン奪還作戦時の有力な航空支援基地となるのみならず、直後に行われるマリアナ諸島攻略においても有益であると考えられたためである。

こうして昭和19年5月27日、アメリカ軍は第41歩兵師団によってビアク島攻略作戦を開始した。これに対して日本軍は第三十六師団 歩兵第二百二十二聯隊を基幹とするビアク支隊（葛目《くずめ》支隊）が防衛にあたった。

アメリカ軍は上陸にはあまり適していないと考えられていたボスネック海岸付近に2個連隊を上陸させ、そのまま海岸沿いにモクメル飛行場を目指した。だが、アメリカ軍はビアク島の日本軍守備隊の戦力を過小評価していたこともあり、この進撃はビアク支隊による激しい防御砲火の前に頓挫した。

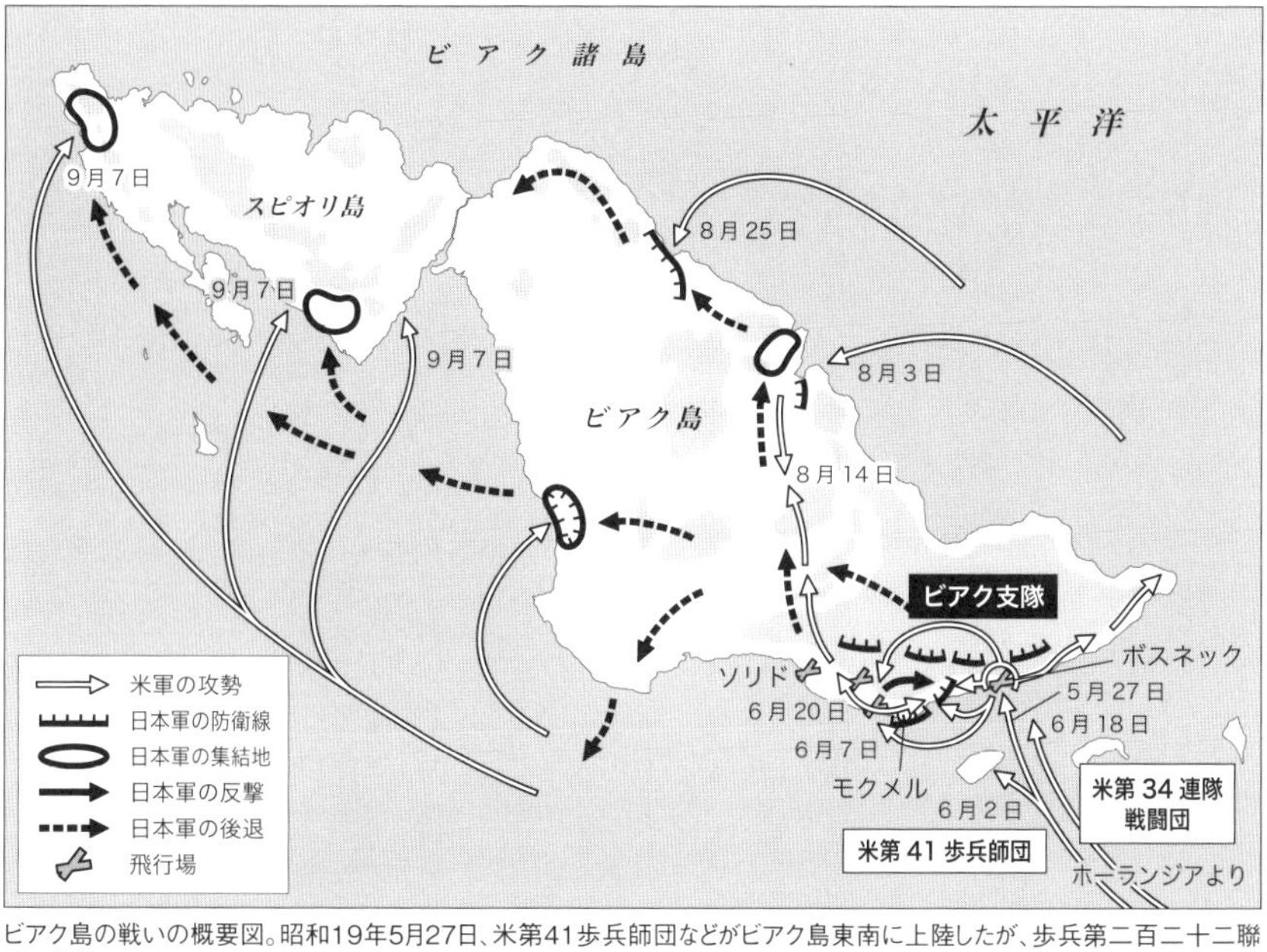

ビアク島の戦いの概要図。昭和19年5月27日、米第41歩兵師団などがビアク島東南に上陸したが、歩兵第二百二十二聯隊を基幹とするビアク支隊は頑強な抵抗を見せ、1ヵ月にわたって持ちこたえた。アメリカ軍もニューギニア戦線の日本軍最大の奮戦と高く評している

葛目直幸大佐はこれを好機とみて夜襲を敢行したが、これは逆に阻止され、貴重な戦力をすり減らしてしまった。

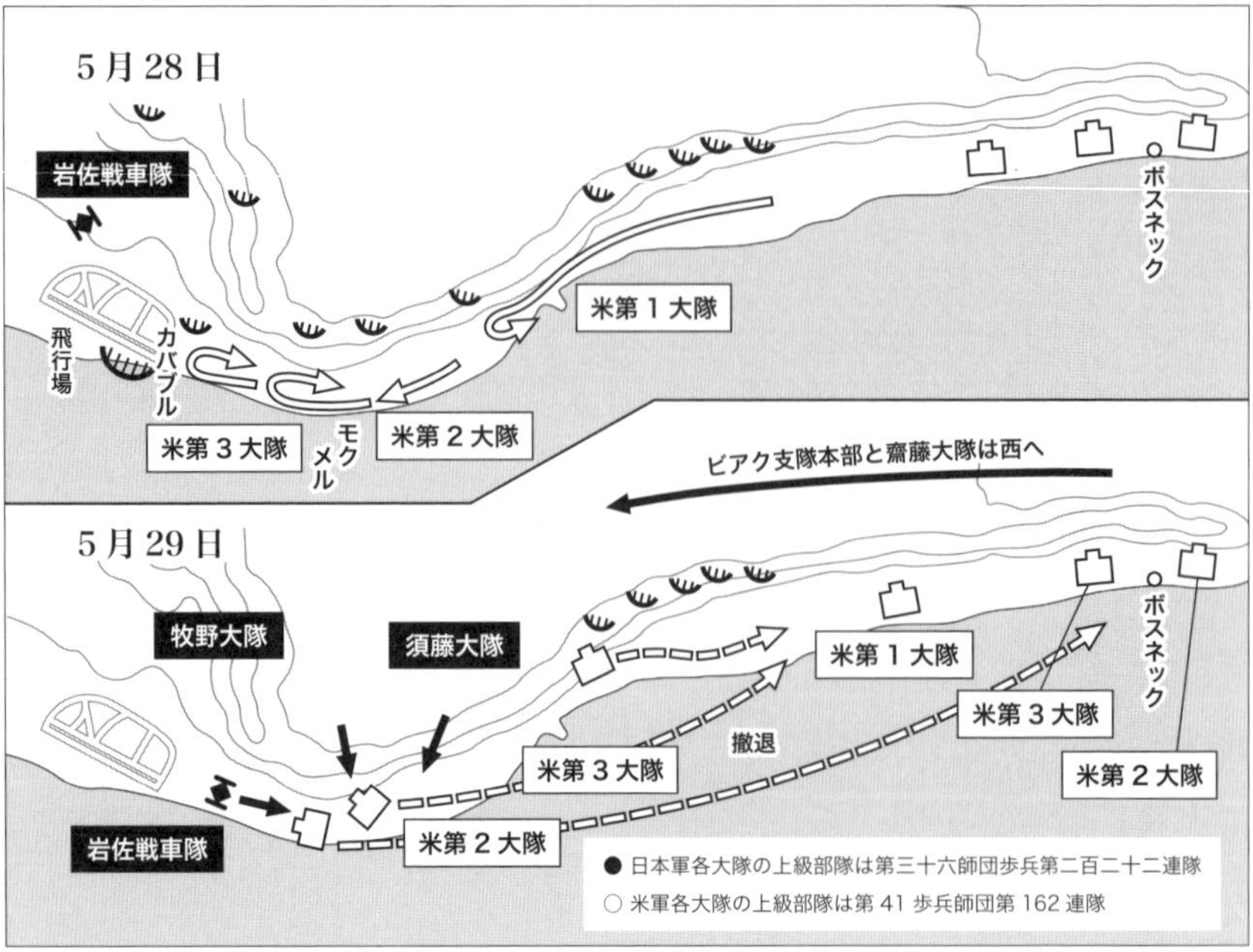

ビアク島の戦いでは5月29日、九五式軽戦車9輌の岩佐戦車隊などが海岸沿いの道でアメリカ軍を迎撃。米第603戦車中隊のM4中戦車などと戦い、九五式は7輌が撃破されたが、歩兵部隊が肉薄攻撃でM4中戦車2輌を撃破している。アメリカ軍は包囲を恐れ、一時退却した

さらにアメリカ軍上陸の直前に作戦打ち合わせのために同島を訪れていた第二方面軍参謀長である沼田多稼蔵《たかぞう》中将との間に指揮権を巡る軋轢もあり、ただでさえ少ない守備戦力を無駄に機動させられるなどの問題も生じた。

それでもビアク支隊は約1ヵ月にわたってアメリカ軍に対して頑強に抵抗した。しかし圧倒的な敵の攻撃の前に力尽き、支隊長の葛目直幸大佐は7月1日に自決して事実上ビアク戦は終結した。

そしてこのビアク島における日本軍の善戦は、マリアナ攻略戦に微妙な影響を及ぼした。数日で攻略できると想定していたビアク攻略に手間取ったことで、同島の飛行場はマリアナ攻略戦にはなんら寄与しなかったからである。

サイパン・グアムの戦い

もっとも、アメリカ軍はそんなことはお構いなしに、予定通り6月15日にサイパン攻略作戦を開始した。サイパン島は日本の絶対国防圏の一角を担う重要な島であったが、そのわりに築城工事は遅々として進んでいなかった。

同島の防衛にあたったのは第四十三師団を中核とする部

サイパン島の戦いの概要図。それまでの孤島の防衛戦では中隊規模の戦車隊しか投入されなかったが、絶対国防圏たるサイパンの防衛戦では戦車第九聯隊が投入された。6月15日、16日に戦車第九聯隊は海岸の米上陸部隊を蹂躙、海兵隊の連隊指揮所に肉薄するなど大きな損害を与えたが、30輌の戦車を投入した17日の総反撃ではM4中戦車やバズーカなどに撃退されてしまった

隊で、指揮官は斎藤義次中将である。この頃の帝國陸軍では島嶼防衛の基本戦術を水際撃滅策と定めており、そのために沿岸部に陣地を構築して上陸部隊を迎え撃つものとしていた。なぜなら海洋進攻においては、上陸するまでの時間が進攻部隊にとってもっとも脆弱だからだ。

しかし物量に勝るアメリカ軍は上陸前の支援砲爆撃を徹底して行い、沿岸部の陣地を破壊、守備部隊に大打撃を与えた。このためサイパンの戦いで日本軍は序盤に大きな損害を受けてしまった。

もっとも、サイパン戦における水際撃滅策は完全に失敗だったとも言い切れない。たしかに緒戦において第四十三師団は多くの損害を被ったが、アメリカ軍に対しても相応の損害を与えている。いかに強力な艦砲射撃や航空攻撃をもってしても、すべての掩蓋陣地を破壊し尽くすことはできない。生き残った陣地からの銃砲撃によって、アメリカ軍は初日だけで約２０００名が死傷したのである。

そして斉藤師団長は上陸初日にすぐさま夜襲を命じたが、これは通信網が寸断されていたために伝達に不備があり、散発的なものとなってしまった。そのためアメリカ軍に大した損害も与えられないまま不発に終わった。

翌16日、南側に上陸した第4海兵師団は飛行場の制圧を目指して進撃を続け、第2海兵師団は西海岸沿いに北上を開始。これに対して日本軍はタッポーチョ山を中核とした防衛ラインで頑強な抵抗を続けた。米陸軍第27師

団の師団長は戦意不足として更迭《こうてつ》されたほどである。

　とはいえ圧倒的な戦力差にくわえて増援も期待できない日本軍はジリジリと追い詰められ、７月６日には海軍の南雲忠一中将と斉藤師団長が自決。翌7日に残存部隊が万歳突撃を行って玉砕し、サイパン戦は終結したのである。

サイパン戦で撃破された戦車第九聯隊の九七式中戦車

　さらに7月21日には第3海兵師団および臨時編成第1海兵旅団がグアム島に上陸。グアム島は高品《たかしな》彪《たけし》中将率いる第二十九師団を中核として、独立混成第四十八旅団、戦車二個中隊、軍直轄の砲兵隊のほか、海軍の警備隊なども加えて約2万2000名余りが守備に就いていた。
　しかしここもサイパン同様、水際撃滅策を採っていたために上陸初日に大損害を被り、28日には高品師団長が戦死。8月11日に小畑英良第三十一軍司令官が自決して組織的抵抗は終焉した。
　そしてグアム島が未だ戦闘中だった7月24日にはテニアン島に対してサイパン攻略を終えたばかりの第2および第4海兵師団が上陸。第二十九師団の歩兵第五十聯隊が守備に就いていたが戦力差はいかんともしがたく、8月2日に玉砕した。

ペリリューの戦い

　また、アメリカ軍は9月15日にパラオ諸島のペリリュー島にも上陸を開始した。同島には大きな飛行場があり、フィリピン奪還作戦を翌月に控えたマッカーサーにとって、是が非でも確保しておきたい要地であった。マッカーサーはこの攻略に第1海兵師団を基幹とした2万8000名あまりを投入、これに対する日本軍守備隊は中川州男《くにお》大佐を指揮官とする精鋭の歩兵第二聯隊を基幹とした1万名弱であった。

　ペリリューでも日本軍は水際撃滅を採用したが、この島の防御戦闘にはこの戦術は合致していたといっていいだろ

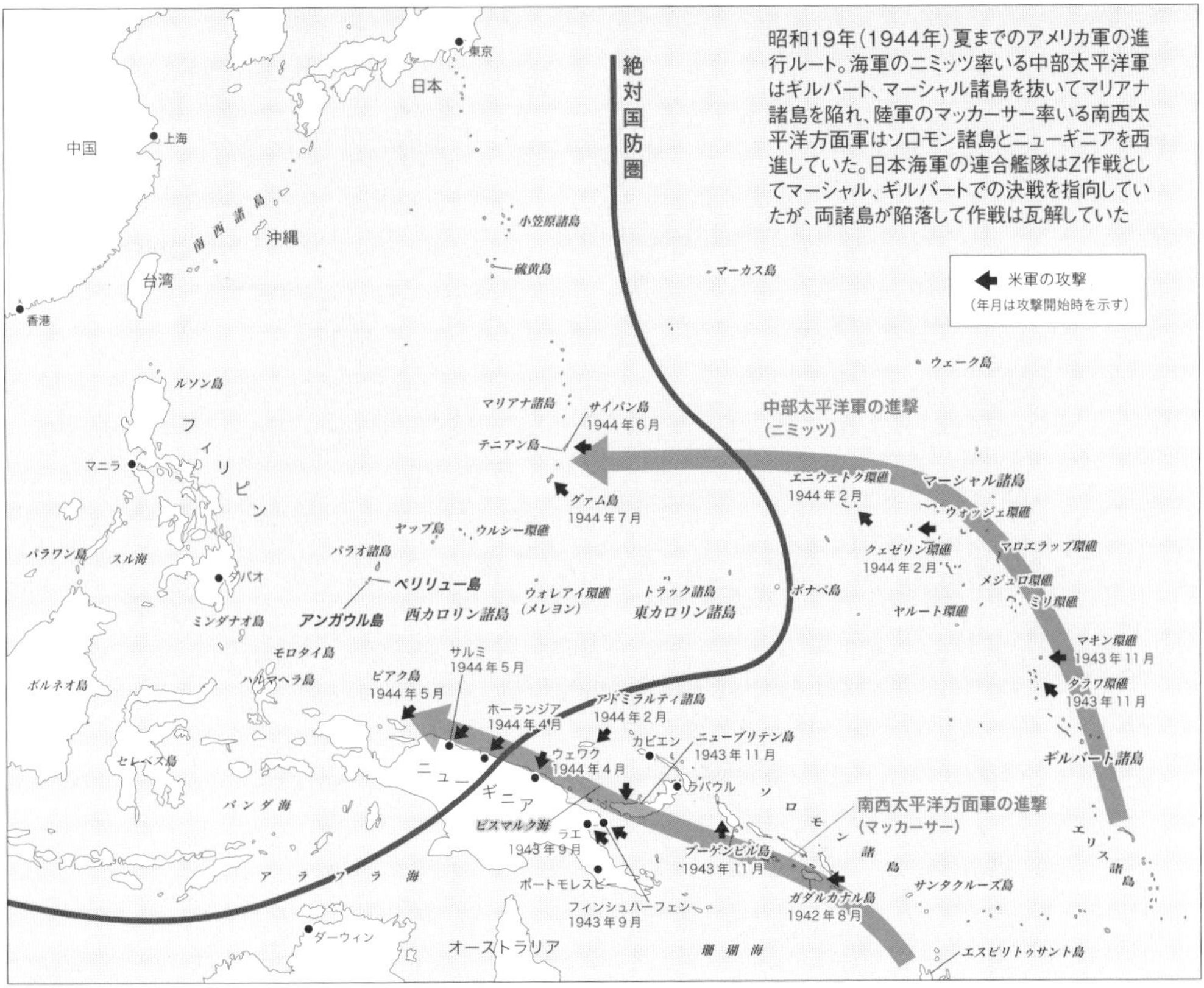

昭和19年（1944年）夏までのアメリカ軍の進行ルート。海軍のニミッツ率いる中部太平洋軍はギルバート、マーシャル諸島を抜いてマリアナ諸島を陥れ、陸軍のマッカーサー率いる南西太平洋方面軍はソロモン諸島とニューギニアを西進していた。日本海軍の連合艦隊はZ作戦としてマーシャル、ギルバートでの決戦を指向していたが、両諸島が陥落して作戦は瓦解していた

う。サンゴ礁の地質に加え、島内には洞窟が数多くあり、敵の艦砲射撃や航空攻撃をやり過ごすのに好都合であった。そしてこれらの洞窟をコンクリートで強化して陣地化していたのである。

　このためアメリカ軍は上陸時において約1000名もの損害を被り、上陸用舟艇60隻以上、LVT（水陸

ペリリュー島中央は写真のように峻険な山岳地帯となっており、日本軍は複雑かつ頑強な陣地を築いてアメリカ軍に対抗した。写真は山岳地帯の隘路をM4シャーマン戦車と共に進撃する海兵隊。右は水源となった池で、この池に水を確保しに来る日本兵をアメリカ軍は狙い撃ちにした

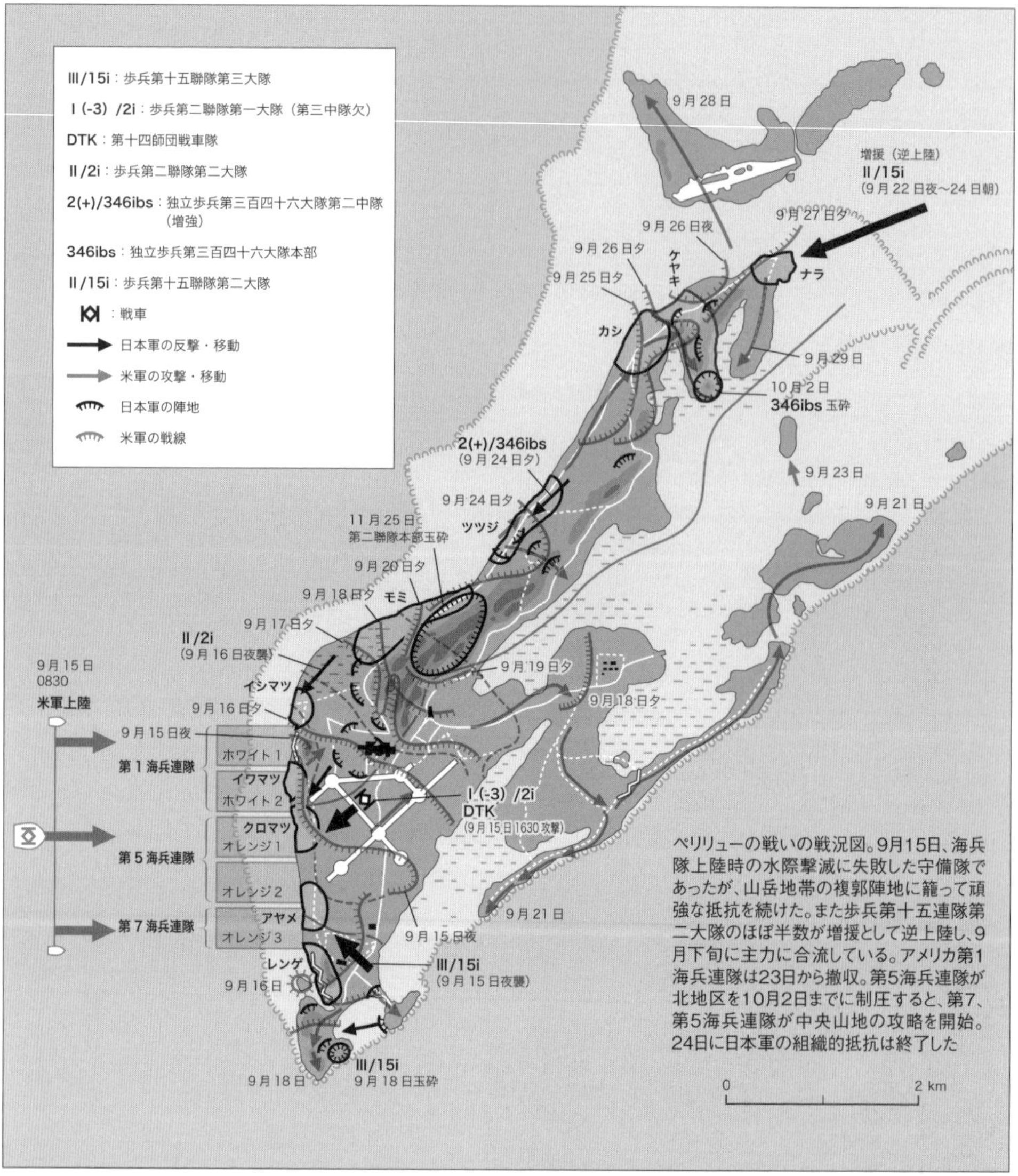

ペリリューの戦いの戦況図。9月15日、海兵隊上陸時の水際撃滅に失敗した守備隊であったが、山岳地帯の複郭陣地に籠って頑強な抵抗を続けた。また歩兵第十五連隊第二大隊のほぼ半数が増援として逆上陸し、9月下旬に主力に合流している。アメリカ第1海兵連隊は23日から撤収。第5海兵連隊が北地区を10月2日までに制圧すると、第7、第5海兵連隊が中央山地の攻略を開始。24日に日本軍の組織的抵抗は終了した

両用装軌車）や戦車などの装軌車輌も20輌以上を喪失した。

作戦前にアメリカ軍の指揮官である米第1海兵師団の師団長ウィリアム・H・ルパータス少将は「4日で終わる」と豪語していたが、4日が過ぎてもほとんど作戦は進展していなかった。アメリカ軍は一つ一つ陣地を潰していくほかなかったが、これに対して中川大佐は少しずつ戦線を下げていった。いずれ全滅することは自明であり、ならば少しでもアメリカ軍に出血を強要し、進攻を遅らせることが作戦目的

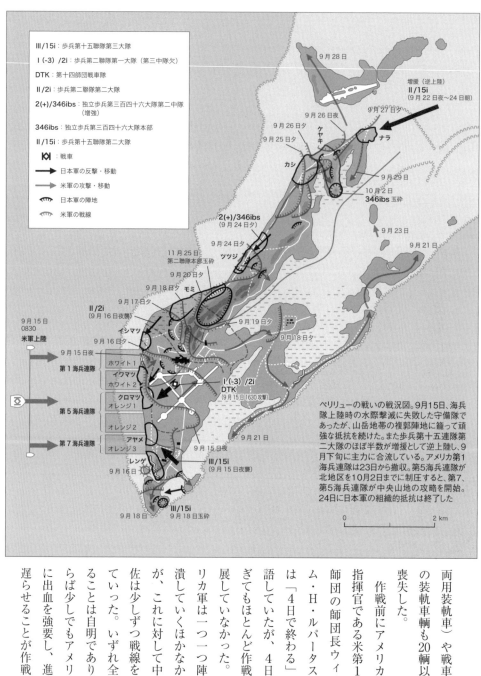

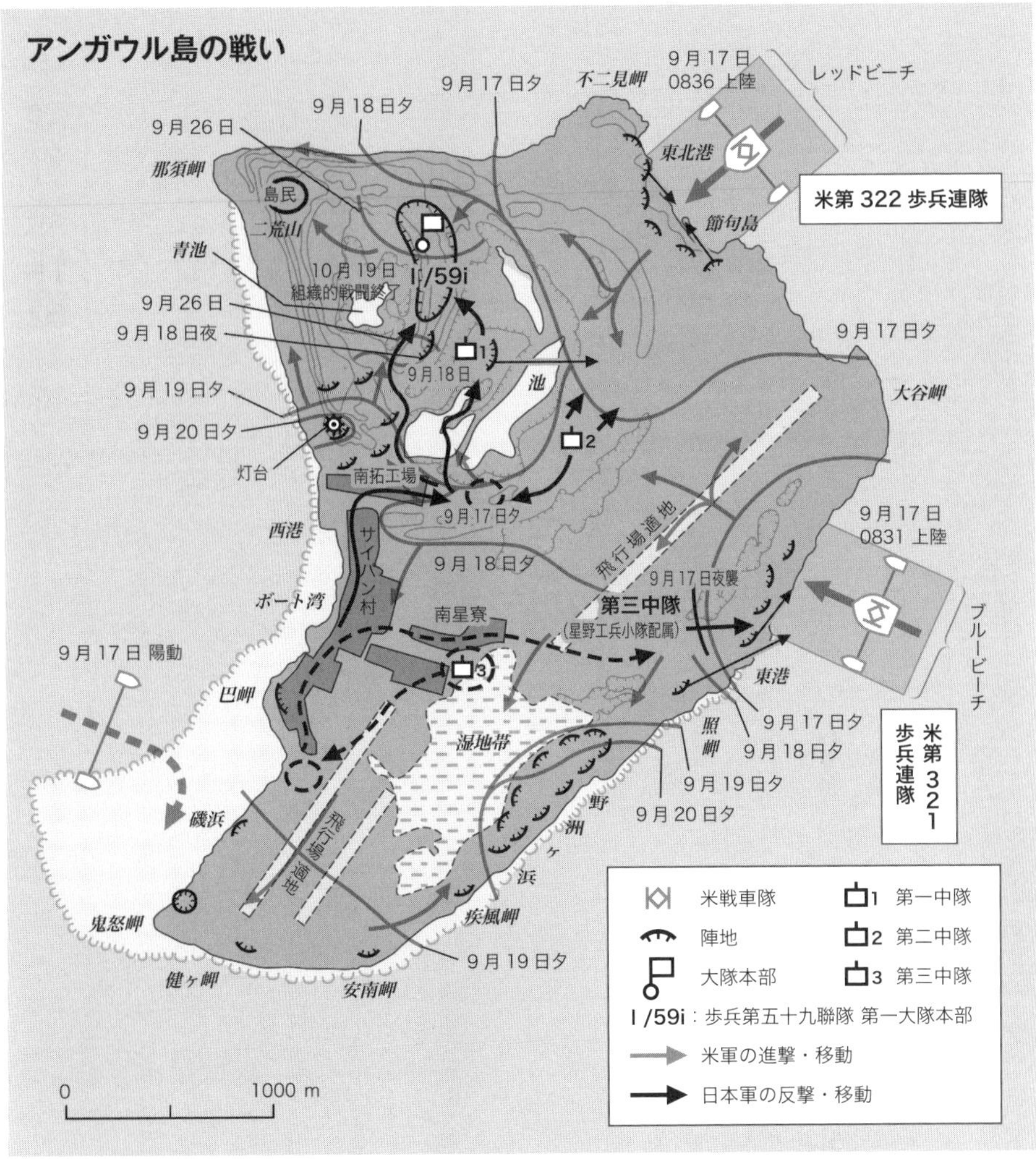

ペリリュー島南西のアンガウル島にも9月17日にアメリカ陸軍の2個連隊を基幹とした21,000名が上陸。1個大隊（歩兵第五十九聯隊第一大隊）を基幹とした日本軍守備隊1,200名は頑強に抵抗したが、10月19日に組織的な抵抗は終了した

であると当初から割り切っていたのである。

そして9月23日にはついに損害率が50％に達した米海兵第1連隊が撤退。その代わりに陸軍の第81師団 第321連隊が投入された。その後も海兵師団の各部隊は順次撤退していった。

だが、2ヵ月に及ぶ戦闘で守備隊も限界に達し、11月24日に組織的抵抗を終えた。ただし生き残った者たちは小部隊に分かれてその後も遊撃戦を継続し、すべての戦闘行為が終結したのは昭和22年（1947年）4月のことであった。

大陸打通作戦

昭和18年後半にもなると、日本と南方資源地帯を結ぶ海上交通路は米潜水艦に脅かされるようになっていた。戦争を始めたもともとの動機は戦略資源の確保にあり、その資源が途絶されることは敗北に直結する。

そもそも輸送を海上のみに頼っていることが問題であり、今後も戦争を継続するうえで陸路による輸送も考えるべきではないか。良くいえば大胆な、悪くいえば行き当たりばったりなこの発想によって始まったのが一号作戦、通称大陸打通作戦である。

このように、一号作戦はもともとは陸路による輸送路確保を主眼とした作戦であり、仏印から釜山までの鉄道線を打通することが目的であった。ところが計画中に「敵野戦軍の撃破」と「敵航空基地の破壊」という二つの目的が追加され、作戦はいつしか在中国の日本軍の大半を巻き込むような壮大なものへと変貌した。

一号作戦は帝國陸軍の歴史の中でも特筆に値するほど規模の大きな作戦で、いくつかの作戦からなっている。

まず第一段階の作戦は内山英太郎中将が指揮する第十二軍が黄河を渡河後に南下して南部京漢鉄道沿いを進撃、同地を占領確保することを目的とする。この作戦を「コ号作戦」と呼んだ。作戦地名から「京漢作戦」とも呼ばれる。

作戦は昭和19年4月17日より、第十二軍の左翼の第三十七師団と独混第七旅団が黄河を渡河して開始された。また覇王城方面でも第百十師団および第六十二師団が戦闘を開始。これら第一期作戦は予想を上回る進展を見せた。

このため第十二軍は計画を前倒しして第二期作戦を開始し、目標である許昌を5月2日に占領した。また、反撃してきた中国軍の第29軍に対しては第六十二師団が攻撃してこれを撃破した。

このように「コ号作戦」は占領地の拡大・確保には成功したが、その一方で敵野戦軍を撃破するという目的を達成することはできなかった。作戦地が広大なうえに、敵を包囲するにはあまりに戦力不足だったためである。そして5月25日には洛陽を占領して、「コ号作戦」は終結した。

一方、敵の飛行場を覆滅するための作戦を「ト号作戦」という。また、「京漢作戦」に対して「湘桂作戦」とも呼ばれる。

この作戦は近い将来、中国大陸に配備が予想されるB-

29による日本本土爆撃を阻止することが重要な作戦目的であった。

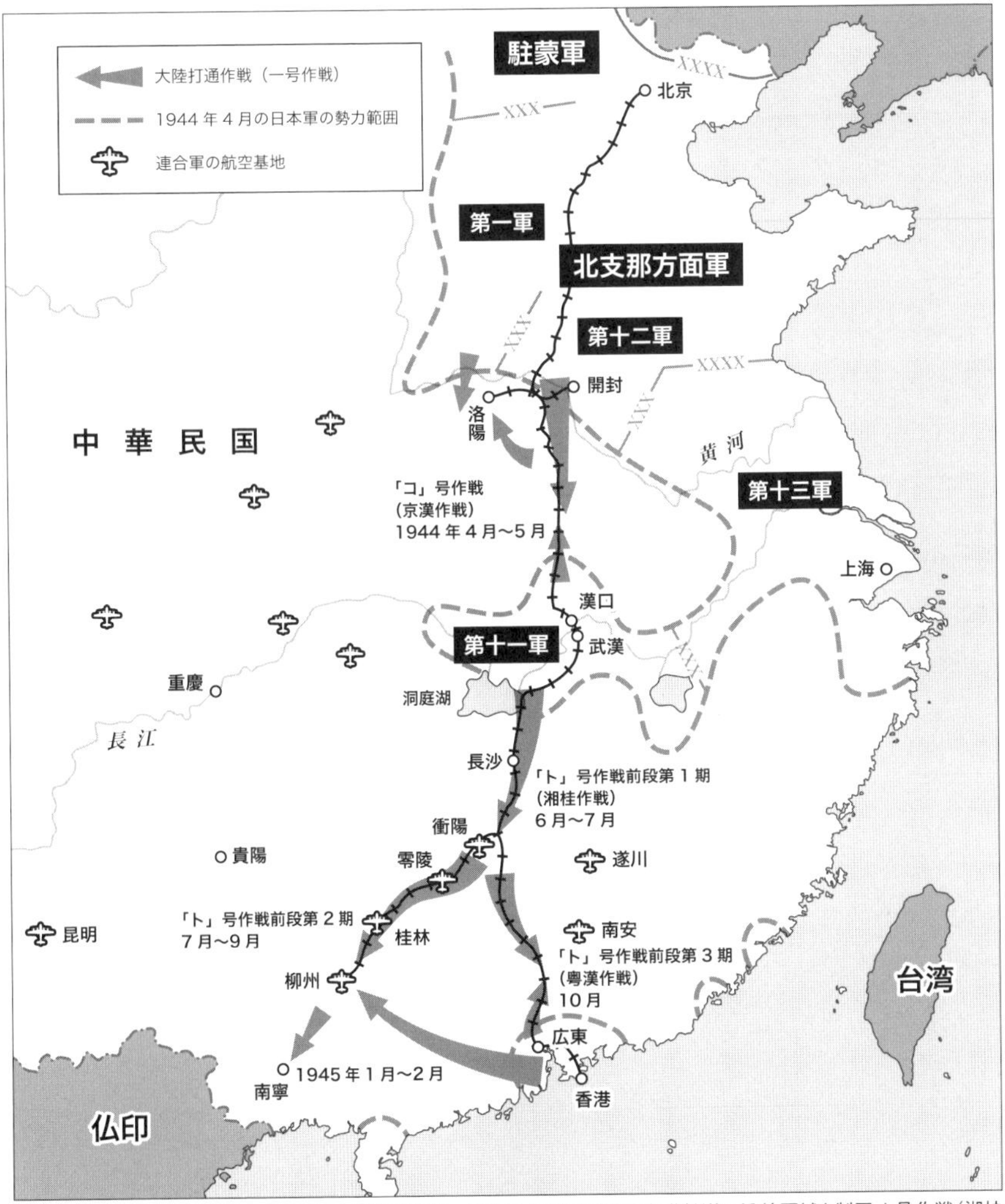

大陸打通作戦こと一号作戦の概要図。支那派遣軍はコ号作戦（京漢作戦）で京漢鉄道の沿線要域を制圧、ト号作戦（湘桂作戦）で湘桂鉄道と粤漢鉄道の沿線要域を確保、昭和19年末には大陸の南北鉄道路を確保し、昭和20年2月までにはアメリカ軍の航空基地を覆滅した。だが、昭和19年末にはもはや仏印からの陸上輸送力はほぼ失われており、またサイパンの航空基地にB-29が進出してしまっており、ほとんど実のない勝利であった

「コ号作戦」は主に華北が作戦地域だったが、「ト号作戦」は主として華中が作戦地域となる。作戦を担当するのは横山勇中将が指揮する第十一軍で、第一期作戦は戦略的要地の衡陽の占領を目指した。

作戦は5月27日より開始され、右翼の第四十師団は6月5日には洞庭湖南岸の沅江を占領し、主戦線では6月上旬までに瀏陽、長沙、寧郷に迫った。そして第三師団は10日から瀏陽に対して攻撃を開始し、さらに第十三師団が瀏陽の後方へ回り込んだために重慶軍は退路を断たれ、総崩れとなった。

また、長沙方面では第

三十四師団および第五十八師団が16日より攻撃を開始し、20日までには同市を制圧した。

このように作戦は順調に推移したが、「コ号作戦」同様、敵野戦軍の撃滅という目的はなかなか達成できなかった。

そして6月27日には早くも衡陽郊外に達し、攻撃を開始した。ところがこの頃には第十一軍の各部隊は軒並み砲弾不足に陥っており、砲兵支援のないまま近接戦闘主体の攻撃となった。これに対して中国軍はアメリカ軍の航空支援もあって頑強に抵抗し、攻撃はなかなか進展しなかった。

このため衡陽攻略は三次におよび、8月6日にようやく占領することに成功した。

ところが、そのころにはすでにサイパン島が陥落していたこともあり、もはや敵飛行場の覆滅を目的とした「湘桂作戦」の遂行を疑問視する声が大本営の一部では出始めていた。それでも一度動き始めた歯車を止めることは難しく、現地軍の強い要望もあって作戦は継続されることになった。

そして桂林および柳州に点在する飛行場の破壊を目的とした作戦が開始された。これを「桂柳作戦」という。

この作戦の実施にあたり、第六方面軍が新設された。第六方面軍は第十一軍のほか第二十三軍と第三十四軍を隷下に収める組織で、支那派遣軍と現地軍の中間結節となる司令部である。司令官には岡村寧次大将が親補された。

そして砲弾の備蓄などの準備を整えたうえで、10月下旬より作戦を開始した。第二十三軍は西江沿いに進撃して最終的に柳州攻略を目指す。一方、第十一軍は湘桂鉄道線沿いに南下して桂林を攻略し、その後に北上してくる第二十三軍と協同して柳州を挟撃する。

ところが第二十三軍は作戦開始早々に中国軍第4戦区軍の激しい抵抗に遭って攻勢が頓挫した。

これに対して第十一軍は桂林を占領後、一気に柳州まで進撃することを密かに決定していた。第二十三軍の進撃が止まっている以上、第十一軍が機動して敵を挟撃すべきという発想であり、必ずしもそれは間違ってはいなかった。

しかしこれは上級司令部の第六方面軍の意向をほぼ無視したようなものであった。そして第十一軍は桂林を11月11日に占領すると、その日のうちに柳州まで占領してしまった。一見すると作戦は成功したかに見えるが、この第十一軍の独断専行のために、第六方面軍が企図していた敵野戦軍を包囲殲滅するという目的は達成できなかった。

そしてさらに第十一軍の第三師団と第十三師団は追撃を

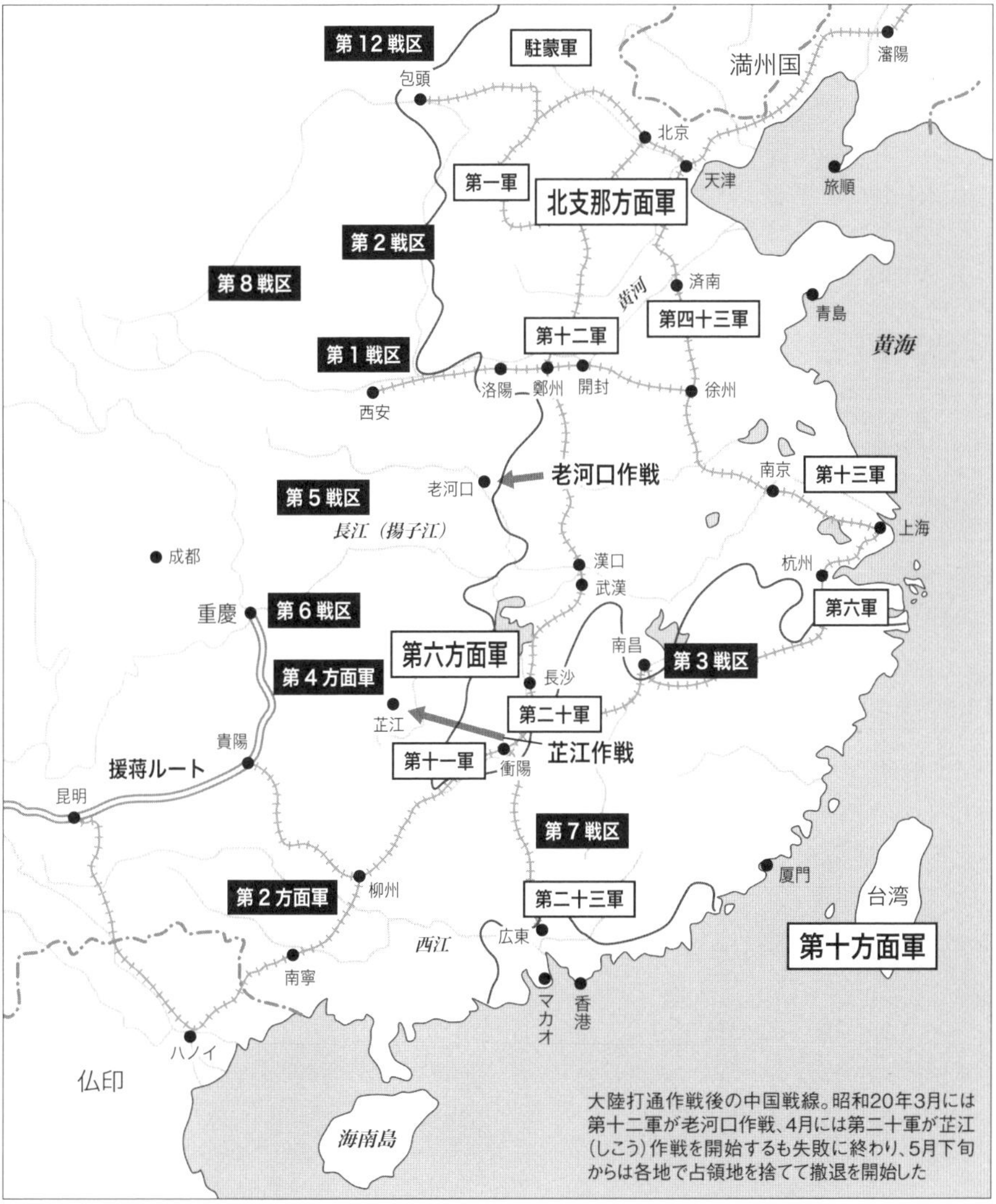

大陸打通作戦後の中国戦線。昭和20年3月には第十二軍が老河口作戦、4月には第二十軍が芷江（しこう）作戦を開始するも失敗に終わり、5月下旬からは各地で占領地を捨てて撤退を開始した

重ねて12月2日に貴州省の独山まで到達。

　また第二十三軍は11月24日に南寧を攻略後、北上してきた南方軍の第二十一師団の宮基支隊（歩兵第八十三聯隊基幹）と南寧西方の綏禄で会同し、これによって形式上は大陸打通が成就したのである。

　こうして大陸打通作戦は形の上では成功したといえるだろう。しかし莫大な物資を消費したわりに、戦争全体に与えた影響は極めて小さかったと言わざるをえない。まことに虚しい勝利であった。

インパール作戦

ところで、「コ号作戦」の同時期にはビルマにおいてもインパール作戦（ウ号作戦）が行われていた。

ビルマからインドに対する進攻作戦は昭和17年当時から俎上《そじょう》に上がっていたが、補給困難という理由で却下されていた。ところがこの時は補給が難しいと言った当の本人である牟田口廉也中将が、のちにインパール作戦を強引に推進していくことになる。

その背景には太平洋方面での敗勢や、盧溝橋事件を引き起こしたという個人的な思いなどさまざまあったのだろうが、合理的判断より感情を優先したのは事実であろう。

ともあれ、第十五軍は昭和19年3月より作戦を行うことになった。

計画では、まず柳田元三中将が指揮する第三十三師団が戦線左翼（南側）で攻勢を発起し、敵がそちらに集中している間に戦線中央を山内正文中将の第十五師団が前進。さらに佐藤幸徳中将率いる第三十一師団は右翼（北側）を進んでインパール街道を遮断する。

そしてインパールを孤立させたうえで第三十三師団と第十五師団で包囲殲滅するという作戦であった。

3月8日に作戦は開始され、当初は比較的順調に推移したが、これは英印軍第14軍指揮官であるウィリアム・スリム中将の考えに拠るところが大きかった。というのも、スリム中将は日本軍の兵站能力の限界を理解しており、インパールを攻めきることはできないだろうと当初より判断していた。そのため前線では必要以上の抵抗を行わず、徐々に日本軍を引き込み、補給線が伸びきったところで反撃に出ようと画策した。また、インパール街道が遮断されて孤立した場合でも、航空補給によって抵抗することを想定していた。そしてこの戦術はすでに第二次アキャブ戦において実証済みであった。

第二次アキャブ戦とは、インパール作戦の直前に行われた英印軍の攻撃と、それに対する日本軍の反撃のことである。

昭和19年1月19日、英印軍第14軍・第15軍団がアキャブの占領を目指して南下を開始した。これに対して第二十八軍の第五十五師団が防御に当たった。のみならず、日本軍は第五十五師団の各聯隊から抽出した部隊によって桜井兵団を編成し、側方迂回を行ってイギリス軍の背後に回り込み、一気に襲いかかった。

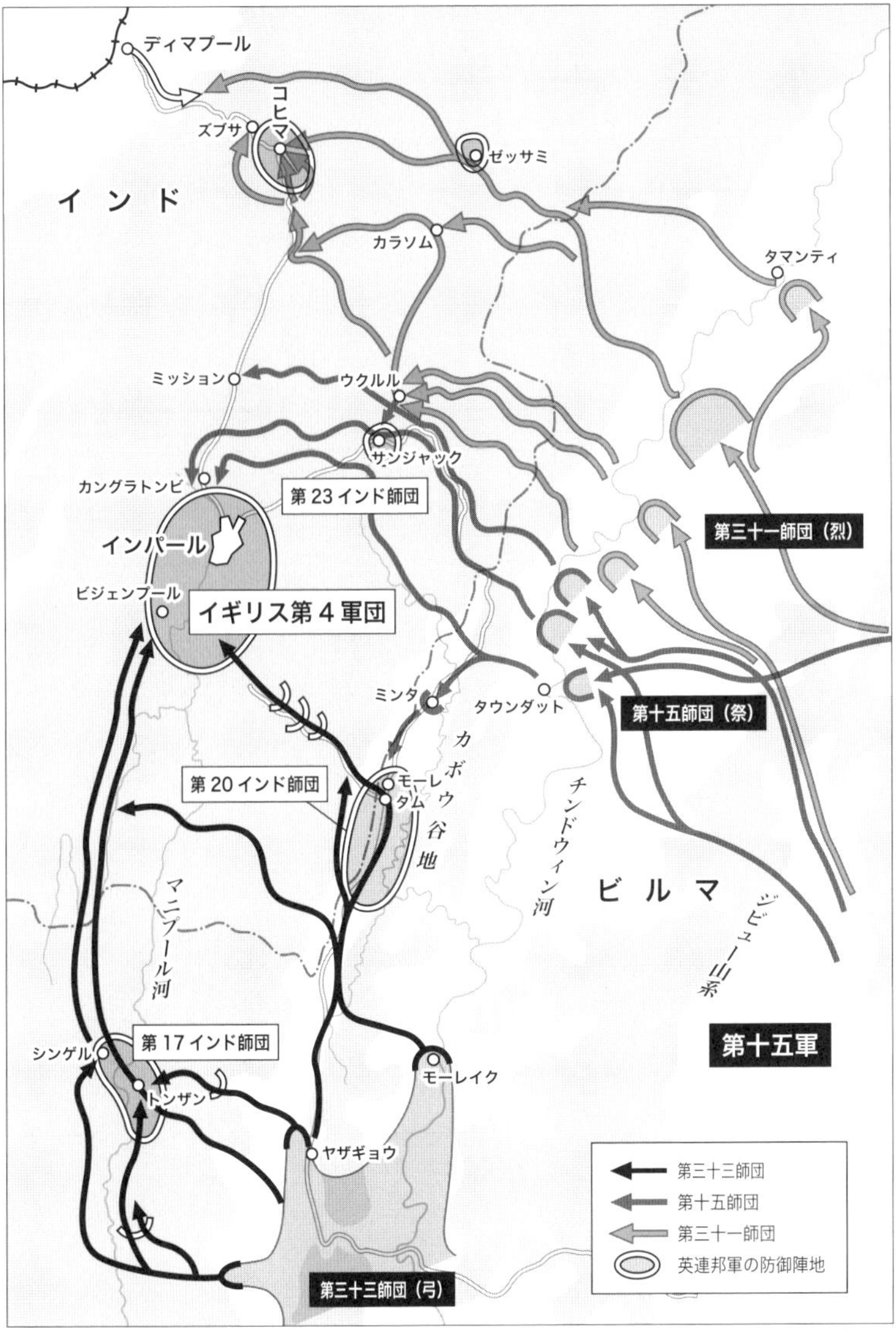

インパール作戦こと「ウ号作戦」の日本軍の攻勢。昭和19年3月、第十五軍の3個師団はインドの英軍拠点・インパールの攻略を目指してインド・ビルマ国境から攻勢を開始。だが円筒陣地に拠り、空中補給を受けながら防御する英印軍に苦戦。さらに補給も途絶え、各部隊が次々に戦闘不能となっていき、7月に作戦中止が決定された

このため第15軍団の各部隊は総崩れとなって退却を開始し、シンゼイワ盆地へと逃れた。そして日本軍はこれを追撃してついに包囲に成功したのである。

ところが英印軍のこの行動は計画のうちであり、空中補給によって包囲をものともせず、むしろ包囲している日本軍のほうが次第に補給欠乏に悩まされるようになっていった。しかも後方からイギリス軍の増援が迫ってきたことから、日本軍は2月末までに包囲を解き、撤退するに至った。

つまりインパールにおいても、シンゼイワ盆地と同様のことが起こりつつあったのである。

そして日本軍の進撃速度は徐々に鈍っていき、それと比例して補給状況は悪化の一途をたどった。

戦線右翼を進撃した第三十一師団の目標は、インパールとディマプー

ルの間にあるコヒマであった。師団主力がコヒマに向かって直進する一方、歩兵第五十八聯隊を基幹とした宮崎支隊はサンジャックとウクルルで英空挺部隊と激戦を交えてこれを制圧。武器弾薬、食料などを獲得して先を急いだ。

そして第三十一師団は4月1日にゼッサミを占領、さらに6日にはコヒマの半分を占領した。これにより、インパール街道の事実上の遮断に成功する。

ところが英印軍に焦燥感はなく、むしろ補給が届かない日本軍は日に日に戦力を低下させていった。

そしてついに、第三十一師団長の佐藤中将は、命令のないまま「無断撤退」を開始した。むろん牟田口軍司令官は激怒し、佐藤中将を軍法会議にかけるといきまいた。これが後に言われる「抗命事件」だが、結局罪状はうやむやにされてしまった。

そして前線が厳しい状況なのは他の2個師団も変わらず、損害だけが増していったが、そうしたなかでも牟田口軍司令官も、ビルマ方面軍司令官の河辺《かわべ》正三《まさかず》中将もなかなか作戦中止を決定できなかった。

作戦が中止されたのはようやく7月8日のことであり、ここからさらに各部隊は凄惨な退却戦を行わなければならなかった。そしてその退却路には遺棄死体が溢れ「白骨街道」と呼ばれるようになる。

ビルマ戦線の崩壊

こうしてインパール作戦は何ら得ることなく失敗に終わったが、事はそれだけで終わらなかった。有力な3個師団がほとんど壊滅状態となったことで、その後のビルマ防衛戦に大きな支障を来すことになったのである。

インパール作戦直前に開始されたイギリス軍のチンディット部隊による浸透作戦で後方が攪乱され、そうした中で第十八師団はフーコン方面からの圧力でジリジリと後退、さらにレド公路開通を目指す米支軍の攻勢により北ビルマ戦線は崩壊の危機に瀕していた。

しかしなんとか態勢を立て直し、イラワジ河の線に薄い防衛線を敷くことに成功した。そして戦局を挽回すべく反攻作戦を企図した。「盤作戦」と呼ばれるこの作戦を計画したのは、あらたにビルマ方面軍の参謀長に就任した田中新一中将であった。だが強気一辺倒のこの作戦計画は前線の実情とはまったくかけ離れたもので、各部隊は反撃はおろか、敵の突破を阻止することすら危ぶまれるほどの戦力しかなかったのである。

それを証明するかのようにスリム中将は2月より攻勢を開始してあっさりとイラワジ河を渡河し、日本軍の戦線後方のメイクテーラを占領した。

これに対してビルマ方面軍は奪還を試みるも失敗。もはや総崩れ状態となって退却を開始し、5月にはラングーンが陥落した。そしてどうにかシッタン河の線で防衛線を構築することに成功する。その頃にはビルマは雨期に突入したため全面崩壊は免れ、終戦を迎えたのだった。

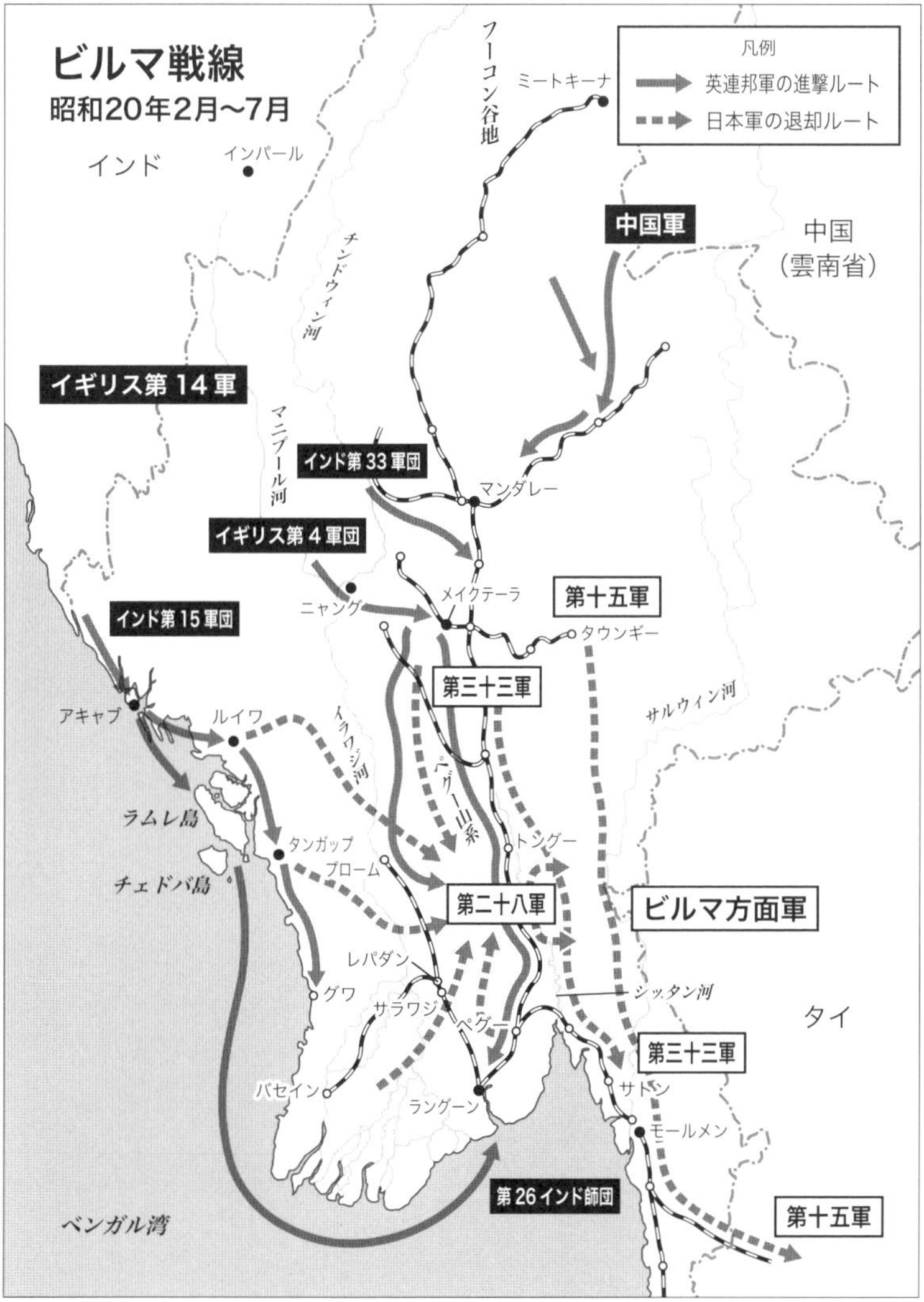

昭和20年3月のイラワジ会戦でメイクテーラを奪われた日本軍は総崩れとなって後退するが、辛うじてシッタン河で防衛線を構築した。第十五軍は泰緬鉄道でタイ方面に退却、第三十三軍はシッタン河東岸に渡ったが、第二十八軍が西岸に取り残され、7月下旬に第二十八軍の約34,000人の将兵のうち約15,000人が渡河に成功した

比島決戦

昭和19年（1944年）10月、マッカーサーはついにフィリピンのレイテ島に対して上陸作戦を開始した。

もともとフィリピン防衛を担当していた第十四方面軍の方針で

は、レイテ島ではあくまで持久戦を行って時間を稼ぎ、ルソン島においてアメリカ軍と決戦を行うはずであった。

ところが海軍はレイテ島が失陥すれば蘭印との海上交通路が事実上封鎖されるため、レイテ島での決戦を主張。結果的にこの主張が受け入れられ、時の首相・小磯國昭をして「レイテ決戦こそ大東亜戦争の天王山」と言わしめた。

レイテ島の守備にあたったのは第十六師団だったが、上陸予想地点は長大で、部隊を薄く配置せざるをえなかった。これに対してアメリカ軍は昭和19年10月20日、一挙に4個師団を上陸させた。海岸に配置されていた部隊は文字通り粉砕され、その後も戦線を立て直すことすらできずに第十六師団は敗走を重ねた。

これに対して南方軍は山下奉文大将が指揮する第十四方面軍にレイテ島への増援を要求し、方面軍はルソン島での決戦兵力を逐次投入する羽目になった。

そして第一師団と第二十六師団が送り込まれ、持久どころかレイテ島において決戦を挑む構えであった。

この反撃計画を「ドラグ会戦計画」というが、まさに絵に描いた餅であった。計画ではアメリカ軍の攻勢を第十六師団で防ぐ間に、第一師団と第二十六師団を南方から迂回させて一気に包囲するというものだった。

レイテ島の戦いの概要図。レイテ島中央の山岳地帯の通行は難しいため、アメリカ軍は北部に迂回してオルモックを目指し、北上する日本軍とリモン峠付近で激突。日本軍は地形を利用し巧妙に戦い、12月6日には第二挺進団がブラウエン飛行場に突入し相応の損害を与えた。12月までに約5万人をレイテ島に送り込み、カリガラ平野〜リモン峠付近で頑強に戦った第三十五軍であったが、12月7日、オルモックにアメリカ軍が上陸すると総崩れとなった

しかし第一師団は上陸早々リモン峠付近の戦闘に巻き込まれて1ヵ月以上に及ぶ激戦を展開。第二十六師団に至っては揚陸中に空襲されて装備品の大半を消失した。

さらに空挺部隊まで投入したものの、薫空挺隊は音信不通の末に全滅し、第二挺進団はブラウエン飛行場に落下傘降下を果たすも撃退されて退却した。

そして12月7日にはオルモック南方に米第77師団が上陸し、第三十五軍の各部隊は北部の山岳地帯に落ち延びることになった。

こうして「大東亜戦争の天王山」は2ヵ月ほどで終わりを告げ、現地部隊は以後、終戦まで自給自足を強いられることになったのである。

レイテ戦の終結は、そのままルソン島での戦いの始まりであった。

すでにレイテに戦力を投入したことにより、第十四方面軍は作戦計画を見直さざるを得なかった。そこで決戦から持久戦へと方針を転換し、ルソン島にある戦力を三つの集団に再編成した。すなわち、主力である尚武集団の約15万名は北部に展開して山下大将が直率する。マニラ東方には横山静雄中将が指揮する振武集団約10万名、クラーク飛行場周辺には塚田理喜智《りきち》中将の建武集団の約3万名が守備に就いた。

また、マニラ防衛には海軍第三十一根拠地隊約3万名があたったが、指揮系統的には振武集団隷下にあった。ところがこの部隊は上級司令部からのマニラ放棄に異を唱え、のちにマニラ市街は戦場となってしまう。

アメリカ軍は昭和20年1月9日にリンガエン湾より上陸を開始して、まずはマニラ奪還を目指した。そして2月3日よりマニラ市街戦が始まり、1ヵ月後の3月3日に陥落した。この間、市民をも巻き込んだ凄惨な市街戦が展開された。

一方、尚武集団に対する攻撃は2月中旬ごろより本格化した。しかし尚武集団が拠る北部に攻撃するためには限られた進撃路しかなく、日本軍はバレテ峠およびサラクサク峠で頑強に抵抗を続けた。この死闘は3ヵ月にもおよんだが、日本軍は次第に戦力をすり減らして5月末より順次撤退を開始した。

その後も尚武集団は粘り強い戦いを続けたが、これはアメリカ軍としても無用な攻撃で損害を増やしたくないという思惑もあった。

このため、第十四方面軍としては戦略持久を達成できたという見方もできる。しかしそれが戦局に寄与したかというとそういうわけでもなく、沖縄戦も連合軍の予定通りに進められることになったのである。

こうしてルソン島における戦いは終戦まで続けられ、8月15日に戦闘行為を停止。9月3日に山下方面軍司令官が降伏文書に調印して終わりを告げたのであった。

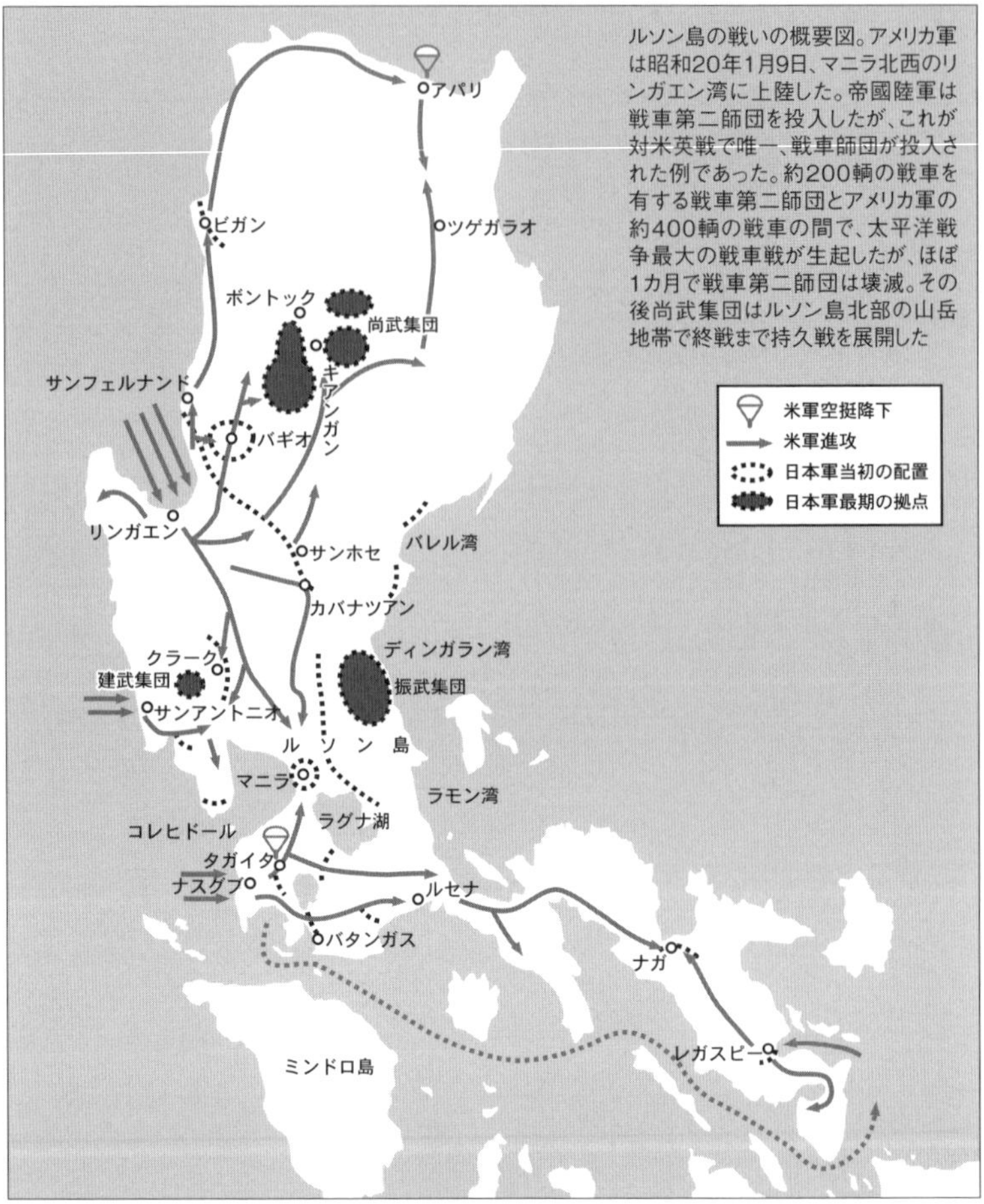

ルソン島の戦いの概要図。アメリカ軍は昭和20年1月9日、マニラ北西のリンガエン湾に上陸した。帝國陸軍は戦車第二師団を投入したが、これが対米英戦で唯一、戦車師団が投入された例であった。約200輌の戦車を有する戦車第二師団とアメリカ軍の約400輌の戦車の間で、太平洋戦争最大の戦車戦が生起したが、ほぼ1カ月で戦車第二師団は壊滅。その後尚武集団はルソン島北部の山岳地帯で終戦まで持久戦を展開した

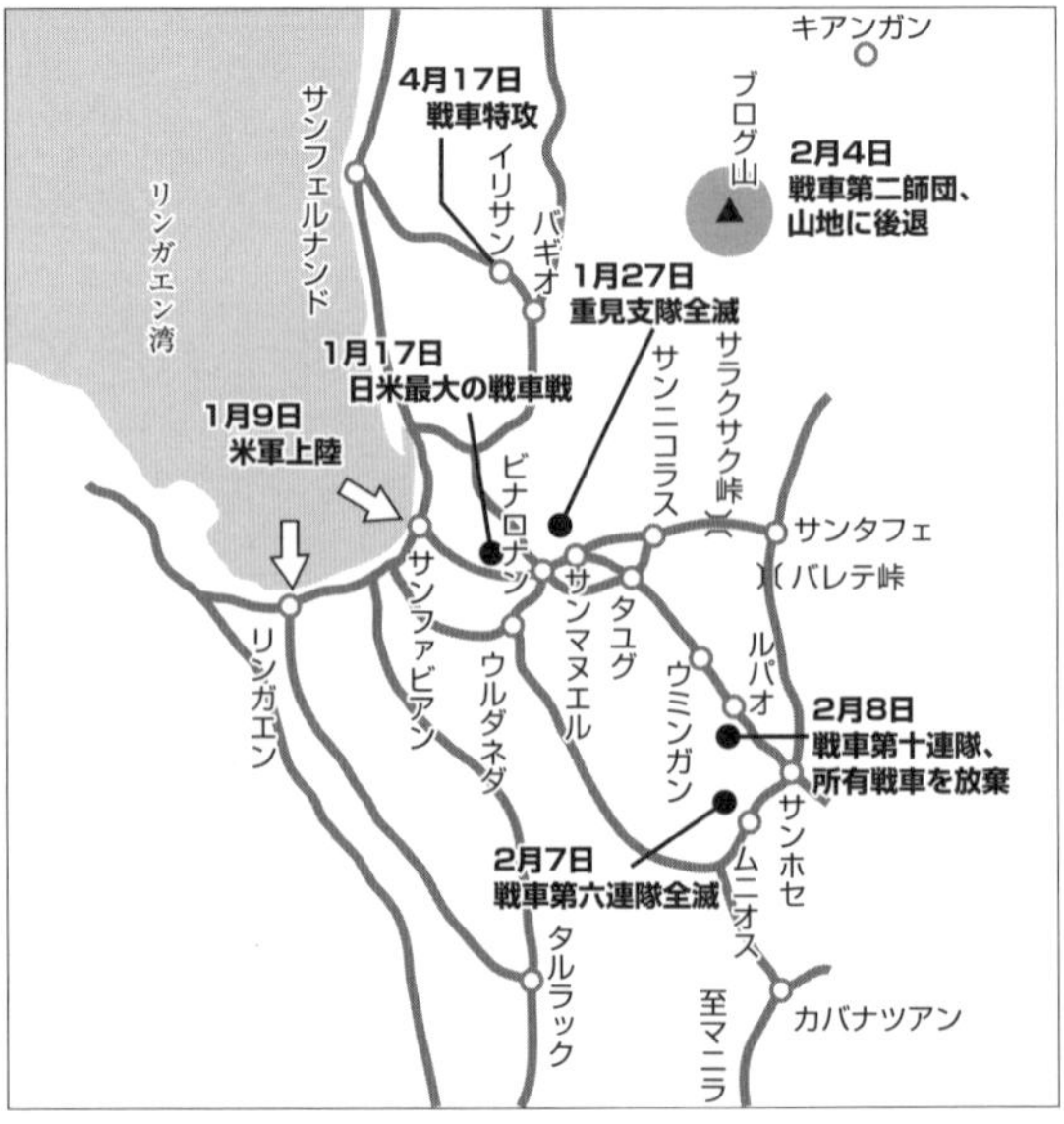

ルソン島の戦いで、戦車第三旅団長の重見伊三雄少将率いる重見支隊（戦車第七聯隊基幹）は第二十三師団に配属された。上陸したアメリカ軍に昭和20年1月16日から反撃を加えたが、九七式中戦車を中心とした戦車ではM4戦車に苦戦し、激戦の末27日には全滅した。4月17日には、戦車第十聯隊の戦車が爆雷を装着してM4に体当たりする「戦車特攻」も行われている

第六節

大日本帝國の最期

硫黄島の戦い

サイパン島が陥落したことで、日本本土はそのほとんどがB-29の航続圏内におさまることとなり、昭和19年11月よりついに本土空襲がはじまった。

しかしサイパンからでは護衛戦闘機を随伴させるには遠く、またB-29も被弾によって帰還途中で不時着水が相次いだため、中間地点に飛行場が必要だった。

こうしたことからアメリカ軍が目を付けたのが硫黄島《いおうとう》である。同島はサイパンと日本本土とのちょうど中間地点にあり、これら二つの問題を一気に解決できる格好の場所であった。

しかしすでに沖縄進攻を4月に控えていたこともあり、その総司令官であるスプルーアンス大将は当初硫黄島攻略にあまり乗り気ではなかった。それでもB-29による戦略爆撃を指揮していたカーチス・ルメイ少将の説得もあり、沖縄戦が始まる前までに終わらせることで作戦を了承した。

一方、日本も硫黄島の重要性には気がついており、栗林忠道中将を指揮官とする小笠原兵団を編成して守備にあたらせた。とはいえ、所詮は孤立無援の孤島の戦いである。栗林中将もそのことを十分理解したうえで、一日でも長く持ちこたえることを重視した。

そして狭い硫黄島の地下に縦横の洞窟陣地を張り巡らせ、一人十殺《いちにんじゅっさつ》を合い言葉に戦略持久に徹することになった。

栗林中将のこの考えは徹底しており、それまでの水際撃

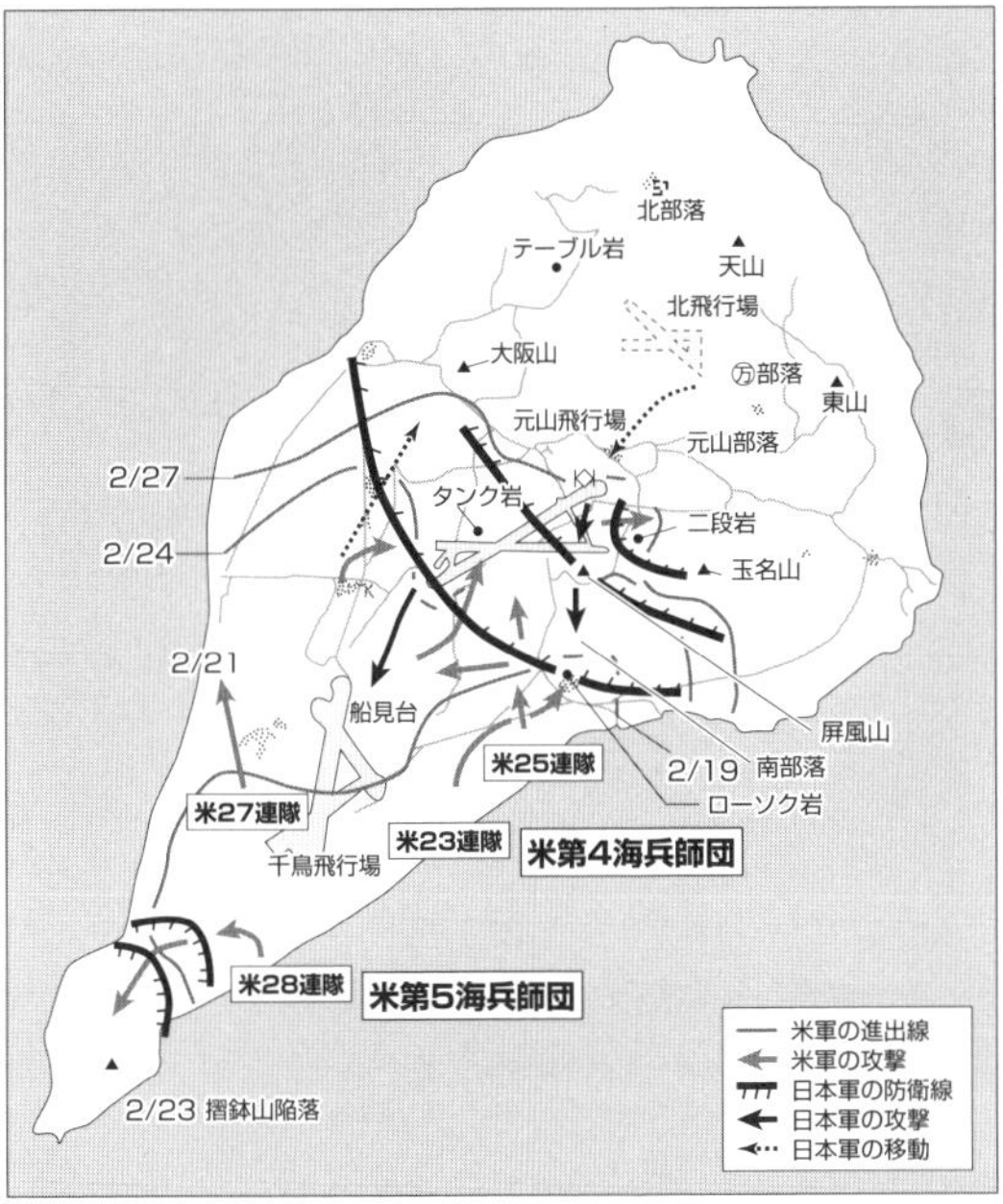

硫黄島の戦い、2月27日までの概要図。硫黄島守備隊（小笠原兵団）は日本軍としては豊富な火力を有しており、米海兵隊の戦死傷者は上陸した2月19日だけで約2,300名に上った。だが23日に島を見渡せる要衝である硫黄島南端の摺鉢山が早々に陥落してしまったのが、日本軍にとって誤算であった

滅策を放棄し、アメリカ軍の上陸侵攻時には敢えて攻撃せず、いったん上陸してから一気に火力を集中して殲滅する計画であった。

　このため2月19日の上陸時に抵抗らしい抵抗を受けなかったアメリカ軍は驚いたが、栗林中将は計画通りに攻撃を命令し、アメリカ軍にはたちまち被害が続出した。また、日本軍は深さ40ｍ、総延長18㎞に及ぶ大地下壕に籠って戦い、巧妙に隠蔽された陣地はなかなか発見されず、アメリカ軍は前進したところを側面や背後から攻撃されることも多かった。

　こうして、数日で攻略できると思われた硫黄島は1ヵ月近く持ちこたえ、日本軍の死傷者を上回る損害をアメリカ軍に与えたのである。その代償はたしかに大きかったが、その後硫黄島は本土空襲のための重要な航空基地となり、アメリカ軍全体から見れば価値のある勝利だったといえる。

硫黄島で守備隊を指揮した栗林忠道中将。太平洋戦争においてアメリカ軍が最も恐れ、尊敬した日本の将軍だったともいわれる

沖縄決戦

　硫黄島陥落から1週間も経たない4月1日、アメリカ軍は沖縄に上陸を開始した。上陸当初約18万人を投入した史上最大規模の上陸作戦だったが、それには理由があった。サイパン、硫黄島もたしかに日本の一部ではあったが、あくまでそれは小さな島に過ぎなかった。しかし沖縄は日

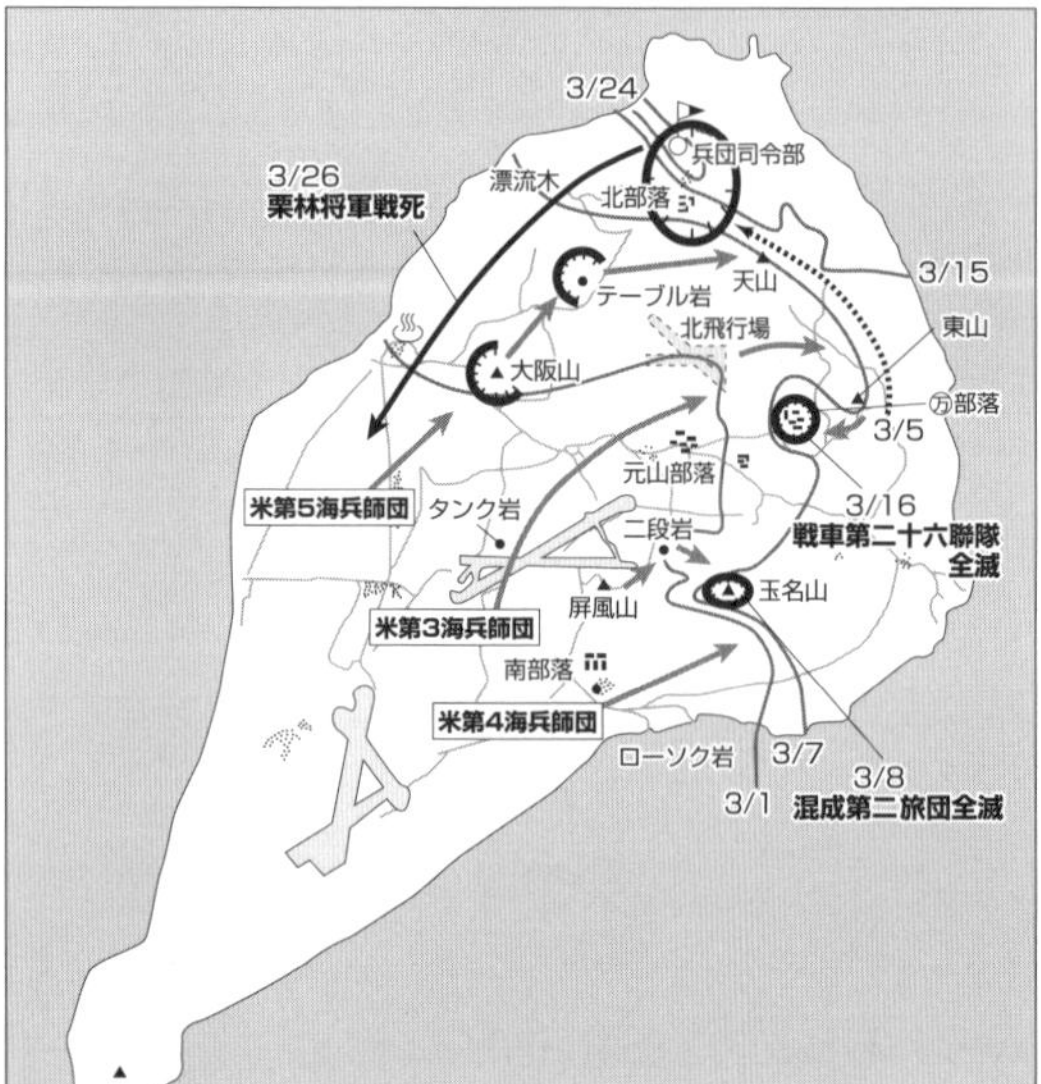

硫黄島の戦い、組織的抵抗が終了した3月24日までの概要図。地下に複郭陣地を多数構え、進撃するアメリカ軍部隊に痛撃を与えた日本軍だが、26日には栗林将軍が戦死、組織的抵抗が終了した。日本軍の戦死者約2万名に対し、アメリカ軍の戦死傷者約26,000名（戦死は約6,800名）と、珍しく連合軍の方が損害が大きい戦いだった

本土であり、これまでの経験上大きな抵抗があると考えられたためである。

　ところが、予想に反してアメリカ軍は一滴の血も流さずに沖縄上陸を果たした。上陸が4月1日だったことから、アメリカ兵たちは「エイプリル・フール」かと冗談を言い合った。

　だがその直後から、アメリカ軍は強烈な洗礼を浴びることになる。

　硫黄島でも日本軍は水際撃滅を放棄したが、沖縄においてはさらにこれを徹底していたのである。というのも、沖縄防衛にあたった第三十二軍は、アメリカ軍上陸の直前に1個師団（第九師団）を台湾防衛のために抽出され、その穴埋め部隊を送る約束も反故にされたこともあり、戦略持久に徹せざるを得なかったのである。

　また、第三十二軍の高級参謀である八原博通大佐は沖縄の戦いはあくまで日本本土決戦のための時間稼ぎであると見なし、その考えのもとに防衛策を徹底させた。

　一方で、大本営の考えは八原参謀ほど徹底してはいなかった。本土決戦のための時間稼ぎという点は一致していたものの、航空特攻を主体とした反撃によってアメリカ軍に多大な損害を与えることをも考慮していた。そのためには沖縄本島にある二つの飛行場をアメリカ軍に使用されては作戦に支障を来してしまう。ゆえに八原参謀の考えていたような戦力温存策を否定し、即座の反撃を促したのである。また、第三十二軍の長勇《ちょういさむ》参謀長も大本営の考えに賛同を示した。

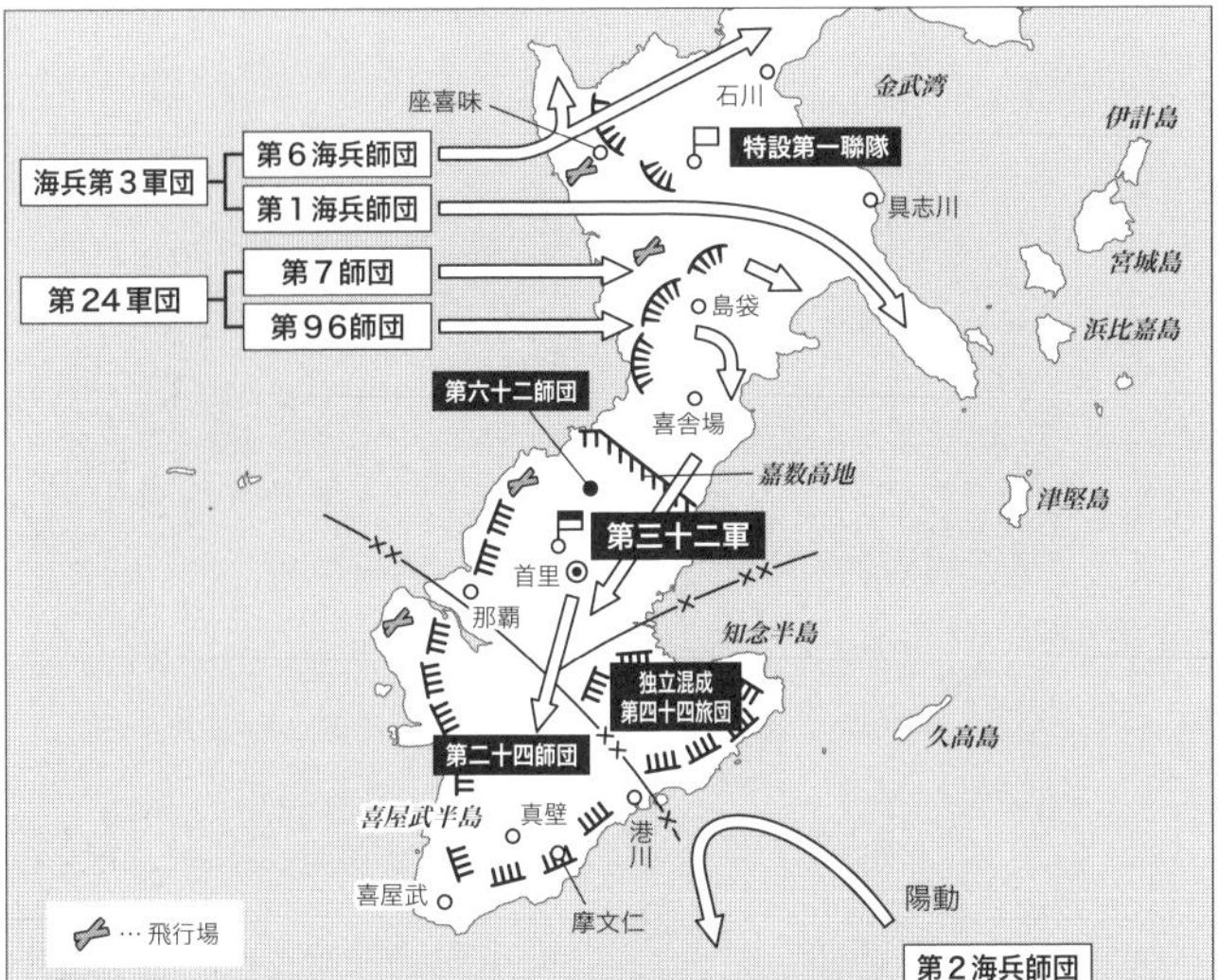

沖縄戦初期の概要図。アメリカ軍は昭和20年4月1日に上陸、その日のうちに北・中飛行場を奪取した。その後第三十二軍は粘り強く戦ったが、総攻撃を促す大本営の意向を受け、5月4日、温存していた第二十四師団と重砲で総攻撃を敢行するも、大損害を受け失敗。6月11日からアメリカ軍は南部陣地の攻略を開始、6月25日には制圧を宣言した。日本軍も激しく戦い、アメリカ陸軍第10軍司令官のバックナー中将も戦死している。日本軍の戦死者は約10万名、アメリカ軍の戦死傷者は約5万名、民間人の犠牲者は15万名以上といわれる。沖縄の住民は鉄血勤皇隊やひめゆり部隊など、軍への協力を惜しまなかった

こうして第三十二軍は作戦指導を巡って司令部内で揉めた挙げ句、5月初旬より総反攻を開始した。しかしこの反攻

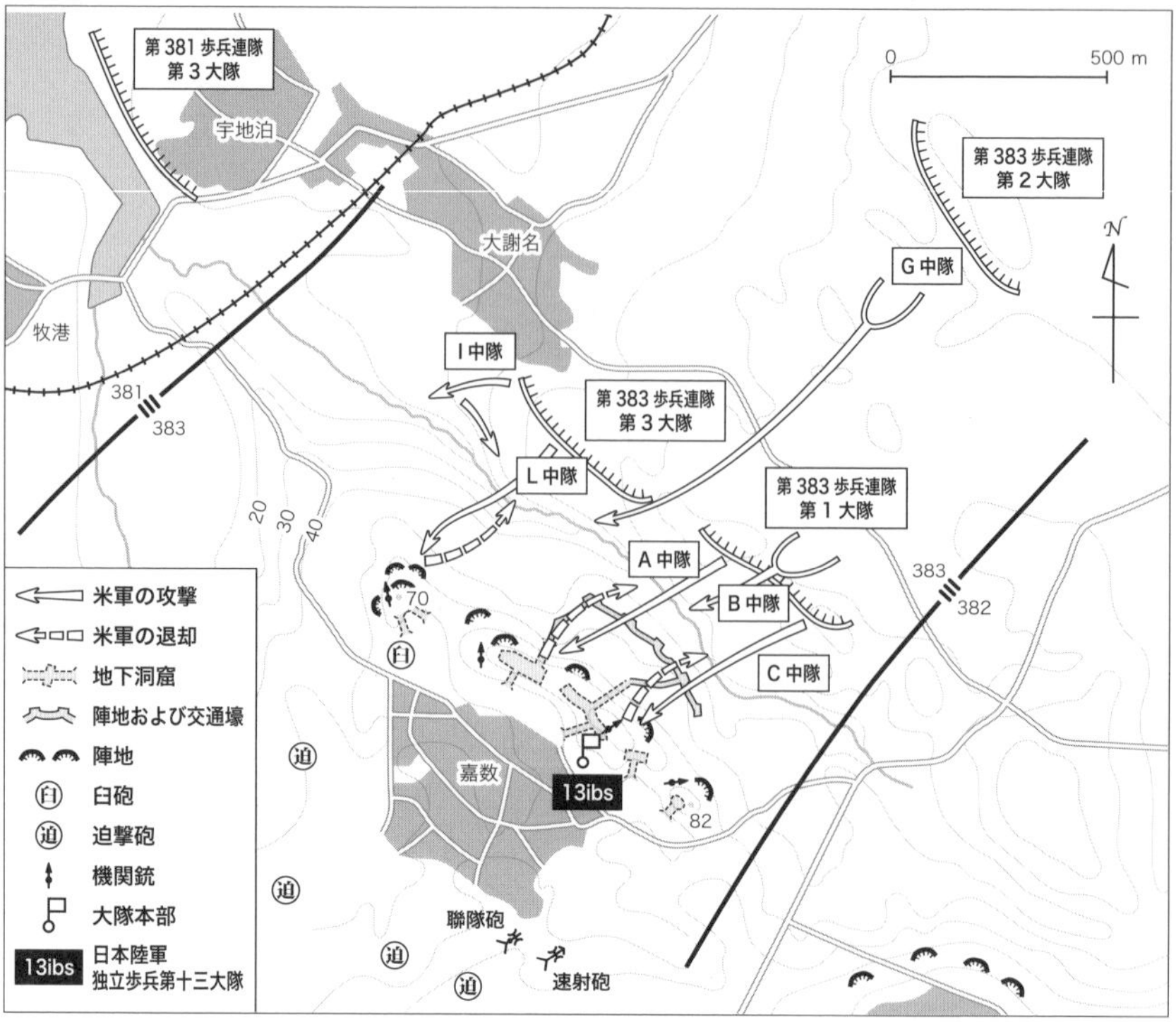

昭和20年4月9日、沖縄戦における嘉数の戦いの戦況図。原宗辰大佐率いる独立歩兵第十三大隊を中心とする守備隊は、首里前面の嘉数高地に頑強な反斜面陣地と坑道陣地を築き、北東から攻撃する米第383歩兵連隊を撃退。19日には、歩兵部隊の援護を受けずに嘉数部落に侵入した米戦車隊30輌中22輌を撃破するなど大きな戦果を挙げた。なお反斜面陣地とは、敵の攻撃正面の反対側の斜面に陣地を構え、敵の砲爆撃を避ける陣地のこと

作戦は成功せず、かえって戦力を消耗させる結果となった。

そして5月22日に第三十二軍司令部のあった首里を放棄して南部へ転進。その後も約1ヵ月にわたって抵抗を続けたが、もはや大勢は決していた。

6月23日、牛島満軍司令官と長勇参謀長は自決し、アメリカ軍は25日に沖縄戦の終結を宣言した。

日本に残された道は、無条件降伏を受け入れるか、さもなければ本土決戦によって日本全土を戦渦に巻き込むかの二択となったのである。

首里防衛線の西端に位置し、5月12日から18日にかけて、独立混成第四十四旅団と米第6海兵師団の間で激戦が行われたシュガーローフ・ヒル(安里52高地)。独混四十四旅団は安里52高地を中心に巧妙な防御陣地を築き、数で圧倒するアメリカ軍を約一週間撃退し続けた

シュガーローフで遺棄された一式47mm機動砲。奥には撃破されたアメリカ軍のM4中戦車やLVTも見える

本土防空戦

日本がサイパンの防衛を重視した最大の理由は、それが日本の委任統治領であるとともに、本土防空にとって失ってはならない土地だったからだ。

すでに日本は、アメリカ陸軍航空軍がB-17を上回る長距離爆撃機を開発していることを察知しており、サイパンの飛行場を活用されると日本本土の大半がその爆撃圏内に入ることを危惧していた。そしてそれは、昭和19年11月から現実のものとなる。

B-29によって日本本土を爆撃したのは、ヘイウッド・ハンセル准将が指揮する第21爆撃集団だった。当初は航空機製造工場をはじめとする戦略目標に対する精密爆撃だったが、思ったほどの効果は挙がらなかった。しかし指揮官がカーチス・ルメイ少将に代わると、攻撃方法も夜間における低空からの都市部無差別爆撃となり、被害は増大した。

これに対して、本土防空を担ったのは主として陸軍航空隊であった。陸海軍の取り決めで、防空の役割分担を海軍航空隊は港湾部と海軍基地とし、それ以外は陸軍が担当することになったためだ。

そして関東地区の防空は第十飛行師団が担当し、その隷下には三式戦闘機を装備した飛行第十八戦隊と飛行第二百四十四戦隊、二式戦を装備した飛行第四十七戦隊があった。またこの他に一式戦を装備した飛行第一戦隊や、二

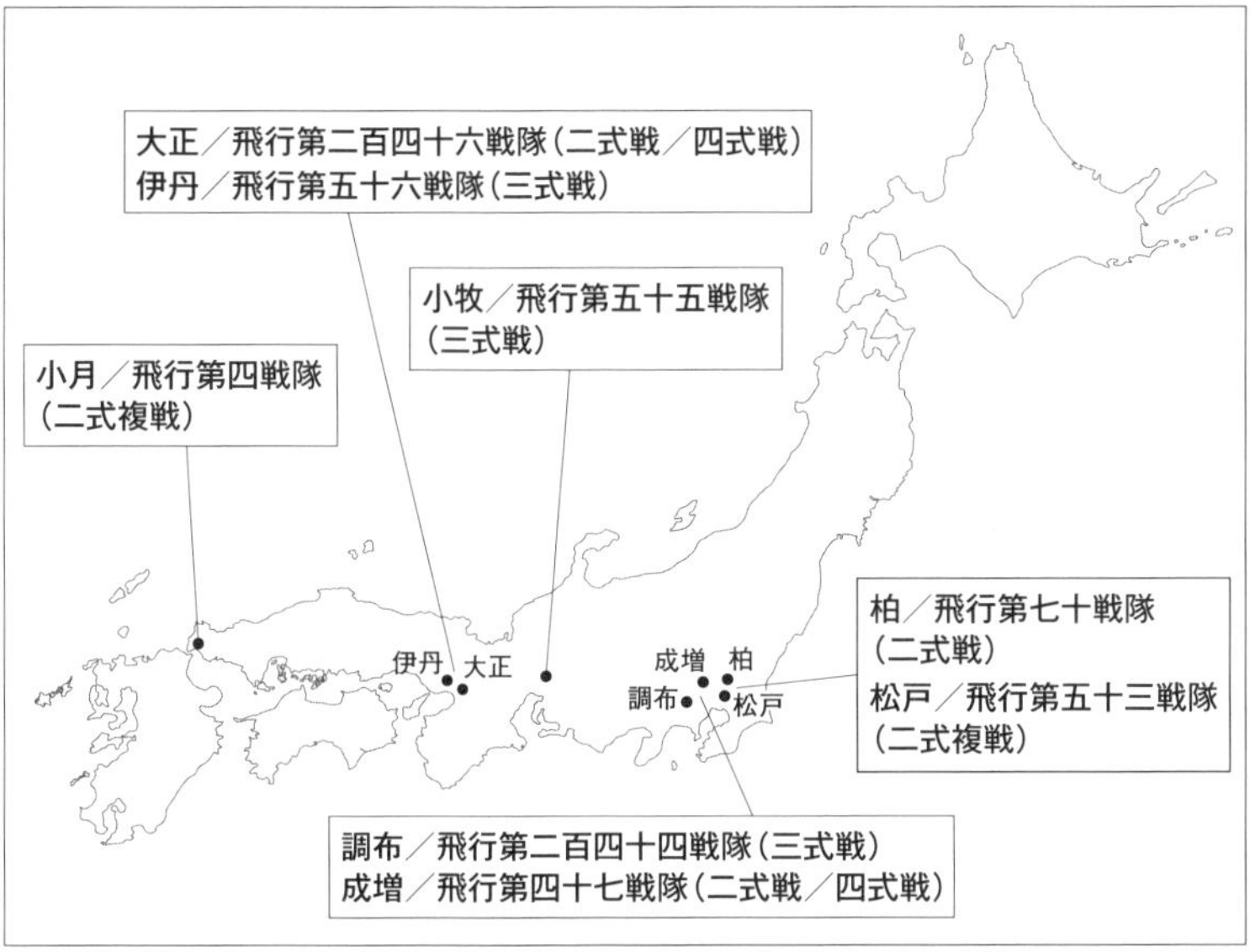

本土防空戦に投入された主な陸軍の飛行戦隊とその所在した航空基地。関東、中京、京阪神、北九州の大都市圏に配備されていた。昭和19年6月から、中国大陸から飛来したB-29が北九州への爆撃を開始したが、北九州の防空戦では飛行第四戦隊の二式複戦が多数のB-29を撃墜した。これは大陸からの敵機飛来であれば、中国大陸の基地などで察知が容易なため、迎撃準備を整える余裕があったことにも理由がある。しかし昭和19年11月以降、マリアナ諸島からB-29が襲来。太平洋上には敵機を察知できるのが硫黄島や八丈島の基地くらいしかなく、B-29の飛来までに十分な迎撃態勢を整えることが難しかった

北九州と下関の防空を担当した飛行第四戦隊の搭乗員たちと二式複戦「屠龍」。四戦隊は26機(後世の研究によると7機)のB-29を撃墜した樫出勇大尉をはじめとしてB-29キラーを多く輩出し、昭和20年3月27日の夜には、木村定光少尉がB-29を5機撃墜したと記録されている

愛機の三式戦「飛燕」の前に立つ飛行第二百四十四戦隊長、小林照彦少佐。飛行第二百四十四戦隊は帝都防空に当たった代表的な戦隊であり、「近衛飛行隊」と称していた。小林は帝國陸軍最年少の24歳の戦隊長として戦隊を率い、自らB-29への体当たりも敢行、6機あるいは12機を撃墜した

式戦を装備した飛行第七十戦隊、二式複戦を装備した飛行第五十三戦隊なども関東地区の防衛に当たった。

しかし高高度を飛行するB - 29に対してはなかなか有効打を与えられず、ついには戦闘機による体当たり攻撃を行う震天制空隊が編成されるに至る。

そして硫黄島が陥落して飛行場が整備されると、P - 51が護衛戦闘機として飛来するようになり、防空任務は厳しさを増していった。

また、高射砲部隊も本土防空に寄与し、かなりの数を撃墜または損害を与えている（資料により損害数にはかなりのばらつきがあるが、いずれも少なくない数字である）。

ただ、残念ながら日本本土防空は戦闘機部隊と高射砲部隊の連携が必ずしも上手くいっていたとは言えず、また太平洋方面から襲来する爆撃隊を邀撃するには、日本本土は縦深がなさ過ぎた。

八丈島などからの通報により戦闘機隊が発進して上空で待機するが、地上からの誘導はあまり上手くいかなかった。そのため、高射砲の爆発でおおよその目標位置がわかるなど、迎撃が後手に回った。

終戦までにアメリカ軍が損失したB - 29は、合計370機あまりといわれる。決して少ないとは言えない損害だが、日本が爆撃によって被った被害はそれを遥かに上回る。

陸軍航空隊は確かに奮戦したが、本土防空には失敗したのである。しかしそれは、防空システムの構築や地理的要因、兵器の性能など、総合的な敗北と捉えるべきだろう。

本土決戦準備と連合軍の日本上陸作戦

沖縄戦が始まる以前の昭和20年1月に「帝国陸海軍作戦計画大綱」が策定され、日本国内では本土決戦に向けての準備が開始された。

長野県では皇居の移転も含めた松代《まつしろ》大本営の建築が進められ、成人男子を根こそぎ動員可能とするような法令が整備され、大量動員がはじまったのである。

そして本土決戦のための「決号作戦」計画が策定された。

「決号作戦」は一号から六号まであり、このうち関東を含む東部は決三号、九州地区は決六号とされた。

また本土上陸が開始された場合、大本営がすべての指揮を執ることは困難と判断し、東日本を統括する第一総軍と、西日本を統括する第二総軍を創設、また航空作戦を統括するための航空総軍も発足した。

こうして本土決戦準備は着々と進められていったが、その内実はかなり厳しいものであった。たしかに員数合わせのために多くの成人男性が徴兵されたが、まともな訓練を実施する時間も余裕もなかった。さらにいえば、兵隊の頭

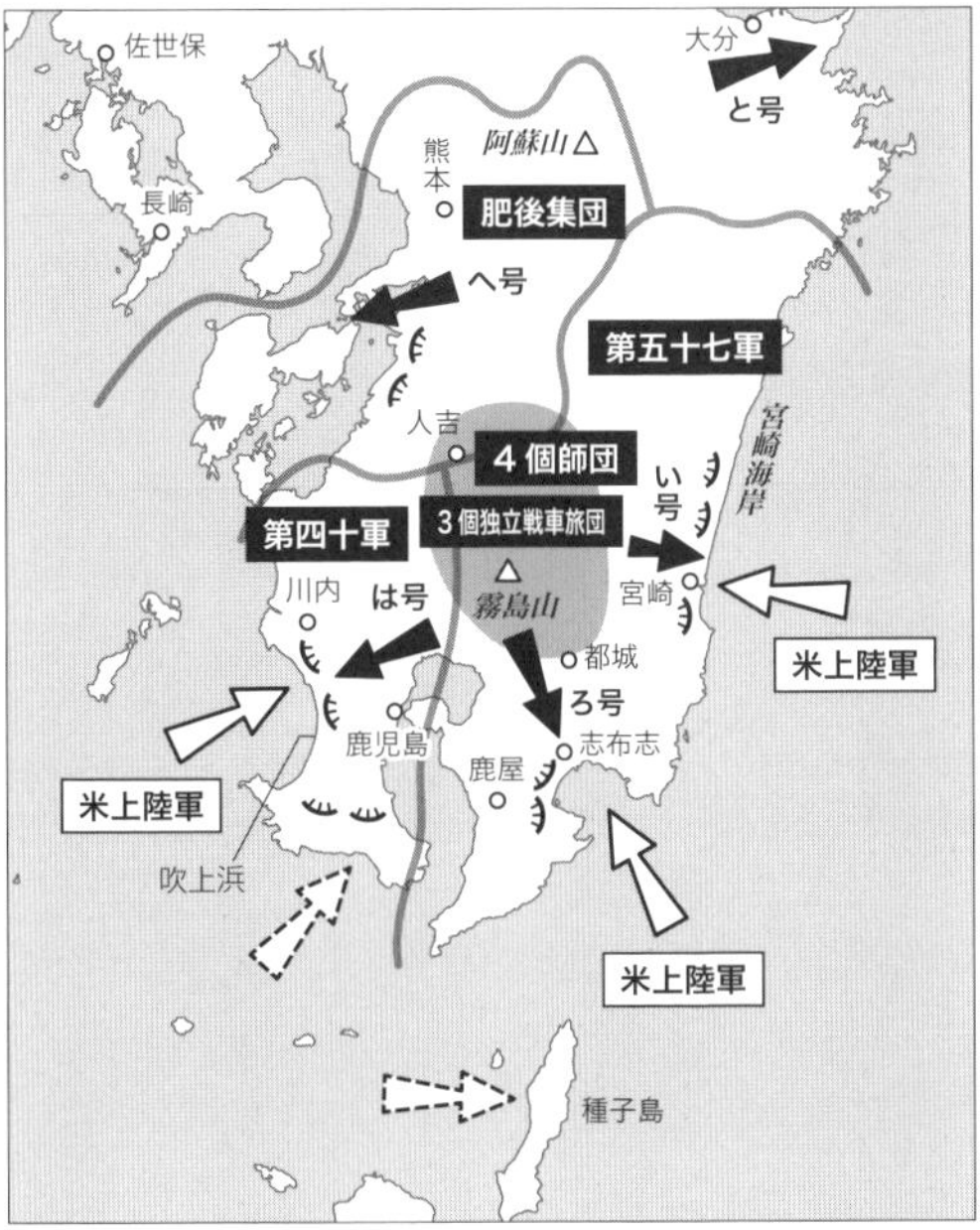

昭和20年8月ごろに構想されていた九州方面の防衛作戦計画。独立戦車第四、五、六旅団などの決戦部隊が霧島周辺に集結し、上陸したアメリカ軍に機動打撃を仕掛けることとなっていた

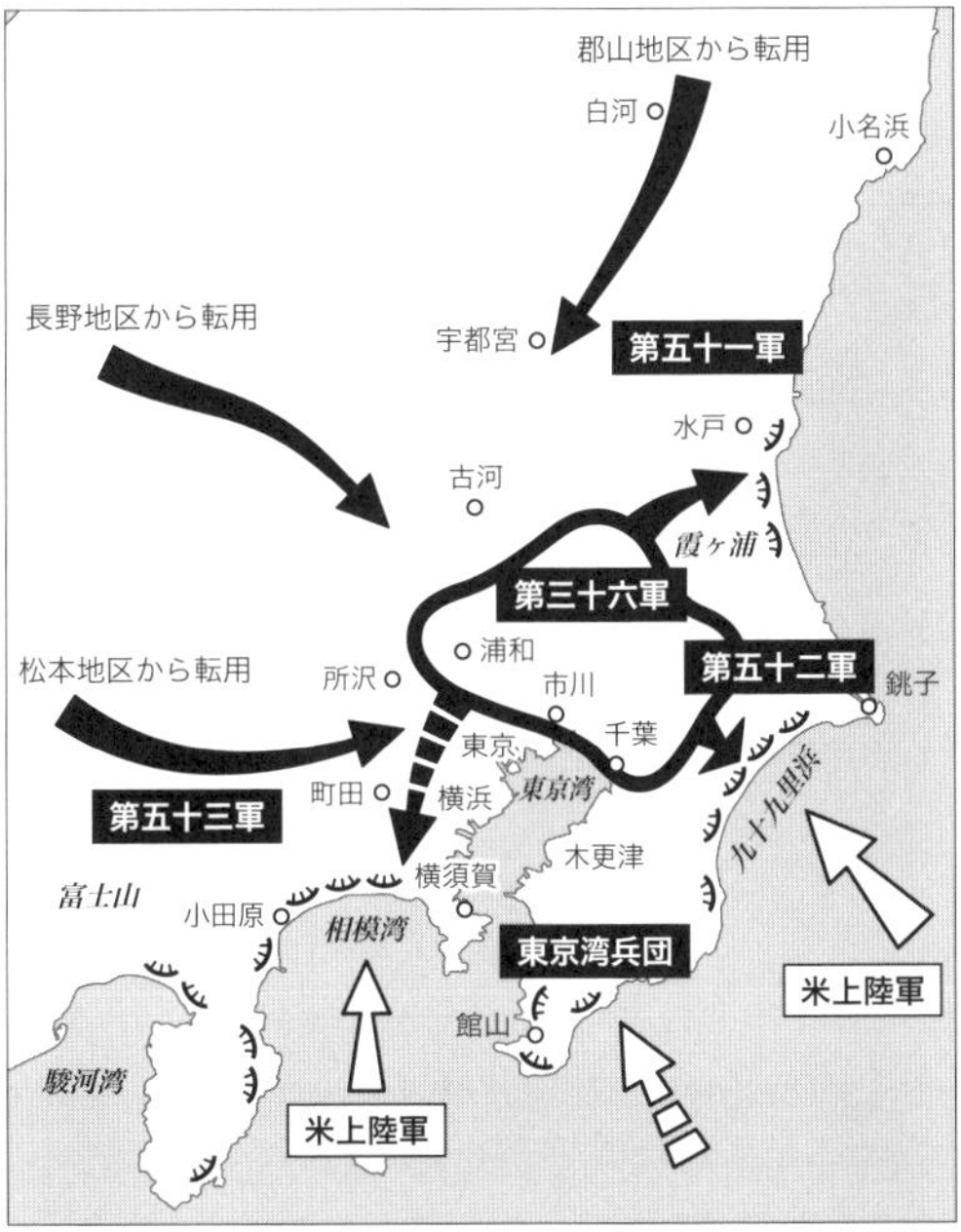

昭和20年4月ごろに構想されていた関東方面の防衛作戦計画。戦車第一師団、戦車第四師団を擁する第三十六軍が内陸に温存され、決戦兵団となっていた

数は揃っても、装備する小銃すら不足している有様だった。
それでも敵の上陸が予想される九州南部と関東沿岸部には海岸陣地の築城が急ピッチで進められていった。

これに対して、連合軍統合参謀本部は「対日攻撃戦力最終計画」を作成し、作戦名を「ダウンフォール」とした。「ダウンフォール作戦」は九州に対する上陸作戦「オリンピック作戦」と、関東地方に対する上陸作戦である「コロネット作戦」からなる。

「オリンピック作戦」は昭和20年（1945年）11月1日、「コロネット作戦」は昭和21年4月1日を上陸予定日とし、連合軍は本土進攻作戦のために36個師団、100万名を越える地上兵力を投入する計画であった。

「オリンピック作戦」の目的は九州南部の占領であり、その後に行われる「コロネット作戦」のための航空基地の確保に重点が置かれた。「オリンピック作戦」を行うのはウォルター・クルーガー大将率いる第6軍である。

計画では第1軍団は宮崎に上陸して都城《みやこのじょう》を目指し、第11軍団は志布志《しぶし》湾に上陸後、一部兵力を割いて南方より都城に圧力をかけ、主力は鹿児島湾に向かう。そして海兵師団を基幹とする第5水陸両用軍団は吹上浜に上陸後、鹿児島湾に向かい、その後北上。概ね都濃《つの》と川内《せんだい》を結んだ線までを占領するというものであった。

これに対して決六号作戦は連合軍の上陸地点をほぼ正確に見抜いており、上陸に際しては沿岸師団によって可能な限りの遅滞を実施して、その間に後方に拘置しておいた機動打撃部隊を急行させて上陸部隊を殲滅するという作戦であった。

制空権の確保が見込めない状況ではこの作戦が計画通り上手くいく可能性は低かったと言わざるをえないが、問題はどの程度時間を稼げるか、そしてどの程度連合軍に損害を与えることができたか、ということだろう。

そして続いて行われる「コロネット作戦」では、連合軍はコートニー・ホッジス大将が指揮する第1軍を千葉県の

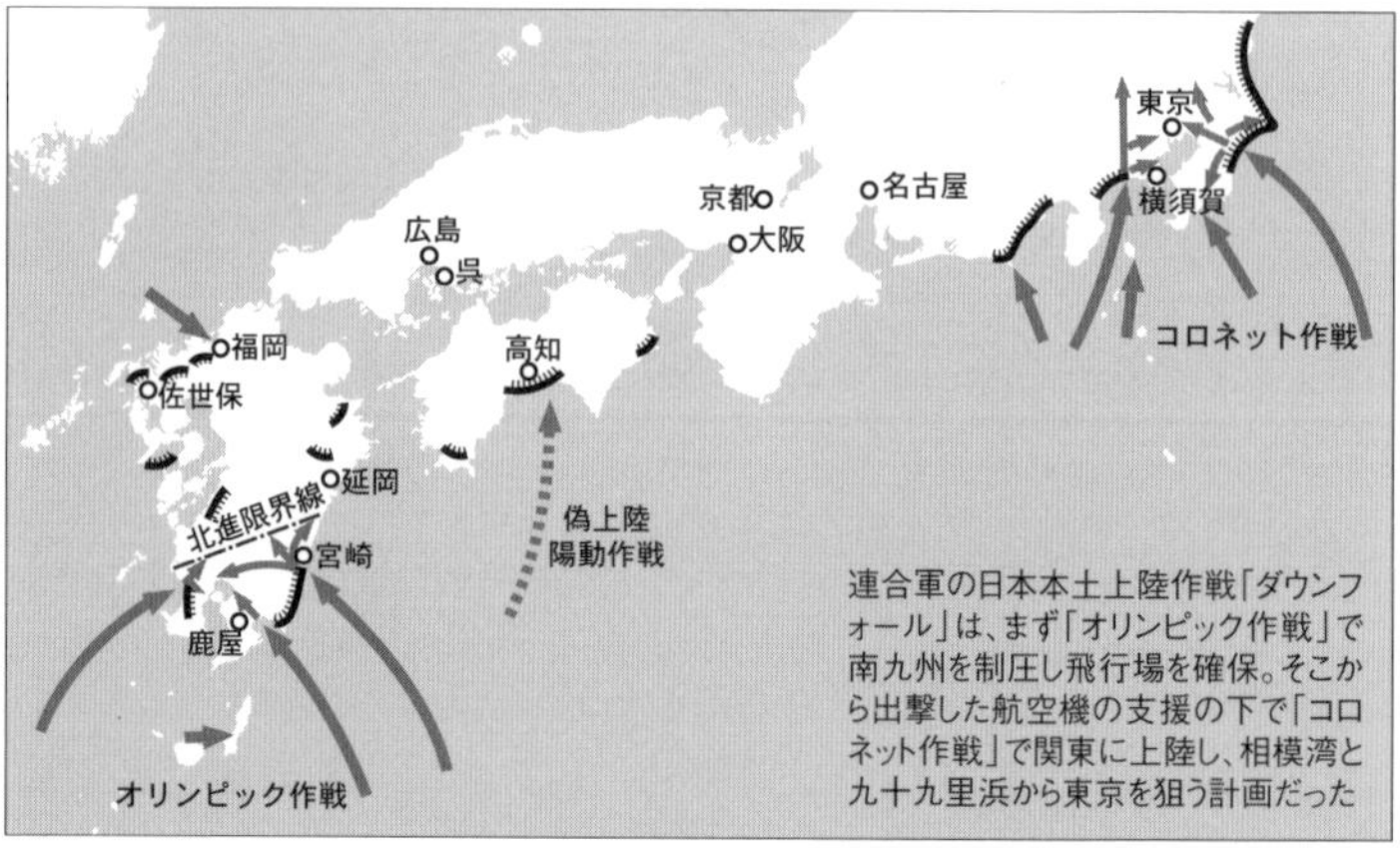

連合軍の日本本土上陸作戦「ダウンフォール」は、まず「オリンピック作戦」で南九州を制圧し飛行場を確保。そこから出撃した航空機の支援の下で「コロネット作戦」で関東に上陸し、相模湾と九十九里浜から東京を狙う計画だった

九十九里浜《くじゅうくり》に、ロバート・アイケルバーガー中将が指揮する第8軍を神奈川県の相模《さがみ》湾に上陸させ、両翼から帝都東京を攻める計画であった。

対する日本軍の作戦方針は九州の場合と概ね同様で、沿岸部で可能な限りの遅滞を行い、群馬県に配備していた第三十六軍を機動打撃部隊として敵主力部隊に反撃を加えるというものであった。

しかし、結果としてこれらの作戦は実施されることなく終わる。

日本は本土決戦準備を推進しながらも戦争終結にむけて模索を続けていたが、なかなか成果は上がらなかった。そもそも講和の仲介をソ連に頼んでいる時点で政府の考えの甘さが露呈していたとも言える。

ポツダム宣言受諾とソ連軍の侵攻

そうしたなか、8月6日と9日に広島、長崎と相次いで原子爆弾が投下され、想像を絶する被害を受けた。

この事態に、御前会議において天皇自らが終戦を希望し、日本はポツダム宣言の受諾を決定、8月15日にこれを連合国に伝えたのである。

こうして長きにわたった太平洋戦争は終結するはずであったが、8月9日、ソ連軍は宣戦布告とともに突然満州国

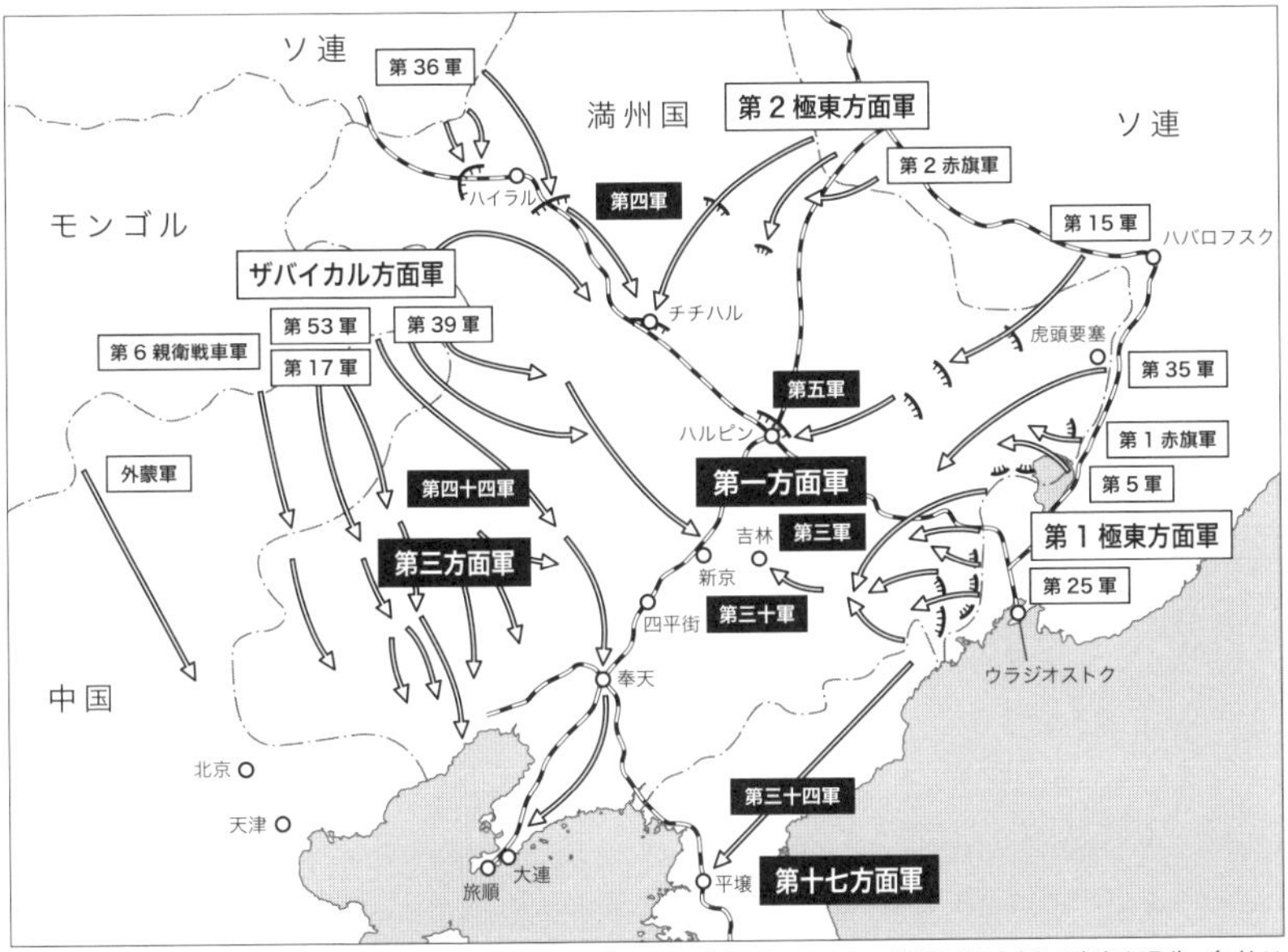

日本とソ連は日ソ中立条約を締結していたが、1945年(昭和20年)4月にモロトフ外相が日本側に破棄を通告。条約は1946年4月まで有効なはずであったが、大本営はソ連参戦近しと見て対ソ戦準備を命じた。そしてソ連軍は1945年8月9日、火事場泥棒的に158万の兵力で満州侵攻を開始。迎え撃つ関東軍は75万の兵力であったが、精鋭は南方に引き抜かれて過半が新兵同然であり、ソ連軍の進撃を食い止めることは不可能だった

境を越えて進撃を開始した。

ソ連軍は満州侵攻にあたって部隊を三つに分けた。すなわち、西部方面を担当するザバイカル方面軍、東部方面で興凱湖以南を担当する第1極東方面軍、同じく東部方面で興凱湖以北を担当する第2極東方面軍である。このうち、主攻勢を担うのはザバイカル方面軍と第1極東方面軍である。

これに対し、ザバイカル方面軍の正面には第三方面軍、第1極東方面軍と対峙する位置には第一方面軍が展開していた。

ソ連軍は猛烈な砲爆撃を行った後に侵攻を開始して、とにかく重要都市の占領を目指した。すでに日本の降伏が秒読み段階にあることを知っており、多くの都市を占領して既成事実を作ることを優先したのである。

対する関東軍は虎頭要塞のように一部頑強に抵抗した箇所もあったが、多くは敗退を重ねた。それでも可能な限りの遅滞を行い、東部戦区のソ連軍は思いのほか進撃に手間取った。

そして8月15日に日本がポツダム宣言を受諾しても攻撃の手を緩めず、各地を蹂躙《じゅうりん》し続けた。これは、8月15日時点で奉天や大連をはじめとする重要都市がほとんど占領できていなかったためだ。そして9月2日に日本が降伏文書に調印するまでに、満州全土と朝鮮半島北部を手中に収めたのである。

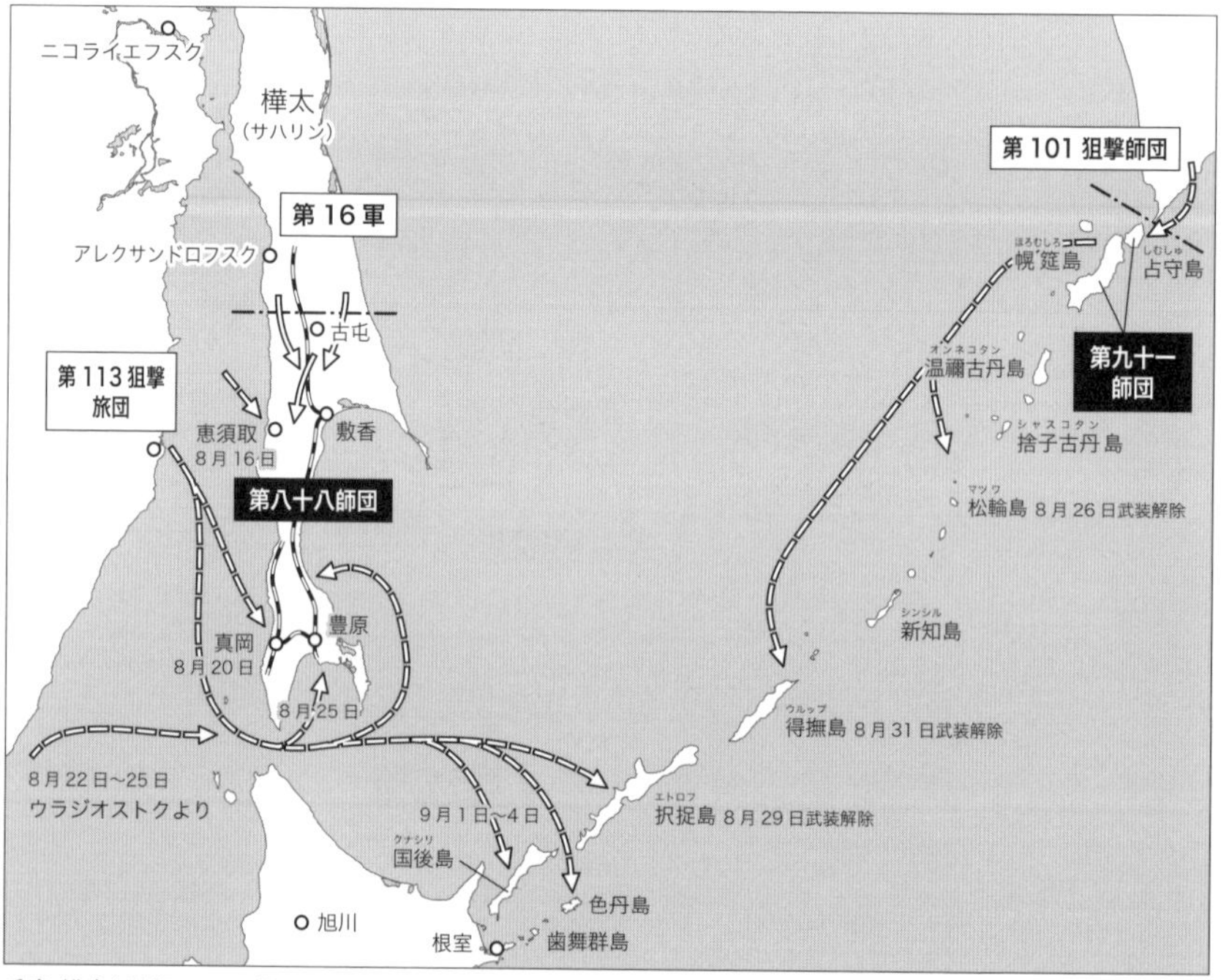

千島・樺太を防衛していた第五方面軍は、8月3日に対ソ戦準備を下令。8月11日、北樺太のソ連軍は戦車を伴って南樺太に侵攻したが、防衛に当たった第八十八師団は国境陣地帯を停戦まで死守した。またソ連軍は8月18日に千島列島にも上陸、北端の占守島では第九十一師団がソ連軍に大打撃を与えた

そしてさらにソ連軍は11日に北樺太から南樺太にも侵攻を開始し、ポツダム宣言受諾後の18日には千島列島にも襲いかかった。

カムチャッカ半島の対岸にある占守島《しむしゅとう》には第九十一師団を基幹とする部隊が守備に当たっていたが、これはあくまでアメリカ軍の上陸に備えてであった。そのため、ポツダム宣言の受諾により、現地では武装解除が始められていた。

そうした状況下で、18日未明、ソ連軍第１０１狙撃兵師団を基幹とする約８８００名が竹田浜に上陸を開始したのである。

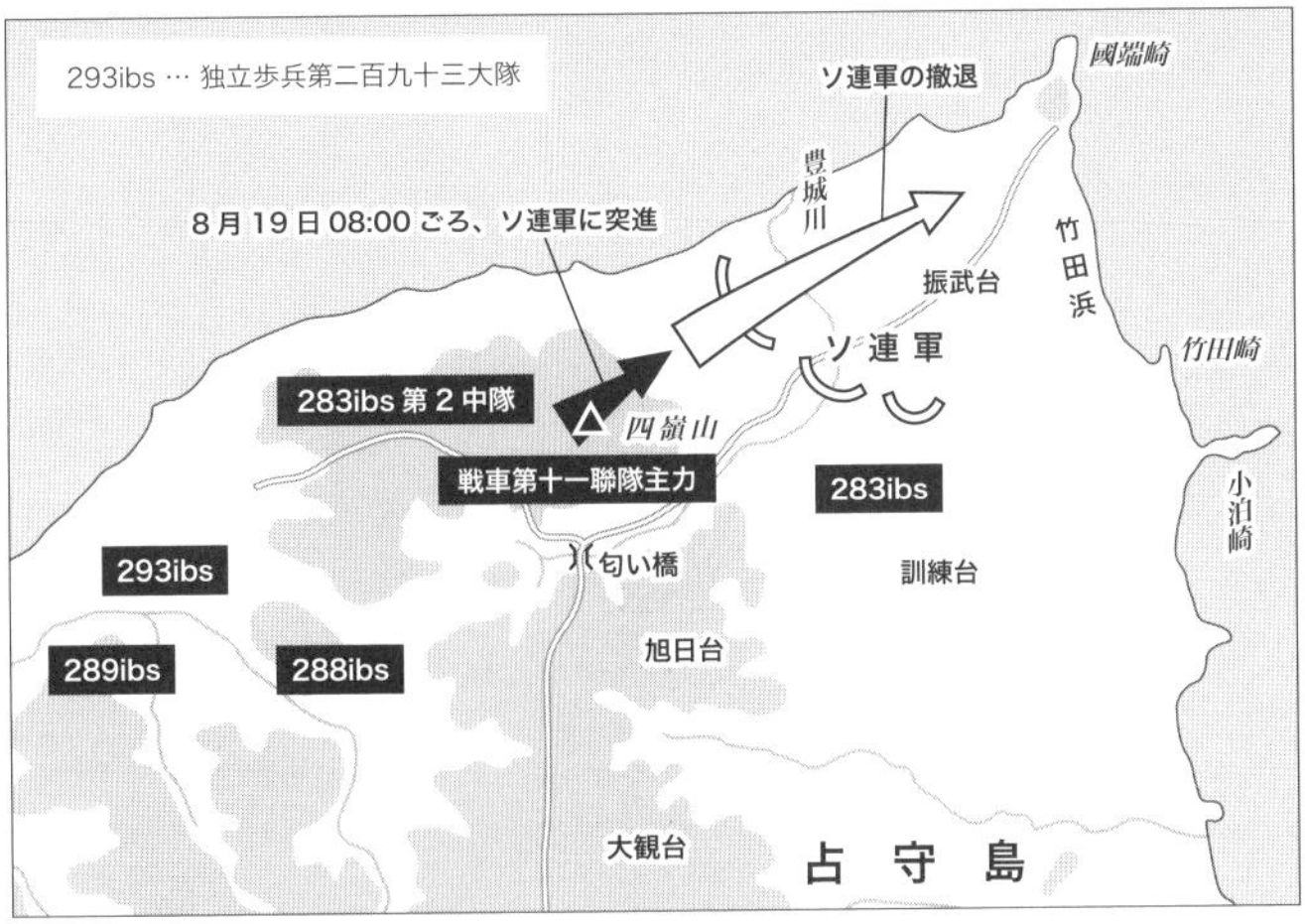

占守島の戦いでは、九七式中戦車や九五式軽戦車を装備した戦車第十一聯隊が、池田末男聯隊長の元、竹田浜に上陸したソ連軍に突撃。甚大な損害を与えて後退させたが、自らも池田大佐と第一、第二、第三、第五、第六中隊長が戦死し、戦車23輌を失った。それでも歩兵・砲兵・戦車と圧倒していた日本軍は、そのまま総攻撃を加えればソ連上陸軍を殲滅できる状態だったが、第五方面軍からの命令で停戦に応じた

これに対して日本軍は、戦車第十一聯隊が果敢に反撃を行った。すでに砲や無線機を降ろした戦車もあったが、池田末男《すえお》聯隊長はとにかく動ける戦車から順次出発するように命令し、上陸海岸に向かった。そして一時はソ連軍の第1梯隊を海岸付近まで押し戻すことに成功した。

だが第五方面軍からの停戦命令により、第九十一師団は22日に降伏。帝國陸軍の最後の戦闘はこうして終わりを迎えたのである。

そして9月2日、東京湾に入った米戦艦「ミズーリ」艦上で日本は降伏文書に調印し、太平洋戦争は正式に終結した。

だが、帝國陸軍の戦いはこれで終わったわけではなかった。昨日まで戦っていた連合軍の進駐を受け入れることは並大抵のことではなかった。それでも大本営、参謀本部、軍令部の廃止を粛々と受け入れ、11月30日には陸海軍省が廃止され、この日を以て帝國陸軍はその歴史に幕を下ろしたのである。

その後、陸軍省は第一復員省と名を変えて、前線各地の将兵の引き揚げ業務にあたり、同省は昭和21年6月に廃止。さらに第二復員省と統合した復員庁が昭和22年10月に廃止されて、ようやく本当の意味で戦争は終わったのだった。

巻末付録

戦術入門

ここからは「白紙戦術集」（159ページ参照）を使って、実際に戦術研究をしてみよう。

その壱 ― 師団規模の遭遇戦における研究

※「白紙戦術集 第二集」より作成

1 想定

一、西軍　独立第一師団は、東町方面より西進してくる敵を撃滅する企図で中街道をy川の線に向かって前進中である。二月一日午前八時にその先頭部隊はA村に達した。

二、師団長は本隊の先頭とともに移動し、この時までに要図にあるような状況を知って当面の敵を攻撃することを決意した。

2 問題

独立第一師団長はどのように戦闘を指導するべきか。

3 説明

この問題は初心者に対して、重要地点の奪取によって優越・主動の態勢を占めて戦勢を支配しようとする遭遇戦指導の一例を提供するものである。

この状況下で起こり得る諸案を挙げ、これを研究する。

第一　**展開線をD・C・桜山の線に選定し、全隊を統一して戦闘する案**

第二　**展開線をX川の線、またはそれ以東の地区に選定し、全隊を統一して戦闘する案**

第三　**前衛をもって梅山を奪取させ、主力を北街道に進め、HまたはI方面より敵の右翼に対して攻撃する案**

第四　**前衛をもって梅山を奪取させ、主力をS・Tの線に統一し、梅山を攻撃中の敵右翼を攻撃する案**

第五　**前衛をもって梅山を奪取させ、主力を南街道方面に進め、P方向より敵を北方山地に圧迫するように攻撃する案**

第六　**前衛をもって梅山を奪取させ、本隊を逐次前衛の戦闘に加入させ、主力を中街道に沿って攻撃する案**

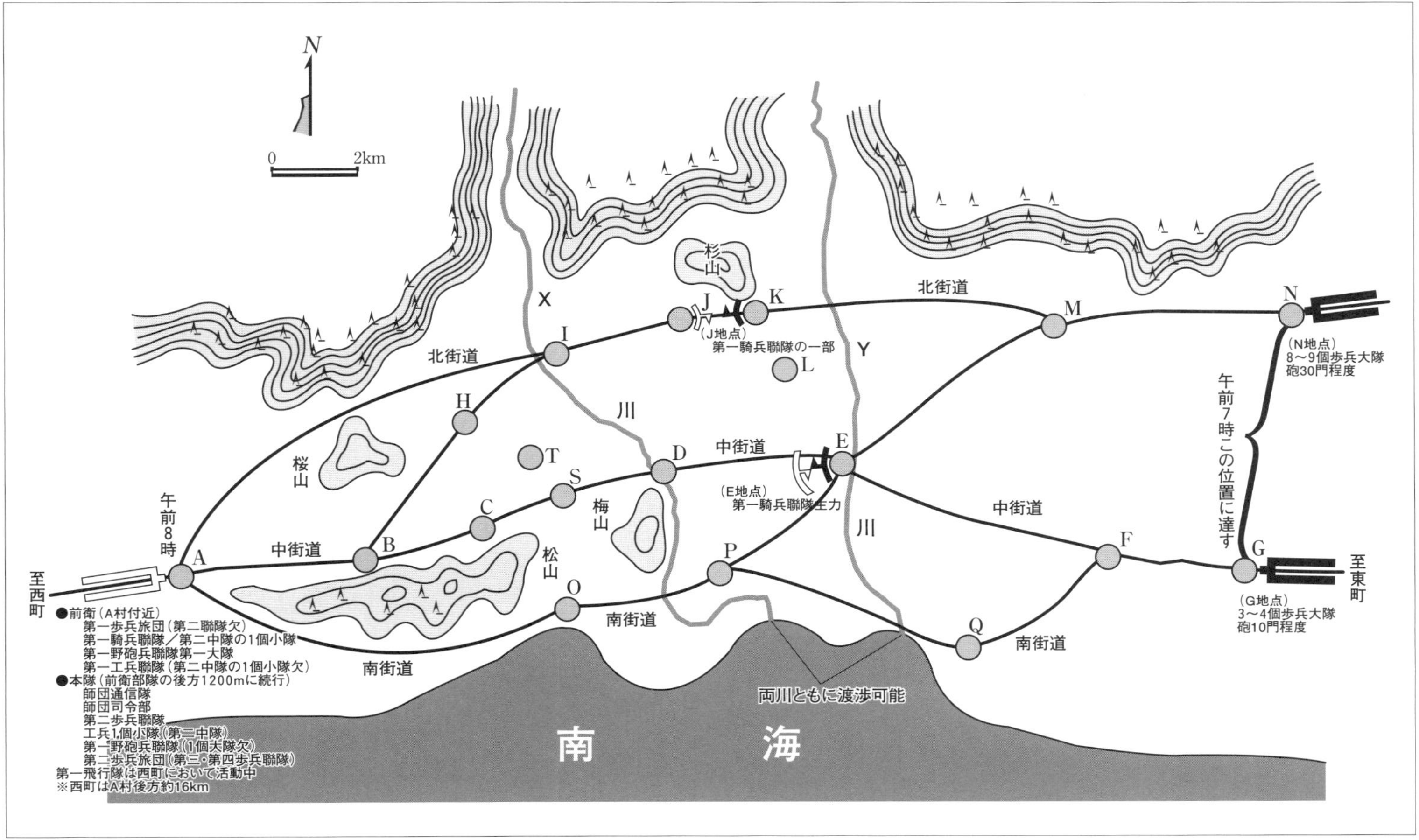
N
0
2km
至西町
午前8時
A
B
C
S
D
E
F
G
H
I
J
K
L
M
N
O
P
Q
T
X
Y
北街道
中街道
南街道
川
桜山
松山
梅山
杉山
(J地点)
第一騎兵聯隊の一部
(E地点)
第一騎兵聯隊主力
(N地点)
8～9個歩兵大隊
砲30門程度
午前7時この位置に達す
(G地点)
3～4個歩兵大隊
砲10門程度
至東町
両川ともに渡渉可能
南海
●前衛(A村付近)
第一歩兵旅団(第二聯隊欠)
第一騎兵聯隊／第二中隊の1個小隊
第一野砲兵聯隊第一大隊
第一工兵聯隊(第二中隊の1個小隊欠)
●本隊(前衛部隊の後方1200mに続行)
師団通信隊
師団司令部
第二歩兵聯隊
工兵1個小隊(第二中隊)
第一野砲兵聯隊(1個大隊欠)
第二歩兵旅団(第三・第四歩兵聯隊)
第一飛行隊は西町において活動中
※西町はA村後方約16km

第七　主力をもって梅山を奪取し、梅山・S・Tの線より東北方面に対して敵を山地帯に圧迫するように攻撃する案

第一案は彼我の前進状態を考えて敵と離れて展開しようとするもので極めて安全のようであるが、梅山を敵に与える関係上、今後の行動の自由を失ってかえって不利であり、決して有利の状態に展開したものとはいえない。たとえ敵に先立って展開したとしても、このような状態を先制とは言い難い。つまり、梅山を放棄するのは大きな過失である。

第二案は遭遇線の判断が適当ではない。敵は二縦隊となって前進し、X川の線には敵の方が早く有利に兵力を展開して我が軍に攻撃できる態勢にある。すなわち、わが前衛と敵の左縦隊とは梅山に対しては概ね同等の態勢にあると言えることから、本隊の先頭部隊がS地点付近に到着する頃には敵主力縦隊の先頭はすでにX川の線に到達しているであろう。したがって、わが部隊がX川の線、またはX川以東に展開することは不可能である。

第三案は敵を徹底的に包囲しようとするもので、形の上では極めて有利であるが、果たして実行可能であろうか？　主力が北街道を迂回・前進中に万一梅山が敵の手に落ちたとしたら各個撃破される恐れはないだろうか。すなわち、この案は既に梅山をわが前衛が完全に占領しているような状況においては可能かもしれないが、現在の状況では足元を見ない案である。

第四案は第三案に比べてやや確実性を有するが、梅山奪取を非常に楽観視している案である。梅山に対して敵の左縦隊のみが来るならば可能かもしれないが、（行動が）断定できない敵が我が方のB・C地点付近への進出に乗じようとするならば、敵は梅山奪取に最善の努力を尽くすだろう。すなわち、敵の右縦隊もこの戦闘に加わる可能性を覚悟しなければならない。一旦梅山が敵の手に落ちれば、この案もまた勝利の可能性が薄いものとなるだろう。

第五案は梅山を軸として敵を退路外へ圧迫しようとするもので大胆な案と思えるが、敵の行動地域が自由なのに対して我が部隊は狭い地域で行動せざるを得ず、かえって不利な状況を作り出すことになるだろう。

第六案は前衛に逐次本隊の各部隊を投入しようとするもの、第七案は主力をもって梅山奪取を企図するもので、両案ともに梅山占領の確実性について他案よりは優れている。

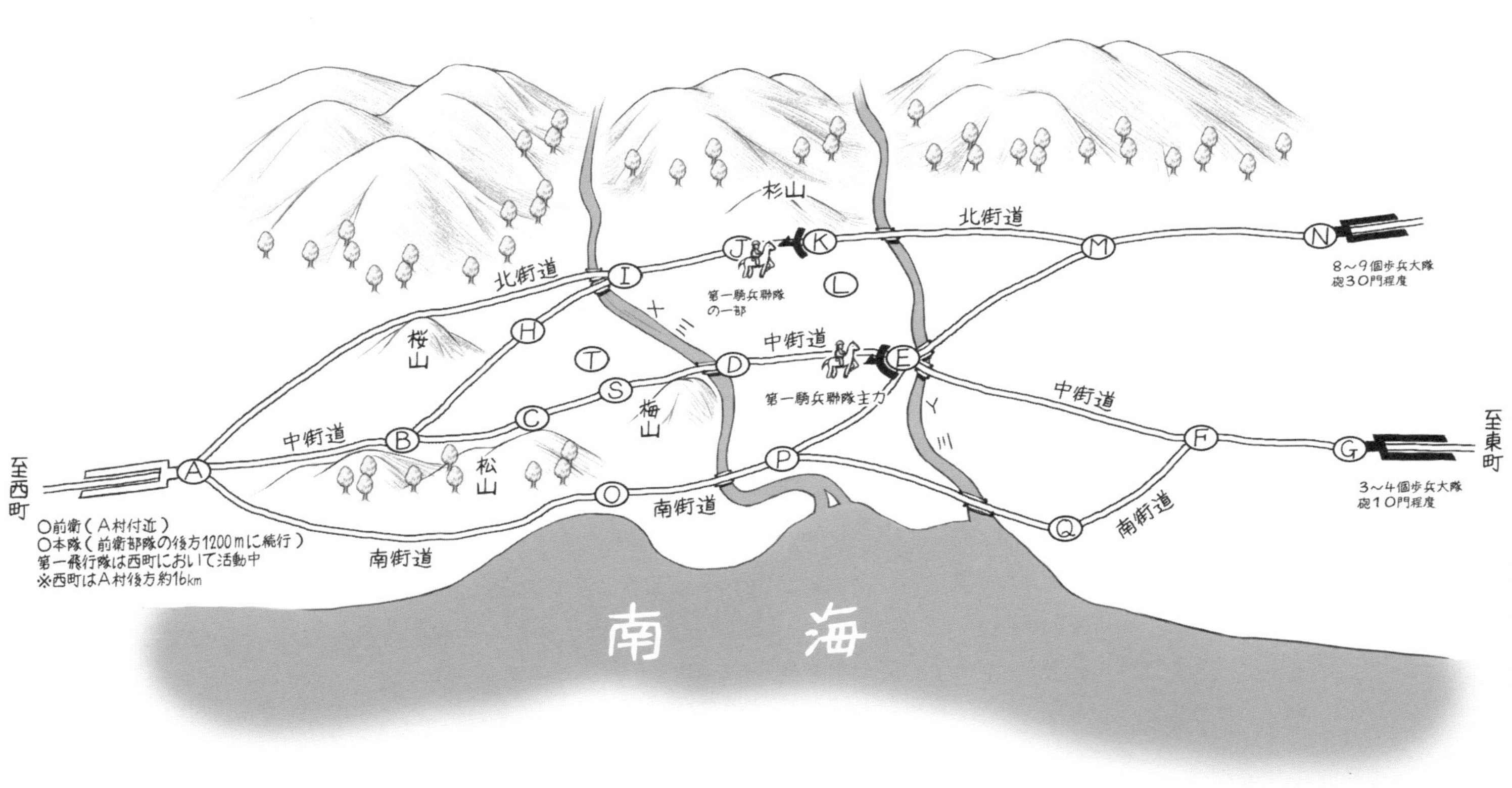

まず前衛の全力をもって梅山を奪取。その後は敵の行動に対応して指揮を変化させていく必要がある。本隊の歩兵第二旅団を上手く運用して敵を包囲、撃破する（イラスト／峠タカノリ）

しかし両案のようにすぐに梅山を中心とする戦闘部署（※）を確定してしまうと、第六案については万一敵が梅山を放棄して主決戦場をI方面に求めた場合に抜き差しならない状況にならないとも限らない。また、第七案についても東北方向に向かって（攻撃を）準備する関係上、敵が主力をもって梅山に攻めてきた場合は戦機を失う恐れがある。

すなわち以上の研究のように、この状況においては梅山奪取の成否が勝敗の分岐点と言えることから、梅山占領のためにはあらゆる手段を講じる必要がある。しかし、以後の戦闘指導は、敵との距離も相当あり、敵情の変化も予測し得ないことから、時間の経過を待って敵情を確かめたうえで決定しても決して遅くはない。

一般的に言って、決定部署は時機を失しない限りなるべく遅く、最新の情報に基づいて行なうほうが良い。初心者はややもすると「遭遇戦においては状況の不明確は通常であり、地形を綿密に観察し、刻々と変化する敵情について多くの情報を集めた後にようやく対処しようとすることは多くの場合失敗に終る」という原則を鵜呑みにして、敵との距離が離れている時の単純な敵情判断のもとに早々と部署を確定してしまう者がいる。

しかし、敵が想像通り動いてくれる場合はいいが、敵が他の行動を採った場合に困ることになる。しかし、だからといって自分が知ろうとしている敵情がわかるまで部署を決めないで時機を失するのも、もちろん良くない。すなわち、この時機になったら部署を確定しなければならないという超えざる一線があると思われる。この線の見極めが難しく、もっとも重要である。

それではその時機はいつかというと、まず原則的にはもっとも早く敵と接触するであろう戦場を決定後、各隊を分進させる処置を講じ、この間に師団長がその地に先行して敵情地形を観察し、その一方で砲兵指揮官には陣地偵察、参謀には地形判断を行なわせ、これらの諸報告と状況を総合した時が「部署を定める時機」であろう。したがって師団以下の各部隊については、敵情を視察せず、地形を観察せず、図上判断のみで部署を確定するということは、（不意に敵と衝突した場合を除いて）まずないと言えるだろう。

この状況はまさにその分進待機であるから、今後の遭遇戦指導の根本方針に基づく重要処置のみを確定し、これ以後の決定部署は新たな敵情判断に基づいて定めるように、各種場合における腹案を必要とするのである。すなわち、

（※）部署…目的達成のために指揮下の部隊を区分し、合わせてそのための任務を与えること。

梅山の占領は師団として優越主動の態勢を占めて戦勢を支配するためにもっとも重要なことであるから、敵も主力縦隊を投入して争奪に来る場合にはこちらも最善の努力をする必要があり、そのための処置を確定部署する必要がある。また、敵が主力を梅山から離れたI方面に使用する場合、および敵がT・L・E地点付近に戦場を求める場合にも応じられるように準備する必要がある。

4 原案

■方針

師団は主力をもって中街道方面より当面の敵を攻撃する。

■分進の処置の概要

一、前衛に歩兵第二聯隊を増加して梅山を占領させる。
二、本隊砲兵をもってC点付近に挺進し、まず前衛の梅山占領に協力させる。
三、歩兵第二旅団（第四聯隊欠）は北街道をH地点付近に向かって分進させる。
四、歩兵第四聯隊はB地点に向かって前進させる。
五、騎兵隊はそのまま偵察を実行するとともに、前衛の戦闘に協力させ、以後はI方面にあって我が左翼を警戒させる。
六、飛行中隊には特に敵主力縦隊の分進状況を偵察させる。
七、師団長はまず松山東北麓に向かって急進する。

■今後の戦闘指導の腹案

一、敵が主力をもって梅山の争奪を企図して攻撃してくる場合は、歩兵第二旅団（予備隊欠）をもって敵の右翼を包囲するように攻撃する。
二、敵が主力をもってI方面より攻撃する場合は、梅山・S・T・Hの線に展開し、敵のX川右岸進出に乗じて敵の左翼を包囲するように攻撃する。
三、敵がK・L・Eの線で我が軍を待つ場合は、歩兵第二旅団（予備隊欠）をもって北街道方面より攻撃させ、主力をもって中街道方面より敵の左翼を包囲し、敵を北方山地に圧迫・殲滅するように攻撃する。

その弐 ― 対機甲戦闘の研究

※「白紙戦術集　第三集」より作成

1 想定

乙市方向より西北進中の敵を撃滅するべき任務を与えら

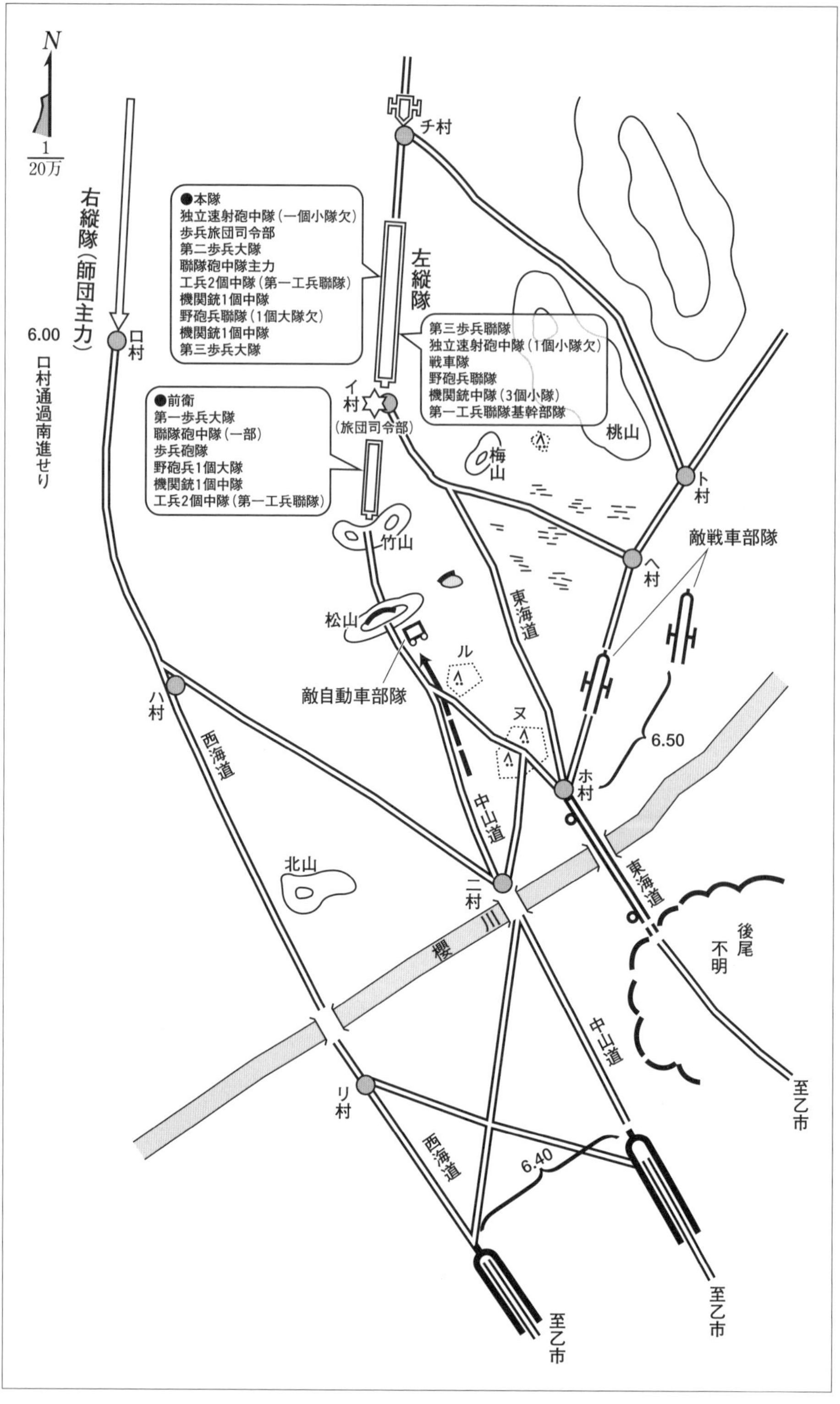
N
1/20万
右縦隊（師団主力）
6.00
ロ村
ロ村通過南進せり
●本隊
独立速射砲中隊（一個小隊欠）
歩兵旅団司令部
第二歩兵大隊
聯隊砲中隊主力
工兵2個中隊（第一工兵聯隊）
機関銃1個中隊
野砲兵聯隊（1個大隊欠）
機関銃1個中隊
第三歩兵大隊
左縦隊
第三歩兵聯隊
独立速射砲中隊（1個小隊欠）
戦車隊
野砲兵聯隊
機関銃中隊（3個小隊）
第一工兵聯隊基幹部隊
チ村
イ村
（旅団司令部）
●前衛
第一歩兵大隊
聯隊砲中隊（一部）
歩兵砲隊
野砲兵1個大隊
機関銃1個中隊
工兵2個中隊（第一工兵聯隊）
桃山
梅山
ト村
ヘ村
竹山
松山
敵戦車部隊
東海道
ル
敵自動車部隊
ハ村
ヌ
6.50
ホ村
西海道
中山道
北山
ニ村
東海道
後尾不明
櫻川
中山道
リ村
西海道
6.40
至乙市
至乙市
至乙市

れた北軍 第一師団の左縦隊長である第二歩兵旅団長は、本隊の先頭にあって十月一日午前七時、イ村付近に達した時に右の要図のような状況を知った。

2 問題

午前七時における左縦隊長の決心はどうあるべきか。

3 想定の研究

この問題は対機甲戦闘を研究するものである（作戦要務令第二部 第五七）。

一 敵情判断

A・敵主力の企図判断

敵の主力はニ村方面より渡河して我が左縦隊方面に対して決戦を指向するのか、あるいはリ村方面より渡河して我が師団主力方面に攻勢を採るのかは不明である。しかし、現在に於ける敵味方の位置と桜川の障害を考慮に入れた場合、前者の可能性が濃厚である。

B・左縦隊の当面の敵情判断

敵戦車部隊は現在の行進方向から判断して、ヘ村→ト村→チ村道方面から我が左側背に対する攻撃を企図しているように思われる。また、その自動車（歩兵）部隊は戦車部隊に続行して合流した後に我が左側背を攻撃するのか、あるいは分離して松山付近に進出し同地付近を占領、敵主力の渡河を援護するつもりであるのかは不明である。しかし、敵主力の企図およびその一部の部隊がすでに松山付近を占領している現状においては、後者の可能性が高いものと思われる。

二 左縦隊は如何にして任務を達成すべきか

A・師団主力の決戦方面

師団主力はその決戦を中山道方面の敵に求めるのか、あるいは西海道方面の敵に求めるのかは現在のところ不明であるが、どちらの案も成立し得る案である。

B・師団主力がどのような企図によって行動する場合でも、左縦隊はまず当面の敵に対して果敢に攻撃する必要がある。敵機甲部隊は戦車部隊と自動車（歩兵）部隊を分離して我が方に各個撃破の好餌を提供している状況下においては特にその必要がある。

C・敵戦車の行動方面は、梅山〜ヘ村間に湿地が散在し、

（※1）退嬰的…積極性に欠けること。

また桃山とその北方台地によって行動を拘束される地形であることに鑑み、一部の部隊をもってこれに対処させるものとする。

三　つまり、多数装甲部隊を伴う敵に対しては……

敵の迅速な行動や長距離におよぶ機動などに幻惑されて徒《いたずら》に消極受動退嬰的（※1）な行動に陥る恐れがないとはいえず、これは敵にしてやられたというべきで到底同意できないことである。敵の能力を適確に判断し、軽視せず恐れず、その特性や現時点における敵の弱点を機敏に捉えてこれに攻撃を加え、これによって全体の勝利に寄与するように努めなくてはならない。

4　原案

▼決心

左縦隊は一部をもって桃山方向に敵戦車を攻撃させ、主力をもって東海道を西北進中の敵乗車部隊を攻撃する。

▼処置の大要

一、第三歩兵聯隊（五個中隊欠）・機関銃中隊・戦車隊は、東海道を西北進中の敵乗車（歩兵）部隊を竹山付近より攻撃する。

二、（第三歩兵聯隊より分派した）歩兵五個中隊・独立速射砲中隊（一個小隊欠）・工兵一個中隊により、桃山に向かって敵戦車を攻撃させる。

三、本隊砲兵（第一大隊機関銃中隊（一個小隊欠）を配属）を前衛砲兵と併せて指揮し、松山付近に陣地を占領、第三歩兵聯隊主力の戦闘に協力するとともに、必要に応じて敵戦車を阻害する。

マレー攻略戦において、ジャングル沿いの道を進撃する九五式軽戦車。九五式軽戦車は昭和17年1月19日にはバクリで英軍の対戦車砲の反撃を受け、1個中隊の9輌中8輌が撃破された。戦車部隊を運用する場合は、上手く隠蔽された対戦車砲への注意が必要だ

四、状況および決心処置の大要を師団長に報告する。

五、旅団司令部は第三歩兵大隊とともに竹山に急進する。

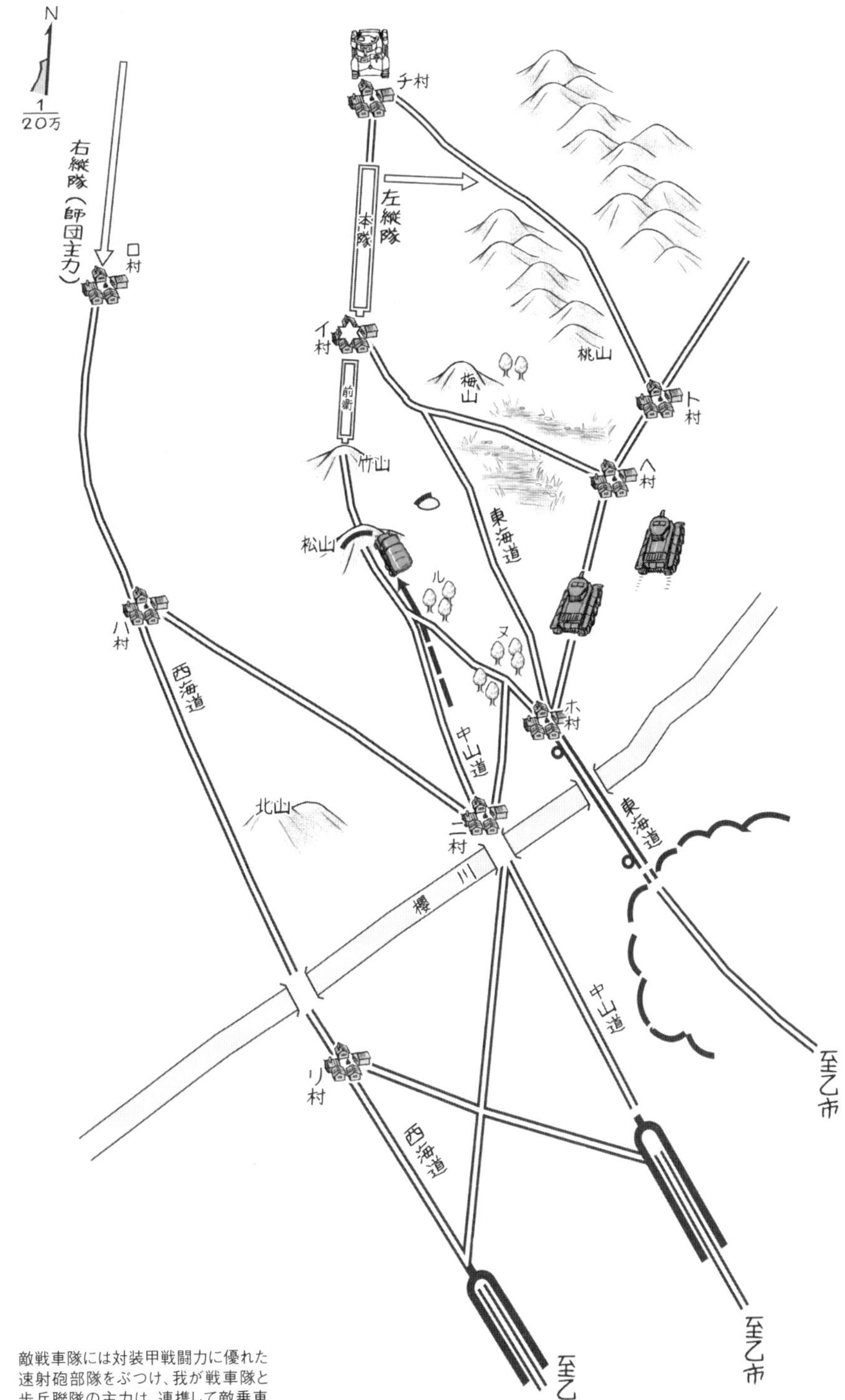

敵戦車隊には対装甲戦闘力に優れた
速射砲部隊をぶつけ、我が戦車隊と
歩兵聯隊の主力は、連携して敵乗車
歩兵を撃破する（イラスト／峠タカノリ）

あとがき

時が経つのは早いもので……などと言い始めたら、年寄り予備軍の仲間入りだ。

それでも、本書の前身となる『ドキッ 乙女だらけの帝國陸軍入門』が出てから、すでに13年が経過していた。やはり光陰矢のごとし、である。

この本が出たときはギリギリ30代だった自分も、すでに50を過ぎ、人生の終わりが薄らと見え始めた。恐らく、残りの時間もあっという間に過ぎ、良い人生だったと笑いながら消えていくのだろう。

とはいえ、その時までまだ幾ばくかの時間がある。それまでにあと何冊本を出せるだろうか。あと何作、ゲームを世に出せるだろうか。

書きかけの小説もなんとか終わりまで仕上げたい。押し入れに山と積まれたプラモデルも作りたいし、ルールすら読んでいないボードゲームがいったい幾つあるのかすらわからない。

考えてみると、自分は恵まれた人生を送っているのだろうと思う。こうして好きな仕事ができて、遊びたいときに遊び、飼い猫にちょっかいを出しては怒られる幸せな日々を過ごしている。

人生、なにがあるかわからない。

人間万事塞翁が馬、である。

はじめて「原稿」を書いたのは、中学生だったか、高校生だったか。地元のウォーゲーム・サークルの会報誌だった。

昔から、文章を書くのは苦手だった。苦手というより、面倒というほうが正確か。

その会報誌の原稿も、〆切ギリギリまで引っ張って、どうにか書き上げた。

昔から、なぜか文章を書くことはできた。書くのは面倒だが、書くことはできるという二律背反が自分の中で混在していた。

ただ、文章を書くことを仕事にしようとはまったく思っていなかった。

それでも紆余曲折あり、こうして文章を書くことを生業としている。

人生、本当になにがあるかわからないものだ。

軍事関連に対する興味が芽生えたのは小学生の頃だった。横須賀という土地柄もあっただろうが、今とは違う意味で「軍事色」が溢れていた。

男児の多くはその洗礼を受け、しかし長じて忘却の彼方へ押しやってしまった者が大半だったろう。

だが自分はなぜか、それが残った。

そしていよいよ自分の力で生きていかなければならなくなった時、ミリタリーと、文章を書くということが半ば必然的に合体した。

ライターという職業に就いてから、人生はいつも崖っぷちだ。

「この原稿を落としたら、次はない。つまり、人生が詰む」そういう焦燥感、恐怖心と戦いながら、いつも原稿を書いている。

　人生は楽しい。


　今までいろいろな原稿を書いてきた。軍事関連以外のものもたくさん書いてきた。小説も書いたし、シナリオも書いた。歌詞だって書いた。

　いろいろ書いてきたが、一貫しているのは「読んだ人、手に取ってくれた人に楽しんでもらいたい」という、ただその一心だ。

　かつてバンド活動に人生を賭けていた頃。

　思えば独りよがりな、自己満足の発露だったと思う。

　観客はいても、観客を見ていなかった。

　ただ、自分の歌いたい歌を歌い、聞きたい人が聞いてくれればいいと思っていた。

　なんという思い上がりか！

　ただ、その音楽での挫折があったから、こうして文章を書いて、それを仕事にできているのだと思う。

　受け手あってこその送り手である。

　そのことに気がつけて良かった。


　さて、本題。

　本書は『ドキッ 乙女だらけの帝國陸軍入門』を改訂、加筆した本です。とくに第五章と第六章は全面的に書き直しています。

　またその他の章についても、前作のイラストを担当してくれた峠タカノリさんだけでなく、新たに熊谷杯人さんと吉川和篤さんにもイラストを担当していただき、多くの描き下ろしイラストが加えられています。そして図版類も大幅に増えています。

　本書は帝國陸軍の全般を扱った入門書として、自信を持ってお薦めできる本に仕上がったと自負しています。

　しかしその一方で、もっともっとマニアックなことも書きたいという欲求もあります。その押さえ込んでいたものは、今後どこかで、改めて発表できればと考えています。

　第四章で各種典令範を紹介していますが、これらはあくまでマニュアルです。それでは実戦ではどうだったのか。マニュアルと実戦、その双方を比較することで、浮かび上がってくるものがあるのではないか。

　そんな本、読んでみたいと思いませんか？

　私は書いてみたいです。


　さて、紙幅も尽きてきました。

　最後に、いつもお世話になっている編集部の浅井さん、イラストを描いていただいた峠タカノリさん、熊谷杯人さん、吉川和篤さん。いつも美味しいご飯を作ってくれて、楽しい人生をともに生きてくれている奥さん。

　そしてこの本を手に取ってくれた貴方。


　ありがとうございます！

堀場亙《わたる》

靖國神社遊就館に展示されている九七式中戦車。サイパン戦で玉砕した戦車第九聯隊の車輌で、元隊員の下田四郎氏と関係者の力で帰還したもの（写真／ミリタリー・クラシックス編集部）

図解 大日本帝國陸軍

2020年11月15日発行
2021年12月25日　第2刷発行

著　堀《ほり》場《ば》 亙《わたる》

装丁・本文DTP　御園ありさ（イカロス出版制作室）
編集　浅井太輔
発行人　山手章弘
発行所　イカロス出版株式会社
〒162-8616 東京都新宿区市谷本村町2-3
［電話］販売部 03-3267-2766
編集部 03-3267-2868
［URL］https://www.ikaros.jp/
印刷所　図書印刷